付表4　SI位どり接頭語

大きさ	接頭語	記号	大きさ	接頭語	記号
10^{-1}	デシ	d	10	デカ	da
10^{-2}	センチ	c	10^2	ヘクト	h
10^{-3}	ミリ	m	10^3	キロ	k
10^{-6}	マイクロ	μ	10^6	メガ	M
10^{-9}	ナノ	n	10^9	ギガ	G
10^{-12}	ピコ	p	10^{12}	テラ	T
10^{-15}	フェムト	f	10^{15}	ペタ	P
10^{-18}	アト	a	10^{18}	エクサ	E

付表5　基本物理定数の値

物理量	記号	数値	単位
真空中の透磁率*	μ_0	$4\pi \times 10^{-7}$	$N\,A^{-2}$
真空中の光速度*	c, c_0	299792458	$m\,s^{-1}$
真空の誘電率*	$\varepsilon_0 = 1/\mu_0 c^2$	$8.854187817... \times 10^{-12}$	$F\,m^{-1}$
電気素量	e	$1.602176487(40) \times 10^{-19}$	C
プランク定数	h	$6.62606896(33) \times 10^{-34}$	J s
アボガドロ定数	N_A, L	$6.02214179(30) \times 10^{23}$	mol^{-1}
電子の質量	m_e	$9.10938215(45) \times 10^{-31}$	kg
陽子の質量	m_p	$1.672621637(83) \times 10^{-27}$	kg
ファラデー定数	F	$9.64853399(24) \times 10^4$	$C\,mol^{-1}$
ボーア半径	a_0	$5.2917720859(36) \times 10^{-11}$	m
リュードベリ定数	R_∞	$1.0973731568527(73) \times 10^7$	m^{-1}
気体定数	R	$8.314472(15)$	$J\,K^{-1}mol^{-1}$
ボルツマン定数	k, k_B	$1.3806504(24) \times 10^{-23}$	$J\,K^{-1}$
水の三重点*	$T_{tp}(H_2O)$	273.16	K
セルシウス温度目盛のゼロ点*	$T(0℃)$	273.15	K
理想気体(1 bar, 273.15K)のモル体積	V_0	$22.710981(40)$	$L\,mol^{-1}$

* 定義された正確な値である。

付表6　単位の換算

エネルギー

単位	J	cal	l atm	BTU	eV
1 J		0.23901	9.869×10^{-3}	9.488×10^{-4}	6.242×10^{18}
1 cal	4.184		4.129×10^{-2}	3.968×10^{-3}	2.611×10^{19}
1 l atm	101.33	24.217		9.610×10^{-2}	6.324×10^{20}
1 BTU	1.055×10^3	252.0	10.406		6.581×10^{21}
1 eV	1.6022×10^{-19}	3.829×10^{-20}	1.5812×10^{-21}	1.5196×10^{-22}	

BTU：British thermal unit（英国熱量単位）

その他のエネルギー単位の換算

　1 J $= 10^7$ erg
　1 eV $= 23.053$ kcal mol^{-1}
　1 eV に相当する波長 $= 1239.80$ nm
　1 eV に相当する波数 $= 8065.79$ cm^{-1}

圧力

単位	Pa	atm	Torr	bar
1 Pa(N m^{-2})		0.98692×10^{-5}	7.5006×10^{-3}	10^{-5}
1 atm	1.01325×10^5		760	1.01325
1 Torr(mmHg)	133.322	1.31579×10^{-3}		1.3332×10^{-3}
1 bar(10^6 dyn cm^{-2})	10^5	0.9869	750.06	

生物物理化学の基礎

―生体現象理解のために―

白浜啓四郎　編著
杉原剛介

井上　亨
柴田　攻　共著
山口武夫

三共出版

はじめに

　はるか天を仰げば，科学の使者，宇宙調査衛星が遠く宇宙の天体の知識を刻々と伝えており，私たちは地球外の出来事について多くを知りつつある．

　一方，視線を地球上の移せば，緑なす山野の植物，そこに住む大小の動物たち，そして私たち自身も，これらの生物の仲間であることに気づく．この身近な存在について私たちは何ほどのことを知っているのだろうか？

　生物に対する人類の知識は，それが食・衣・住のような原始的需要から，医学，薬学，農学のような応用生物学にいたるまで，多岐にわたり蓄積されてきた．しかし生物に対する理解は，その数億年にわたる進化の過程で磨き上げてきた生物機能の洗練さを充分に吟味するに至っていない．すぐれた生物の機能を存分に活用して，私たちの生活を豊かで快適にするためには，より多面的に深く生命現象の秘密を掘り下げねばならない．

　また一方で，人類は二酸化炭素の過剰排出による温暖化現象 —まさに「火の文明」の限界と危機— に直面している．そのほかにも生命環境の質の劣化，人口増にともなう食糧問題など，いずれも生命の観点から解決しなければならない課題が山積している．

　したがって生命現象を効率よく学習し，その成果を多方面へ適用できる能力が現代人の教養として求められている．生命を見つめる目は複眼的であってよい．生命をいくつもの生体部品からなる個体として認め，さらにはその集団として観るマクロの視点もはずせない．

　ともあれ，20世紀は新しいミクロの観点—量子力学—を手に入れた．それにもとづく科学の進展は著しく，物理と化学の世紀であった．ミクロ —分子の論理— からの生命観は確立されつつある．本書の立脚点はまさにそこにある．

　生命を熱力学系としてとらえることができる．第1章（杉原担当）ではそのために必要な熱力学の基礎知識を点検し，その生命現象への適用，例えば生体エネルギー論の実際を具体的にみるなど，が行われている．

　第2章（白浜担当）ではマクロとミクロを結びつけるサイズであるコロイドの知識と，それに必要な方法を導入した．まず，生体高分子の構造を概観した．またブラウン運動と拡散のように物質移動の基礎に関する考察をした．高分子—リガンド相互作用は生理作用の素過程として重要である．この相互作用系を題材にして統計力学的思考法を説明した．読者は豊

かな統計力学の世界の入り口に立つことができる。

第3章（井上担当）は脈々と営まれている生命過程を速度論の立場から議論する。生化学反応を幅広く下支えしている酵素反応を理解するために，化学反応速度論を概説して，より複雑な酵素反応への解析に応用できるよう論述してある。また，医薬品や生体分子の体内分布の動態を記述するためにコンパートメント・モデルも学ぶ。

第4章（柴田担当）ではさまざまな界面現象をとりあつかう。生体は非常に数多くの部分から構成されており，その狭間は界面である。界面は必要なもの（不必要なもの）を選択的に通す関門である。また生体反応の多くが効率よく実行される現場でもある。その界面現象を研究する方法を列挙し解説した。

おしまいに第5章（山口担当）では，生体現象をより深く掘り下げて見つめた。いろいろな生体現象が物理科学の目にさらされているのがよくわかる。そこでは第1章から第4章までに学んだ基礎知識が有効に働くであろう。

各章には練習問題を掲げた。生物物理化学もまた，他の数理科学と同様に"エンピツを通して理解する"必要がある。コツコツと数値計算し，その過程で巧妙な自然の秘密にふれ，感動して欲しい。理解を深めるためには，テキスト（本文）を反復して吟味すると同時に，各章末に列記した参考図書までさかのぼり，自主的に広く深く学習することをお勧めする。

著者はたびたび相集い，本書の構想を練り直し，筆がすすめば原稿を点検しあった。記載事項を確認し，学習に有効な重複はあえて避けなかった。また各章の執筆者名を明記して責任の所在を明らかにした。

本書は生物学，医学，歯学，薬学，農学，福祉，環境など生命科学関連諸学科の学生が生命現象の理解のために物理化学的視点を勉学する際の手軽な入門書である。さらには読者をより深淵な学問の世界へと導く縁となれば，これにすぐる望みはない。

最後に本書の発刊は三共出版株式会社の石山慎二氏のご理解・ご協力があってはじめて実現出来たことを記して感謝の意を表す。

2003年9月

著 者 一 同

目　次

第1章　生体エネルギー学の基礎―化学熱力学
1.1　生体エネルギー学（化学熱力学）の基本 …………………………… 1
　1.1.1　化学熱力学（エネルギー学）の描く世界 ………………………… 1
1.2　生体エネルギー学の基本となる化学熱力学の法則 ………………… 3
　1.2.1　エネルギーの形態と保存 ― 熱力学第一法則 …………………… 3
　1.2.2　エントロピーの法則 ― 熱力学第二法則 ………………………… 5
　1.2.3　第一法則と第二法則の統合と第三法則の導入 …………………… 11
1.3　自由エネルギーと種々の平衡 ………………………………………… 15
　1.3.1　自由エネルギーと化学ポテンシャル ……………………………… 15
　1.3.2　液相中の化学平衡 …………………………………………………… 21
　1.3.3　平衡定数の変化から求まる化学熱力学量 ………………………… 27
　1.3.4　相平衡と分配平衡 …………………………………………………… 33
1.4　Gibbsエネルギー測定の実際 ………………………………………… 42
　1.4.1　電気化学ポテンシャルと電極電位 ………………………………… 42
　1.4.2　種々の電極電位とその組合せ ……………………………………… 44
　1.4.3　電池の起電力と電極電位 …………………………………………… 46
1.5　化学熱力学的データから得られる情報 ……………………………… 55
　1.5.1　化学熱力学的データから見る非共有結合 ………………………… 55
1.6　生体エネルギー学の実際 ……………………………………………… 62
　1.6.1　共　役　反　応 ……………………………………………………… 63
　1.6.2　酸化・還元反応 ……………………………………………………… 67
練習問題 ………………………………………………………………………… 76

第2章　ミクロとマクロ―生物の層構造の一断面
2.1　生体高分子―ランダムから秩序構造へ ……………………………… 82
　2.1.1　高分子の空間配置 …………………………………………………… 82
　2.1.2　タンパク質 …………………………………………………………… 86
　2.1.3　核　　　酸 …………………………………………………………… 91

2.1.4　多　糖　類 ··· 95
　　2.1.5　分子量測定 ··· 97
2.2　生体コロイド（物質の移動）―体の小さい構成要素の動き ······················ 101
　　2.2.1　分子集合体 ··· 101
　　2.2.2　ブラウン運動と拡散 ·· 107
　　2.2.3　流　　動 ·· 117
　　2.2.4　膜　透　過 ·· 118
2.3　ホスト・ゲスト相互作用の統計力学―生理作用の素過程 ·························· 122
　　2.3.1　結合等温線 ··· 122
　　2.3.2　結合した分子間の相互作用 ·· 125
　　2.3.3　結合等温線の解析法 ·· 127
　　2.3.4　ヘモグロビンへの酸素分子の結合 ·· 129
　　2.3.5　Boltzmann 分布 ··· 130
　　2.3.6　ミクロとマクロの掛け橋―統計力学 ·· 132
練　習　問　題 ·· 136

第3章　生体内反応の速度過程―酵素反応速度論を中心に

3.1　反応速度論の基礎 ··· 139
　　3.1.1　は じ め に ··· 139
　　3.1.2　反応のタイプと速度式 ·· 139
　　3.1.3　定常状態近似 ·· 147
　　3.1.4　反応速度に対する温度の影響―Arrhenius の式と活性化エネルギー ·············· 149
3.2　酵素反応速度論 ··· 150
　　3.2.1　は じ め に ··· 150
　　3.2.2　Michaelis-Menten 式 ··· 151
　　3.2.3　複雑な酵素反応機構 ·· 155
3.3　酵素活性の調節機構 ··· 160
　　3.3.1　は じ め に ··· 160
　　3.3.2　阻害剤による酵素活性の調節 ·· 160
　　3.3.3　pH による酵素活性の調節 ··· 165
　　3.3.4　多量体酵素の調節機構 ·· 169
　　3.3.5　基質の自己阻害作用による酵素活性の調節 ······································ 174
3.4　前定常状態速度論 ··· 175

	3.4.1	はじめに	175
	3.4.2	ストップトフロー法	175
	3.4.3	化学緩和法	178
3.5	薬物速度論（ファーマコキネティックス）		184
	3.5.1	はじめに	184
	3.5.2	コンパートメントモデル	185
	3.5.3	線形 1-コンパートメントモデル	186
	3.5.4	線形 2-コンパートメントモデル	194
練習問題		198

第 4 章　生体系の界面科学

- 4.1 界面の熱力学 ………………………………………………… 201
  - 4.1.1 界面張力の測定法 ………………………………… 203
  - 4.1.2 曲がった界面 ……………………………………… 205
  - 4.1.3 接着とぬれ ………………………………………… 207
- 4.2 界面電気現象 ………………………………………………… 209
  - 4.2.1 電気ポテンシャル ………………………………… 209
  - 4.2.2 イオン雰囲気 ……………………………………… 213
  - 4.2.3 界面動電現象 ……………………………………… 213
  - 4.2.4 キャピラリー電気泳動 …………………………… 214
- 4.3 単分子膜と吸着膜 …………………………………………… 216
  - 4.3.1 単分子膜 …………………………………………… 216
  - 4.3.2 吸着膜 ……………………………………………… 219
  - 4.3.3 肺表面活性物質 …………………………………… 222
  - 4.3.4 表面電位 …………………………………………… 223
- 4.4 累積膜，ベシクル，二重膜 ………………………………… 226
  - 4.4.1 累積膜 ……………………………………………… 226
  - 4.4.2 ベシクル …………………………………………… 227
  - 4.4.3 リポソームの利用 ………………………………… 229
  - 4.4.4 2分子膜（黒膜） ………………………………… 231
- 練習問題 ………………………………………………………… 235

第 5 章　生体分子の集合と機能

- 5.1　生 体 膜 ………………………………………………………………… 237
  - 5.1.1　生体膜の構成成分 ……………………………………………… 237
  - 5.1.2　生体膜の構造 …………………………………………………… 243
  - 5.1.3　生体膜の動的構造 ……………………………………………… 246
  - 5.1.4　膜 輸 送 ………………………………………………………… 254
  - 5.1.5　膜 電 位 ………………………………………………………… 258
  - 5.1.6　小胞化と膜融合 ………………………………………………… 266
- 5.2　エネルギー変換 ……………………………………………………… 273
  - 5.2.1　ミトコンドリアでの ATP 合成 ……………………………… 273
  - 5.2.2　化学エネルギーの力学エネルギーへの変換―筋収縮を例として ………… 280
  - 5.2.3　光エネルギーの化学エネルギーへの変換―光合成を中心に ………… 284
- 5.3　1 分子計測 …………………………………………………………… 289
  - 5.3.1　光ピンセット …………………………………………………… 290
  - 5.3.2　光近接場顕微鏡 ………………………………………………… 291
  - 5.3.3　原子間力顕微鏡 ………………………………………………… 292
- 練 習 問 題 ………………………………………………………………… 294

- 解答と手引き ……………………………………………………………… 297
- 索　　引 …………………………………………………………………… 307

第1章
生体エネルギー学の基礎—化学熱力学

1.1 生体エネルギー学（化学熱力学）の基本

1.1.1 化学熱力学（エネルギー学）の描く世界

生物がそれぞれの種（species）に適合した物質（動植物の成長と生命維持に必要な栄養物や空気など）を摂取し，生体内で化学変化を起こさせることによって，いわゆる熱や仕事を内容とするエネルギーの形に換えながら生きている。この世に生まれて（生），やがて老化し（老），ときには病に苦しんでやがて死んで行く。この生老病死の過程は熱力学（エネルギー学）の描く世界でのできごとである。もうひとつ着目すべきことは，生命体は，老いて死に行くことはどの個体にも間違いなくみられることであるが，老人が少年時代ひいては赤児の時代に決して逆戻りできないこと，すなわち個体の生命が可逆であることはありえないことである。浦島太郎も結局のところ白髪のお爺さんになって死んで行ったことを我々は教わってきた。あの眠れる森の美女もやがてはお婆さんになって死んで行ったに違いない。熱力学の法則に反することなく。

エネルギーを取り扱う熱力学の，理論によって描き出す世界像はきわめて簡潔なものである。いま，観察または考察している対象について，それを**系**（system）とよぶ。系の細かい性質がどうのこうのというのは抜きにして，例えば温度，圧力，エネルギーというようなほんの2,3の**性質**（properties）または状態を表す変数で特定できるものと考える。系とは人それぞれの関心に応じて，反応容器内の物質，自動車のエンジン，人体，あるいは地球全体であったりする。系を取り囲む環境を**外界**（surroundings）とよび，系と外界を隔てる面を**境界面**（boundary）とよぶ。境界面は実在していても想像上のものであってもよい。

系と外界との間でのやりとりは，必ず境界面を通して行われる。このやりとりには**熱**（heat）と**仕事**（work）というかたちだけでなく，**物質**（matter）の出入りを伴うことがある。

本書で取り扱う生命体は熱や仕事のやりとりのほかに，栄養物の摂取，老廃物の排泄，さらには呼吸を行うものであるから，熱力学でいうところの**開いた系**（開放系ともいう。open system(s)）である。ほかに，**閉じた系**（閉鎖系。closed system(s)），**断熱系**（adiabatic system(s)）および**孤立系**（isolated system(s)）などがあるが，これらは，生体系に着目しているかぎり，

一般的には関係しない。この節では**生体エネルギー学**（bioenergetics）の基本的となる一般的な化学熱力学における，最初の段階で理解しておくべき基本的概念または定義について述べることから始めよう。

(A) 系を特定する変数・性質と注意すべきことがら

エネルギー学（熱力学）の世界では，おのおのの系をわずかな数の**状態変数**（variables of state）で記述する。いま，ある系が特定の状態に置かれたとき，それに至るまでどんな変化をたどってきたかということにはまったく無関係に，ある決まった値をもつ状態にあるのであれば，そのとき示す性質がその系の**特性**（characteristic）である。それは状態変数で示され，**状態関数**（state function）ともよばれる。ここでいう状態変数とは，過去の履歴に関係のないもので，測定の時点における**状態**（state）にのみ依存するものである。状態変数とは，例えば系の**体積**（volume）Vや**温度**（temperature）Tなどがその例である。状態変数は2種類に分類されることにとくに注意を払わねばならない。ある系がいくつかに分割された場合を考えよう。もしその性質・状態変数がどの分割部分でも同じ値をもつものであれば，その変数は**示強性**（intensive）であるという。温度や圧力がその例である。一方，部分部分における値を寄せ集めて合計すると全体の値となるような変数，例えばある物質の体積という状態変数は**加成性**（additive）であるという。加成性のなりたつ変数は**示量性**（extensive）の変数である。

質量（mass）や**物質量**（この名称はモル数，mole number，とよばれていた）なども示量変数の代表格である。ただし，ここで注意しなければならないのは，1cm^{3}あたりの質量（密度，density）や，1molあたりの体積（モル体積，molar volume）のような量は示強性であることである。

ある系の変数すなわち性質が特定の値をとっているとき，その系は「定まった状態（defined state）にある」といわれる。

1気圧，37℃にある生理食塩水（0.15 mol dm^{-3}）は定まった状態にある。もし系の諸性質が時間的に変化せず，新たに物質やエネルギーの増減がなければ，その系の状態は「**熱力学的平衡**（thermodynamic equilibrium）にある」という。一方，系に物質またはエネルギーの流入・流出が継続しているが，諸性質に時間的な変化がなく一定の場合は，「系は**定常状態**（steady state）にある」という。

ここで注意すべきは，化学熱力学は，元来，系の変化または反応が十分に進行したあとの，平衡に達した状態を基本的に取り扱うものである。そこではまず，平衡を支配している因子である平衡定数というものを求めなければならない。平衡状態における変数の値を決めることによってはじめて基本となる種々の化学熱力学量を知ることができる。しかし，ここで化学熱力学的に扱かおうとする生体系の生命活動の状態は，完全なる定常状態でなく，まして

や平衡状態でもない。生命体が活動しているかぎり，定まった状態をとっているとは考えない。それは必ず平衡状態からはずれた状況下で変化が常時進行していて，物質が移動するからこそ，生命維持のための代謝や成長，あるいは老化がみられる。つまり，生体系はすなわち非平衡の状態にある。生体内で化学反応が右向きに起こるか，左向きに起こるか，あるいは速く進むか，ゆっくり進むかは，平衡状態からどの程度ずれているかによって決まるものである。したがって，非平衡系の化学熱力学を必要とする生体物理化学においても，平衡状態の化学熱力学的変数を知ることが不可欠の要件となってくる。

(B) 性質が変化する過程

いま平衡状態にある巨視的な系について，その状態を少数の性質（変数）で記述できることは上に述べたとおりである。その系がある状態から別の状態に変化するとき，「どのような変化の仕方をするのか」を考えてみよう。新たな状態に移行した系では，状態変数は変化したのち，それなりの値を示すようになる。この変化の道筋を，化学熱力学では**過程**（process）という。

今まで平衡にあった系に，ある過程の変化が生じれば，系の境界面を通して何らかの物理量の出入りが起こっている。前に述べたように出入りするのは，**熱**（heat）**または仕事**（work）**のかたちのエネルギー**，**あるいは物質**（matter），はたまた，**これらの組合わせであることも**ある。これらのものが境界面を通過すると，系の状態変数が（1つまたは2つ以上）新しい値をとる。例えばAの溶液にAを加えるとその濃度は増すというのが，過程の一例であり，また，どの化学反応も，ここでいう「過程」にほかならない。

化学熱力学でとくに重要な意味をもつ変化の一形態として，**可逆過程**（reversible process）とよばれるものがある。これは，外界と常に平衡を保ちながら，無限小の変化をきわめて徐々に（思考的に無限時間かけて）行わせるもので，**準静的過程**（quasi-static process）ともよばれる変化の仕方であり，厳密にいえば仮想的なものである。これに対して，我々が日常観察している多くは，**不可逆過程**（irreversible process）である。ただし，氷 ⇄ 水（液体）のような相平衡，あるいは aA + bB ⇄ cC というような化学平衡にある状態は可逆的な状態にあるといい，その状態における無限小の変化は可逆過程である。可逆過程の理解は熱力学第二法則で登場する**エントロピー**（entropy）を定義づける上で欠かせない。

1.2 生体エネルギー学の基本となる化学熱力学の法則

1.2.1 エネルギーの形態と保存—熱力学第一法則

熱力学第一法則（the first law of thermodynamics）は，「系の全エネルギー量（U）は，温度や圧力と同様に系の性質（状態量）そのものであり，またその微小変化量 dU は，外界との

間でやりとりされた熱や仕事の微小変化量 d′Q と d′W の和に起因する」というものである。式で示せば

$$dU = d'Q + d'W \tag{1.2.1}$$

熱や仕事が微小量でなく，ある大きさの値の場合，上式を積分したかたちで，次のように表現される．

$$\Delta U = Q + W \tag{1.2.2}$$

ここで，完全微分の積分量は ΔU のように Δ をつけているが，不完全微分の d′Q や d′W の積分値は Q と W のように書いて表していることに注意しよう．

熱力学第一法則は**エネルギー保存の法則**にほかならないが，宇宙の万物にあてはまる普遍性の高い一般原則である．宇宙の全エネルギーを U で表すと，この法則は次式で表される．

$$dU = 0 \tag{1.2.3}$$

我々生命体は，「エネルギーは新たに生じることもないし，失われることもない」というこの式で表される世界の中に生きている．

自動車はガソリンという物質を空気と反応（燃焼）させて高熱を発し，この熱を運動エネルギーに転換させることによって「仕事」をさせている．このとき，発した熱エネルギーの一部を大気中に捨てながら車が走ることや，その発した熱が回収できないことに諸君は気づいているであろう．また，歩行や水泳などはいうにおよばず思考や感情の湧出も，極めて微量のエネルギー消費によって行われる化学熱力学的過程の一例である．このとき消耗するエネルギーは，ふたたびエネルギーとして回収できるものではない．思考も感情もエネルギー保存則の範囲に入る過程でありながら，環境に放散した熱エネルギーと同様に，そこで消費されるエネルギーは，化学熱力学的仕事に変換することができない．熱力学の第一法則だけでは，生命現象ならびに活動のすべてを説明できない．さらに何か別の法則が支配していることを示唆している．

ここまでエネルギーを U で表してきた．これは正しくは**内部エネルギー**（internal energy）とよばれるもので，問題にしている系が独自に持つ全エネルギーに相当する．いま，系が置かれている環境，例えば重力場や電場など外部的要因からくるものは考慮していない．常圧下で生活している生体系に熱力学を適用するには，内部エネルギー U よりも，**エンタルピー**（enthalpy）H の方が便利である．これは極めて重要な化学熱力学量である．

わかりやすい例でいえば，いまある量の気体に対し，その体積を一定に保ったまま（定積条件）で熱エネルギー Q_V を与えたとすると，系は膨張も収縮もしないので (1.2.2) 式の仕事 W はゼロである．したがって，このときの内部エネルギー変化は $\Delta U = Q_V$ となる．これとは異なり，その系が一定圧力（例えば大気圧）の条件下で，熱エネルギー Q_p が与えられたとする．系のエネルギーは上昇（したがって温度上昇）するが，それとともに膨張という仕事

W を外界に対して行う。圧力 P のもとで微小な体積膨張を系が行う仕事を $d'W$ とすると，それは $d'W = -P\,dV$ の関係で示される。このときの熱量変化 Q_p は（1.2.2）式から次式で示されることがわかる。

$$Q_p = \Delta U - W$$

圧力 P のもとで膨張に伴って体積が V_i から V_f に変化したとすると，$d'W = -P\,dV$ より，Q_p は次のように与えられる。

$$Q_p = \Delta U + \int_{V_i}^{V_f} P\,dV = \Delta U + P\int_{V_i}^{V_f} dV$$
$$= \Delta U + P(V_f - V_i) = \Delta U + P\Delta V \tag{1.2.4}$$

さらに右辺は $(U_f - U_i) + PV_f - PV_i$ と書ける。（圧力）×（体積）は状態量であるので，右辺全体で状態量となる。ここで

$$H \equiv U + PV \tag{1.2.5}$$

という熱力学量 H を定義する。状態量 H の始めと終わりの値をそれぞれ H_i と H_f で示せば

$$Q_p = (U_f + PV_f) - (U_i + PV_i) = H_f - H_i = \Delta H \tag{1.2.6}$$

なお，系に $d'Q_p$ すなわち dH の微小なエンタルピー変化を与えたとき，系の温度が dT ほど上昇したとする。すなわちエンタルピーの温度変化度は**定圧熱容量**（heat capacity at constant pressure）C_p として次のように定義される。

$$\left(\frac{\partial H}{\partial T}\right)_P \equiv C_p \tag{1.2.7}$$

同様に定積の条件下では，$d'Q_V = dU$ とおけるから，**定積熱容量**（heat capacity at constant volume）C_V が次式のように定義される。

$$\left(\frac{\partial U}{\partial T}\right)_V \equiv C_V \tag{1.2.8}$$

ついでながら，定圧下で熱容量 C_p の物質系が温度変化に伴ってどれだけエンタルピーが変化するかを問題とする場合は，式（1.2.7）より，次式の形をとることがわかる。

$$\Delta H = \int_{T_i}^{T_f} C_p\,dT \tag{1.2.9}$$

また，系が容易に圧縮される気体の体積変化や，何千気圧という高圧の条件下での過程を除けば，（1.2.4）式の $P\Delta V$ 項は相対的に小さいので，このような系（生体系もその例）では $\Delta H \cong \Delta U$ とみなしてよい。

1.2.2 エントロピーの法則—熱力学第二法則

(A) 可逆的循環過程の熱と仕事

生体の生命を維持する心臓が循環過程を常時行っているのはよく知られているが，生体内では1つ1つの細胞内でも循環する変化が生じている。それらに立入る前に次に示す思考的

な実験を試みながら循環過程を考察しよう。

　エネルギーを熱と仕事に変換する装置がエンジンである。これに与えた熱エネルギーは最大限どの程度の効率で仕事に変換できるか。この命題に対して Carnot は深い考察の結果，熱は 100％仕事に変換できないことと，高熱源（高いエネルギー状態にあるもの）と低熱源（エネルギーの一部を吸収できる外界）との間に**温度の差がないかぎり，熱は仕事に変換できない**ことを示した。

　Clausius は Carnot の結論についてさらに考察を深めて次のような結論を得た。任意の循環過程（あるところから出発して，もとの同じところに戻る変化）において，それが可逆的に行われ，そのとき出入りする熱量 Q_{rev}（rev は可逆過程を意味する）をそのときの温度 T で割った量，すなわち Q_{rev}/T は保存量であることに気づいた。いいかえれば変化の経路に依存して異なる量（これを不完全微分の量という）である熱量 Q_{rev} を，温度 T で割った量（$1/T$ をかけた量）である Q_{rev}/T は，完全微分の可能な状態量になる。Clausius はこの状態量をエントロピー（entropy）と名付けて，それを S で表し，次式を与えた。

$$dS = \frac{d'Q_{rev}}{T} \quad \text{または} \quad \Delta S = \frac{Q_{rev}}{T} \tag{1.2.10}$$

　さらに一般化して，温度変化を伴いながら準静的（可逆的）に変化する任意の循環過程に対しては次のように表現できる。

$$\oint \frac{d'Q_{rev}}{T} = 0 \quad \text{または} \quad \oint dS = 0 \tag{1.2.11}$$

以上の考察から，エントロピーについて次のように要約される。

① 可逆サイクルにおいて，エントロピーは保存される。Q_{rev}/T という量は状態量である。

② したがって，状態が指定されれば，一義的に系のエントロピーは決まる。状態 1 と状態 2 における系のエントロピーを S_1，S_2 とし，S_1 がわかれば，状態 2 のエントロピー S_2 の値は，1→2 の可逆変化より，次のように決まる。

$$S_2 = S_1 + \int_1^2 \frac{d'Q_{rev}}{T} \tag{1.2.12}$$

③ 系の可逆的変化に伴い，出入りする熱 $d'Q_{rev}$ は，他の条件が同じなら物質の量に比例する。したがって，エントロピーは示量性状態量である。

④ エントロピーは，［エネルギー/温度］の次元をもっている。**SI 単位**では JK^{-1} となり，非 SI の慣用単位では $cal\ K^{-1}$（これをエントロピーユニット entropy unit；e.u.と表記した文献も見られる）である。ちなみに，気体定数 R はエントロピーの次元をもつので，例えば $\Delta S=1.5R$ という示し方で用いられることがある。

(B) 不可逆変化とエントロピー生成

　熱を仕事に変える場合の効率について考えると，エンジン内の気体を可逆的に膨張・圧縮させた場合が最高の効率を示し，これに反して，もし不可逆変化を過程内に含んでいれば，

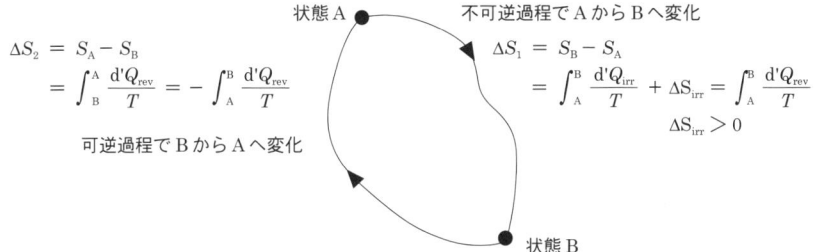

図 1-1 可逆と不可逆の過程からなるサイクル

$A \xrightarrow{\text{不可逆}} B \xrightarrow{\text{可逆}} A$ に戻るサイクル全体としては不可逆過程であり，$\Delta S_{\text{irr}} > 0$ を生じる。
しかし，1サイクル全体では $\Delta S_{\text{tot}} = \Delta S_1 + \Delta S_2 = 0$ であることに注意。

そのエンジンの効率は全過程が可逆的に行われたときのそれより低い。

任意の不可逆サイクルに対して一般化すると，次式で表される。

$$\oint \frac{d'Q_{\text{irr}}}{T} < 0 \tag{1.2.13}$$

さらに興味のある人は図 1-1 に示す可逆過程と不可逆過程からなるサイクル，すなわち A → B → A にもどるという，全体としては不可逆過程である循環過程を考察してみるのもよかろう。

図 1-1 で，状態 A と B のエントロピーの差 ΔS は状態量の差であるから，次式が成り立つ。

$$\Delta S = S_B - S_A = \int_A^B \frac{d'Q_{\text{rev}}}{T} > \int_A^B \frac{d'Q_{\text{irr}}}{T} \tag{1.2.14}$$

ごく微小な不可逆変化に対しては微分形で表現すると，次式になる。

$$dS > \frac{d'Q_{\text{irr}}}{T} \tag{1.2.15}$$

これは，Clausius の**不等式**とよばれ，**熱力学第二法則**（the second law of thermodynamics）の不可逆変化に対する数学的表現である。

(1.2.15) 式は (1.2.10) 式と合わせて一般的に

$$dS \geq \frac{d'Q}{T} \quad \text{(不等号：不可逆，等号：可逆)} \tag{1.2.16}$$

と表される。

(1.2.14) 式に立ち戻って，これを等式で表すには，この式の右辺に正の量 ΔS_{irr} を加える。

$$\Delta S = S_B - S_A = \int_A^B \frac{d'Q_{\text{irr}}}{T} + \Delta S_{\text{irr}} \tag{1.2.17}$$

$$\Delta S_{\text{irr}} > 0 \tag{1.2.18}$$

(1.2.15) 式と (1.2.18) 式の意味するところはきわめて重要である。

不可逆過程の場合，必ず ΔS_{irr} が正であることに注意すべきである。このことは，不可逆変化が生じると，必ずエントロピーの増大を伴うことを示すものである（Clausius の不等式参照）。ΔS_{irr} は，系内での不可逆変化により生成した（変化させられた）エントロピーで，**エ**

ントロピー生成 (entropy production) とよばれている。この ΔS_{irr} は不可逆性の度合が大きいほど大きい。

自発的変化は不可逆変化である。 いま孤立系, すなわち外界とは熱, 仕事, 物質などいっさいの交換を行わない系において, 自発的変化が起こる場合, たとえば孤立した状況 (enclosure) 内での気体の自由膨張や化学変化の進行などの場合を考える。このとき $d'Q_{irr} = 0$ であるから (1.2.16) 式より

$$dS \geqq 0 \tag{1.2.19}$$

となる。これは, 孤立した環境内において自発的な (つまり不可逆的な) 変化が進行するときは, 系のエントロピーが増大することを示す。(1.2.17) 式から考えると

$$\Delta S = S_B - S_A = 0 + \Delta S_{irr} > 0 \tag{1.2.20}$$

となる。これはエントロピー増大の法則とよばれ, 熱力学第二法則の別称であると考えてよい。Clausius は第一法則と第二法則とをまとめて,「**宇宙のエネルギーは一定である。宇宙のエントロピーは極大へ向けて増大する**」と看破した。

(C) エントロピーと乱雑さ

エントロピーとは何だと問われて, $\Delta S = Q_{rev}/T$ とか $\Delta S \geqq 0$ と式を呈示して答えることはできても, 具体的には何だと問いつめられると窮してしまう。もしエントロピーのような巨視的な量を, 原子・分子といった微視的なものの状態と関連づけて解釈できるものであれば, エントロピーそのものだけでなく, 自然を支配する摂理まで深く理解できて, もっと親しめるようになるであろう。

Boltzmann は気体の分子運動エネルギーの分布則 (Boltzmann 分布) の研究から, 物質は粒子のエネルギー分布のさせ方が最大の確率の状況になろうとする傾向をもっており, 最大確率において平衡状態に達するのではないかと考えた (2.3.5 節参照)。これは, 熱力学的なエントロピー増大の法則が構成粒子の微視的な状態の出現確率と対応関係にあることを示唆している。すなわち, 自発変化はエントロピーの増大する方向に向かって起こるが, 自発変化を, **実現する確率の低い状態から高い状態への変化**ととらえる。その粒子群からなる系がとりうる状態の数を W とする。W はその分布の出現確率に比例するので, エントロピー S は W の関数になるはずである。

$$S = f(W) \tag{1.2.21}$$

S は示量性の量であるから, S_A をもつ状態にある系 A と S_B をもつ状態にある系 B を合わせた全体のエントロピー S_{tot} は, その和となるはずである。

$$S_{tot} = S_A + S_B \tag{1.2.22}$$

一方, それぞれの状態をとる確率が W_A, W_B に比例するので, 全体として系 A が状態 A, 系 B が状態 B に同時にある状態の数 W_{tot} は, W_A と W_B の積で表される。

$$W_{tot} = W_A \cdot W_B \tag{1.2.23}$$

では，f(W)はどうなるかというと，次の関係が成り立つと考えられる。

$$S_{tot} = f(W_{tot}) = f(W_A \cdot W_B) = S_A + S_B = f(W_A) + f(W_B) \tag{1.2.24}$$

f(W)はこの式を満足するものでなければならないが，和の性質と積の性質を同時に満足するものとして Boltzmann は次の対数で示される式を提案した。

$$S = k_B \ln W \tag{1.2.25}$$

比例定数 k_B は Boltzmann 定数とよばれるものである。

この式に従えば，エントロピー変化 ΔS は，変化の始めと終わりを i と f で識別すると

$$\Delta S = S_f - S_i = k_B \ln W_f - k_B \ln W_i = k_B \ln(W_f/W_i) \tag{1.2.26}$$

である。Wは確率に比例する量という表現を用いて説明してきたが，巨視的状態を実現できる微視的状態の数，あるいは巨視的状態を与える分子の配置の仕方であるともいえる。乱雑な微視的状態のほうが秩序ある微視的状態のほうより，場合の数において（したがって確率において），大きい。

比較的によく似た2種類の物質，例えば水とメタノールを，仕切りのある容器に別々に入れて置いた状態は，明確に左は水，右はメタノールというように画然たる区別がある。しかし，間にある仕切りを取り除くと，やがて両者は完全に混合する。完全に混合した状態は最も乱雑な状態である。分子数がアボガドロ数程度に大きいときの「状態の数」は圧倒的に大きくなり，他の状態，例えば部分的に混合するような状態が出現する確率は無視できるようになる。すなわち**最も乱雑な状態が唯一最も出現確率の高い状態**である。

例題 1.1

モル質量と化学的性質に大きな違いがなく，しかも互いに化学反応をしないAとBの水溶液，例えば，フルクトース（A）とグルコース（B）の溶液それぞれが図1-2に示すよう

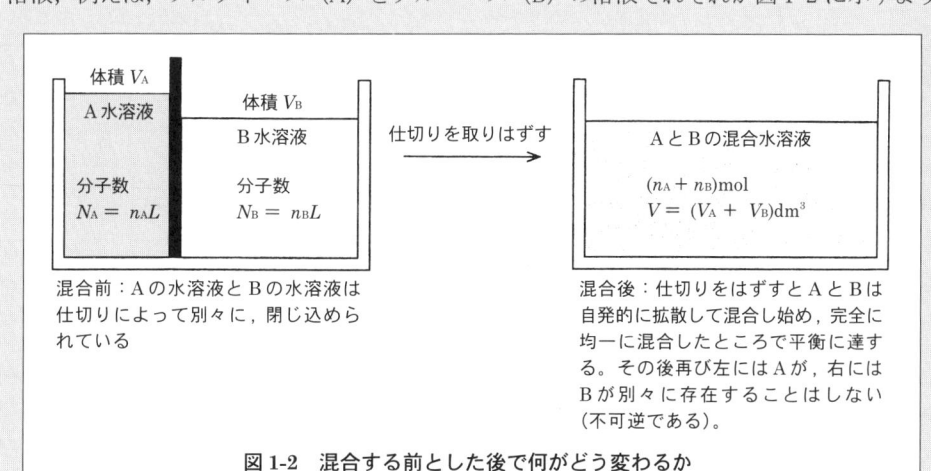

図1-2 混合する前とした後で何がどう変わるか

に仕切りによって隔てられている。分子数，物質量および体積をそれぞれ N_A と N_B，n_A と n_B，および V_A と V_B で表し，圧力と温度はそれぞれ P および T とする。これを始めの状態とする。次に，仕切りをとりはずすと，A と B は混合し始め，完全に均一になったところで平衡に達する。これを終わりの状態とする。この混合 (mixing) に伴うエントロピー変化 ΔS_{mix} を求める式を，Boltzmann の式 $S = k_B \ln W$ と Stirling **の近似式** $\ln N! \cong N \ln N - N$ （ただし N が非常に大きいとき成り立つ近似式）を用いて導け。

解答

左の槽には N_A 個の，右の槽には N_B 個の分子が 1 個ずつ入っている小さな空間（細房）があるとする。混合前の場合の数（細房を 1 つ 1 つ分子が占める方法の数）W_i は次式で表される。

$$W_i = W_A \cdot W_B = \frac{N_A!}{N_A!} \cdot \frac{N_B!}{N_B!} = 1 \tag{1.2.27}$$

完全混合したとき，$(N_A + N_B)$ 個の分子が $(N_A + N_B)$ 個の細房に分配される場合の数 W_f は

$$W_f = \frac{(N_A + N_B)!}{N_A! N_B!} \tag{1.2.28}$$

(1.2.25) 式より，混合前と混合後のエントロピー差 ΔS_{mix} は

$$\Delta S_{mix} = k_B \ln(W_f/W_i) = k_B \ln W_f = k_B \ln\left\{\frac{(N_A + N_B)!}{N_A! N_B!}\right\} \tag{1.2.29}$$

ここで Stirling の近似を用いると

$$\Delta S_{mix} = k_B \{[(N_A + N_B)\ln(N_A + N_B) - (N_A + N_B)] - [(N_A \ln N_A - N_A) + (N_B \ln N_B - N_B)]\}$$

$$= -k_B \left\{N_A \ln \frac{N_A}{N_A + N_B} + N_B \ln \frac{N_B}{N_A + N_B}\right\}$$

ここで，A の物質量 $n_A = N_A/L$，気体定数 $R = k_B L$，および $\frac{N_A}{N_A + N_B} = \frac{n_A}{n_A + n_B} = x_A$（A のモル分率）などを用いて書き直すと

$$\Delta S_{mix} = -R(n_A \ln x_A + n_B \ln x_B) \tag{1.2.30}$$

これは理想混合のエントロピーとよばれる。混合系のモル分率は必ず $0 < x < 1$ であるから，上式の対数はすべて負であり，このため混合のエントロピーは $\Delta S_{mix} > 0$ である。

注意 上の例題に関連して重大なことを述べておこう。A 水溶液と B 水溶液がともに理想溶液（Raoult の法則が成り立つ溶液）であり，混合溶液も理想溶液であるとすれば，このとき A と B は正味の相互作用がなく，発熱も吸熱もない。すなわち混合のエンタルピー ΔH_{mix} はゼロである。したがって，上の例の自発変化はエネルギー（エンタルピー）の寄与によるものではなく，エントロピー増大の寄与だけによるものである。

1.2.3 第一法則と第二法則の統合と第三法則の導入

(A) エントロピーの関数としてのエネルギー

熱力学第一法則と第二法則を組み合わせると，きわめて有用な熱力学式が得られる。すでにおなじみになった $dU = d'Q + d'W$，$dS = d'Q_{rev}/T$，$d'W_{rev} = -PdV$（この項は膨張・圧縮の PV 仕事のみ）を用いると

$$dU = TdS - PdV \quad \text{（可逆的経路）} \tag{1.2.31}$$

この式で，dU はエントロピー dS と体積 dV の可逆的な変化に伴う増分である。エンタルピーの微小変化 dH については

$$dH = dU + d(PV) = dU + PdV + VdP$$

となるので，(1.2.31) 式と結合すると

$$dH = TdS + VdP \quad \text{（可逆的経路）} \tag{1.2.32}$$

上の2つの式は，完全微分可能な U の独立変数が S と V であり，一方，H の場合，S と P が独立変数であることを示している。状態関数は，$U(S,V)$ または $H(S,P)$ のように書いてもよい。

(B) 第三法則エントロピー

U や H は示量性状態量であるが，その絶対値を決めることはできないので，状態変化に伴う変化量だけが取り扱われることはすでに述べてきた。エントロピーについても絶対値を問題にせず，変化量 ΔS だけを取り扱ってきた。では，S の絶対値も H や U と同様に定めることができないのであろうか。

Nernst の熱定理（the Nernst's heat theorem, 1906）によれば，「固相のみが関与する化学反応において，これに伴う ΔS は温度 0 K の極限でゼロになる」ことが示され，Planck はこの熱定理を普遍化して，「すべての純物質の完全結晶のエントロピーは絶対零度でゼロである」とした。すなわち，次式である。

$$\lim_{T \to 0} S = 0 \tag{1.2.33}$$

これを**熱力学第三法則**（the third law of thermodynamics）という。この法則は，先に述べた Boltzmann による S の統計力学的定義と，完全結晶における微視的状態に関する理解とから強力な支持が与えられることになった。

完全無欠の状態にある結晶では，絶対零度においては運動は止まっており，最高の秩序ある状態，すなわち配置の数 W は1つであるから，(1.2.25) 式はゼロとなる。0〜10 K の極低温下で固体の熱容量を測定するのは困難を伴うが，測定の精度向上につとめ，適切な外挿値を得ることによって，実験的に第三法則の正しさが証明されるようになった。

次に純物質を定圧のもとで，0 K から T K まで加熱してときのエントロピー変化はどうな

るかを考えてみよう。

一定圧力のもとで物質を 1 K 上昇させるのに必要な熱エネルギーを定圧熱容量（heat capacity at constant pressure）という。これを C_p で表すことは前に示した。

$$C_p = \left(\frac{\partial H}{\partial T}\right)_p \tag{1.2.34}$$

であるから，これより $(dH)_p = C_p dT$ とおける。系が相転移を伴わないときのエントロピー変化は，$dS = (dH)_p / T$ より次式で与えられる。

$$\Delta S = \int_{T_i}^{T_f} \frac{C_p}{T} dT \tag{1.2.35}$$

一方，多くの物質は極低温から熱してやると融解とか沸騰のような固体から液体や液体から気体への**相転移**（phase transition）を起こす。相転移が起こっているときは 2 相が互いに平衡状態で共存しているので，その変化は可逆的に行われているとみなされる（後の 1.3 節も参照せよ）。

$$（相\alpha）\rightleftarrows（相\beta）\quad T, P 一定$$

このとき 1 mol あたりに吸収（または放出）される熱 $\overline{Q}_{p(\text{rev})}$ は，転移のエンタルピー変化 ΔH_t である。これをそのときの**平衡温度**（equilibrium temperature，**転移温度**ともいう。その温度を T_t で表す）で割ったものが相転移に伴うエントロピー変化 ΔS_t である。

$$\overline{Q}_{p(\text{rev})} = \Delta H_t$$
$$\Delta S_t = \frac{\Delta H_t}{T_t} \tag{1.2.36}$$

例として，氷の 0℃における融解エントロピーは，融解熱（エンタルピー）$6.01 \times 10^3 \text{Jmol}^{-1}$ を 273.15 K で割れば，$22.0 \text{JK}^{-1}\text{mol}^{-1}$ の値が得られる。また 100 ℃，1atm（沸点）における水の蒸発熱は 40.66kJmol^{-1} であるから，蒸発に伴うエントロピー変化は $40.66 \times 10^3 \div 373.15 = 109.0 \text{JK}^{-1}\text{mol}^{-1}$ である。

これら 2 通りのエントロピー変化を考慮に入れて，絶対零度におけるエントロピーを $S(0)$ および 298 K におけるそれを $S(298)$ で表すと，$S(298)$ すなわち 25℃，1atm 下におけるエントロピーの絶対値を実験的に決めることができる。こうして決めたエントロピーを**第三法則エントロピー**といい，特に 298 K，1atm（熱力学的標準状態）におけるエントロピーの値を**標準エントロピー**とよび，$S^{\ominus}$ で表す。いろいろな物質について表 1-1 に掲げている。

表 1-1 代表的無機化合物 ①

	$\Delta H_f^{\ominus}$ (kJ mol^{-1})	$S^{\ominus}$ (JK^{-1} mol^{-1})	$\Delta G_f^{\ominus}$ (kJ mol^{-1})
Ag(s)	0	42.55	0
Ag$^+$(aq)	105.579	72.68	77.107
AgCl(s)	−127.068	96.2	−109.789
C(g)	716.682	158.096	671.257
C(s,graphite)	0	5.740	0
C(s,diamond)	1.895	2.377	2.900
Ca(s)	0	41.42	0
CaCO$_3$(s,calcite)	−1206.92	92.9	−1128.79
Cl$_2$(g)	0	233.066	0
Cl$^-$(aq)	−167.159	56.5	−131.228
CO(g)	−110.525	197.674	−137.168
CO$_2$(g)	−393.509	213.74	−394.359
CO$_2$(aq)	−413.80	117.6	−385.98
HCO$_3^-$(aq)	−691.99	91.2	−586.77
CO$_3^{2-}$(aq)	−677.14	−56.9	−527.81
Fe(s)	0	27.28	0
Fe$_2$O$_3$(s)	−824.2	87.40	−742.2
H$_2$(g)	0	130.684	0
H$_2$O(g)	−241.818	188.825	−228.572
H$_2$O(l)	−285.830	69.91	−237.129
H$^+$(aq)	0	0	0
OH$^-$(aq)	−229.994	−10.75	−157.244
H$_2$O$_2$(aq)	−191.17	143.9	−134.03
H$_2$S(g)	−20.63	205.79	−33.56
N$_2$(g)	0	191.61	0
NH$_3$(g)	−46.11	192.45	−16.45
NH$_3$(aq)	−80.29	111.3	−26.50
NH$_4^+$(aq)	−132.51	113.4	−79.31
NO(g)	90.25	210.761	86.55
NO$_2$(g)	33.18	240.06	51.31
NO$_3^-$(aq)	−205.0	146.4	−108.74
Na$^+$(aq)	−240.12	59.0	−261.905
NaCl(s)	−411.153	72.13	−384.138
NaCl(aq)	−407.27	115.5	−393.133
NaOH(s)	−425.609	64.455	−379.494
O$_2$(g)	0	205.138	0
O$_3$(g)	142.7	238.93	163.2
S(rhombic)	0	31.80	0
SO$_2$(g)	−296.830	248.22	−300.194
SO$_3$(g)	−395.72	256.76	−371.06

Data from *the NBS Tables of Chemical Thermodynamic Properties*, D.D.Wagman *et al.* eds, *J. Phys. Chem. Ref. Data*, 11, Suppl. 2(1982)

表 1-1　代表的炭化水素化合物 ②

	$\Delta H_f^\ominus$ (kJ mol^{-1})	$S^\ominus$ (JK^{-1} mol^{-1})	$\Delta G_f^\ominus$ (kJ mol^{-1})
Acetylene, C_2H_2(g)	226.73	200.94	209.20
Benzene, C_6H_6(g)	82.93	269.20	129.66
Benzene, C_6H_6(l)	49.04	173.26	124.35
n-Butane, C_5H_{10}(g)	−126.15	310.12	−17.15
Cyclohexane, C_6H_{12}(g)	−123.14	298.24	31.76
Ethane, C_2H_6(g)	−84.68	229.60	−32.82
Ethylene, C_2H_4(g)	52.26	219.56	68.15
n-Heptane, C_7H_{16}(g)	−187.78	427.90	7.99
n-Hexane, C_6H_{14}(g)	−167.19	388.40	−0.25
Isobutane, C_4H_{10}(g)	−134.54	294.64	−20.88
Methane, CH_4(g)	−74.81	186.264	−50.72
Naphthalene, $C_{10}H_8$(g)	150.96	335.64	223.59
n-Octane, C_8H_{18}(g)	−208.45	466.73	16.40
n-Pentane, C_5H_{12}(g)	−146.44	348.95	−8.37
Propane, C_3H_8(g)	−103.85	269.91	−23.47
Propylene, C_3H_6(g)	20.42	266.94	62.72

Data from D. R. Stull, E. F. Westrum, Jr., and G. C. Sinke, "*The Chemical Thermodyamics of Organic Compounds*", Jonn Wiley, (1969).

表 1-1　生物化学的に重要な代表的有機化合物 ③

	$\Delta H_f^\ominus$ (kJ mol^{-1})	$S^\ominus$ (JK^{-1} mol^{-1})	$\Delta G_f^\ominus$ (kJ mol^{-1})	$\Delta G_f^\ominus$※ (kJ mol^{-1})
アセトアルデヒド (Acetaldehyde) $CH_3CHO(g)$	−166.36	264.22	−133.30	−139.24
酢酸イオン (Acetate$^-$(aq))	—	—	—	−372.334
酢酸 (Acetcic acid) $CH_3CO_2H(l)$	−484.1	159.83	−389.36	−396.60
アセトン (Acetone) $CH_3COCH_3(l)$	−248.1	200.4	−155.39	−161.00
アデニン (Adenine) $C_5H_5N_5(s)$	95.98	151.00	299.49	—
L-アラニン (L-Alanine) $CH_3CHNH_2COOH(s)$	−562.7	129.20	−370.24	−371.71
酪酸 (Butyric acid) $C_3H_7COOH(s)$	−533.9	226.4	−377.69	—
クエン酸 (Citrate^{3-}(aq)) $C_6H_5O_7$	—	—	—	−1168.34
エタノール (Ethanol) $C_2H_5OH(l)$	−276.98	160.67	−174.14	−180.92
ホルムアルデヒド (Formaldehyde) $CH_2O(g)$	−115.90	218.78	−109.91	−130.5
ホルムアミド (Formamide) $HCONH_2(g)$	−186.2	248.45	−141.04	—
ギ (蟻) 酸 (Formic acid) $HCOOH(l)$	−424.76	128.95	−361.46	—
Fumarate$^-$(aq)	—	—	—	−604.21
フマル酸 (Fumaric acid) $trans$-$(=CHCOOH)_2(s)$	−811.07	166.1	−653.67	−646.05
α-D-ガラクトース (α-D-Galactose) $C_6H_{12}O_6(s)$	−1285.37	205.4	−919.43	−924.58
α-D-グルコース (α-D-Glucose) $C_6H_{12}O_6(s)$	−1274.4	212.1	−910.52	−917.47
グリセロール (Glycerol) $HOCH_2CHOHCH_2OH(l)$	−668.6	204.47	−477.06	−488.52
グリシン (Glycine) $H_2CNH_2COOH(s)$	−537.2	103.51	−377.69	−379.9
グアニン (Guanine) $C_5H_5N_5O(s)$	−183.93	160.2	47.40	—
L-イソロイシン (L-Isoleucine) $C_6H_{13}NO_2(s)$	−638.1	207.99	−347.15	—
乳酸 (Lactate$^-$(aq))	—	—	—	−517.812
((L-Lactic acid)) $CH_3CHOHCOOH(s)$	−694.08	142.26	−522.92	—
β-ラクトース (β-Lactose) $C_{12}H_{22}O_{11}(s)$	−2236.72	386.2	−1566.99	−1569.92
L-ロイシン (L-Leucine) $C_6H_{13}NO_2(s)$	−646.8	211.79	−357.06	−353.09
マレイン酸 (Maleic acid) $cis-(=CHCOOH)_2(s)$	−790.61	159.4	−631.20	—
メタノール (Methanol) $CH_3OH(l)$	−238.57	126.8	−166.23	−175.23
シュウ (蓚) 酸 (Oxalic acid)$(-COOH)_2(s)$	−829.94	120.08	−701.15	—
ピルビン酸 (Pyruvate$^-$(aq))	—	—	—	−474.33
(Pyruvic acid) $CH_3COCOOH(l)$	−584.5	179.5	−463.38	—
コハク (琥珀) 酸 (Succinate^{2-}(aq))	—	—	—	−690.23
(Succinic acid)$(-CH_2COOH)_2(s)$	−940.90	175.7	−747.43	−746.22
ショ (庶) 糖 (Sucrose) $C_{12}H_{22}O_{11}(s)$	−2222.1	360.2	−1544.65	−1551.76
尿素 (Urea) $NH_2CONH_2(s)$	−333.17	104.60	−197.15	−203.84
L-バリン (L-Valine) $C_5H_{11}NO_2(s)$	−617.98	178.86	−358.99	—

Data from D. R. Stull, E. F. Westrum, Jr., and G. C. Sinke, "*The Chemical Thermodyamics of Organic Compounds*", Jonn Wiley, (1969); and from J. T. Edsall and J. Wyman, "*Biophysical Chemistry*",Vol. 1, Academic Press, (1958)

※最右列の $\Delta G_f^\ominus$ は1Mを活量1と置いて，水溶液中で測定した値。

1.3　自由エネルギーと種々の平衡

1.3.1　自由エネルギーと化学ポテンシャル

たとえば水素ガスの燃焼の反応では系のエンタルピーは減少するが，一方，自発的変化であるにもかかわらず，エントロピーの減少も伴なう。ここで次の2つの問題が生じてくる。温度，圧力あるいは体積などのどれかを一定に保った条件下で自発的な変化が進行するとき

には,「エネルギー的要素とエントロピー的要素の両方が何らかの役割分担をしている」のではなかろうか? また,系のもつ全エネルギーは内部エネルギーである。内部エネルギーを利用して仕事をさせるとき,そのエネルギーの一部が熱となって逃げていくので,実際に仕事に変換し利用できる部分を評価できる新しい目安はないだろうか? これらの疑問に解答してくれる新しい熱力学量:Gibbs の自由エネルギー(Gibbs free energy,または簡単に Gibbs energy)をこれから学ぶ。これはまた**エルゴン**(ergon)ともよばれ,生命科学の分野ではこの呼び方がよく用いられる。これらは化学のみならず生命科学にとっても大切な熱力学量である。

先の 1.2.3 項において,可逆過程に限定して,熱力学第一法則と第二法則の結合を試みた((1.2.31),(1.2.32)式)。ここでは,可逆・不可逆両過程を含めた第二法則を表す(1.2.16)式とを組み合わせよう。$TdS \geqq d'Q$ であるから

$$dU - TdS \leqq d'W \tag{1.3.1}$$

が得られる。不等号が不可逆過程に相当する。仕事のうち体積仕事の多くは通常,大気を押しやるだけで,有効な仕事としては使えない。そこで仕事 $d'W$ を 2 つにわけて,体積仕事 $d'W_v = -PdV$ と,有効に使える可能性のある**有効仕事**(available work, net work, **正味の仕事**ともよばれる)$d'W_a$ の和であるとする。こうすれば式は次式で表される。

$$dU - TdS \leqq d'W = d'W_v + d'W_a \tag{1.3.2}$$

ここで有効仕事や平衡の条件などについて上で示した自由エネルギーを通して考察しよう。

(A) 定温・定圧の条件下での変化を扱うための Gibbs の自由エネルギー

一般に関心のある反応の多くは,U や H の大きな変化を伴うものである。また,注目している系が温度一定・圧力一定のもとで反応を起こすかどうかに我々は関心をもっている。この 2 つの条件のもとで(つまり実験室で)観察している系は,室温を保ったままの外界(実験室)と熱の交換を自由に行っているし,また部屋の圧力を大気圧に保ったまま系は膨張したり収縮したりしている。T,P 一定の条件下にある系の反応の自発性に関する新しい基準がここで欲しい。それが次に定義する Gibbs の自由エネルギーである。

$$\begin{aligned} G &\equiv U + PV - TS \\ G &\equiv H - TS \\ &= A + PV \end{aligned} \tag{1.3.3}$$

ほぼ定温・定圧の条件のもとで生命活動を行っている生命体のエネルギーを論じる上で,この Gibbs エネルギーは必要不可欠の熱力学量で,これなくしては生物物理化学は成立たたないといっても過言ではない。ここで A は $A \equiv U - TS$ として定義され,Helmholtz の**自由エネルギー**とよばれる熱力学量である。(1.3.2) 式は次式で表される。

$$dA \leqq d'W_a + d'W_v \tag{1.3.4}$$

さて，ここで (1.3.3) 式の全微分をとると

$$\begin{aligned}dG &= dU + PdV + VdP - TdS - SdT \\ &= dH - TdS - SdT = dA + PdV + VdP\end{aligned}$$

であるが，定温・定圧下では $dT = 0$，$dP = 0$ であるから，次式が得られる。

$$dG = dH - TdS = dA + PdV \tag{1.3.5}$$

この式に (1.3.4) 式の関係を代入すると

$$dG - PdV \leqq d'W_v + d'W_a$$

ここで，$d'W_v = -PdV$ であるから，次式が成り立つ。

$$dG \leqq d'W_a \tag{1.3.6}$$

さらに見方を変えて

$$-d'W_a \leqq -dG \tag{1.3.7}$$

とおくと，**定温・定圧可逆過程では Gibbs エネルギーの減少が外界に対する最大仕事に相当し**，また，定温・定圧下での不可逆過程（不等式）では，Gibbs エネルギーの減少分がすべて有効仕事に変っていないで，どこかに損失があることを示している。

仕事として有効仕事がなく（$d'W_a = 0$），体積仕事のみをするとき，(1.3.6) 式は次式となる。

$$dG \leqq 0 \tag{1.3.8}$$

この式は，定温・定圧可逆変化（等式）では G は一定で変化せず，定温・定圧下の不可逆変化（不等式）では G は減少することを示している。つまり $dG < 0$ のときは，**定温・定圧下で自発的変化が進行し，$dG = 0$ に達したところで平衡（平衡とは可逆変化の状態）に至る**ことを意味する。言い換えれば $dG = 0$ は**平衡の条件**である。

(1.3.3) 式を見ると，自由エネルギーはエネルギーの項とエントロピーの項を同時に含んでいることがわかる。例えば，定温・定圧下において (1.3.5) 式を積分形で表したものは次のように示される。

$$\varDelta G = \underbrace{\varDelta H}_{\text{(energy term)}} + \underbrace{-T\varDelta S}_{\text{(entropy term)}} \tag{1.3.9}$$

自発的変化が起こる条件は $\varDelta G < 0$ であるが，その符号はエネルギー項 $\varDelta H$ とエントロピー項 $T\varDelta S$ との兼ね合いで決まる。$\varDelta G < 0$ であるために，$\varDelta H < 0$（発熱反応）のほうが有効であるから，常温・常圧付近で見る化学反応のほとんどが発熱反応である。$H_2(g)$ の燃焼反応の際，$\varDelta S^0$ が負であるため，エントロピー項 $-T\varDelta S$ は正となるので，$\varDelta G < 0$ に対しては不利な方向に働いている。しかし，$\varDelta H$ の大きな負の値が $\varDelta G < 0$ に寄与していることがわかる。

ここで有効仕事がある場合について整理すると以下の通りである。

T，P 一定の条件では

$$(dG)_{T,P} \leq d'W_a \tag{1.3.10}$$

となる．また，上の式は，有限の変化に対しては

$$(\Delta G)_{T,P} \leq W_a \tag{1.3.11}$$

で表される．

　ΔG について有効仕事との関係を図示すると，図 1-3 のようになる．図 (A) には，系が外界へ仕事をする場合，可逆過程では ΔG が 100％仕事に変わり，最大値を示すが，不可逆過程では一部損失を生じることを示している．逆に図 (B) に示すように，外界から仕事をして系のエネルギーを高めようとする場合，可逆過程では最小でそれができるが，不可逆過程では余分な仕事を要し，その分損失を生じる．鉛蓄電池のように，可逆反応を応用した電池は，無限小の電流が流れるように電池を働かせたとすると，熱力学的に可逆である．また，この場合，電池から得られる電気的仕事は，体積変化の仕事を含まないので，定温・定圧のもとではその可逆電池から得られる電気的仕事は有効仕事に等しく，したがって電池反応に伴う Gibbs エネルギーの減少量に等しい．また，可逆的に充電されるときは Gibbs エネルギーの増加量に等しい．しかし，実際の鉛蓄電池の利用にあたっては，熱力学的に真の可逆過程で電気的仕事を取り出したり加えたりすることは不可能であるので，放電時も充電時もエネルギーの一部損失は避けられない．

　25℃，1 atm において物質 1 mol が各成分元素から生成するときの自由エネルギー変化をとくに**標準生成 Gibbs エネルギー** (standard free energy of formation) といい，$\Delta G_f^\ominus$ で表す．これはある化合物が出発原料として 25℃，1 atm で最も安定な状態にある各成分元素の単体から生成したとしたときの変化量である．$\Delta G_f^\ominus$ の値が $\Delta H_f^\ominus$ や $\Delta S^\ominus$ とともに種々の物質について表 1-1 に掲げてある．ちなみに H₂O(g) については，$\Delta G_{f,H_2O(g)}^\ominus = -228.57 \mathrm{kJmol}^{-1}$ となっている．

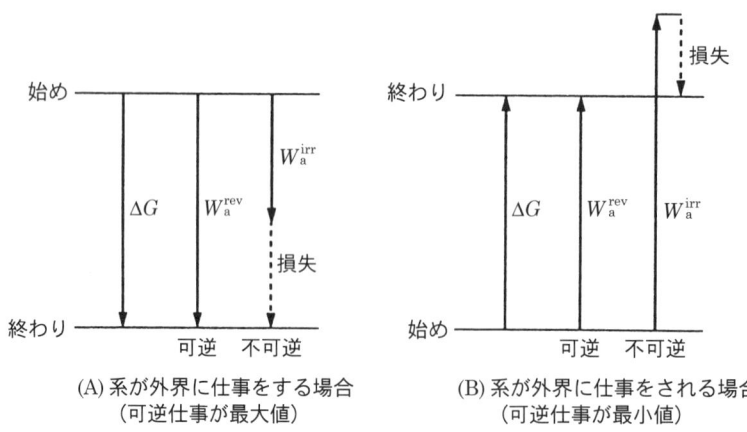

(A) 系が外界に仕事をする場合　　　　(B) 系が外界に仕事をされる場合
　　（可逆仕事が最大値）　　　　　　　　（可逆仕事が最小値）

図 1-3　$\Delta G \leq W_a$ の意味：非可逆過程は Gibbs エネルギーの損失をともなう

(B) 部分モル Gibbs エネルギー：化学ポテンシャル

これまでは物質の出入りのない均一な閉じた系（閉鎖系）について論じてきた。しかし，化学で扱う多くの系はエネルギーのみならず，物質の出入りも許す。いわゆる「開いた系」（開放系）である。したがって，開放系では組成の変化あるいは濃度の変化の影響を考慮しなければならない。この場合，内部エネルギー，エンタルピー，および Gibbs エネルギー等は，次のように，物質 1, 2, …, r の物質量 n_1, n_2, …, n_r の変数も関数に加わる。例えば，$G(T, P, n_1, n_2, …, n_i, …, n_r)$ で表される Gibbs エネルギーの全微分をとれば

$$dG = \left(\frac{\partial G}{\partial T}\right)_{P,n_i} dT + \left(\frac{\partial G}{\partial P}\right)_{T,n_i} dP + \sum_{i=1}^{r}\left(\frac{\partial G}{\partial n_i}\right)_{T,P,n_j(i \neq j)} dn_i \tag{1.3.12}$$

ここで

$$\left(\frac{\partial G}{\partial n_i}\right)_{T,P,n_j(i \neq j)} \equiv \mu_i \tag{1.3.13}$$

とおき，上式の偏微分は $(\partial G/\partial T)_{P,n_i} = -S$，および $(\partial G/\partial P)_{T,n_i} = V$ に他ならぬから[*1]，上式は次のように表される。

$$dG = -SdT + VdP + \sum_{i=1}^{r} \mu_i dn_i \tag{1.3.14}$$

(1.3.13) および (1.3.14) 式の μ_i は**化学ポテンシャル**（chemical potential）とよばれるものである。

Gibbs エネルギーは示量性の状態量であるが，化学ポテンシャルは多成分系中の，それぞれの成分 1 mol あたりの Gibbs エネルギーである。注意しなければならないのは，化学ポテンシャルは示強性の状態量であることである。また，T, P が一定ならば，G と μ_i の関係は (1.3.14) 式をみてわかるように

$$dG(T, P, n_1, …, n_r) = \sum_{i=1}^{r} \mu_i dn_i \tag{1.3.15}$$

$$G(T, P, n_1, …, n_r) = \sum_{i=1}^{r} \mu_i n_i \tag{1.3.16}$$

[*1] (1.3.3) 式の微分が次式で表される。

$$dG = dU + PdV + VdP - TdS - SdT \tag{a}$$

可逆変化に対しては，(1.3.1) 式で $d'W = -PdV$ であるとすると

$$dU - TdS + PdV = 0 \quad \text{（可逆過程）} \tag{b}$$

であるので，これを上の式に代入すると，重要な次式を得る。

$$dG = VdP - SdT \tag{c}$$

一方，G を T と P の関数として全微分をとると

$$dG = \left(\frac{\partial G}{\partial p}\right)_T dP + \left(\frac{\partial G}{\partial T}\right)_P dT \tag{d}$$

(c) 式と (d) 式を比較すれば，全微分の微係数がそれぞれ V と $-S$ に相当することがわかる。

$$\left(\frac{\partial G}{\partial p}\right)_T = V, \quad \left(\frac{\partial G}{\partial T}\right)_P = -S \tag{e}$$

となる。このような多成分が集まってできた系全体のなかで1成分の 1mol あたりの熱力学量を**部分モル量**(partial molar quantity,「部分モル」のかわりに (1.3.13) 式で見るように偏微分で定義されているので「偏モル」という訳語を用いる人たちもいる)という。したがって,(1.3.13) 式で定義される化学ポテンシャルは**部分モル Gibbs エネルギー**のことである。化学ポテンシャル μ_i は大量にある混合系(成分 1, 2, $\cdots$, i, $\cdots$ からなる)に物質 i を 1mol 加えたときの Gibbs エネルギーの変化量に相当するものであり,純粋な i の 1mol がもつ Gibbs エネルギーとは値が異なる。あくまでも全体の中で i が受けもつ 1mol あたりの Gibbs エネルギーの大きさである。

(C) 変化の進行と化学ポテンシャル

上で学んだように,熱力学の法則によれば定温定圧における平衡条件は次のようなものであった((1.3.8) 式を見よ)。

$$dG = 0 \qquad (1.3.17)$$

すなわち,平衡状態では Gibbs エネルギーが極小になっている。あるいは逆に,Gibbs エネルギーが極小になっていれば平衡状態に達している。これは化学平衡の場合にも当然あてはまる。つまり,化学平衡の状態では反応物と生成物からなる系の Gibbs エネルギーは極小になっており,その状態では反応が正方向または逆方向に進行しないので Gibbs エネルギーは変化しない。熱力学に基づいた平衡条件,すなわち (1.3.17) 式の関係から出発すると化学平衡の状態で成り立つ**質量作用の法則**(mass action law)が自然に導かれてくる。そのためにまず,(1.3.17) 式を化学反応に適応して得られる化学平衡の条件を調べることから始めよう。質量作用の法則や平衡の条件を知ることは,生体系における反応の進行または停止の条件を理解する上で不可欠である。

温度と圧力が一定のもとで,ある化学反応が平衡にあるとき,Gbbs エネルギーは極小値をとっている($dG = 0$)。いま化学反応を一般化して次のように表現しよう。

$$\nu_1 \mathrm{Re}_1 + \nu_2 \mathrm{Re}_2 + \cdots = \nu_1' \mathrm{Pr}_1 + \nu_2' \mathrm{Pr}_2 + \cdots$$

ここで,Re は反応物(reactants),Pr は生成物(products)を表し,係数 ν を化学量論係数とよぶ。また,左辺を反応系,右辺を生成系という。総和の記号を用いれば,この化学反応式は次のように簡潔に表される。

$$\sum_i \nu_i \mathrm{Re}_i = \sum_j \nu_j' \mathrm{Pr}_j \qquad (1.3.18)$$

これ以後は反応物に関する添字を i で,生成物に関する添字を j で表すことにする。

いま,定温定圧で反応が右向きにほんのわずかだけ進行したときの Gibbs エネルギーの変化を考えよう。この反応の進行により Re_i の物質量が dn_i mol だけ減少し,Pr_j の物質量が dn_j mol だけ増加したとすれば,系の Gibbs エネルギー変化 dG は各物質の化学ポテンシャル

μ_i と μ_j を用いて次のように表される。

$$dG = -\sum_i \mu_i dn_i \text{ (反応系)} + \sum_j \mu_j dn_j \text{ (生成系)} \tag{1.3.19}$$

ところで，閉じた系で化学反応に伴う各成分の物質量の変化量（dn）は，その化学量論係数（ν）に比例するから次の関係が成り立つ。

$$\frac{dn_1}{\nu_1} = \frac{dn_2}{\nu_2} = \cdots = \frac{dn_i}{\nu_i}$$

つまり，化学反応による物質量の変化量と化学量論係数の比はすべての成分について同じになる（具体的な化学反応について上の関係が成り立つことを確かめよ）。この比を $d\xi$ で表せば，

$$\begin{aligned} dn_i &= \nu_i d\xi \quad (i = 1, 2, \cdots) \\ dn_j &= \nu_j' d\xi \quad (j = 1', 2', \cdots) \end{aligned} \tag{1.3.20}$$

と書ける。なお，この ξ を反応進行度とよぶ。(1.3.20) 式を用いて (1.3.19) 式を書き換えると次の式が得られる。

$$dG = -\sum_i \nu_i \mu_i d\xi \text{ (反応系)} + \sum_j \nu_j' \mu_j d\xi \text{ (生成系)} \tag{1.3.21}$$

上にも述べたように，Gibbs エネルギーが極小値をとるというのが定温定圧における平衡条件であり，これは化学平衡にあてはめると次のように表される。

$$\left(\frac{\partial G}{\partial \xi}\right)_{T,P} = 0 \tag{1.3.22}$$

上の2つの式より，定温定圧における化学平衡の条件として次式が得られる。

$$\sum_i \nu_i \mu_i d\xi \text{ (反応系)} = \sum_j \nu_j' \mu_j d\xi \text{ (生成系)} \tag{1.3.23}$$

なお，$(\partial G/\partial \xi)_{T,P} < 0$ のとき，すなわち，

$$\sum_i \nu_i \mu_i d\xi \text{ (反応系)} > \sum_j \nu_j' \mu_j d\xi \text{ (生成系)}$$

のときは化学反応は反応系から生成系の方向に（反応式の左から右に）進行する。一方，$(\partial G/\partial \xi)_{T,P} > 0$ のとき，すなわち，次の関係のときは生成系から反応系の方向に進行する。

$$\sum_i \nu_i \mu_i d\xi \text{ (反応系)} < \sum_j \nu_j' \mu_j d\xi \text{ (生成系)}$$

生体内の反応は常にこれら非平衡の状況下で起こっている。

1.3.2 液相中の化学平衡

(A) 溶液の化学ポテンシャル

前節では化学平衡について考察した。生体は熱力学的にみると水溶液であるとみなしてさしつかえない。それゆえ，まずは溶液内で起こる化学反応の化学熱力学に注目してみよう。

そのためには溶液中に含まれる成分の化学ポテンシャルが温度，圧力，組成（濃度）の関数としてどのように表されるかを知る必要がある。気体の場合，理論的な考察をするために考えやすい理想化された気体（理想気体）を考えるが，溶液の場合も，取り扱いが簡単な理想化されたモデルを考え（理想溶液），それに基づいて現実の溶液（実在溶液，非理想溶液）へと発展させていく。そこで，まず理想溶液中の化学平衡を考えることから始めるのがよい。

理想溶液中の成分 i のモル分率を x_i と表すとその化学ポテンシャルは次式で示される。

$$\mu_i = \mu_i^*(T,P) + RT\ln x_i \tag{1.3.24}$$

ここで μ_i^* を**標準化学ポテンシャル**とよび，成分 i の純粋液体（$x_i = 1$ のとき）が温度 T，圧力 P のものでもつ化学ポテンシャル（モル Gibbs エネルギーに等しい）である。

熱力学的には成分 i の化学ポテンシャルが (1.3.24) 式で与えられるような溶液を**理想溶液**（ideal solution）と定義する。分子論的にみると，これは同種分子間も異種分子間も含めてすべての分子間相互作用が等しく，分子の大きさがすべて等しいような構成分子からできた溶液ということになる。ベンゼンとトルエンのような似たものどうしの組み合わせでは上の条件がほぼあてはまり，その溶液は理想溶液に近くなる。しかし一般には，現実の溶液ではこの条件は満足されず，理想溶液からずれてくる。ところがこの場合でも，すなわち現実のどのような溶液でも，非常に希薄になると理想溶液としての振舞いをするようになる。

成分 A と B からなる 2 成分溶液を考えよう。いま，大量の A にわずかの B が溶けた溶液の場合（すなわち，A が溶媒で B が溶質），成分 A の化学ポテンシャルは理想溶液の場合と同じく次式で与えられる。

$$\mu_A = \mu_A^*(T,P) + RT\ln x_A \qquad (x_A \to 1) \tag{1.3.25}$$

ここで，標準化学ポテンシャル μ_A^* は温度 T，圧力 P における成分 A の純粋液体の化学ポテンシャルである。非常に希薄な溶液で溶媒の化学ポテンシャルが理想溶液の場合と同じになることは，異種分子が混ざっていてもその割合が低いかぎり各成分間の相互作用の違いが目立ってこないためである。一方，少量の A が大量の B に溶けた溶液（A が溶質 B が溶媒）では，成分 A の化学ポテンシャルはやはり (1.3.24) 式と同じ形で表されるが，標準化学ポテンシャルが上の (1.3.25) 式の場合とは異なってくる。そこでその区別をはっきりさせるため別の記号を用いて次のように表すことにしよう。

$$\mu_A = \mu_A^0(T,P) + RT\ln x_A \qquad (x_A \to 0) \tag{1.3.26}$$

ここで標準化学ポテンシャルを記号 μ_A^0 で表した。(1.3.26) 式で $x_A = 1$ としたときの μ_A が μ_A^0 になることからわかるように，μ_A^0 は成分 A のみ存在するときの A の化学ポテンシャルに相当する。しかし，**これは A が実際に純粋状態でもつ化学ポテンシャルとは異なる**。ほんのわずかな A が大量の B と混ざっている場合，A 分子はまわりを B 分子で取り囲まれており，それと同じ状況が仮に $x_A = 1$（すなわち，"純粋"な A）まで成り立つとしたときの純粋な A

の化学ポテンシャルが μ_A^0 である（図 1-4（B）を見よ。）。このように，Aが溶媒の場合と溶質の場合では標準状態が異なる。前者では現実に存在する A の純水液体が標準状態である。一方，後者の場合は希薄な環境下の状況（すなわち，まわりを溶媒分子で囲まれた状況）がそのまま保たれると仮定したときの純物質が標準状態であり，これは現実にはありえない仮想的な状態である。2 成分溶液に限らず一般に成分 i の化学ポテンシャルが次式で表せるような希薄な溶液を**理想希薄溶液**という。

$$\mu_i = \mu_i^*(T,P) + RT \ln x_i \qquad (x_i \to 1) \tag{1.3.27}$$

$$\mu_i = \mu_i^0(T,P) + RT \ln x_i \qquad (x_i \to 0) \tag{1.3.28}$$

図 1-4 は理想溶液と実在の溶液について，圧力 1atm のもとでの μ_i と $\ln x_i$ の関係を図示したものである。図 1-4（A）に示したように，理想溶液では $0 \leq x_i \leq 1$ の全濃度範囲にわたって μ_i と $\ln x_i$ の間に傾き RT の直線関係が成り立つ。一方，実在の溶液では x_i が 1 に近いところと 0 に近いところの 2 つの濃度領域で傾き RT の直線関係が成り立つ。ただし，切片は 2 つの場合で異なる。$x_i \to 1$ の領域における直線の切片は μ_A^* であり，これは実在する成分 i の純粋液体の化学ポテンシャルである。それに対して，$x_i \to 0$ の領域における直線の切片（$x_i \to 0$ の領域で成り立つ直線関係が全濃度範囲で成り立つと仮定したときの切片）は μ_A^0 であり，これは成分 i の純物質が現実にもつ化学ポテンシャルではなく，**希薄な環境がそのまま純物質まで保たれたと仮想したときに成分 i の純物質がもつはずの化学ポテンシャルである**（図 1-4（B））

(B) 非理想溶液中の化学平衡—活量の概念

現実の溶液中の化学平衡では，非常に希薄な場合は別として，**質量作用の法則**（mass action law）と呼ばれる反応物と生成物の濃度関係を示す法則はそのままの形では成り立たない。そ

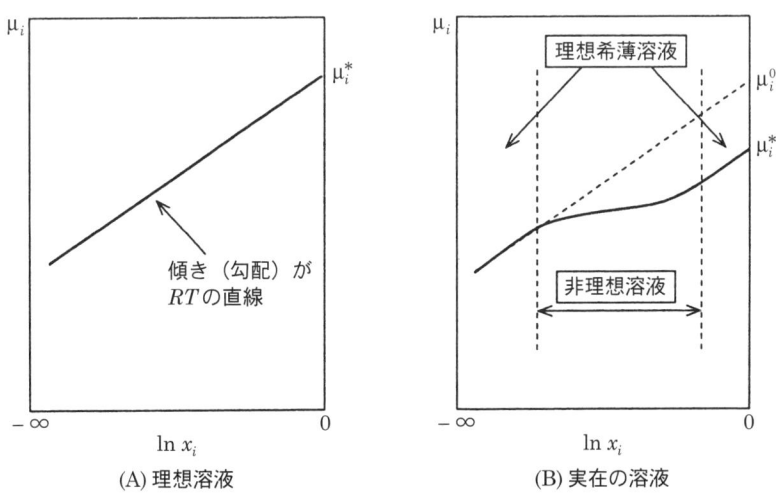

図 1-4 溶液の成分 i の化学ポテンシャルと組成の関係および標準化学ポテンシャルのとり方

れは，図 1-4（B）に示したように，非理想溶液では溶媒分子の間にその組み合わせや混合比に応じた特有の相互作用が新たに生じるので，μ_i と $\ln x_i$ の間に直線関係が成り立たなくなるからである（反応物や生成物の化学ポテンシャルと濃度の対数との間に直線関係が成り立つとき，温度と圧力で決まる平衡定数が得られることは質量作用の法則が導かれる過程をみてもわかるだろう）。この場合，濃度のかわりに**活量**（または**活動度**，activity）という量を用いて平衡定数を組み立てれば，それは温度・圧力に応じて決まる文字どおりの定数となり，質量作用の法則が保たれる。以下に活量の概念について示していこう。

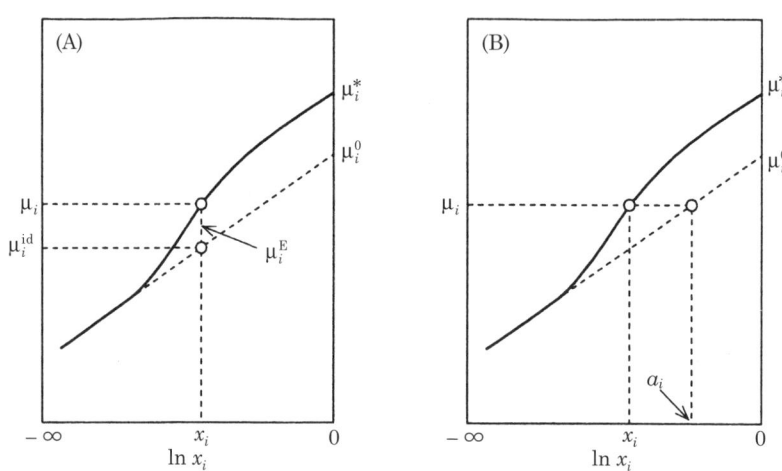

図 1-5 実在溶液と理想溶液の差異と活量（活動度）の概念

　液相化学平衡では反応物も生成物も溶質であるような場合が多い。そこで，ここでは成分 i が溶質である状況を考える。成分 i の化学ポテンシャルと $\ln x_i$ の関係が，例えば図 1-5（A）のようになっているとしよう。ここで，成分 i の濃度（モル分率）x_i は非理想溶液の濃度領域にあり，その化学ポテンシャルは μ_i だとしよう。いま，もしこの溶液が理想希薄溶液であるとしたときに予測される化学ポテンシャルを μ_i^{id} とし，これと現実の μ_i との差が μ_i^{E} であるとすれば次式が成り立つ。

$$\mu_i = \mu_i^{\text{id}} + \mu_i^{\text{E}}$$
$$= \mu_i^{\circ} + RT \ln x_i + \mu_i^{\text{E}} \tag{1.3.29}$$

いま，μ_i^{E} を

$$\mu_i^{\text{E}} = RT \ln \gamma_i$$

と表すことにすれば，(1.3.29) 式は次式のようにまとめられる。

$$\mu_i = \mu_i^{\circ} + RT \ln \gamma_i x_i \tag{1.3.30}$$

そこで，

$$a_i = \gamma_i x_i \tag{1.3.31}$$

とおけば，(1.3.30) 式は

$$\mu_i = \mu_i^\circ + RT \ln a_i \tag{1.3.32}$$

と書き換えられて，この場合も化学ポテンシャルが理想溶液や理想希薄溶液の場合と同じ形で表すことができる。(1.3.31) 式で定義される a_i を成分 i の**活量**（activity）とよび，また，γ_i を**活量係数**（activity coefficient）という。図 1-5（A）から明らかなように，x_i が 0 に近づくと μ_i^E も 0 に近づくので γ_i は 1 に近づく。すなわち

$$x_i \to 0 \quad \text{のとき} \quad \gamma_i \to 1, \ a_i \to x_i$$

このように，活量は濃度に活量係数を掛けたもので，希薄になると実濃度に等しくなる。活量の物理的意味をはっきりさせるために，別の見方をしてみたのが図 1-5（B）である。成分 i の実際の濃度が x_i でありその化学ポテンシャルは μ_i だとしよう。この図は，実際の溶液中の成分 i の化学ポテンシャルを与えるような理想希薄溶液の濃度は a_i であることを示している。つまり，**実際の濃度 x_i の非理想溶液は，濃度 a_i の理想希薄溶液と等価であるといえる**。この意味で，活量は"熱力学的濃度"ということもできる。なお，活量もしくは活量係数は溶液の蒸気圧，沸点，凝固点，浸透圧などの測定により実験的に求められるし，電解質であれば電気化学的な方法でも活量が測定できる。また，比較的薄い電解質水溶液の場合，理論的に得られる関係からイオンの活量係数を知ることもできる。

さて，こうして非理想溶液に対する化学ポテンシャルの表現がわかったので，あとはこれまでと同様に (1.3.32) 式を化学平衡の条件，(1.3.23) 式に適用して整理する。その結果，次の関係が得られる。

$$\Delta G^\circ = -RT \ln K_a \tag{1.3.33}$$

$$\Delta G^\circ = \sum_j \nu'_j \mu_j^\circ - \sum_i \nu_i \mu_i^\circ \tag{1.3.34}$$

$$K_a = \frac{\prod_j a_j^{\nu'_j}}{\prod_i a_i^{\nu_i}} \tag{1.3.35}$$

ここで，ΔG^0 はある温度 T および圧力 P のもとでの標準 Gibbs エネルギー変化であり，標準状態は理想希薄溶液の溶質の場合と同様に，分子間相互作用はきわめて希薄な溶液中と同じであるような純物質という仮想的な状態である。また，K_a は活量で表した平衡定数であり，これを熱力学的平衡定数とよぶ。前にも述べたように，濃度で表した平衡定数は，反応物や生成物の濃度が非理想溶液の濃度領域に入ってくると，一定の温度・圧力のもとでも定数にはならず濃度によってその値が変わってくる。それに対して，活量を用いた熱力学的平衡定数は厳密な意味の平衡定数であり，一定の温度・圧力のもとで反応に応じた決まった値をとる。生体に関連した物理化学では，後で示すように標準 Gibbs エネルギーや平衡定数は (1.3.33) 式や (1.3.35) 式で示したものとは少々異なるので，ここで述べたことを理解した上で，それらを応用しなければならない。

後でも紹介するが z 価の荷電をもつ陽イオン M^{z+} の水溶液中における化学ポテンシャルは，イオンの活量を $a_{M^{z+}}$ とすると，次式で与えられる。

$$\mu_{M^{z+}(aq)} = \mu^{o}_{M^{z+}} + RT \ln a_{M^{z+}} \tag{1.3.36}$$

ここでは $\mu^{o}_{M^{z+}}$ は標準化学ポテンシャルである。イオン活量について以下示すように注意すべきことがある。いま，簡単のため，水中で陽イオン M^+ と陰イオン X^- に電離する 1 価-1 価電解質 MX の場合を考えてみる。この MX の化学ポテンシャル μ_{MX} は各イオン種の化学ポテンシャル μ_+ と μ_- の和，すなわち $\mu_{MX} = \mu_+ + \mu_-$ で表される。イオンの濃度を質量モル濃度 (m_+, m_-) で表せば，それぞれの活量 a_+ と a_- は次のように示される。

$$\left. \begin{array}{l} a_+ = \gamma_+ m_+ \\ a_- = \gamma_- m_- \end{array} \right\} \tag{1.3.37}$$

γ_+ と γ_- はそれぞれの活量係数である。ここでは質量モル濃度を用いたのは，熱力学においては質量モル濃度が（容量モル濃度とは異なり）温度・圧力に無関係のため，望ましいとされているからである。さて，γ_+ と γ_- はそれぞれ異なる値をとる可能性があるが，残念ながらそれぞれを個別に評価することができない（なぜなら，陽イオンや陰イオンがそれぞれ単独で存在する状況は実現不可能だからであるので）。そこで次式のように両活量係数の幾何平均で代用する方法がとられている。

$$\gamma_{\pm} = (\gamma_+ \cdot \gamma_-)^{1/2} \tag{1.3.38}$$

この $\gamma_{\pm}$ を**平均イオン活量係数**（mean ionic activity coefficient）とよぶ。これを用いれば，それぞれのイオンの化学ポテンシャルは，次のように表すことができる。

$$\left. \begin{array}{l} \mu_+ = \mu^o_+ + RT \ln m_+ + RT \ln \gamma_{\pm} \\ \mu_- = \mu^o_- + RT \ln m_- + RT \ln \gamma_{\pm} \end{array} \right\} \tag{1.3.39}$$

この式は，イオン性溶液の理想性からのずれ（deviation）具合を，陽・陰両イオンに平等に割りあてることに相当している。

　イオン濃度と活量の間の橋渡し的役割を果たす平均イオン活量係数は，溶液中におけるイオン平衡やそれに関連した種々の現象を熱力学的に解析する上で重要なものである。平均イオン活量係数は，希薄な溶液の場合，Debye-Hückel の理論から導かれる次の式によって見積もることができる。

$$\log \gamma_{\pm} = -0.509 |z_+ \cdot z_-| \sqrt{I} \quad (25℃) \tag{1.3.40}$$

ここで z_+ と z_- はそれぞれ陽イオンと陰イオンの価数であり，I は**イオン強度**（ionic strength）とよばれ，次式で定義される（注：(1.3.40) 式の 0.509 という数値は電子の電荷量，誘電率や温度 298K を含む量である）。

$$I = \frac{1}{2}(m_+ z_+^2 + m_- z_-^2) \tag{1.3.41}$$

(1.3.40) 式は Debye-Hückel **の極限則**（limiting law）ともよばれ，濃度が $10^{-3}\sim10^{-2}$ mol kg^{-1}

以下の希薄溶液中におけるイオンの平均活量を与える有用な式で，生体関連の溶液を扱うときしばしば応用される。

1.3.3 平衡定数の変化から求まる化学熱力学量

化学平衡の位置は，反応に関与する物質の外界とのやりとりや温度・圧力などの外的条件の変化によって影響をうける（Le Chatelier の原理）。すなわち，温度や圧力によって平衡定数の値が変化することである。これらの条件を変化させて求めた平衡定数の値を解析すれば，その系に特有な熱力学量が推定できる。その理論的根拠と例題を考えてみよう。

(A) 平衡定数の温度変化：ΔG^0, ΔH^0, ΔS^0

平衡定数の温度による変化率を与える関係に van't Hoff の式とよばれるものがある。この van't Hoff の式は平衡定数と標準 Gibbs エネルギー変化の関係から得られる。ここでは，一般的な化学平衡について van't Hoff の式を導いてみよう。平衡定数は K で，標準 Gibbs エネルギー変化は ΔG^0 で表しておく。個々の具体的な化学平衡では，場合に応じて平衡定数の中身を分圧，濃度，活量のいずれかで表すことになり，また，標準状態も場合に応じて異なってくる[*2]。

平衡濃度と標準 Gibbs エネルギー変化の関係は（1.3.32）式より次のようなものであった。次の式は忘れることのないように頭の中へ刷り込んでおくことが望ましい。

$$\Delta G^0 = -RT \ln K \tag{1.3.42}$$

Gibbs エネルギーを温度で割ったもの (G/T) を温度で微分したもの（すなわち G/T に対する偏導関数）は，Gibbs-Helmholz の式とよばれる関数によって，エンタルピーと結びつけらる。まず，この Gibbs-Helmholz の式を示しておこう。

G/T を T で微分すると

$$\left[\frac{\partial}{\partial T}\left(\frac{G}{T}\right)\right]_P = \frac{1}{T}\left(\frac{\partial G}{\partial T}\right)_P - \frac{G}{T^2}$$

[*2] これまで標準状態における熱力学量を表すのに何種類かの肩付き記号を用いてきた。本書では，原則としてこれらの記号を以下のように使い分けている。（T の単位は言うまでもなく K である）

⊖：濃度 25℃，圧力 1atm における熱力学量（標準状態を温度 25℃，圧力 1atm にとる）。
　　例えば，$\Delta H^\ominus$ は 25℃，1atm の反応物が 25℃，1atm の生成物に変わるときの反応熱
0：温度 T，圧力 1atm における熱力学量（標準状態を温度 T，圧力 1atm にとる）。
　　例えば，ΔG^0 は温度 T，圧力 1atm において反応物気体が生成物気体に変わるときの Gibbs エネルギー変化。
*：温度 T，圧力 P における熱力学量（標準状態を温度 T，圧力 P にとる）。
　　例えば，μ_i^* は温度 T，圧力 P atm において成分 i が純物質として存在するときの化学ポテンシャル。
o：温度 T，圧力 P における仮想的状態の熱力学量（標準状態を温度 T，圧力 P にとる）。
　　例えば，μ_i^o は温度 T，圧力 P atm において，成分 i が無限希釈の環境に置かれたときと同じ状態を保ったまま純物質になったとき，または，単位濃度の溶液になったときにもつ化学ポテンシャル。

注意 後の節で示すように生化学的標準状態は，上のいずれとも異なるが，以上のことがらをあらかじめわきまえておくことが必須である。

熱力学的関係式より（1.3.1 節の（1.3.3）式と p.19 の脚注を見よ）

$$\left(\frac{\partial G}{\partial T}\right)_P = -S$$

であるから

$$\left[\frac{\partial}{\partial T}\left(\frac{G}{T}\right)\right]_P = -\frac{S}{T} - \frac{G}{T^2} = -\frac{TS+G}{T^2}$$

Gibbs エネルギーの定義より上式の最右辺の分子はエンタルピー H である。したがって，次式が得られる。

$$\left[\frac{\partial}{\partial T}\left(\frac{G}{T}\right)\right]_P = -\frac{H}{T^2} \tag{1.3.43}$$

この関係は変化量に対してもあてはまり，その場合，次式のように書かれる。

$$\left[\frac{\partial}{\partial T}\left(\frac{\Delta G}{T}\right)\right]_P = -\frac{\Delta H}{T^2} \tag{1.3.44}$$

（1.3.43）式または（1.3.44）式は **Gibbs-Helmholz の式**とよばれ，Gibbs エネルギー変化というややわかりにくいものをエンタルピー変化（熱の出入り）というわかりやすい形に変換できるという点で重宝な関係式である。なお，Gibbs-Helmholz の式は平衡定数を用いても表される。

さて，次に（1.3.42）式に（1.3.44）式の関係を適用すると次式が得られる。

$$\left(\frac{\partial \ln K}{\partial T}\right)_P = \frac{\Delta H^0}{RT^2} \tag{1.3.45}$$

ここで，ΔH^0 は標準状態の反応物が標準状態の生成物に変わるときに出入りする熱で，**標準反応熱**とよばれる。式（1.3.45）が **van't Hoff の式**である。

（1.3.45）式は温度変化による平衡定数の変化率を与えるものである。次に，これを積分してみよう。反応熱が一定とみなせる温度範囲では，ΔH^0 を定数として扱えるから（1.3.45）式は簡単に積分できて次式が得られる。

$$\ln K = -\frac{\Delta H^0}{RT} + C \tag{1.3.46}$$

ここで，C は積分定数である。この式から明らかなように，平衡定数の対数（$\ln K$）を絶対温度の逆数（$1/T$）にたいしてプロットすると直線関係が得られ，その傾きから反応熱（ΔH^0：定圧反応熱）を求めることができる。このプロットを **van't Hoff プロット**（plot）といい，直線の勾配は $\Delta H^0 > 0$（吸熱反応）のとき負になり，$\Delta H^0 < 0$（発熱反応）のとき正になる。van't Hoff プロットの模式的な図を図 1-6 に示す。

狭い温度範囲では，図 1-6 に示すように $\ln K$ と $1/T$ の間に直線関係が得られることが実際にも多いので，$\Delta H^0 = -R \times$（勾配）の関係から標準反応熱を決めることができる。また，図

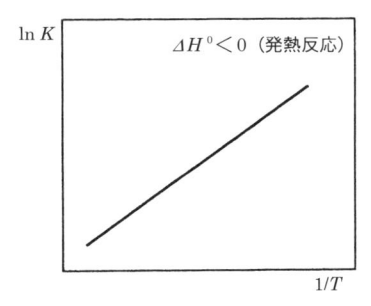

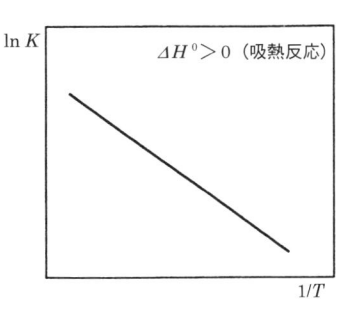

図 1-6 van't Hoff プロットの模式図。これから ΔH^0 が求まる。

1-6 を見ると，「吸熱反応では温度が高いと（$1/T$ が小さいと）K が大きくなり，発熱反応では温度が低いと（$1/T$ が大きいと）K が大きくなる」ことがわかり，温度変化に対する Le Chatelier の原理の熱力学的根拠が示されている。

(1.3.46) 式は (1.3.45) 式を不定積分することによって得られた。次に，ΔH^0 はやはり一定だとして式 (1.3.45) を $T=T_1$, $K=K_1$ から $T=T_2$, $K=K_2$ まで定積分すると次式が得られる。

$$\int_{\ln K_1}^{\ln K_2} d\ln K = \frac{\Delta H^0}{R} \int_{T_1}^{T_2} \frac{dT}{T^2}$$

$$\therefore \ln \frac{K_2}{K_1} = \frac{\Delta H^0}{R}\left(\frac{1}{T_1} - \frac{1}{T_2}\right) \tag{1.3.47}$$

例題 1.2

膜輸送に関わっている，あるタンパク質（P）はアミノ酸（Aa）と結合して複合体 P-Aa をつくる。平衡透析法という方法で，25℃および 37℃（pH = 7）で複合体の解離定数 K_D を求めたところ，それぞれ 8.8×10^{-6} および 3.0×10^{-5} であった。次の (a)〜(d) に答えよ。

(a) 25℃および 37℃における結合反応（複合体形成反応）の標準 Gibbs エネルギー変化 $\Delta G^{0'}$（pH = 7 のときはこのようにダッシュを付ける。以下同様，後述参照），(b) 25℃における結合反応エンタルピー変化 $\Delta H^{0'}$，および (c) 結合反応のエントロピー変化 $\Delta S^{0'}$（25℃）を計算せよ。また，(d) アミノ酸と結合する際のタンパク質のコンフォメイション変化について，$\Delta S^{0'}$ の符号や大きさなどがどんなことを示唆しているか，考察せよ。

解 答

結合反応は次式で示される。

$$P + Aa \rightleftarrows P\text{-}Aa$$

K_D の値は解離反応（上式の左辺と右辺が逆の反応）のものであるから，相当する結合定数を $K_{B(25)}$ と $K_{B(37)}$ で表すと

$$K_{\text{B}(25)} = \frac{1}{K_{\text{D}(25)}} = \frac{1}{8.8 \times 10^{-6}} = 1.14 \times 10^{5}$$

$$K_{\text{B}(37)} = \frac{1}{K_{\text{D}(37)}} = \frac{1}{3.0 \times 10^{-5}} = 3.33 \times 10^{4}$$

(a) (1.3.42) 式より，それぞれの温度で次の値が得られる。

$$\Delta G^{0'}{}_{(25)} = -RT \ln K_{\text{B}(25)} = -8.314 (\text{JK}^{-1}\text{mol}^{-1}) \times 298(\text{K}) \times 11.6 = -28.7 \text{kJmol}^{-1}$$

$$\Delta G^{0'}{}_{(37)} = -RT \ln K_{\text{B}(37)} = -8.314 (\text{JK}^{-1}\text{mol}^{-1}) \times 310(\text{K}) \times 10.4 = -26.8 \text{kJmol}^{-1}$$

(b) (1.3.47) 式より，この結合反応は 25℃において 79kJmol⁻¹ 程度の発熱を伴う。

$$\ln \frac{K_{\text{B}(37)}}{K_{\text{B}(25)}} = \frac{\Delta H^{0'}}{R}\left(\frac{T_2 - T_1}{T_2 T_1}\right)$$

$$\Delta H^{0'} = R \times \ln\left(\frac{K_{\text{B}(37)}}{K_{\text{B}(25)}}\right)\left(\frac{T_2 T_1}{T_2 - T_1}\right) = 8.314(\text{JK}^{-1}\text{mol}^{-1})\ln(0.292) \times \left(\frac{298 \times 310}{12}\right)(\text{K})$$

$$= -79 \text{kJmol}^{-1}$$

(c) $T\Delta S = \Delta H - \Delta G$ より，25℃において

$$T\Delta S^{0'} = (-79 + 29) \times 10^{3} \text{Jmol}^{-1}$$

$$\therefore \Delta S^{0'} = \frac{-50,000}{298} = -1.7 \times 10^{2} \text{JK}^{-1}\text{mol}^{-1}$$

(d) タンパク質 P のコンフォメイション変化について，この値からは何とも言えない。なぜなら $\Delta S^{0'}$ はこの P のみの変化に対するものでなく，Aa も含めて反応の全体にかかわり，式で示せば次のように表される。

$$\Delta S^{0'} = S_{\text{P-Aa (結合)}} - (S_{\text{P}} + S_{\text{Aa}})_{\text{(解離)}}$$

$\Delta S^{0'}$ が負の値となったのは，アミノ酸がタンパク質に結合したことにより，乱雑な動きが制約されている状態になったからと考えられる。

(B) 平衡定数の圧力変化：ΔV^{0}

平衡定数の温度依存性は標準 Gibbs エネルギー変化（ΔG^{0}）が温度に依存するために現れてくることを前節で学んだ。ΔG^{0} は圧力の関数でもある。この節では，平衡定数の圧力変化について考える。そのために，まず Gibbs エネルギーの圧力変化を調べることから始めよう。

温度を一定に保って圧力を変えたとき，単位圧力あたりの Gibbs エネルギーの変化量（すなわち，G の P に対する変化率）は (1.3.12) 式と p.19 の脚注から次式であらわされることがわかる。

$$\left(\frac{\partial G}{\partial P}\right)_T = V \tag{1.3.48}$$

ここで，V は系の体積である。これらの変化量に対しては，上の式は次のように書ける。

$$\left(\frac{\partial \Delta G}{\partial P}\right)_T = \Delta V \tag{1.3.49}$$

上の式のΔGは，ある圧力変化が起こるときのGibbsエネルギーの変化量であり，ΔVはその変化が起こるときの体積の変化量である．

平衡定数と標準Gibbsエネルギー変化の間の関係を表す（1.3.42）式と上の（1.3.49）式を組み合わせれば次式が得られる．

$$\left(\frac{\partial \ln K}{\partial P}\right)_T = -\frac{\Delta V^0}{RT} \tag{1.3.50}$$

ここで，ΔV^0は標準状態の反応物が標準状態の生成物に変わるときの体積の変化量である．つまり，反応物の純粋液体が生成物の純粋液体に変わるときの体積変化量，言い換えると，生成物の純粋液体の体積から反応物の純粋液体の体積を差し引いたものということになる．

化学反応に伴う体積変化が大きい場合，平衡定数に及ぼす圧力の効果が大きくなる．例えば，$\Delta V^0 = -20 \text{cm}^3\text{mol}^{-1}$の場合，300Kで1,000atm圧力がかかると$K$は約2.3倍になり，10,000atmの圧力下では約3,400倍になる（(1.3.50)式からこれを確かめよ）．無極性溶媒中で起こる無極性分子の化学反応の場合，一般に，新たに化学結合（共有結合）ができると体積は減少する．これは，共有結合距離が分子間距離に比べて相対的に短いためである．したがって，反応が起こっても共有結合の正味の数に変化がないような化学反応では，ΔV^0が小さく，平衡に対する圧力の影響も小さい．重合反応は多くの化学結合が新たにつくりだされるので大きな負のΔV^0を伴い，圧力を上げると反応が著しく促進されることが予想される．反応の体積変化は，反応に関与する物質だけではなく溶媒をも含めた系全体としての体積変化であることに注意しなければならない．水溶液中でイオンが生成するような反応では，溶媒の水分子がイオンに強く水和する結果，系全体としての体積はかなり減少する．この効果は電縮（electrostriction）として知られている．例えば，水溶液中における酢酸の電離反応の体積変化は25℃で$\Delta V^0 = -11.9 \text{cm}^3\text{mol}^{-1}$にもおよぶ．

平衡定数の温度変化を考えたときは，ΔH^0が温度によらず一定だとして式（1.3.45）を積分することによって，実験データを解析するために使いやすい関係式を得ることができた．体積の場合，それが圧力に依存しないとするのは適切な近似ではない．したがって，粗い近似でよしとする場合は別として，式（1.3.50）をΔV^0が一定であるとして積分するわけにはいかない（積分するためにはΔV^0が圧力の関数としてわかっている必要がある）．平衡定数の圧力依存性からΔV^0を得るためには式（1.3.50）をそのまま用いる．種々の圧力で平衡定数を測定し，Kの圧力依存性として図1-7のような曲線が得られたとすると，ある圧力P_1のところで引いた接線の勾配に$-RT$を掛けたものがその圧力におけるΔV^0になる．また，この図の例では，勾配は正であるから$\Delta V^0 < 0$であり，反応に伴って系の体積が減少する．さら

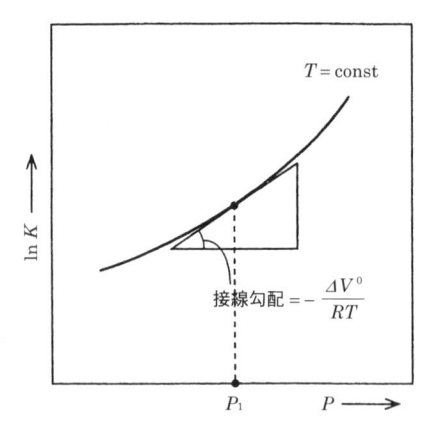

図 1-7 平衡定数（対数値）の圧力変化，接線勾配から ΔV^0 が求まる。

にまた，圧力の上昇に伴って K が大きくなっていることは，圧力が増すと生成物の方向（すなわち，体積が減少する方向，言い換えると圧力上昇を緩和する方向）に平衡の位置が移動することを意味しており，ここでも Le Chatelier の原理の熱力学的根拠が示される。

例題 1.3

ある界面活性物質 S が溶液中で次のように単分散状態と n 個の分子が集合した状態（これをミセル，micelle という）との間に平衡状態を保っている。

$$n\text{S} \underset{}{\overset{K}{\rightleftarrows}} \text{S}_n$$

温度一定で圧力を加えると，平衡移動することがわかった。27℃で実験したところ $(\partial \ln K/\partial P)_T = -9.02 \times 10^{-4} \text{atm}^{-1}$ という結果が得られた。S の単分散状態からミセル状態へ変わる（ミセル化）にともなう部分モル体積の変化は何 cm^3 か。計算に用いる気体定数の値に注意せよ。

解 答

気体定数は（体積）×（圧力）$\text{K}^{-1}\text{mol}^{-1}$ の次元をもつものを使う。問題では圧力の単位は atm，体積の単位は cm^3 であるから，気体定数は $R = 82.05 \text{ cm}^3 \text{ atm K}^{-1} \text{ mol}^{-1}$ を用いる。(1.3.50) 式より

$$\begin{aligned}\Delta V^0 &= -RT\left(\frac{\partial \ln K}{\partial P}\right)_T \\ &= -82.05 \text{ cm}^3\text{atm K}^{-1}\text{mol}^{-1} \times 300\text{K} \times (-9.02 \times 10^{-4} \text{atm}^{-1}) \\ &= 22.2 \text{ cm}^3\text{mol}^{-1}\end{aligned}$$

界面活性物質 S の集合状態では，単分散状態に比べて，1mol あたり 22.2cm^3 ほどモル体積が大きいことがわかる。

前述の例題についての注意事項を述べよう。単分散状態にある界面活性剤分子は，親水基は水と親水性水和を，疎水基は構造化された（氷の構造のように）水にとり囲まれた，いわゆる疎水性水和をしている。この疎水性水和の水分子をふりはらって界面活性剤が集合してミセルを形成すると，ミセル内部の疎水基部分はあたかも液体の油に似た状態をとる。この後者の状態の方が 1mol あたりの体積が大きいことを示している。逆に液体の油に似た状態をとっている活性剤分子が，もしミセルからバルク相（溶媒が存在する部分）に出て行くときは，1mol あたりの体積が 22.2 cm^3 ほど小さくなることを意味する。

1.3.4 相平衡と分配平衡

生命体は，気体・液体・固体（物質の三態）のいずれでもなく，これらが多様に複合して構築されているものといってよい。外見上固体のように見える生命体は，微視的には結晶に近い組織も含んでいて構造化されている部分もあるが，明らかに固体とは異なる。生命体はコロイド科学でいうところの**ゲル**（gel）である。一方，生体内で流動する液体（体液）は，尿や汗を除けば，**真の溶液**（real solution）ではなく，**コロイド溶液**（colloid solution）である。血液やリンパ液を考えればわかるように，コロイド的大きさの粒子が分散していて，これは**ゾル**（sol）と一般的によばれるものである。ゾルとゲルからなる生命体を取り扱うにあたって，**相**（phase）の概念的把握は大切である。ここでは，生体膜の主要成分であるリン脂質の 2 分子膜を例にとって相平衡を考え，次に共存する 2 つの相に，ある物質，例えば麻酔薬が両相にどんな比率で溶け込むかを問題とする**分配平衡**（partition equilibrium）などを考えよう。

(A) 相平衡に関する法則―相律

物質はそれを構成する原子・分子の集団であり，これら構成粒子の属性である相互作用のエネルギーと熱運動エネルギーの兼合いによって，物質は気体かあるいは液体や固体などの凝縮状態をとる。また，ひとくちに固体といっても，凝縮（結晶）状態は，与えられた温度や圧力などの条件に応じて異なった相をとることがある。ある相の状態から別の相へ変化することを特に**相転移**（phase transition）といい，また 2 相が互いに可逆的な平衡状態で共存する状況を**相平衡**（phase equilibrium）という。

純物質の状態を温度と圧力の関数として表現した図が**温度–圧力相図**（T-P phase diagram）とよばれるもので，すでにおなじみのものである。そこに描かれた曲線，すなわち昇華曲線，融解曲線および蒸発曲線は，それぞれ固/気，固/液および液/気の相の境界線である。同時にこれらはそれぞれの 2 相が平衡に共存する状態を温度と圧力の関数として表現したものである。また，3 つの曲線が交る点を特に**三重点**（triple point）という。三重点はその系に特有な T と P の値を持つ。

1 成分系の 2 つの相が平衡に共存する (T, P) の点の集まりともいえる曲線の，その接線

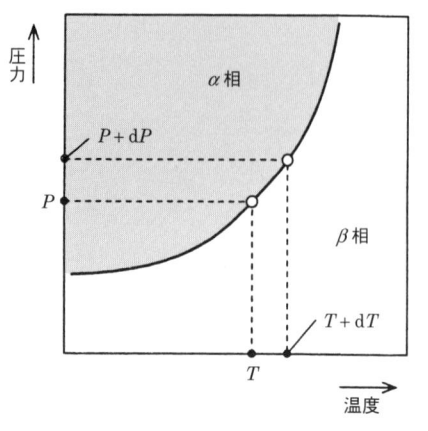

図1-8 模式的に示した温度-圧力相図

勾配には重大な物理化学的意味がある。いま，図1-8のようにα相とβ相の共存する曲線を模式的に示す。図に示すように温度がdT変化したときに圧力はdPだけ変化する。同時にこの物質の1molあたりのGibbsエネルギー（化学ポテンシャル）もdµだけ変化するものとすれば，平衡条件として次の3つの関係：

$$dT^{(\alpha)} = dT^{(\beta)} = dT \quad \text{（温度が等しい。熱移動がない。）}$$
$$dP^{(\alpha)} = dP^{(\beta)} = dP \quad \text{（圧力が等しい。体積仕事がない。）} \quad (1.3.51)$$
$$d\mu^{(\alpha)} = d\mu^{(\beta)} = d\mu \quad \text{（化学ポテンシャルが等しい。物質移動がない。）}$$

が満足されなければならない。

1molあたりのエントロピーおよび体積をそれぞれ$\overline{S}$および$\overline{V}$で示すと，化学ポテンシャルは$\mu = \mu(T,P)$であるから，(1.3.14)式を参考にすれば

$$d\mu = -\overline{S}dT + \overline{V}dP \tag{1.3.52}$$

で表される。したがって平衡においては次式が成り立つ。

$$-\overline{S}^{(\alpha)}dT + \overline{V}^{(\alpha)}dP = -\overline{S}^{(\beta)}dT + \overline{V}^{(\beta)}dP \tag{1.3.53}$$

いま相変化がαからβにおこる方向に目を向けてこの式を整理すると，次式が得られる。

$$\frac{dT}{dP} = \frac{\overline{V}^{(\beta)} - \overline{V}^{(\alpha)}}{\overline{S}^{(\beta)} - \overline{S}^{(\alpha)}} = \frac{\Delta V_t}{\Delta S_t} \tag{1.3.54}$$

ここでΔV_tとΔS_tは転移に伴うモル体積変化およびモルエントロピー変化である。さらに相平衡においては，$\mu^{(\alpha)} = \mu^{(\beta)}$でもあるから次式が成り立つ。

$$\Delta G_t = \Delta H_t - T_t \Delta S = \mu^{(\beta)} - \mu^{(\alpha)} = 0$$

ここでΔH_tは転移に伴うモル転移エンタルピー変化（転移熱）で，T_tは転移温度を表す。これより上式は次のようにも表される。

$$\frac{dT}{dP} = \frac{T_t \Delta V_t}{\Delta H_t} \tag{1.3.55}$$

(1.3.54) 式と (1.3.55) 式は Clapeyron–Clausius の式として知られている（分母と分子を逆転して用いる場合もある）。

相平衡を論じるにあたってもうひとつ重要な法則がある。それは相の状態を記述するにあたって，相の数（例えば α 相，β 相および γ 相の 3 通りがいま共存しているとすると，相の数は 3）を増減させない範囲で任意に変えうる変数の数のことを **自由度**（degree freedom）という。いま，与えられた系が物質 1, 2, 3, ……, $(C-1)$, C のように C 種の独立成分からなり，相が α 相，β 相，……，P 相のように P 種の相からなるとする。さらに示強変数として温度と圧力が加わると，自由度 f は次式で与えられる。

$$f = C - P + 2 \tag{1.3.56}$$

これは **Gibbs の相律**（Gibbs' phase rule）として知られている。純物質の場合は $C=1$ である。これが液相—固相の 2 相が平衡に共存するとき（融解曲線上のある一点），$f = 1 - 2 + 2 = 1$ で自由度は 1 となる。圧力を任意に変えうる変数とすれば，その任意の圧力の値に対して，温度は自動的に定ったひとつの値（任意に変えることのできない温度）しかない。三重点は 3 相が共存する点であるから，自由度ゼロであり，そこにおける温度と圧力の値はその物質に固有な値である。2 成分系の相状態を問題にするとき，圧力か温度のいずれかを一定（例えば圧力は大気圧）にして温度と組成（モル分率）を変数にとって相図を描く。このとき $f = C - P + 1$ であるから，2 相が共存する相図上の曲線は自由度 1 である。すなわち組成か温度のいずれかを独立な変数とすれば，他方は従属変数となる。

いま観察している系が，平衡に達しているかどうかを判定する際に自由度の概念が約に立つ。例えば，2 種類の相が目の前にあるとき，それが真の平衡でなかったとすれば，十分時間がたつと一方の相が消失するのであろう。または，1 相しか見えてない状況であったものが，ある時間経過の後系内に界面が生じ相の数がふえたとすれば，もとの 1 相にみえていた系は平衡ではなかったことになる。あるいは，例えば圧力の関数として転移温度を 2 人の研究者が調べたとき，データに不一致がみられるときは，操作や系の純度に問題があることを示唆する。自由度が 1 であることはあるひとつの温度に対してはひとつの圧力しか認められないからである。以下の (B)，(C) および (D) において，生体膜を構成して生命活動で重要な役割を演じる種々のリン脂質の相状態を研究した例を紹介する。なお，内容がやや専門的であるため，教科書の程度を超えているおそれがあるので，初心者の段階では，生体系物質の相平衡に関する応用例を見学するつもりで読み進めばよいであろう。

(B) 温度–圧力相図：リン(燐)脂質 2 分子膜の相転移の例

生体膜は脂質がつくる水和 2 分子膜にさまざまなタンパク質が埋め込まれた構造をもっている。この 2 分子膜を形成する脂質成分の主なものは，グリセロリン脂質とよばれる一群の化合物で以下に示す構造式をもつ。構造式中の X の化学構造にはいろいろなものがあり，そ

表 1-2　代表的なグリセロリン(燐)脂質

Xの化学構造	名　称	略号
– H	ホスファチジン酸	PA
– CH₂CH₂NH₂	ホスファチジルエタノールアミン	PE
– CH₂CH₂N⁺(CH₃)₃	ホスファチジルコリン	PC
– CH₂CH(NH₂)COOH	ホスファチジルセリン	PS
– CH₂CH(OH)CH₂OH	ホスファチジルグリセロール	PG

の他代表的なものを表 1-2 に示す。

構造式中 R_1 や R_2 で示したアシル基も脂肪酸の種類に応じて多種類ある。生体膜を通してのイオンの輸送，膜タンパク質の酵素活性，細胞膜融合などの諸機能は，脂質2分子膜（層）の物理的状態（相状態）や膜の局所的な脂質組成と深く関わっている（詳しくは第5章に記述してある）。

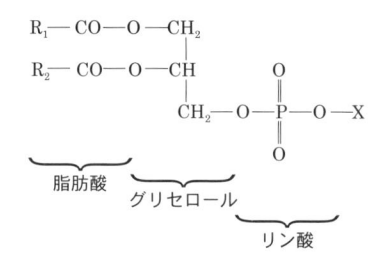

構造式 1　グリセロリン脂質の化学構造

リン脂質2分子膜は温度あるいは圧力に依存して膜の分子集合状態が種々に変化する。下に最もよく研究されている（diapalmitoyl phosphatidyl choline，DPPC）の分子構造を示す。この DPPC の多重層2分子膜は常圧下で次のような相転移を起こすことが知られている。

　　ゲル（L'_β）相　　$\Leftarrow T_p \Rightarrow$　リップル（P'_β）相　・・・（前転移）

　　リップル（P'_β）相　$\Leftarrow T_m \Rightarrow$　液晶（L_α）相　　・・・（主転移）

常圧下における DPPC の主転移温度 T_m は 41℃ であり，また，前転移温度 T_p は 34℃ である。**液晶**（L_α），**リップル**（P'_β）および**ゲル**（L'_β）の各相における脂質2分子膜の構造を模式的に図 1-9 に示す。T_m 以下ではリン脂質の疎水鎖はすべて**トランス型**（trans form）でまっすぐ伸びた秩序性の高い膜である。一方，T_m 以上では回転異性体の**ゴーシュ型**（gauche

構造式 2　Dipalmitoyl phosphatidyl choline(DPPC) の分子構造

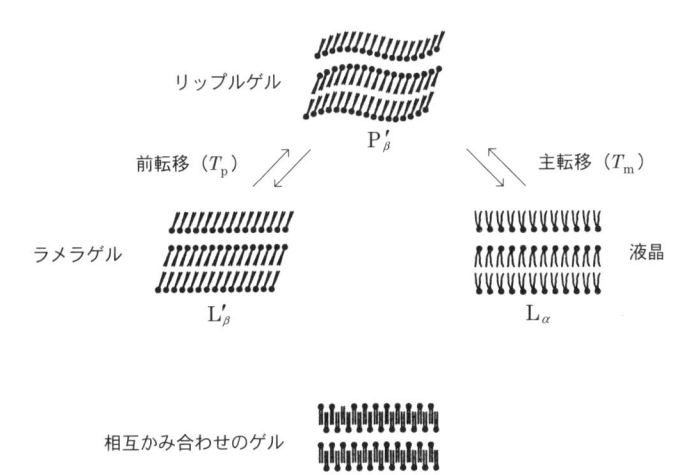

図1-9 リン脂質2分子膜層の液晶 (liquid crystal, L_α), リップルゲル (ripple gel, P'_β), ラメラゲル (lamellar gel, L'_β) および, 相互かみ合わせのゲル (interdigitated gel, $L_\beta I$) を模式的に示した図

form) が増し, 鎖はゆらぎ, 秩序性の低い膜となり膜の流動性が増すとみなされる。2分子膜形成に際して phosphatidyl choline のように大きな親水性頭部はその立体障害により疎水鎖の密な集合の妨げとなる。疎水鎖が膜面の法線から約30度傾斜することによって疎水鎖間の van der Waals 力が強められる。前転移では疎水鎖が伸びきったトランス型のままで, 2分子膜が平面ゲル相から波型のリップル相に転移する。phosphatidyl ethanolamine のように親水基頭部が小さくなると, 疎水鎖の充填は密となり, 2分子膜面に対して垂直に配向する。このため, リップル相は出現せず前転移は観測されなくなる。また, DPPC 2分子膜の圧力誘起相として, 2分子膜を構成する一方の膜の脂質炭化水素鎖が他方の膜の炭化水素鎖層中へ侵入した構造の interdigitated ($L_\beta I$) 相の存在が知られている。

ここでは phosphatidyl choline 2分子膜の例について述べよう。

ミリスチン酸, パルミチン酸およびステアリン酸をアシル鎖とした飽和アシル鎖 PC 2分子膜の相図を図1-10 (A), (B), (C) に示す。P'_β 相から L_α 相への主転移温度 (T_m) は加圧により上昇する。L_β 相から P'_β 相への前転移温度 (T_p) も加圧によりゆるやかな上昇を示している。高圧領域では P'_β 相と L'_β 相の間に $L_\beta I$ 相が出現し, その領域を高圧力下で拡張している。Interdigitation を起こすのに必要な圧力はアシル鎖が長くなると低圧側に移行する傾向を示した。特に注目するべきは, L'_β 相と $L_\beta I$ 相の相境界線が, まず負の傾きを示し, アシル鎖が長い場合 (DSPC) では, この負の傾きがさらに高圧力になると正の傾きへと反転している。2相平衡の温度と圧力は Clapeyron-Clausius の式で記述でき, 相境界線の傾きの正負は相転移エンタルピー (ΔH_t) と相転移体積 (ΔV_t) の符号により決まる。これまでに報告された相図のうち幾つかは, L'_β 相と $L_\beta I$ 相の相境界の傾き dT/dP が正となっているものがある。しかしながら, L'_β 相から $L_\beta I$ 相への転移体積は負 (DPPC では $-2.6 cm^3 mol^{-1}$, DSPC では

38　第1章　生体エネルギー学の基礎

(A) ジミリストイルホスファチジルコリン (dimyristoylphosphatidylcholine, DMPC) 2分子膜の相図。DMPCの濃度は 2.0 mmol kg^{-1}

(B) ジパルミトイルホスファチジルコリン (dipalmitoylphosphatidylcholine, DPPC) 2分子膜の相図 (2.0 mmol kg^{-1})

(C) ジステアリルホスファチジルコリン (distearylphosphatidylcholine, DSPC) 2分子膜の相図 (2.0 mmol kg^{-1})

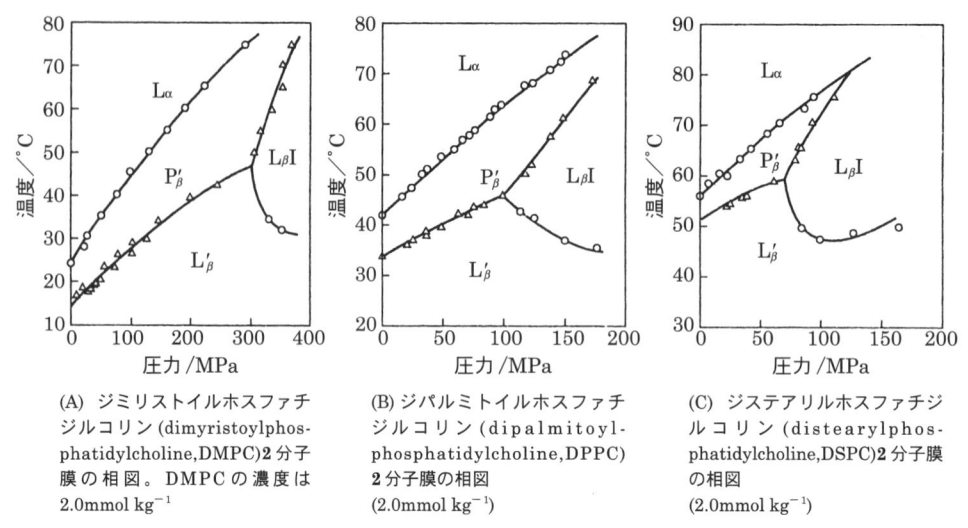

図 1-10　水中におけるいろいろなリン脂質2分子膜の状態が温度と圧力によってどう変わるかを示す相図

$-3.0 \mathrm{cm}^3 \mathrm{mol}^{-1}$) で，転移エンタルピーは吸熱（$\Delta H_\mathrm{t} > 0$）であることから，$dT/dP$ は負となることが熱力学の要請である。DSPC のように高圧力下で dT/dP が負から正に転ずるのは，L'_β 相と $L_\beta I$ 相の圧縮率が異なり，2分子膜の配向状態からも予想されるように L'_β 相の圧縮率が $L_\beta I$ 相の圧縮率より大きい場合に十分予想される。したがって，十分な高圧力になると L'_β 相と $L_\beta I$ 相のモル体積が逆転し，ΔV_t は負から正に転ずることになると解釈できる。

どの phosphatidyl choline もゲル状態では，それらのアシル鎖はすべてトランス型でまっす

接線勾配
$$\frac{dT}{dP} = \frac{\Delta V_\mathrm{t} T_\mathrm{t}}{\Delta H_\mathrm{t}} > 0$$

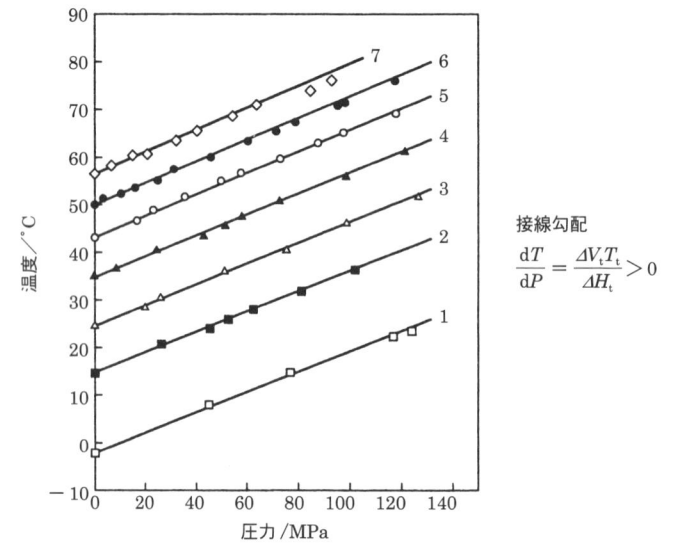

図 1-11　アシル鎖長の異なるリン脂質の P'_β 相と L_α 相の相境界（主転移）を示す温度－圧力相図。
図中の数字は 1～7 は，表 1-3 に示すリン脂質，12:0PC～18:0PC，のそれぞれに順番通り対応している。

ぐに伸びた状態にある。しかし，主転移温度 T_m 以上では回転異性体のゴーシュ型が増して鎖はゆらぐようになり，秩序性の低い膜になる。アシル鎖の炭素数が 12 から 18 までの phosphatidyl choline の主転移について $T–P$ 相図を描くと図 1-11 が得られる。いずれの脂質 2 分子膜も T_m が 100MPa（約 1,000atm）まで直線的に上昇し，勾配 dT/dP はアシル鎖長に依存して 0.200KMPa^{-1} から 0.230KMPa^{-1} の間で変化した。主転移の熱力学量が表 1-3 に示してある。表中例えば 14:0-PC と示してあるのは，アシル鎖の炭素数が 14 で，不飽和の二重結合数がゼロ，すなわち飽和のアシル鎖を持つ phosphatidyl choline であることを示す。

表 1-3 種々のジアシルホスファチジルコリンからなる 2 分子膜の相転移（主転移）における熱力的性質

Lipid	Transition Temp (K)	(°C)	dT/dP (KMPa^{-1})	ΔH_t (kJmol^{-1})	ΔS_t (JK^{-1}mol^{-1})	ΔV_t (cm^{3}mol^{-1})
12:0 — PC	271.1	−2.1	0.200	7.5	28	5.5
13:0 — PC	286.8	13.6	0.210	16.0	56	11.7
14:0 — PC	297.1	23.9	0.212	24.7	83	17.6
15:0 — PC	307.0	33.8	0.215	30.3	99	21.2
16:0 — PC	315.2	42.0	0.220	36.4	115	25.4
17:0 — PC	322.1	48.6	0.224	41.4	129	28.8
18:0 — PC	328.8	55.6	0.230	45.2	137	31.6

例題 1.4

表 1-3 の 18:0-PC（distearyl phosphatidyl choline）の熱力量 ΔS_t と ΔV_t の値が正しいかどうか確認せよ。

解 答

主転移のエントロピー変化 ΔS_t は (1.2.36) 式より

$$\Delta S_t = \frac{\Delta H_t}{T_t} = \frac{45.2 \times 10^3 \mathrm{Jmol^{-1}}}{328.8\mathrm{K}} = 137.4 \mathrm{JK^{-1}mol^{-1}}$$

主転移の際のモル体積の変化は，Clapeyron–Clausius の式より

$$\Delta V_t = \Delta S_t \times (dT/dP) = 137.4 \mathrm{JK^{-1}mol^{-1}} \times 0.230 \mathrm{KMPa^{-1}}$$

ただし MPa = 10^6Nm^{-2} = 10^6Jm^{-3} = Jcm^{-3} であるので

$$\Delta V_t = 137.4 \mathrm{JK^{-1}mol^{-1}} \times 0.230 \mathrm{KJ^{-1}cm^3} = 31.6 \mathrm{cm^3}$$

以上の通り，表の値は正しいことが確認できた。

(C) 局所麻酔剤のリン脂質二重膜への分配平衡

互いに溶け合わない 2 液相（例えば水とベンゼンの組み合わせ）の一方を α 相（水），他方を β 相（ベンゼン）としよう。この 2 液相に共通のある溶質（例えば安息香酸）がそれぞれの濃度で溶けて平衡に達している。溶質の濃度をモル分率 $x^{(\alpha)}$ と $x^{(\beta)}$ で表すと，それぞれの化学ポテンシャルは，理想溶液であると仮定した場合

$$\left.\begin{array}{l}\mu^{(\alpha)} = \mu^{*(\alpha)} + RT\ln x^{(\alpha)}\\ \mu^{(\beta)} = \mu^{*(\beta)} + RT\ln x^{(\beta)}\end{array}\right\} \tag{1.3.57}$$

平衡にあれば，$\mu^{(\alpha)} = \mu^{(\beta)}$ あるから

$$RT\ln\left(\frac{x^{(\alpha)}}{x^{(\beta)}}\right) = \mu^{*(\beta)} - \mu^{*(\alpha)}, \quad \frac{x^{(\alpha)}}{x^{(\beta)}} = \exp\left(\frac{\mu^{*(\beta)} - \mu^{*(\alpha)}}{RT}\right) \tag{1.3.58}$$

の関係が導かれる。この右辺は，圧力一定を前提にしているので温度のみの関数であるが，温度一定のときは一定の値をとる。したがって，それは平衡定数の一種である。ただし，これを**分配係数**（partition または distribution coefficients）とよんで次のように表す。濃度はモル分率に代わる，例えば容量モル濃度でもよい。

$$\frac{x^{(\alpha)}}{x^{(\beta)}} = K(T) \qquad \text{（圧力一定）}$$

$$\frac{C^{(\alpha)}}{C^{(\beta)}} = K'(T) \qquad \text{（圧力一定）}$$

これら Nernst の分配の法則（the Nernst distribution law）とよばれている。

分配係数は理想希薄溶液中の溶質 i（モル分率 x_i）と平衡にある蒸気相における分圧 P_i との間に成り立つ Henry 則（Henry's Law）が次式で示される。

$$P_i = k_\mathrm{H} x_i \tag{1.3.59}$$

ここで k_H は Henry 係数と呼ばれる。P_i と x_i の間には直線関係がある。その様子を図 1-12 に示す。

麻酔作用のある物質は，吸入麻酔薬としてハロセン（$CF_3CHClBr$）やイソフルレン（$CHF_2OCHClCF_3$）などのハロゲン化した炭化水素や，エーテルのほか笑気（N_2O）や不活性ガスであるキノセン（Xe）があげられる。他方，局所麻酔薬の代表的なものに芳香環をもつ第三級アミンの塩化物塩がある。後者は適度な疎水性をもつ両親媒性物質であるので，界面活性剤と同様に水の表面張力を下げ，ミセルを形成するものもある（構造式 3 中に示した dibucaine や tetracaine）。一般の薬物作用発現の濃度が nM（M = mol dm^{-3}）ないし μM の

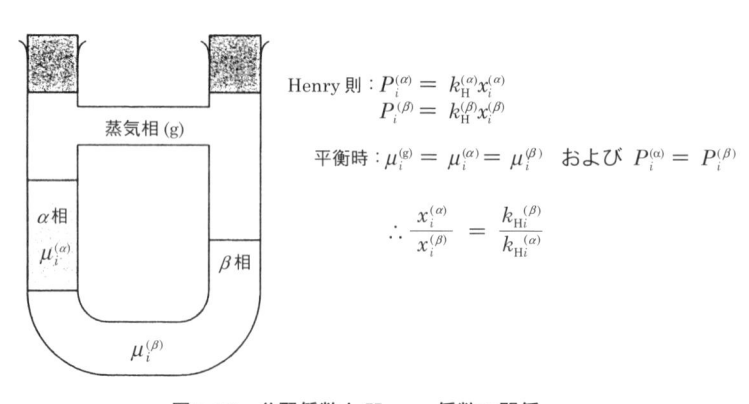

Henry 則：$P_i^{(\alpha)} = k_\mathrm{H}^{(\alpha)} x_i^{(\alpha)}$
$P_i^{(\beta)} = k_\mathrm{H}^{(\beta)} x_i^{(\beta)}$

平衡時：$\mu_i^{(g)} = \mu_i^{(\alpha)} = \mu_i^{(\beta)}$ および $P_i^{(\alpha)} = P_i^{(\beta)}$

$$\therefore \frac{x_i^{(\alpha)}}{x_i^{(\beta)}} = \frac{k_{\mathrm{H}i}^{(\beta)}}{k_{\mathrm{H}i}^{(\alpha)}}$$

図 1-12 分配係数と Henry 係数の関係

構造式3 局所麻酔剤の分子構造

オーダーであるのに対し，麻酔薬のそれは mM のオーダーである。また麻酔作用は圧力で拮抗する。圧拮抗の具体例として，麻酔状態にある発光バクテリアやオタマジャクシを 10～20MPa（約 100 ～ 200atm）までに加圧すると，麻酔から醒めて活動を開始するが，再び常圧に下げると麻酔状態に戻る。化学物質によって誘起された麻酔現象が，物理的作用（圧力）によって可逆的に変化する一例である。

　神経伝導の主要なメカニズムは **Na^+チャンネル**（sodium ion channel）の開閉にあり，これに麻酔作用が関与していることがわかっているが，麻酔分子論からみると，麻酔薬分子が神経細胞膜（他の細胞に比べて脂質含有率が高い）への非特異的な結合が，作用発現の第一段階であると考えられる。なぜなら，いろいろある麻酔薬分子構造を調べてみると，共通して必須な官能基が特にないことや，レセプターとなるタンパク質を特定できないからである。その非特異的な結合が膜物性（膜流動性や膜の相状態）を変え，それによる二次的効果がタンパク質におよんで麻酔状態が発現するという考え方もある。

　このことより，局所麻酔剤が脂質二重膜へどのように結合するか，言い換えればどのように分配されるかを調べなければならない。すでに麻酔薬の脂質二重膜/水相間の分配係数とその圧力依存を研究した例がある。リン脂質への麻酔薬の分配に関しては，紫外吸収スペクトル，電気泳動，NMR 等の各種の方法で研究されている。麻酔薬選択性電極を開発して応用した研究もある。

1.4 Gibbs エネルギー測定の実際

いわゆる化学反応とよばれるものを大きく類別するならば，**酸-塩基反応**（acid-base reaction）と**酸化-還元反応**（oxidation-reduction, redox reaction）の2つに分類される。なかでも酸化-還元反応は生体内の代謝系で無数に見られるものであり，その反応様式が多数組み合わせられた一連の反応過程によって生命現象が保持されている。したがって，活動中の個々の物質の化学ポテンシャルまたは活量（濃度）を知ることや，その増減を支配する反応物-生成物間の平衡関係式とそれらの平衡定数をしらなければならない。活量と平衡定数は化学ポテンシャルと Gibbs エネルギー（エルゴン）変化とにそれぞれ直結するものであることは，すでに学んできた。ここではこれら重要な化学熱力学量を決定する際に，イオン平衡系中で最も重要な手法である，起電力の測定法とその基本となる原理の概要を把握しておくことは，生体エネルギー学にとって不可欠である。なお，電気化学をすでに別途学んでいるとしても 1.4.3 節全般を必ず熟読しなければならない。

1.4.1 電気化学ポテンシャルと電極電位

電極を仲立ちとして酸化・還元反応を行わせ，電気的な仕事を取り出すように工夫されたものが電池である。ここでは生体系のエネルギーと仕事に直結して，物理化学的な測定を行うための電池に注目する。

電池を構成するためには，酸化・還元反応を起こす反応種（reaction species）を含んだ溶液に浸したものを 2 つ組合せなければならない。この組合せるべきそれぞれを**半電池**（half cell）という。また半電池における反応を**半反応**（half reaction）ともいう。半電池では，電極と溶液の間に電位の違い，すなわち電位差（electric potential difference）が現れる。最も簡単なタイプの半電池は，金属イオン M^{z+} を含む溶液に金属 M を入れたとき，金属中の電子 e^- とイオン M^{z+} の間に $M^{z+} + ze^- \rightarrow M$ の反応と，逆に $M \rightarrow M^{z+} + ze^-$ の反応が生じるが，ある時間が経過すると次の平衡状態に達する。

$$M^{z+} + ze^- \rightleftarrows M \tag{1.4.1}$$

このとき電極と溶液の間の電位差はある値に達し，この平衡状態の電位差に我々は注目する。半電池で起こる酸化・還元反応が平衡になったときの，電極と溶液の間の電位差を**電極電位**（electrode potential）または界面電位差とよぶ。

(1.4.1) 式の場合，電荷を帯びた反応種が電位の異なる相の間で化学反応を起こすので，前節までに論じた化学ポテンシャルに電気的なエネルギーを考慮に入れる必要がある。いま，成分 i が電荷 $ze(C)$ をもつ荷電粒子であるとして，これが電位 $\phi(V = JC^{-1})$ のところに置かれたとき，$z_i e\phi(J)$ の電気的エネルギーを付け加えて，次のように示される。

$$\bar{\mu}_i = \mu_i + Lz_i e\phi = \mu_i + z_i F\phi \tag{1.4.2}$$

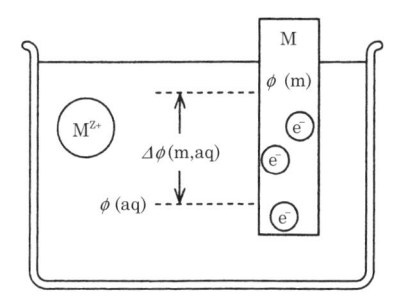

$$\bar{\mu}_{M^{z+}}(aq) = \mu_{M^{z+}}(aq) + zF\phi(aq)$$
$$\bar{\mu}_{e^-}(m) = \mu_{e^-}(m) - F\phi(m)$$
$$\bar{\mu}_M(m) = \mu_M(m)$$
Mは電的中性。ゆえに電気エネルギーの項はない。

図1-13　金属と溶液の間の電位差 $\Delta\phi$(m,aq) の模式的説明

ここで L は Avogadoro 数であり，F は Faraday 定数（$F = Le$）である。

$\bar{\mu}_i$ を**電気化学ポテンシャル**（electrochemical potential）という。$\bar{\mu}_i$ を用いることによって，電極電位を表す関係式を検討しよう。ここで**電極**（electrode）という言葉を，上の例では溶液に浸けた金属棒を指したが，広義には金属棒とその溶液を含めた系，すなわち半電池を指す。

生体関連の電気化学に直行する前に，最も代表的な電極である**金属イオン｜金属電極**について考えてみよう。図 1-13 に示す例では，平衡状態で（1.4.1）式の反応物と生成物の電気化学ポテンシャルは等しく，したがって次式が成り立っている。

$$\bar{\mu}_{M^{z+}}(aq) + z\bar{\mu}_{e^-} = \{\mu_{M^{z+}}(aq) + zF\phi(aq)\} + z\{\mu_{e^-}(m) - F\phi(m)\} = \mu_M(m) = \bar{\mu}_M(m) \tag{1.4.3}$$

ここで，溶液と金属間の電位差 $\Delta\phi$(m, aq) は次式で定義される。

$$\Delta\phi(m, aq) \equiv \phi(m) - \phi(aq) = \frac{1}{zF}\{\mu_{M^{z+}(aq)} + z\mu_{e^-(m)} - \mu_{M(m)}\} \tag{1.4.4}$$

この $\Delta\phi$(m, aq) は平衡状態での溶液と金属の間の電位差，すなわち電極電位である（図 1-13 参照）。また，$\Delta\phi$(m, aq) $= -\Delta\phi$(aq, m) である。

ところで，（1.4.3）式に現れる化学ポテンシャルのうち，$\bar{\mu}_{M^{z+}(aq)}$ は，溶液の活量（**近似的に質量モル濃度**または**容量モル濃度**）に依存する。したがって $\Delta\phi$(m, aq) もまた溶液の活量によって変わる。電極電位と活量 $a_{M^{z+}}$ の関係は，（1.3.36）式で示した通り

$$\mu_{M^{z+}(aq)} = \mu^0_{M^{z+}(aq)} + RT \ln a_{M^{z+}} \tag{1.4.5}$$

ここで $\mu^0_{M^{z+}(aq)}$ は標準化学ポテンシャルである。

この式を（1.4.4）式に代入すると

$$\Delta\phi(m, aq) = \frac{1}{zF}\{\mu^0_{M^{z+}(aq)} + z\mu_{e^-(m)} - \mu_{M(m)}\} + \frac{RT}{zF}\ln a_{M^{z+}} \tag{1.4.6}$$

さらに，右辺第 1 項は，M^{z+} の活量には無関係で，温度と圧力および電極を構成する化学種（材質）によって決まる一定の物性値である。そこでこれを $\Delta\phi^0$(m, aq) で表し，**標準電極電位**（standard electrode potential）とよぶ。上式は次のようにまとめられる。

$$\Delta\phi(\mathrm{m,aq}) = \Delta\phi^0(\mathrm{m,aq}) + \frac{RT}{zF}\ln a_{\mathrm{M}^{z+}} \tag{1.4.7}$$

この式によって,注目する系の電極電位が標準電極電位とその系の活量とに関係づけられることがわかる。

1.4.2 種々の電極電位とその組合せ

(A) 気体｜白金電極：水素電極

この型の最も代表的なものは**水素電極**（hydrogen electrode）である。

水素電極は図 1-14 に模式的に示しているように,H^+を含む溶液（例えば HCl 水溶液）に不活性な金属,例えば白金（Pt）を浸し,そこへ H_2 ガスを吹きつけるものである。電極表示式では $H^+｜H_2｜Pt$ または $H^+｜H_2,Pt$ と表される。H_2 の気泡が Pt 表面をおおって接触し,Pt に電子を与えて H^+ に変わる。また,溶液中の H^+ が Pt から電子を奪って H_2 ガスになる変化が起こり,平衡状態での電極反応は次式の通りである。

$$H^+ + e^- \rightleftarrows \frac{1}{2}H_2(g) \tag{1.4.8}$$

ここで白金は電子のやりとりの仲介をするだけで他の反応には関与しない。ここで溶液中および金属中における電気化学ポテンシャルを,それぞれ $\bar{\mu}_{H^+(aq)}$ および $\bar{\mu}_{e^-(m)}$ で表すと,電極反応が平衡に達しているときの電気化学ポテンシャルは

$$\bar{\mu}_{H^+(aq)} + \bar{\mu}_{e^-(m)} = \frac{1}{2}\bar{\mu}_{H_2(g)} \tag{1.4.9}$$

(1.4.6) 式を導いたときと同様な考えから,電極電位と反応種の化学ポテンシャルの関数として次式が得られる。

$$\Delta\phi(\mathrm{m,aq}) = \phi(\mathrm{m}) - \phi(\mathrm{aq}) = \frac{1}{F}\left\{\mu_{H^+(aq)} + \mu_{e^-(m)} - \frac{1}{2}\mu_{H_2(g)}\right\} \tag{1.4.10}$$

ここでも電極反応に関わる化学種の化学ポテンシャルで電極電位が決まることでわかる。ここで気体 H_2 の化学ポテンシャルは**フガシティ**（fugacity）f_{H_2}（圧力に関する活量のようなものであり,大雑把には分圧 P_{H_2} に相当するものとみなしてよい）で表される。

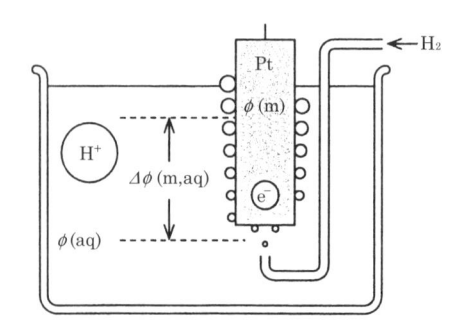

図 1-14 水素電極の模式図

$$\left.\begin{array}{l}\mu_{\mathrm{H_2(g)}} = \mu_{\mathrm{H_2}}^0 + RT \ln f_{\mathrm{H_2}} \\ \mu_{\mathrm{H^+(aq)}} = \mu_{\mathrm{H^+}}^0 + RT \ln a_{\mathrm{H^+}}\end{array}\right\} \quad (1.4.11)$$

(1.4.11) 式を (1.4.10) 式に代入して整理すると，次のようにまとめられる。

$$\Delta\phi(\mathrm{m,aq}) = \Delta\phi^0(\mathrm{m,aq}) + \frac{RT}{F} \ln \frac{a_{\mathrm{H^+}}}{f_{\mathrm{H_2}}^{1/2}} \quad (1.4.12)$$

(B) イオン｜不溶性塩｜金属型の電極：銀–塩化銀電極

この型で代表的な銀–塩化銀電極は，Ag の表面に不溶性塩である AgCl の膜で被ったものを，Cl⁻ を含む溶液に浸したものであり，電極標示式では，Cl⁻｜AgCl｜Ag または Cl⁻｜AgCl, Ag と表される。

銀–塩化銀電極の電極反応は次式で表される。

$$\mathrm{AgCl(salt) + e^- \rightleftarrows Ag(m) + Cl^-(aq)}$$

したがって，この電極電位は次式で与えられる。

$$\Delta\phi(\mathrm{m,aq}) = \Delta\phi^0(\mathrm{m,aq}) - \frac{RT}{F} \ln a_{\mathrm{Cl^-}} \quad (1.4.13)$$

ここで標準電極電位 $\Delta\phi^0(\mathrm{m, aq})$ は，溶液中の Cl⁻ の活量が 1 のときの電極電位に相当する（この標準電極電位は ＋0.222V である）。これらの電極は取り扱いやすく，電位も安定しているので，前述の水素電極の代りに実際上よく用いられる。

(C) 酸化・還元電極

生体内反応の経路には，無数の酸化・還元反応が行われており，酸化・還元電極の理解は，生体のエネルギー学を扱う上で必須の要件である。ここで，ある化学種 A が溶液中で 2 つの異なった酸化状態で存在するとしよう。いまこの溶液に，Pt などの不活性金属を差込んだとき，A⁺ と A²⁺ の間の相互に及ぼし合う変化が電極を介した電子の授受で起こる場合，溶液と金属の間には電位差が生じる。その様子を図 1-15 に模式的に示す。

この型の電極を**酸化・還元電極**（redox electrode）とよび，A²⁺, A⁺｜Pt で電極標示する。

この場合，平衡関係は

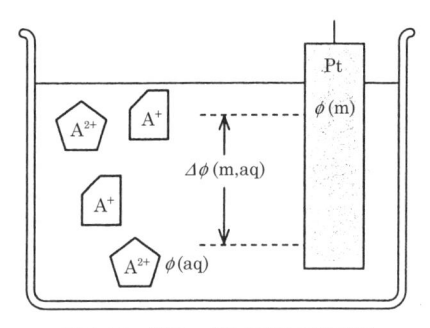

$$\mathrm{A^{2+} + e^- \rightleftarrows A^+}$$

図 1-15 酸化・還元電極の模式図

で表され，電極電位は次式で与えられる．

$$\Delta\phi(\mathrm{m,aq}) = \Delta\phi^0(\mathrm{m,aq}) + \frac{RT}{F}\ln\frac{a_{\mathrm{A}^{2+}}}{a_{\mathrm{A}^+}} \tag{1.4.14}$$

この式からわかるように，酸化・還元電極の電極電位は溶液中の酸化型（A^{2+}）の活量と還元型（A^+）の活量の比で決まる．

ここで電極反応を取り扱う場合の約束ごとを記しておこう．電極反応を，還元反応として（すなわち，これまで見てきたように電子が反応式の左辺にくるように），かつ電子 1 mol について書くように約束する，この約束に従えば，ある電極反応が次のように書かれた場合（ν は化学量論係数）

$$\nu_{\mathrm{A}}\mathrm{A}\ （酸化型）+ \mathrm{e}^- \rightleftarrows \nu_{\mathrm{B}}\mathrm{B}\ （還元型）$$

この反応による電極電位は，標準電極電位 $\Delta\phi^0$ と反応の活量を含む項として次のように表される．

$$\Delta\phi(\mathrm{m,aq}) = \Delta\phi^0(\mathrm{m,aq}) + \frac{RT}{F}\ln\frac{a_{\mathrm{A}}^{\nu_{\mathrm{A}}}}{a_{\mathrm{B}}^{\nu_{\mathrm{B}}}} \tag{1.4.15}$$

ここで，還元型の化学種 B の活量が対数項の中で分母にきていることと，分母，分子ともにそれぞれの化学量論係数が活量のベキ数として加わっていることに注意しよう．

1.4.3 電池の起電力と電極電位

(A) 電池の組立て

2 つの電極（半電池）を組合せることによって電池がつくられる．構成した電池の 2 つの電極間の電位差を**起電力**（electromotive force，emf）とよび，記号 E で表す．電気回路を構成して起電力を測定しようとするとき，この回路に電流が流れると，電池内部で電極反応が進行し，溶液中のイオン濃度が変わり，これに伴って，電極間の電位差が変わってしまう．我々が必要とするのは，熱力学的な解析が可能な平衡状態での電位差であるから，測定行為によって平衡を乱すことは避けなければならない．実用化されている電位差計は，この点を考慮して電流を流さないで測定できるように作られている．また，異なる電解質溶液を用いる半電極を組合せる場合，電解質溶液間に**液絡**（liquid junction）が現れる．これはイオンの移動度（拡散速度）の違いによって，隔壁を隔てた 2 つの溶液間に電位差（液間電位）が生じる．液間電位を生じる電解質溶液どうしの接合を液絡という．液絡はイオンの不可逆な移動を伴うので，電池反応に対して熱力学的な不可逆をもたらすことになり，都合が悪い．

液絡によって生じる不可逆性の効果を最小限に抑える方法の 1 つは，**塩橋**（salt bridge）を用いて 2 つの半電池を接続することである．塩橋は，陽・陰のイオンのそれぞれの移動度がほぼ等しい塩（KCl や $\mathrm{NH_4NO_3}$）の濃厚溶液に寒天やゼラチンなどを加えた液体を U 字管

図 1-16　塩　　橋

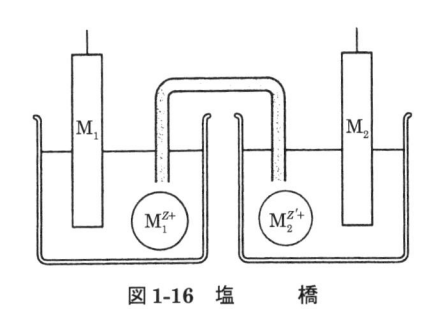

内に詰め，それをゲル化させれば塩橋ができる。これを図 1-15 のように 2 種類の電極の間に架けて接続する。電池の表記法では，塩橋によって半電池間の液絡が解消されている場合，∥ 印を使って

$$M_1 \mid M_1^{Z+} \parallel M_2^{Z'+} \mid M_2$$

のように表す。

　右と左の半電池のそれぞれの電極電位，E_R と E_L の差が電池の起電力であり，次のように与えられる。

$$E = E_R - E_L \tag{1.4.16}$$

　もし，左右の半電池を入れ替えると，起電力の絶対値は等しいが，その符号は反対となる。したがって，起電力の符号について，何らかの約束を設けておかないと混乱が生じる。混乱を避けるために，電池の表記法に従って，「右側に書かれた半電池の電極電位（E_R）から左側に書かれた半電池の電極電位（E_L）を差引いたもの」と約束する。つまり上式のように $E = E_R - E_L$ とする。

(B) Nernst の式と標準電極電位

　電池の起電力は，それを構成する 2 つの半電池の電極電位で決まることがわかった。では半電池の電極電位は，電極反応に関与する反応種の濃度（活量）に依存するので，したがって起電力もまた反応種の濃度によって変わってくる。この関係を表すのが次に示す Nernst の式である。ここで，$M_1 \mid M_1^+ \parallel M_2^+ \mid M_2$ で表される模式的な電池を考える。

　右側の半電池での電極反応は $M_2^+ + e^- \rightleftarrows M_2$，左側のそれは $M_1^+ + e^- \rightleftarrows M_1$ である。それぞれの側で，白金端子と金属（M_1 と M_2）間の接触電位を含めた標準電極電位を，E_R^0（$= \Delta\phi$(Pt, m_2) $+ \Delta\phi^0$）と E_L^0 で表すと起電力は次のように表される〔右が 2（分子），左が 1（分母）〕。

$$E = E_R - E_L = E_R^0 - E_L^0 + \frac{RT}{F} \ln \frac{a_{M_2^+}}{a_{M_1^+}} \tag{1.4.17}$$

ここで標準電極電位の差を次のように E^0 とする。

$$E^0 = E_R^0 - E_L^0 \tag{1.4.18}$$

これより，この型の電池と反応種の活量の関係，すなわち **Nernst の式**は次のように表される。

$$E = E^0 + \frac{RT}{F}\ln\frac{a_{M_2^+}}{a_{M_1^+}} \qquad (1.4.19)$$

E^0 は $a_{M_1^+} = 1$, $a_{M_2^+} = 1$ のときの起電力に相当し，これを**標準起電力**とよぶ．Nernst の式の対数項の中身は電池を構成する半電池の種類によって異なるが，半電池の電極反応がわかれば，その電池に対する Nernst の式を書くことは容易である．

(C) 標準水素電極と酸化還元電極の組合せ

動物の生命を維持するために摂った栄養物がもつエルゴン（Gibbs エネルギー）は，主として細胞の**ミトコンドリア**（mitochondria）において，ある制御機構のもとで起こる酸化・還元反応に伴って消費される（ATP などの高エネルギー化合物の合成に用いられる）．1つの分子から他の分子へ電子ないし水素原子が授受されるが，このときこれらを供与する方の物質を**還元剤**（reductant）といい，受容する方を**酸化剤**（oxidant）という．両者は一対になって作用し合うので，**酸化・還元対**（redox pair(s)または couple(s)）と一般的によばれる．細胞中における酸化・還元反応は，**シトクロム**（cytochrome(s)）どうしの反応：

$$\text{Cytochrome c}(Fe^{3+}) + e^- \rightleftarrows \text{Cytochrome c}(Fe^{2+})$$

のように電子だけをやりとりするもののほか，水素化合物イオン H^- をやりとりするもの，あるいは電子と H^- の両方を同時にやりとりするものがある．**ニコチンアミドアデニン ジヌクレオチドの酸化型**（nicotinamide adenine dinucleotide, NAD^+）と**ニコチンアミドアデニン ジヌクレオチドの還元型**（NADH）の対，NAD^+／NADH 酸化・還元対がその例である．式では次のように示される．

$$NAD^+ + 2H^+ + 2e^- = NADH + H^+$$

酸化・還元対の電子や水素原子を授受する能力は対によってさまざまであるが，その強さは定数である標準酸化還元電位 $E^{0'}$ によって定量的に表現できる．すなわち，上で学んできたように，酸化・還元剤の両方を含む半電池の起電力として酸化・還元電位を測定すればよい．このとき水素電極を標準参照電極（半電池）として用いる．この電池の原理を前に学んだ知識を用いて考えてみよう．

水素電極を左側に，酸化還元電極を右においで電池を組立てる．電池の表示式は次の通りである．

$$\text{Pt} \mid H_2(f=1) \mid H^+(a=1) \parallel A^+(a=1), A^{2+}(a=1) \mid \text{Pt}$$

左側の半電池の電極反応は

$$H^+ + e^- \rightleftarrows \frac{1}{2}H_2 \qquad （還元反応）$$

その電極電位は式（1.4.12）より

$$E_L = \Delta\phi(\text{Pt},m_2) + \Delta\phi^0 + \frac{RT}{F}\ln a_{H^+}$$

$$= E_L^0 + \frac{RT}{F}\ln a_{H^+}$$

右側の電極反応（半反応）は

$$A^{2+} + e^- \rightleftarrows A^+ \qquad （還元反応）$$

であるから，式（1.4.19）より

$$E_R = \Delta\phi(\text{Pt},m_1) + \Delta\phi^0(m,aq) + \frac{RT}{F}\ln\frac{a_{A^{2+}}}{a_{A^+}}$$

$$= E_R^0 + \frac{RT}{F}\ln\frac{a_{A^{2+}}}{a_{A^+}}$$

電池の起電力は水素電極の方を左側の電極にするという約束に基づいて

$$E_{\text{Redox}} = E_R - E_L = E_R^0 - E_L^0 + \frac{RT}{F}\ln\frac{a_{A^{2+}}}{a_{A^+}} \cdot \frac{1}{a_{H^+}}$$

ここで一般的に用いられている**標準水素電池**（standard hydrogen electrode, SHE）の条件として，$f_{H_2}=1$，$a_{H^+}=1$ をとり，その電極電位を 0 とおくように決める（$E_L = E_L^0 = 0$）。そうすれば酸化還元反応の起電力は次式によって与えられるものと約束できる。

$$E_{\text{Redox}} = E_{\text{Redox}}^0 + \frac{RT}{F}\ln\frac{a_{A^{2+}}}{a_{A^+}} \tag{1.4.20}$$

ここで E_{Redox}^0 は A^+ と A^{2+} のそれぞれの活量が 1 のときの起電力に相当し，**標準電極電位**（標準還元電位）とよばれるものである。25℃におけるこれらの値は，種々の電極反応について求められており，物理化学系の教科書には必ず表にして示されている。

(D) 電極電位と平衡

上の（1.4.20）式で示される電池にリード線で絡いで電流を取り出せば（放電させれば）電極反応が進んで，反応種の濃度が変化していく。それに伴って起電力は低下して，最後に $E=0$ の状態に達する。このとき上の式では

$$0 = E_{\text{Redox}}^0 + \frac{RT}{F}\ln\left(\frac{a_{A^{2+}}}{a_{A^+}}\right)_e = E_{\text{Redox}}^0 - \frac{RT}{F}\ln K \tag{1.4.21}$$

となる。ここでイオンの活量は平衡状態での活量であることを示すため，下付きの添字 e を付けている。この酸化還元に伴う電池反応の平衡定数 K は

$$K = \left(\frac{a_{A^+}}{a_{A^{2+}}}\right)_e \tag{1.4.22}$$

となる。（1.4.21）式と（1.4.22）式を比較することにより（ここで標準還元電位を一般的に E^0 で表す）次式が得られる。

$$E^0 = \frac{RT}{F}\ln K \tag{1.4.23}$$

次に起電力と Gibbs エネルギー変化との関係を考えてみよう。ここで次のような反応があ

るとする。

$$A + B^+ \rightleftarrows A^+ + B \tag{1.4.24}$$

この反応の Gibbs エネルギー変化は，前節でみたように次式で与えられる（上の反応式の左辺が分母に来る）。

$$\varDelta G = \varDelta G^0 + RT \ln \frac{a_{A^+} a_B}{a_A a_{B^+}} \tag{1.4.25}$$

ここで，$\varDelta G^0$ は標準 Gibbs エネルギー変化であり，反応種の活量がすべて1のときの $\varDelta G$ に相当する。上の (1.4.24) 式の反応は，次のような電池の中で起きる反応とみなせる。

$$A \mid A^+ \parallel B^+ \mid B \tag{1.4.26}$$

この起電力に対する Nernst の式はすでにみたように次式で示される（反応式の右辺が分母に来ることに注意）。

$$E = E^0 + \frac{RT}{F} \ln \frac{a_A a_{B^+}}{a_{A^+} a_B} \tag{1.4.27}$$

(1.4.24) 式の反応が進んで平衡に達したとき $\varDelta G$ も E もゼロであることと，(1.4.25) 式と (1.4.27) 式を比較すれば，ただちに次の関係を得る。

$$\varDelta G^0 = -FE^0 \tag{1.4.28}$$

$$\varDelta G = -FE \tag{1.4.29}$$

(1.4.27) 式は反応種の活量が任意の値をとるときの，反応の Gibbs エネルギー変化と起電力の関係を示すものである。なお，(1.4.25) 式と (1.4.27) 式はいずれも電子 1mol の移動に対する関係である。**もし n mol の電子移動を伴うものであれば，$\varDelta G^0 = -nFE^0$ および $\varDelta G = -nFE$ となる**。この式の物理的意味は「電位差 E の場において電荷 nF を運ぶための可逆的仕事が Gibbs エネルギーの変化量 $\varDelta G$ に相当する」ということである。

なおここで，我々は電池反応について2通りの平衡について考えていることに注意しなければならない。その1つは**電流を流さない状況下の平衡**である。この場合，2つの電極の間に電位差が存在し，この平衡は電気化学ポテンシャルで記述される電気化学的平衡である。逆のいい方をすれば，この平衡が電位差を決めている。他の1つは，**電池から電流を取り出してしまった後に到着する平衡である**。この場合，電極間の電位差は消失しているので（(1.4.27) 式において $E = 0$，(1.4.25) 式において $\varDelta G = 0$），この平衡は化学ポテンシャルで決められている化学平衡である。平衡定数 K が標準還元電位 E^0 と関係づけられるのは後者の方の平衡であるので，これら2通りの平衡を混同しないよう注意が必要である。

(E) 標準電極電位の決定および生化学的（生理学的）標準電極電位

ある任意の電極の標準電位を決めるには，原理的には，その電極反応に関与する反応種の活量がすべて1の状態で，SHE と組み合わせて構成した電池の起電力を測定すればよい。し

かし，反応種の活量が 1 の溶液を調整することは一般的に困難である。ましてや，生体内から微量にしか抽出できない物質を活量 1 ないし 1mol dm^{-3} ほど高い濃度の溶液を得るのは困難なので，実験には希薄な濃度の範囲で行わざるを得ない。

ここでは，SHE に代わって**参照電極**として用いられる**銀-塩化銀電極**を例にとって説明しよう。この電極の E^0 を決めるためには，次の電池の起電力を測定する。

$$\text{Pt,H}_2(1\text{atm}) \mid \text{HCl}(m) \mid \text{AgCl,Ag}$$

ここでは m は HCl の質量モル濃度である。この電池の起電力は次式で与えられる。

$$E = E^0 - \frac{RT}{F} \ln a_{\text{H}^+} a_{\text{Cl}^-} \tag{1.4.30}$$

活量と濃度の関係は 1.3 節で見たように $a_{\text{H}^+} = \gamma_\pm m_{\text{H}^+}$，$a_{\text{Cl}^-} = \gamma_\pm m_{\text{Cl}^-}$ であり，また，この場合 $m_{\text{H}^+} = m_{\text{Cl}^-} = m$ であるから，これらの関係を (1.4.30) 式に代入して整理すれば，次式が導かれる。ここで $\gamma_\pm$ は平均イオン活量係数である。

$$E + \frac{2RT}{F} \ln m = E^0 - \frac{2RT}{F} \ln \gamma_\pm \tag{1.4.31}$$

ここで，Debye-Hückel **の極限則**を用いれば $\gamma_\pm$ を m で表すことができる（(1.3.39) 式参照）。1 価-1 価型電解質の場合，その関係は 25℃，1atm において次式で与えられる。

$$\log \gamma_\pm = -0.509 \sqrt{m}, \text{ または } \ln \gamma_\pm = -1.17 \sqrt{m} \tag{1.4.32}$$

そこで，(1.4.31) 式と (1.4.32) 式から次式が得られる。

$$E + \frac{2RT}{F} \ln m = E^0 + \frac{2.34 RT}{F} \sqrt{m} \tag{1.4.33}$$

(1.4.33) 式をみて，左辺を縦軸にとり，$\sqrt{m}$ を横軸にとってプロットすれば，希薄な濃度領域では極限勾配 $2.34RT/F$ をもつ直線が得られ，さらにその直線を $\sqrt{m} = 0$ に補外すれば，切片が E^0 に相当することがわかる。生体系の微量物質も，これにならって実験データを処理すれば E^0 を決めることができる。

本節の最後に**生化学的（生理学的）標準還元電位**についてぜひ記しておかなければならない。上で述べてきた電極電位はすべて水素電極を基準としたときの相対的な差を用いているが，これは 25℃において H$_2$ 気体が 1atm（1atm を fugacity が 1 と置く）で，水溶液中の H$^+$ の活量が 1 のときの，すなわち pH = 0.0 の条件下でもつ電位を 0.0V とおいたものである。しかし，ほとんどすべての酵素は pH = 0 で変性してしまい，その結果生化学反応が起こらない。それゆえ，生化学者たちは H$^+$ を除くすべての基質と生成物の濃度が 1mol dm^{-3} であるとしたものを標準状態としている。それには H$^+$ の濃度は 10^{-7} mol dm^{-3}，すなわち pH = 7.0 をとっている。また ΔG^0 のかわりに生化学的（生理学的）Gibbs エネルギー変化量 $\Delta G^{0\prime}$ を，ΔE^0 の代わりに $\Delta E^{0\prime}$ を用いることになっている。pH7.0 では，標準水素電極電位は -0.42V である。次の反応を例に上げて ΔG^0 と $\Delta G^{0\prime}$ を比べると

表1-4 生化学的に重要な酸化還元反応の代表例と生化学的標準還元電位

	電極反応式	n	$E^{0'}$/V
(1)	酢酸／アセトアルデヒド acetate + $2H^+ + 2e^-$ = acetaldehyde	2	-0.58
(2)	プロトン／水素 $2H^+ + 2e^-$ = H_2	2	-0.421
(3)	ニコチンアミドアデニンジヌクレオチドの（酸化型）／（還元型） $NAD^+ + 2H^+ + 2e^-$ = $NADH + H^+$	2	-0.320
(4)	ピルビン酸／乳酸 pyruvate + $2H^+ + 2e^+$ = lactate	2	-0.190
(5)	シトクロム c の（Fe^{3+}型）／（Fe^{2+}型） cytochrom c (Fe^{3+}) + e^- = cytochrom c (Fe^{2+})	1	$+0.220$
(6)	酸素／水 $\frac{1}{2}O_2 + 2H^+ + 2e^-$ = H_2O	2	$+0.816$

基質 S が変化を生じる場合を考える。

$$S \longrightarrow P + H^+$$

$$\Delta G = \Delta G^0 + 5.708 \text{kJmol}^{-1} \times \log \frac{[P][H^+]}{[S]} \quad (25℃) \tag{1.4.34}$$

ここで［S］=［P］= 1mol dm^{-3}のとき

$$\Delta G^{0'} = (\Delta G^0 + 5.708 \log[H^+]) \text{kJmol}^{-1} \tag{1.4.35}$$

$$= (\Delta G^0 - 5.708 \text{pH}) \text{kJmol}^{-1} \quad (25℃)$$

また，基質の1つとしてH$^+$が関与する場合は，次の式となる。

$$\Delta G^{0'} = (\Delta G^0 - 5.708 \text{pH}) \text{kJmol}^{-1} \quad (25℃) \tag{1.4.36}$$

ただし，上の（1.4.35）式と（1.4.36）式はpHが7.0以外のときでも適用できるかたちに表現されている。

生体の代謝過程で重要な化合物の還元電位を表1-4にかかげる（後出の表1-6も参照のこと）。そのうちの1つを例にとって考えてみよう。$E^{0'}$と$\Delta G^{0'}$の関係は（1.4.28）式に対応して次式で与えられる。

$$\Delta G^{0'} = -nFE^{0'} \tag{1.4.37}$$

ニコチンアミドアデニンジヌクレオチド（還元型）(nicotinamide adenine dinuculeotide) (reduced form) NADH によるピルビン酸 (pyruvate) から乳酸 (lactate) への還元反応が乳酸脱水酵素（lactate dehydrogenase）の触媒作用によって進められる。

$$\text{pyruvate} + \text{NADH} + \text{H}^+ \rightleftarrows \text{lactate} + \text{NAD}^+$$

ここでNAD$^+$はニコチンアミドアデニン ジヌクレオチド(酸化型)を表す。表1-4をみると，NAD$^+$/NADH の酸化還元反応対は pyruvate/lactate の対によって酸化されることがわかる。なぜなら前者は$E^{0'}$の値が-0.32Vであり，後者のそれは-0.19Vであるからである。$\Delta E^{0'}$は$E^{0'}_{\text{pyr/lac}}$から$E^{0'}_{\text{NAD+/NADH}}$を差引けば求まる。

$$\Delta E^{0'} = -0.19\text{V} - (-0.32\text{V}) = 0.13\text{V}$$

この正の値は、上の反応が発エルゴン反応であることを示している。$\Delta G^{0'} = -nF\Delta E^{0'}$である

から、この場合，(1.4.37) 式より

$$\Delta G^{0'} = -2 \times 96.5 \text{kJV}^{-1}\text{mol}^{-1} \times 0.13\text{V}$$
$$= -25.1 \text{kJmol}^{-1}$$

このように，生化学的（生理学的）標準状態（25℃, pH = 7.0）では 25.1kJ mol^{-1} ほどの発エルゴン反応であると計算される。

ここで注意しなければならないことは，一般の熱力学的標準還元電位では表 1-4 の (2) のプロトン／水素の E^0 値を 0 とおくが，生化学的標準状態（25℃, 1atm, pH = 7.0）では $E^{0'} = -0.42$V である（次節の表 1-6-2 も参照せよ）ことである。生化学的標準状態のとり方や $E^{0'}$ に習熟するために，以下 3 つの例題に取り組んでみよう。

例題 1.5

下に示す半反応式を例にとって $E^{0'}$ に及ぼす pH の影響を考察し，熱力学的標準還元電位 E^0（式 (1.4.20) を参照）とどのように関係づけられるか示せ。

$$A + 2H^+ + 2e^- \longrightarrow AH_2$$

解 答

z 個の電子が関与するときの起電力 E は，(1.4.20) 式を一般化して表すと（ここで酸化型 X_{ox} を，還元型 X_{red} をで表す），

(Ⅰ) $\quad E = E^0 + \dfrac{RT}{zF} \ln \dfrac{[X_{ox}]}{[X_{red}]}$ $\qquad$ (25℃, 1 atm)

これを上の反応式にあてはめると

$$E = E^0 + \frac{8.314 \text{JK}^{-1}\text{mol}^{-1} \times 298\text{K}}{2 \times 96485 \text{Cmol}^{-1}} \ln \frac{[A][H^+]^2}{[AH_2]}$$

$$= E^0 + \frac{2.57 \times 10^{-2}}{2} \text{V} \times \ln \frac{[A][H^+]^2}{[AH_2]}$$

(Ⅱ) $\quad E = E^0 + \dfrac{5.92 \times 10^{-2}}{2} \text{V} \times \log \dfrac{[A][H^+]^2}{[AH_2]}$ $\qquad$ (JC^{-1} = V)

もし，[A] と [AH$_2$] がそれぞれに 1M（又はそれぞれが等しい濃度）であれば，(Ⅱ) 式から $E^{0'}$ を次のように表せる。

$$E^{0'} = E^0 + \frac{5.92 \times 10^{-2}}{2} \text{V} \times \log [H^+]^2$$

$$= E^0 - 5.92 \times 10^{-2} \text{V} \times \log \frac{1}{[H^+]}$$

ゆえに次のように $E^{0'}$ と E^0 が関係づけられる。

(Ⅲ) $\quad E^{0'} = E^0 - 0.0592 \text{V} \times \text{pH}$

例題 1.6

(a) $2H^+ + 2e^- \rightarrow H_2$ の半反応の電極電位をいま仮に 0 とおく（これは標準電極電位を決める際の基準である）。pH が 7.0 のとき標準水素電極電位が -0.42V であることを示せ。

(b) $NAD^+ + 2H^+ + 2e^- \rightarrow NADH + H^+$

この半反応の $E^{0'}$ は pH7.0 で -0.320V である（表 1-4 の (3) 参照）。pH5.0 における $E^{0'}$ を求めよ。ただし、$H^+ + 2e^- \rightarrow H^-$（水化物イオン）である。

解 答

(a) 上の例題の（III）より
$$E^{0'} = E^0 - 0.0592\,pH = 0 - 0.414 = -0.414$$
$$\therefore E^{0'} = -0.414\,V$$

この値を生化学の教科書では -0.42V としている。

(b) 与えられた反応式では 2 つの電子が関与するので上の例題（III）式の係数は 2 で割らねばならない。

$$E^{0'}{}_{(pH5)} = E^{0'}{}_{(pH7)} - \frac{0.0592}{2}(5-7)$$
$$= (-0.320) - (0.0296)(-2)$$
$$= -0.320 + 0.0592 = -0.261\,V$$
$$\therefore E^{0'} = -0.261\,V$$

例題 1.7

(1.4.20) 式を生化学系で用いる近似式で示せば、例題 1.5 の（I）式と同様に
$$E' = E^{0'} + \frac{RT}{zF}\ln\frac{[A_{ox}]}{[A_{red}]}$$

ここで $[A_{ox}]$ と $[A_{red}]$ は A という酸化・還元対の酸化型と還元型のモル濃度である。もう 1 つの酸化還元対 B_{red}/B_{ox} との組合わせによる酸化還元反応が次式で与えられるとき

(I) $A_{red} + B_{ox} \rightleftarrows A_{ox} + B_{red}$

生化学的酸化還元電位差 $\Delta E^{0'}$ は、(1.4.27) 式に代わって次の近似式で示される。

(II) $\Delta E = \Delta E^{0'} + \dfrac{RT}{zF}\ln\dfrac{[A_{red}][B_{ox}]}{[A_{ox}][B_{red}]}$

いま、ある酸化還元対 X_{ox}/X_{red} が他の対 Y_{ox}/Y_{red} よりも大きな負の標準還元電位をもっているとする。細胞内の条件下にあって X は Y を還元するか否かを検討し、その理由を述べよ。

解 答

答は否である。（I）に相当する式は $X_{red} + Y_{ox} \rightleftarrows X_{ox} + Y_{red}$ であるので、（II）に相当す

る式は（III）で与えられる。

(III)　　$\Delta E = \Delta E^{0'} + \dfrac{RT}{zF} \ln \dfrac{[X_{red}][Y_{ox}]}{[X_{ox}][Y_{red}]}$

　　（III）式の$\Delta E^{0'} = E^{0'}(Y) - E^{0'}(X)$は題意より正であるので$\Delta G^{0'} = -nFE^{0'}$は負である。これをみたかぎりでは，自発的にXはYを還元するものと考えられる。しかし（III）式の第2項の$[X_{red}][Y_{ox}]/[X_{ox}][Y_{red}]$が1より大きいか小さいかによって符号は正か負になる。1より大きいとき，すなわち$[X_{red}][Y_{ox}] > [X_{ox}][Y_{red}]$のときは，間違いなく（III）式の方向は右向き（Yが還元される）であるが，$[X_{red}][Y_{ox}] \ll [X_{ox}][Y_{red}]$のときは，$\Delta E$が負の値をとる可能性がある。このときはYの還元反応は起こらない（$\Delta G > 0$）。このように，反応が進むか否か，あるいは，反応が右向きに進むか左向きに進むか否かは細胞内のそれぞれの濃度によって異なる。この問題は注意すべきところである。

1.5　化学熱力学的データから得られる情報

　化学反応におけるH，SおよびGの変化は，共有結合の切断または形成に関わるものであり，これらは普通の化学熱力学の教科書に多くの頁を割いて説明がなされている。本書でも表1-1にそのデータを載せている。また，(1.3.9)式で示したように，自由エネルギー変化にはエネルギー（エンタルピー）項とエントロピー項という，互に趣きの異なる要因が含まれている。ここでは，まず非共有結合現象の化学熱力学データを検討してみよう。

1.5.1　化学熱力学的データから見る非共有結合

　生体系の反応のうちで，共有結合（またはその切断）以外の，いわゆる非共有結合的な結合に重要なものが多々ある。抗原・抗体反応，種々のホルモン（hormone(s)）や，薬物の核酸またはタンパク質に対する結合，**遺伝子情報の解読**（codon-anticodon 認識），タンパク質や核酸の**変性**（denaturation）等々がその例である。化学熱力学はこれらを理解するのに役立つものであり，ある反応に対していくつか提案された反応機構のうち，どれが正しいかを決定する有力な手段でもある。表1-5に簡単な反応の結合力を示すエンタルピー値を挙げている。

(A)　イオン結合と水和

　荷電をもつ化学種の固体内では強いイオン性（静電的）相互作用をしている。例えばNaClの結晶から真空中に，昇華して$Na^+Cl^-(g)$イオン対（分子に相当する）の気体を経て（過程I），$Na^+(g)$と$Cl^-(g)$に解離する（過程II）；または結晶からいきなり，格子エネルギーに打勝って$Na^+(g)$と$Cl^-(g)$になる場合（過程III）がある。熱力学第一法則より，過程IIIの$\Delta H^0(III)$は，

表1-5 非共有結合および相互作用のエンタルピー[*3]

反応	相互作用	ΔH^0 / kJmol^{-1}
Na$^+$ (g) + Cl$^-$(g) ⟶ NaCl(s)	イオン性	−785
NaCl(s) + 大量の H$_2$O(l) ⟶ Na$^+$(aq) + Cl$^-$(aq)	イオン性とイオン−双極子	4
アルゴン (g) ⟶ アルゴン (s)	London	−8
プロパン (g) ⟶ プロパン (l)	London-van der Waals	−19
アセトン (g) ⟶ アセトン (l)	London-van der Waals	−29
2 メタノール (g) ⟶ メタノール 2 量体 (g)	水素結合	−20
2 アンモニア (g) ⟶ アンモニア 2 量体 (g)	水素結合	−15
2 N-methyl formamide(ベンゼン中) ⟶ 2 量体 (ベンゼン中)	水素結合	−15
2CO(NH$_2$)$_2$・H$_2$O(aq)(尿素 1 水和物) ⟶ 尿素の 2 量体 (aq) + H$_2$O の 2 量体 (aq)	水素結合 （水溶液中）	−5
C$_3$H$_6$(l) + 大量の H$_2$O(l) ⟶ C$_3$H$_6$(aq)	疎水的相互作用	−10
ベンゼン (l) + 大量の H$_2$O ⟶ ベンゼン (aq)	疎水的相互作用	0

過程Ⅰ と Ⅱ のエンタルピー変化の和に等しい。つまり ΔH^0(Ⅲ) = ΔH^0(Ⅰ) + ΔH^0(Ⅱ)である。表 1-5 をみると ΔH^0(Ⅲ) = 785kJmol^{-1} である。一方，NaCl(s)が水に溶解するときのΔH^0 は，わずかな吸熱，4kJmol^{-1} にすぎない。しかも，NaCl は水にたいへんよく溶解する。この大きな相違に着目してみよう。

ここで結晶の溶解の **Born-Harber のサイクル**（Born-Harber's cycle process）を描いた図 1-17 を示す。

真空中のイオンを水中にとり入れて，水和イオンを形成する過程(Ⅳ)は**水和反応**(hydration reaction) とよばれる。結晶を水に入れると，これらの過程を経ないで，一気に水和イオンを生じる（過程 Ⅴ）。このときのエンタルピー変化ΔH^0(Ⅴ)は

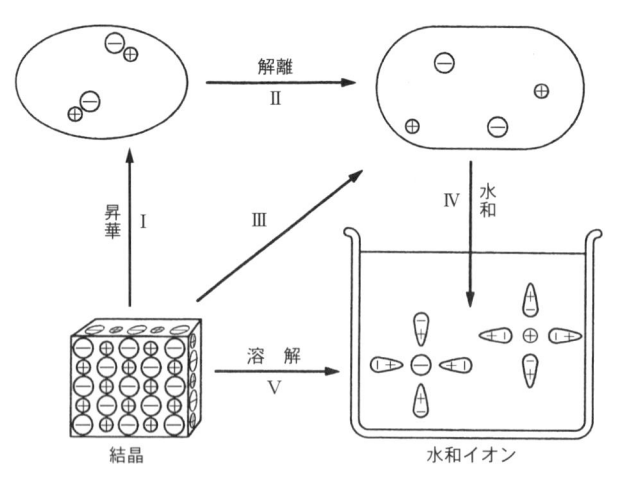

図 1-17 結晶溶解の Born-Harber サイクル

[*3] エンタルピー値は固体のアルゴンを除き，室温付近で求めたもの；また，標準状態は希薄溶液での値から 1moldm^{-3} の濃度に外挿した値をとった。数値は，いろいろな文献値の平均をとり，近似の整数値で表してある。Tinco, Jr., Sauer, Wang, "Physical Chemistry in Life Science"2nd., 1985, Prentice-Hall, Englewood Cliffs, N. J., pp 92, 93 より引用。日本化学会編 化学便覧も参照。

$$\Delta H^0(\text{V}) = \Delta H^0(\text{I}) + \Delta H^0(\text{I}) + \Delta H^0(\text{IV}) または \Delta H^0(\text{III}) + \Delta H^0(\text{IV})$$

である。このサイクルは Gibbs エネルギー変化についても同様なことがいえる。すなわち $\Delta G^0(\text{V}) = \Delta G^0(\text{III}) + \Delta G^0(\text{IV})$ である。

Born-Harber's cycle をみてわかるように，溶解熱と格子エネルギーの値から，Na^+ と Cl^- イオンの水和エンタルピーの和が求められる。また，Cl^- イオンの水和エンタルピーがわかれば Na^+ イオンの水和エンタルピーもすぐ求められる。

イオンの水和の化学熱力学量は詳しく調べてあり，化学便覧等を見れば知ることができる。ちなみに Na^+ と Cl^- イオンの水和については，次のデータが与えられている。

Na^+ ($\Delta G_h^0 = -410 \text{kJmol}^{-1}$; $\Delta H_h^0 = -442 \text{kJmol}^{-1}$; $\Delta S_h^0 = -108 \text{JK}^{-1}\text{mol}^{-1}$)

Cl^- ($\Delta G_h^0 = -317 \text{kJmol}^{-1}$; $\Delta H_h^0 = -340 \text{kJmol}^{-1}$; $\Delta S_h^0 = -76.9 \text{JK}^{-1}\text{mol}^{-1}$)

NaCl としての水和の各化学熱力学量は上のそれぞれの和である。例えば，NaCl の水和エンタルピー $\Delta H_h^0(\text{NaCl})$ は約 -782kJmol^{-1} である。一方，Bron-Haber's cysle（図 1-17）の過程 III つまり格子エネルギーに相当する $\Delta H^0(\text{III})$ は約 786kJmol^{-1} [$\Delta H^0(\text{III}) = \Delta H^0(\text{V}) - \Delta H^0(\text{IV})$] であるのに対して，固体の NaCl(s) から水中に溶解するときのエンタルピー変化は，前に述べたようにわずかに約 4kJmol^{-1} である。これら数値を見較べてみて，イオンと水の反応，すなわち水和のエネルギーの大きさから水とイオンの間には強い相互作用があることがわかる。

例題 1.8

表 1-1 で示した標準生成エンタルピー，標準エントロピーおよび標準生成 Gibbs エネルギーのデータを用いて，生理学的に重要な NaCl の結晶が水へ溶解するときのエンタルピー，エントロピーおよび Gibbs エネルギーの各変化量を求めて考察せよ。

解　答

表 1-1 から問題に関係するデータは以下の通りである。

		$\Delta H_f^\ominus$ / kJ mol^{-1}	$S^\ominus$ / JK^{-1} mol^{-1}	$\Delta G_f^\ominus$ / kJ mol^{-1}
1	Na$^+$(aq)	-240.12	59.0	-261.905
2	Cl$^-$(aq)	-167.159	56.5	-131.328
3	NaCl(aq)	-407.27	115.5	-393.133
4	NaCl(s)	-411.153	72.13	-384.138

この表より，まず 3 の NaCl(aq) の各値は，2 と 1 のそれぞれの和であることがわかる。ちなみに，$\Delta G_f^\ominus$ は，$\Delta G_f^\ominus \neq \Delta H_f^\ominus - T S^\ominus$ であることが 1～4 のそれぞれをこの式に従って計算してみればわかる。これは，ΔH_f と ΔG_f は水素ガス H_2，25℃，1atm のそれぞれをゼロと置いて，H_2 との比において決めた値であるのに対し，第三法則エントロピー $S^\ominus$ が $\Delta H_f^\ominus$ や $\Delta G_f^\ominus$ とは独立に求められた絶対値であるからである。もし，$S^\ominus$ でなくて，$\Delta S_f^\ominus = (\Delta H_f^\ominus - \Delta G_f^\ominus)/T$ なるエントロピー変化量が必要であるとすれば，NaCl(aq) については $\Delta S_f^\ominus$

$= -47.4 \mathrm{JK^{-1}mol^{-1}}$；NaCl(s)については$\Delta S_\mathrm{f}^{\ominus} = -90.6 \mathrm{JK^{-1}mol^{-1}}$の値が得られる。

これは，単体Na(s)とCl$_2$(g)からNaCl(s)やNaCl(aq)が生成するときにはエントロピー減少を伴うことに対応している。

溶解のエントロピー変化量$\Delta S_\mathrm{sol}^{\ominus}$：

$$\Delta S_\mathrm{sol}^{\ominus} = S_\mathrm{aq}^{\ominus} - S_\mathrm{s}^{\ominus} = 43.4 \mathrm{JK^{-1}mol^{-1}}$$
$$= \Delta S_\mathrm{f}^{\ominus}(\mathrm{aq}) - \Delta S_\mathrm{f}^{\ominus}(\mathrm{s}) = 43.2 \mathrm{JK^{-1}mol^{-1}}$$
$$\fallingdotseq 43 \mathrm{JK^{-1}mol^{-1}}$$

溶解のエンタルピー変化量$\Delta H_\mathrm{sol}^{\ominus}$：

$$\Delta H_\mathrm{sol}^{\ominus} = \Delta H^{\ominus}(\mathrm{aq}) - \Delta H^{\ominus}(\mathrm{s}) = 3.88 \mathrm{kJmol^{-1}} \fallingdotseq 4 \mathrm{kJmol^{-1}}$$

溶解のGibbsエネルギー変化量：$\Delta G_\mathrm{sol}^{\ominus}$

$$\Delta G_\mathrm{sol}^{\ominus} = \Delta G_\mathrm{f}^{\ominus}(\mathrm{aq}) - \Delta G_\mathrm{f}^{\ominus}(\mathrm{s}) = -9.05 \mathrm{kJmol^{-1}} \fallingdotseq -9 \mathrm{kJmol^{-1}}$$

以上の結果から，溶解に伴って $4 \mathrm{kJmol^{-1}}$ の吸熱であるが，エントロピー増大の寄与により$\Delta G_\mathrm{sol}^{\ominus} < 0$となるので，NaCl結晶は自発的に溶解することができる。

文献によれば，NaCl結晶の格子Gibbsエネルギーは$681 \mathrm{kJmol^{-1}}$であり，また前に示したように水和のGibbsエネルギー（図1-17の$\Delta G(\mathrm{IV})$）は $-727 \mathrm{kJmol^{-1}}$である。このことより，水和はNa$^+$Cl$^-$の結晶格子内の静電的相互作用に打勝つほどの結合力とイオンを水中において安定に分散させる能力をもつことがわかる。

(B) 分子間の力（van der Waals力とLondonの分散力）

希ガスの単原子分子やCH$_4$のような分子は電荷の分布が，それら分子の重心に対して均一であり，これを**無極性**（non-polar）であるとよぶ。これら無極性分子でさえも凝集して液体ないし固体の状態をとるのは，分子間に何らかの力が作用しあっているからである。その実体は本質的に静電的相互作用にあり，分子間にはたらく力の場（ポテンシャル）における分子間相互作用の距離依存性がわかれば，分子間距離と分子間力の関係を理解できる。ここでいう分子間力は，Londonの分散力と呼ばれるものを含めてvan der Waalsの力といわれ，次の3種類に分けられる。

双極子-双極子相互作用：HClのような分子では，正電荷の重心と負電荷の重心が一致しない。この状態を分極状態といい，このような状態の分子を**極性**（polar）分子という。また，この静電荷の対を**双極子**（dipole）とよび，双極子間で静電的引力がはたらく。

正電荷の総和を q（負電荷の総和は $-q$），正負の電荷の重心の間の距離を r とするとき，次の関係が成り立つ。

$$\mu = q \cdot r \tag{1.5.1}$$

μ を**双極子モーメント**（双極子能率ともいう。dipole moment）と定義する。物質の双極子モ

ーメントは分子の形や大きさおよび構成している原子の種類によって値が大きく異なる。このμは**誘電率**（dielectric constant）という物理量を測定すれば求められる。

さて，双極子をもつ分子が互いに接近するとき，一方の分子の正極と他の分子の負極が向かい合うように接近するならば，これら2分子間に引力が生じる。双極子の向い合わせは熱運動の影響を受けてゆらぐが，その効果も考慮してこの引力によるポテンシャルエネルギーU_{d-d}は次式で与えられる。

$$U_{d-d} = -\frac{2}{3}k_B T(\mu_1 \mu_2)^2 \left(\frac{1}{r^6}\right) \tag{1.5.2}$$

ここでμ_1とμ_2は2つの分子の双極子モーメント，rは分子間の距離を意味する。また，k_BはBoltzmann定数，Tは絶対温度である。

双極子-誘起双極子相互作用：双極子をもつ分子が，他の分子に双極子を誘起し，その結果それらの間に引力が生じる。この**誘起効果**によるポテンシャルエネルギーU_{d-i}は

$$U_{d-i} = -\alpha \mu_1^2 \left(\frac{1}{r^6}\right) \tag{1.5.3}$$

と表される。ここでαは**分極率**（polarizability），μ_1は双極子（永久双極子）をもっているほうの分子の双極子モーメントである。また，双極子誘起を受けるほうの分子が，電場の強さEの場に置かれたとき，その**誘起双極子モーメント**（induced dipole moment）μ_iは，$\mu_i = \alpha E$の関係で示される。この係数αが分極率である。

分散力：双極子モーメントをもたない分子間においても相互作用が存在する。London (1930)はこの作用を量子力学的に説明した。希ガス原子について見てみると，電子雲は原子核のまわりに対称に分布していると見られるが，しかし振動により瞬間瞬間で原子核と電子雲の相対的位置が異なる。その結果，瞬間的な双極子モーメントが生じ，これが他の分子に誘起効果を及ぼし，引力が生じる。この力を**Londonの分散力**（dispersinon force）という。この分散力によるポテンシャルエネルギーU_{dis}は次式で示される。

$$U_{dis} = -\frac{3}{4}h\nu\alpha^2 \left(\frac{1}{r^6}\right) \tag{1.5.4}$$

ここでhはPlanckの定数，νはその電荷分布振動の振動数とよばれるものである。

van der Waals力によるポテンシャルエネルギーは以上述べたようにr^{-6}に比例する。そこで，分子間距離が近いときは意味のある値をもつが，距離が離れると急激にその力は減少する。また，化学的な結合エネルギーに比べてきわめて小さい。

上の3種類の相互作用を合わせて**London-van der Waalsの力**とよばれることがある。一般に，この力はすべての反応のエネルギーに関与する，普遍性の高いものであるので，特定されるものではない。ただし，ある分子と別の分子同士が接近する際，構造的にうまく合致しないかぎり相互作用がうまく生じない場合には，この力も特定の値で規定できるであろう。

例えば，ある酵素へある基質の結合，抗原・抗体反応の結合や，特定の脂質の生体膜中での機能などは，London-van der Waals 相互作用の特定の強さで特異的な関わり方をしている。

(C) 水素結合

水素結合がタンパク質や核酸の三次元的構造を決めることは周知のことである。1つの酸素または窒素の原子に共有結合した水素原子は，別の酸素または窒素の原子に弱い結合をすることができる（表 1-5 参照）。O-H⋯O，N-H⋯N および N-H⋯O の水素結合では，結合のエンタルピーが 5 ないし 20kJmol^{-1} であるが，この値は共有結合が約 400kJmol^{-1} 程度であるのに比べれば，極めて小さい。この弱い結合は水溶液中ではさらに弱くなる。なぜなら，溶質–溶質間水素結合と，溶質–水分子間や，水–水分子間の水素結合との競争が生じるからである。水分子は主として水素結合の形成により互いに強い引力を及ぼしあっている。すなわち，液体の水分子の酸素の大部分は他の2つの H_2O 分子の水素原子と水素結合をして，正四面体的に隣どうしが結ばれた網目構造をとろうとする傾向がある。ただし，この網目構造は規則正しい構造をした丈夫なものではなく，一方では熱運動しているため速やかに隣にくる水分子を取り換えている。したがって，液体の水分子は変動しやすい網目構造をとっているといえよう。

水中における尿素の分子間の水素結合力は 5kJmol^{-1} である。尿素はペプチド結合のモデルとして考えることができるので，この値はタンパク質中のペプチド鎖どうしの結合に直接関っている水素結合を切断するのに必要な熱エネルギーの大きさに相当するものとみなせる。したがって，25℃で水溶液中でペプチドの水素結合を切断するための Gibbs エネルギーはほぼゼロに近いものと期待される（5kJmol^{-1} の吸熱と，切断によるエントロピー増大による $-T\Delta S$ 項 ≒ -5kJmol^{-1}）。

(D) 疎水的相互作用

水溶液中で重要なもう1つの相互作用は，**疎水的相互作用**（hydrophobic interaction）とよばれるものである。いま，プロパン（C_3H_8）の1分子が水の水素結合による網目構造中へ入る場合を検討してみよう。プロパン分子が入ることによって元からあった網目構造の水素結合がいったん切れる。C_3H_8 分子は水分子と水素結合はしないから水との相互作用は弱い。C_3H_8 分子のまわりの水分子は，炭化水素によっていったん壊された水素結合の修復のため新たに配向しなおさなければならぬだろう。その結果，C_3H_8 のまわりでは水分子が以前に増して秩序化した構造をとるようになる。水素結合の数にはほとんど変化がないので，エンタルピーの変化はわずかである。しかし，炭化水素分子のまわりの水分子が秩序化することにより，エントロピーの減少を引き起こすことになる。疎水基のまわりの秩序化したクラスター状態の水の構造が氷に似ていることから iceberg あるいは ice likeness ということばを用いることがある。また，この状態を**疎水性水和**（hydrophobic hydration）とよぶことがある。以上

の解釈は次の1気圧，25℃における実験結果からも理解できる。

$$\Delta H^0 \fallingdotseq -8 \mathrm{kJmol^{-1}}$$
$$\mathrm{C_3H_8}(l) \longrightarrow \mathrm{C_3H_8(aq)} \quad \Delta S^0 \fallingdotseq -80 \mathrm{JK^{-1}mol^{-1}}$$
$$\Delta G^0 \fallingdotseq +16 \mathrm{kJmol^{-1}}$$

この過程をまとめて見ると，熱力学量は $T\Delta S^0 < \Delta H^0 < 0$ であり，Gibbs エネルギーが $\Delta G^0 > 0$ である。とくにエントロピーが著しく減少していることに注目すべきである。

ここである鎖長の炭化水素を R で表す。液体の水に直接さらされている R のおのおのは，上のデータからもわかるように自由エネルギー的には不都合な状態を余儀なくされている。ここでもし，2個分子の R が会合するとすれば，溶媒の網目構造を切断する度合は，それぞれが単分子の場合より小さくてすむであろう。したがって，2分子が**会合**（association）する方が熱力学的には好ましい。

$$\underset{\text{単分散状態}}{\mathrm{R(aq)} + \mathrm{R(aq)}} \longrightarrow \underset{\text{会合状態}}{\mathrm{R_2(aq)}}$$

この会合は，R どうしが互いに好きだからといって一緒になったものではなく，2分子とも水に嫌われて追いやられた結果と見た方がよい。水分子から嫌われる R 分子が単分子状態で水中に分散しているよりも，会合して水との接触を少しでも避けた方が系全体としての Gibbs エネルギーが下がるからである。この疎水性基どうしの会合過程では，まわりに構造化されていた水分子をバラバラにほどくのでエントロピーの大きな増大（$T\Delta S^0 > 0$）が $\Delta G^0 < 0$ に大きく寄与する。エントロピー項の寄与が温度とともに高まるにつれて，同時にエンタルピー項は $\Delta H^0 < 0$ からある温度を境に $\Delta H^0 > 0$ に転じる場合が多い。

以上述べた，疎水性の相互作用は，多くの生体系では大切な役割を演じている。例えば，水溶性タンパク質分子中の炭化水素基（疎水基）は，ふつうタンパク質構造の内部に寄り集まっている。同様に，多くの脂質分子は水中で2分子膜を形成する。その膜では極性基あるいは解離基が表面に出て水に接していて，炭化水素部分はその内側にもぐりこんでいる。このような分子を**両親媒性**（amphiphilic）という。リン（燐）脂質が2分子膜の構造をとる（リポソームとかベシクルを形成する）ことは前の 1.3.4 節において述べた。疎水的相互作用はエンタルピー項の寄与分は小さく，エントロピー項の寄与が主体をなすのが特徴である（表 1-6 参照）。ここで念のため注意しておくが，疎水的相互作用は，van der Waals の力とか，水素結合のような，ポテンシャルエネルギーと距離の関数で述べられる結合の力（force）ではないことである。結果として Gibbs エネルギーの極小が生じる相互作用の一種であるので，疎水的相互作用のことを疎水結合とよぶことは好ましくない。なお，親水基の近傍に位置する疎水的水和の様子は，親水基の陰イオン性かまたは陽イオン性かの相違（それぞれのイオン性水和のしかたの相違）を反映して，相異なることが報告されつつある。これは同じ鎖長

表1-6 生化学的なコンフォメーション変化の転移に伴う熱力学量変化[*4]

転移	ΔH^0 (kJ)	ΔS^0 (JK^{-1})
Poly-L-glutamate helix to coil transition (0.1M KCl, 30°C)	4.5 / amide	—
Poly-γ-benzyl-L-glutamate helix to coil transition (ethylene dichloride-dichloroacetic acid, 19:81 wt%, 39°C)	4.0 / amide	12 / amide
Polyadenylic acid unstacking (0.1M KCl, 25°C)	36 / nucleotide	113 / nucleotide
Polyadenylic acid polyuridylic acid double strand to single strand (0.1M KCl, 24°C)	25 / base pair	75 / base pair
Calf thymus DNA double strand to single strand (0.5M NaCl, 72°C)	29 / base pair	84 / base pair
A$_7$U$_7$ double strand to single strand [*4] (1M NaCl, 37°C)	450 / mol	1350 / mol

の炭化水素鎖をもつ界面活性剤どうしで，陰イオン性の親水基（例えば $-SO_4^-$）と陽イオン性（例えば $-N^+(CH_3)_3$）をもつものを比較すると，**界面活性**（surface activity）や**臨界ミセル（形成）濃度**（critical micellization concentration, CMC）がかなり異なることから推論されている。

1.6 生体エネルギー学の実際

本節では生体系の化学熱力学的取扱い，すなわち**生体エネルギー学**（bioenergetics）の実際例をみていくことにしよう。最初にグルコース 6-リン酸が酵素により pH7.0，25℃で加水分解をうけてグルコース（glucose）と無機リン酸（Pi）に変わる反応に関して，（a）この反応の平衡定数 K'_{eq}，（b）加水分解反応の$\Delta G^{0'}$，（c）グルコース 6-リン酸が無機リン酸とグルコースの反応によってできるときの K'_{eq}，および（d）この合成反応の $\Delta G^{0'}$は次のように計算で求まる。ここではグルコース 6-リン酸の初濃度が 0.10M であり，平衡ではもとの濃度の 5.0×10^{-2} %しかグルコース 6-リン酸が残っていない例を考える。

この加水分解反応は：glucose6-phosphate + H_2O ⇌ glucose + Pi

であるから，K'_{eq} は次式で示される。

$$K'_{eq} = \frac{[\text{glucose}][\text{Pi}]}{[\text{glucose 6-P}]}$$

ここで，それぞれの濃度について次の関係が成り立つ。

$$[\text{Pi}] = [HPO_4^{2-}] + [H_2PO_4^-]$$

[*4] A$_7$U$_7$ は 7 つのウリヂン酸（uridylic acid）残基に 7 つのアデニル酸（adenylic acid）残基からなるオリゴ核酸を表す。A は U と対をなすことができるので，2 つの A$_7$U$_7$ は逆並行のならび方で 14 の塩基対をつくることができる。
P. N. Borer et al., *J. Mol. Biol.*, **86**, 843（1974）

$$[\text{glucose 6-P}] = [\text{glucose 6-OPO}_3^{2-}] + [\text{glucose 6-OPO}_2\text{H}^-]$$

平衡状態では

$$[\text{glucose 6-P}] = (0.05\%)(0.10\text{M}) = (5.0\times10^{-4})(1.0\times10^{-1}\text{M})$$
$$= 5.0\times10^{-5}\text{M}$$
$$[\text{glucose}] = (99.95\%)(0.10\text{M}) = (99.95\times10^{-2})(1.0\times10^{-1}\text{M})$$
$$= 99.95\times10^{-3}\text{M}$$

また，$[\text{Pi}] = [\text{glucose}]$ であるので，$[\text{Pi}] = 99.95\times10^{-3}\text{M}$ である。これを上の平衡式に代入する。

$$K'_{eq} = \frac{(99.95\times10^{-3})(99.95\times10^{-3})}{(5.0\times10^{-5})} = \frac{9.99\times10^{-3}}{5.0\times10^{-5}} = 199.8 \cong 2.0\times10^{2}$$

$$\Delta G^{0'} = -RT\ln K'_{eq} = -8.314\times298\times\ln 200 = -13.1\text{kJmol}^{-1}$$

以上の通り計算される。

　生体系を扱うときは，熱力学的に厳密な"熱力学濃度"である活量の代わりに容量モル濃度（M）を用いること，したがって平衡定数 K'_{eq} はモル濃度平衡定数であることを心得ておく必要があろう。また，上で示した生理学的（生化学的）Gibbsエネルギー変化量 $\Delta G^{0'}$ の値は，glucose 6-P，glucose および Pi のすべてが単位活量の濃度で定常状態にあり，この状態でglucose 6-P の 1mol が 1mol の glucose と 1mol の Pi に変わる際に放出する Gibbs エネルギーが 13.1kJmol⁻¹ であるというものである。

　上とは逆向きの反応を考えたときの平衡定数は

$$K'_{eq} = \frac{[\text{glucose 6-P}]}{[\text{glucose}][\text{Pi}]} = \frac{1}{2.0\times10^{2}} = 5.0\times10^{-3}$$

であり，$\Delta G^{0'}$ は上の値とは符号が逆で絶対値が等しい $\Delta G^{0'} = 13.1\text{kJmol}^{-1}$ であることは容易にわかるであろう。

1.6.1　共役反応

　生体内の有機化合物がもつ Gibbs エネルギーは，代謝の過程でさまざまな酸化還元反応を行っている。このエネルギーは ATP 分子の合成に利用され，また，生合成やその他の吸エルゴン反応を駆動するためにも用いられる。次に一般化した式で示すような**共役反応**（coupled reaction）とよばれる反応がある。この反応を通してなしとげられる**化学的仕事**（chemical work）というかたちで，生体内では Gibbs エネルギー（エルゴン）のやりとりが行われている。

$$A + B \longrightarrow C + I \tag{1.6.1}$$
$$I + D \longrightarrow E + F \tag{1.6.2}$$

ここで共通な中間体 I があり，特異的な酵素によって触媒作用をうけている。中間体 I がもつエルゴンは反応（1.6.2）を進行させるために充分高いものでなくてはならない。アデノシン三リン酸（adenosine triphosphate：ATP）は glucose 6-phosphate の合成に際して次に示す共役反応の中間体である。

$$\text{ホスホエノールピルビン酸（phosphoenolpyrvate）} + \text{ADP} \tag{1.6.3}$$
$$\longrightarrow \text{ピルビン酸（pyrvate）} + \text{ATP}$$
$$\Delta G^{0'} = -31 \text{kJmol}^{-1}$$

$$\text{ATP} + \text{glucose} \longrightarrow \text{ADP} + \text{glucose 6-phosphate} \tag{1.6.4}$$
$$\Delta G^{0'} = -17 \text{kJmol}^{-1}$$

このような共役反応では，共通の中間体の存在が不可欠である。もしその中間体がなければ反応の駆動力である $\Delta G'$（エルゴン）が反応物の反応に利用できないので全反応が起こらない。もちろん，組合せられた一組の共役反応は熱力学の法則に従わなければならない。すなわち，もし共役反応が自発的に進行するのであれば，$\Delta G'$ が負の値（$\Delta G' < 0$）でなければならない。

例えば上の (1.6.1) 式と (1.6.2) 式の反応において (1.6.1) 式では正（$\Delta G'_{(1.6.1)} > 0$），(1.6.2) 式では負（$\Delta G'_{(1.6.2)} < 0$）であるとしよう。A，B および D から C，E および F が生成するには，$\Delta G'_{(1.6.1)}$ と $\Delta G'_{(1.6.2)}$ の和が負でありさえすればよい。このように各段階の反応の Gibbs エネルギー変化の総和をとって，それが負の値であれば，全体的に反応は進行する。言い換えれば，各反応段階の $\Delta G'$ 値には**加成性**（additivity）が成り立つということである。

共役反応の理解を深めるために，次の 2 つの例題に取り組んでみよう。

例題 1.9

次の 2 つの反応式と各 $\Delta G^{0'}$ 値が与えられている。ATP 加水分解の標準生理学的（生化学的）Gibbs エネルギーを求めよ。

（I） glucose + ATP $\longrightarrow$ glucose 6-P + ADP
$\Delta G^{0'} = -16.7 \text{kJmol}^{-1}$

（II） glucose 6-P + H$_2$O $\longrightarrow$ glucose + Pi
$\Delta G^{0'} = -13.8 \text{kJmol}^{-1}$

注意 本節冒頭で (II) の反応の $\Delta G^{0'}$ は -13.1kJmol^{-1} と計算されたが，ここではこの例題の値 -13.8kJmol^{-1} の方を採用する。また，(I) の反応は (1.6.4) 式で示したものと同じである。(1.6.4) 式では $\Delta G^{0'} = -17 \text{kJmol}^{-1}$ としている。

解 答

上式（I）と（II）を辺々加えれば次式が得られる

(III)　　ATP + $H_2O \longrightarrow$ ADP + Pi

$\Delta G^{0'} = -30.5 \text{kJmol}^{-1}$

例題 1.10

グルコースが乳酸に変化するときの全 Gibbs エネルギーは，$\Delta G^{0'} = -217.6 \text{kJmol}^{-1}$ である。嫌気性の細胞のなかで，この変化は 1mol のグルコースあたり 2mol の ATP の合成と共役している。

(1) この共役反応の $\Delta G^{0'}$ を計算せよ。ただし，この例題においては ADP から ATP が合成されるときの Gibbs エネルギーは $\Delta G^{0'} = 32.2 \text{kJmol}^{-1}$ とする。

(2) 嫌気性細胞におけるエネルギー変換効率（保持効率）を求めよ。

(3) 同じ効率で，好気性の生命体中では 1mol のグルコースあたり何 mol の ATP が得られるか，計算せよ。ただしグルコースが完全に CO_2 と H_2O に酸化されるときは $\Delta G^{0'} = -2,870 \text{kJmol}^{-1}$ である。

(4) 好気性生体中で ATP 合成に共役したグルコースの酸化反応全体について $\Delta G^{0'}$ を求めよ。

解 答

(1) 嫌気性細胞の中での反応式は次のように立てられる。

(I)　$C_6H_{12}O_6 \longrightarrow 2CH_3-CHOH-COOH$
　　　　グルコース　　　　　　　　　　乳酸

$\Delta G^{0'}_{(I)} = -217.6 \text{kJmol}^{-1}$

(II)　2ADP + 2Pi $\longrightarrow$ 2ATP

$\Delta G^{0'}_{(II)} = 2\text{mol} \times 32.2 \text{kJmol}^{-1}$

　　　　　　$= 64.4 \text{kJ}$

ATP の 2mol が合成されることによって系全体としては 64.4kJ を保持したことになる。全体としての反応は(I)+(II)=(III)で表される。

(III)　グルコース + 2ADP + 2Pi $\longrightarrow$ 2 乳酸 + 2ATP

$\Delta G^{0'} = -217.6 + 64.4 = -152.2 \text{kJmol}^{-1}_{(glu)}$

(2) 変換効率または保持効率をパーセントで表すと

$$\text{効率} = \frac{(\text{保持されたエネルギー})}{(\text{利用できる総エネルギー})} \times 100\%$$

$$= \frac{64.4 \text{kJ}}{217.6 \text{kJ}} \times 100\% = 29.6\%$$

(3) 好気性の生体中で1molのグルコースの酸化反応に共役するADPの物質量を n mol とすると，次式が得られる。

(IV)　$C_6H_{12}O_6 + 6O_2 \longrightarrow 6CO_2 + 6H_2O$　　　$\Delta G^{0'}_{(IV)} = -2{,}870\,\mathrm{kJ\,mol^{-1}}$

(V)　$n\mathrm{ADP} + n\mathrm{Pi} \longrightarrow n\mathrm{ATP}$　　　$\Delta G^{0'}_{(V)} = n(+32.2\,\mathrm{kJ})$

∴ （VI）＝（IV）＋（V）

(VI)　$C_6H_{12}O_6 + 6O_2 + n\mathrm{ADP} + n\mathrm{Pi} \longrightarrow 6CO_2 + 6H_2O + n\mathrm{ATP}$

エネルギー変換効率が 29.6％の場合，変換されうる全エネルギーは $0.296 \times 2{,}870\,\mathrm{kJ} = 849\,\mathrm{kJ}$ である。もし，1molのATPあたり32.2kJをその合成に必要とするのであれば

(VII)　$\dfrac{849\,\mathrm{kJ}}{32.2\,\mathrm{kJ\,mol^{-1}_{(ATP)}}} = 26.4\,\mathrm{mol_{(ATP)}}$

これを近い整数値に直すと26molのATPと計算される。すなわち，好気性の生体内では1molのグルコースの酸化によって26molのATPが生じる。

(4) この共役反応全体の標準Gibbsエネルギー変化 $\Delta G^{0'}_{tot}$ は次のように計算される。

$\Delta G^{0'}_{tot} = \Delta G^{0'}_{(IV)} + \Delta G^{0'}_{(V)}$
$= (-2870) + 26(+32.2) = (-2870) + (+837)$
$= -2033\,\mathrm{kJ\,mol^{-1}_{(glu)}}$

上の例題について注意すべきことがらを以下に述べる。好気性の細胞中では，効率が実際には29.6％より高い。1molのグルコースが完全に酸化されるときは36molのATPを生成することが知られている。計算してみると

$36\,\mathrm{mol_{(ATP)}\,mol^{-1}_{(glu)}} \times 32.2\,\mathrm{kJ\,mol^{-1}_{(ATP)}} = 1{,}159\,\mathrm{kJ\,mol^{-1}_{(glu)}}$

したがって実際のエネルギー保持効率は

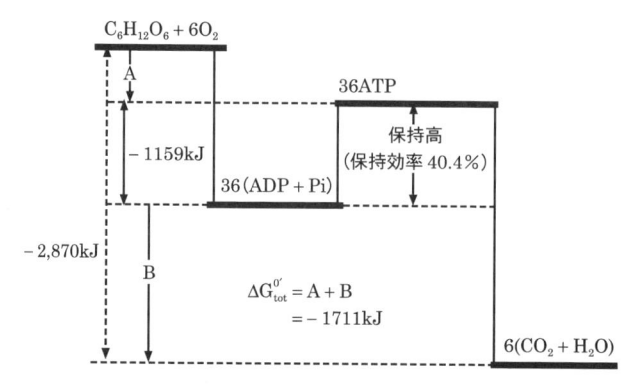

図1-18　好気性細胞中でグルコースが酸化されて，CO_2とH_2Oになるとき放出するエルゴンの，約40％が$ADP + Pi \rightarrow ATP$の反応に利用され，結果的にATPによって貯えられる。

$$\frac{1,159}{2,870} \times 100 = 40.4\ \%$$

であり，また，実際の $\Delta G_{tot}^{0\prime}$ は次の値をとる。

$$\Delta G_{tot}^{0\prime} = -2,870 + 1,159 = -1711$$
$$= -1.71 \times 10^3\ \mathrm{kJ\ mol}_{(glu)}^{-1}$$

この様子を図 1-18 に示す。

1.6.2 酸化・還元反応

酸化・還元反応は生体内で共通して代謝エネルギーの消費と発生に関わっている。なぜなら，エネルギーの放出は主として酸化過程で起こるからである。酸化・還元反応は電子または H 原子を 1 つの分子から他の分子への授受にほかならないが，このとき酸化還元対の酸化剤の電子親和性の強さによって移行の方向が決まる。低い電子親和性をもつ（例えば NAD$^+$/NADH, 図 1-19）酸化還元対は，強い電子親和力をもつ酸化還元対（例えば CH$_3$CHO/CH$_3$CH$_2$OH）に電子又は H 原子を移行させる。酸化還元対の電子を移行する力は，定量的に（生化学的）標準ポテンシャル $E^{0\prime}$ で表される。二対の $E^{0\prime}$ の差が，それらの間で行

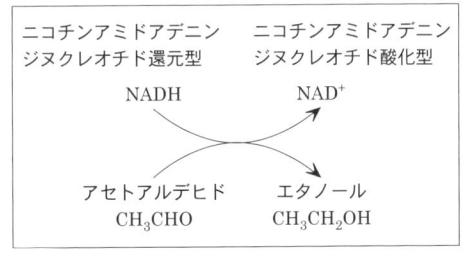

(A) 酸化還元対 NAD$^+$/ NADH とアセトアルデヒド / エタノールの間に水素が移行する場合

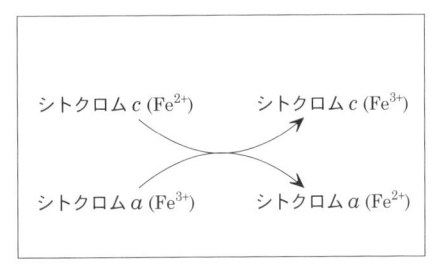

(B) シトクロム c とシトクロム a の間で電子が移行する場合

図 1-19 生体内酸化還元反応の代表例

表 1-7 代表的な酸化還元対の生化学的標準還元電位 ($E^{0\prime}$) [5]

酸化還元対（酸化型 / 還元型）	電位 / V	生化学的重要性
SO$_4^{2-}$/HSO$_4^-$	−0.52	環境中の電子供給源
フェロドキシン (Ferrodoxin) の酸化型 / 還元型	−0.39	酸素の光合成における電子受容体
NAD$^+$/NADH	−0.320	補酵素
NADP$^+$/NADPH（ニコチンアミドジヌクレオリン酸）	−0.320	補酵素
S/H$_2$S	−0.28	環境中の電子供給源
SO$_4^{2-}$/H$_2$S	−0.22	同上
フラビンアデニンジヌクレオチド FAD（酸化型）/FADH$_2$（還元型）	−0.22	細胞中の酸化・還元に関する補酵素
ピルビン酸 (Pyruvate)/ 乳酸 (Lactate)	−0.190	発酵における代謝物
フマル酸 (Fumarate)/ コハク酸 (Succinate)	−0.031	クエン酸回路の第 6 段階
シトクロム c,酸化型 / 還元型	+0.220	電子伝達のタンパク質
NO$_3^-$/NO$_2^-$	+0.43	環境中の電子供給源
Fe^{3+}/Fe^{2+}	+0.77	同上
$\frac{1}{2}$O$_2$/H$_2$O	+0.816	同上
クロロフィル (Chlorophyll P680) の酸化型 / 還元型	+0.90	光合成系 II のクロロフィル反応中心

われる電子の移行におけるエネルギー量の尺度となる。

表1-7に代表的な酸化還元対の標準還元電位をあげている（すでに表1-4で示したものも1部含まれている）。負の還元電位をもつ対のうち，還元型の分子は強い還元剤である。言い換えれば，電子親和性が低い。水は弱い還元剤であるが，一方，NADHは強い還元剤である。図1-20をみると，電子親和力の低い対から高い対の方へ電子が移行する時，NAD$^+$/NADHおよび$\frac{1}{2}$O$_2$/H$_2$Oの2つの対の間では大きなエネルギー差のもとで移行することが，一連の酸化-還元反応の$E^{0'}$の値からわかる。

生体内で**異化作用**（catabolism）が起こる過程のすべての段階で酸化反応が生じるとは限らず，また**同化作用**（anabolism）の過程でのすべての段階で還元反応が起こるとは限らない。しかしながら，酸化および還元の反応が起きているところでは，**官能基移行分子**

			標準酸化還元電位 (V)
2NADH 2H$^+$ →	ニコチンアミドアデニン ジヌクレオチド	2NAD$^+$	− 0.32
FMN	フラビン モノヌクレオチド	FMNH$_2$	− 0.12
2CoQH ← 2H$^+$	補酵素 Q	2CoQ	− 0.10
2Fe^{3+}	シトクロム b	2Fe^{2+}	+ 0.04
2Fe^{2+}	シトクロム c_1	2Fe^{3+}	+ 0.22
2Fe^{3+}	シトクロム c	2Fe^{2+}	+ 0.25
2Fe^{2+} 2H$^+$ →	シトクロム a	2Fe^{3+}	+ 0.29
1/2 O$_2$	酸素	H$_2$O	+ 0.82

電子親和性 弱い ↑
電子の流れる方向
電子親和性 強い ↓

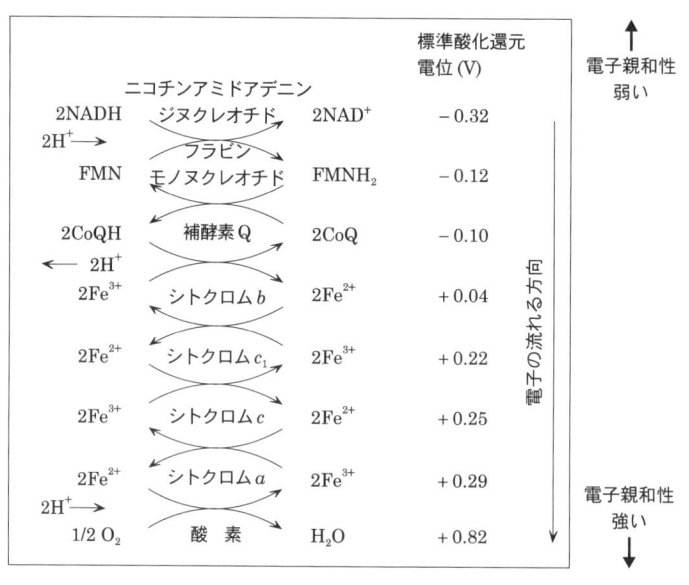

図1-20　NADHの細胞内酸化に関与する酸化還元対 [5]

表1-8　代謝に関わる官能基移行の例 [5]

	移 行 官 能 基	
ATP	リン酸 (HPO$_4^{2-}$)	**ADP**
クレアチンリン酸 (Creatine phosphate)	リン酸 (HPO$_4^{2-}$)	クレアチン (Creatine)
ニコチンアミドジヌクレオチン酸 還元型 NADPH	水素 (2H)	ニコチンアミドジヌクレオチン酸 酸化型 NADP$^+$
ニコチンアミドジヌクレオチド 還元型 NADH	水素 (2H)	ニコチンアミドジヌクレオチド 酸化型 NAD$^+$
フラビンアデニンジヌクレオチド 還元型 FADH$_2$	水素 (2H)	フラビンアデニンジヌクレオチド 酸化型 FAD
フラビンモノヌクレオチド 還元型 FMNH$_2$	水素 (2H)	フラビンモノヌクレオチド 酸化型 FMN
アセチル補酵素 A	アセチル (CH$_3$CO −)	補酵素 A
ピリドキサミン (Pyridoxamine)	アミノ基 (− NH)	ピリドキサル (Pyridoxal)

（group-transfer molecule）または**補酵素**（coenzymes）が，例えば NADH と NADPH（表 1-8 をみよ）が共通して反応に関与するものである．異化作用の反応では，炭水化物や脂肪酸の酸化反応およびアミノ酸の分解反応が行われる際，NAD^+ と $NADP^+$ からそれぞれ NADH と NADPH を生じる．この NADPH は同化作用で $NADP^+$ を再生するのに用いられる．以下，生体内での酸化・還元反応の代表的な例題をいろいろな角度からとりあげて考えてみよう．

例題 1.11

次の反応の $\Delta G^{0'}$ と K'_{eq} を表 1-7 および表 1-8 を参照しながら計算して議論せよ．

$$FADH_2 + 2 \text{シトクロム } c\text{-}Fe^{3+} \rightleftharpoons FAD + 2 \text{シトクロム } c\text{-}Fe^{2+} + 2H^+$$
（還元剤）　　（酸化剤）　　　　　　（酸化された）　（還元された）

解答

問題の与式の全反応は次の 2 つの半反応の和として表される．

(I)　$FADH_2 \longrightarrow FAD + 2H^+ + 2e^-$

(II)　$2(\text{シトクロム } c\text{-}Fe^{3+} + 1e^- \longrightarrow \text{シトクロム } c\text{-}Fe^{2+})$

これらを還元の半反応として表し，表 1-7 の値を使うと

(III)　$FAD + 2H^+ + 2e^- \longrightarrow FADH_2$　　　　　　　　　$E^{0'} = -0.22V$

(IV)　$2(\text{シトクロム } c\text{-}Fe^{3+} + 1e^- \longrightarrow \text{シトクロム } c\text{-}Fe^{2+})$　　$E^{0'} = +0.22V$

この式（IV）の $E^{0'}$ は（III）の半反応の $E^{0'}$ よりも大きく正である．したがって（IV）の反応は式に示された方向に進み，（III）は逆方向すなわち酸化する方向に進む．標準状態のもとでは与式に示した方向に全反応は自発的に進行する．すなわち，$FADH_2$（還元剤）はシトクロム c-Fe^{3+}（酸化剤）によって FAD に酸化される．

$\Delta E^{0'} = E^{0'}$（酸化剤）$- E^{0'}$（還元剤）

　　　$= +0.22 - (-0.22) = +0.44V$

ここで $\Delta E^{0'}$ を計算するとき，シトクロム c 系の $E^{0'}$ の値を 2 倍にしないことに注意せよ．$FADH_2$ 1mol あたり 2mol のシトクロム c が必要である．このことは $\Delta G^{0'}$ や K'_{eq} の計算のときに考慮する．

$$\Delta G^{0'} = -nF\Delta E^{0'}$$

$$= -2 \times 96.5 kJmol^{-1}V^{-1} \times 0.44V$$

$$= -84.9 kJmol^{-1}_{(FADH_2)}$$

$$\Delta G^{0'} = -42.5 kJmol^{-1}_{(\text{シトクロム } c)}$$

与式の平衡定数の値は次のように計算される．

$$K'_{ep} = \exp\left(-\frac{\Delta G^{0'}}{RT}\right) = \exp\left(\frac{84,900}{2478}\right)$$

$$= 7.6 \times 10^{14}$$

ここでの平衡定数は次式で示されるものである。

$$K'_{eq} = \frac{[\text{FAD}][\text{cytochrom c-Fe}^{2+}]^2[\text{H}^+]^2}{[\text{FADH}_2][\text{cytochrom c-Fe}^{3+}]^2}$$

例題 1.12

クエン酸が酢酸とオキサル酢酸に分解する際に$\Delta G^{0'}$は-2.85kJmol^{-1}である。また，クエン酸合成酵素反応のK'_{eq}は3.2×10^5である。これらをもとに，アセチル-S-CoA の加水分解の標準自由エネルギー変化$\Delta G^{0'}$と加水分解のK'_{eq}を計算せよ。

解答

次の2式が与えられる。

(I) クエン酸（citrate） $\xrightleftharpoons{\text{citrate lyase}}$ 酢酸 + オキサル酢酸（oxalacetate）

$$\Delta G^{0'}_{(\text{I})} = -2.85\text{kJmol}^{-1}$$

(II) アセチル-S-CoA + オキサル酢酸 + H_2O $\rightleftarrows$ クエン酸 + CoASH

$$K'_{eq(\text{II})} = 3.2 \times 10^5$$

$\Delta G^{0'}$とK'_{eq}の値から

$$\Delta G^{0'}_{(\text{I})} = -RT \ln K'_{eq(\text{I})} = -2.478\text{kJmol}^{-1} \times \ln K'_{eq(\text{I})}$$

$$= -2.85\text{kJmol}^{-1}$$

$$\therefore K'_{eq(\text{I})} = 3.16$$

$$\Delta G^{0'}_{(\text{II})} = -2.478\text{kJmol}^{-1} \times \ln K'_{eq(\text{II})} = -31.4\text{kJmol}^{-1}$$

問題のアセチル-S-CoA の加水分解反応は次の通りである。

(III) アセチル-S-CoA + H_2O $\rightleftarrows$ 酢酸 + CoASH

上に与えられた式とこの式とを見比べると，(III)は(I)と(II)の和であることがわかる。

$$\Delta G^{0'}_{(\text{III})} = \Delta G^{0'}_{(\text{I})} + \Delta G^{0'}_{(\text{II})} = -(2.85 + 31.4)\text{kJmol}^{-1}$$

$$= -34.25\text{kJmol}^{-1}$$

これより

$$K'_{eq(\text{III})} = \exp\left(-\frac{\Delta G^{0'}_{(\text{III})}}{RT}\right) = 1.01 \times 10^6$$

これとは別に $K_{eq(\text{III})} = K_{eq(\text{I})} \times K_{eq(\text{II})}$ であるから，これをもとに上の結果を確かめてみると

$$K_{eq} = 3.2 \times 10^5 \times 3.16 = 10.1 \times 10^5 = 1.01 \times 10^6$$

$$\Delta G^{0\prime} = -2.478\text{kJ} \times \ln 1.01 \times 10^6 = -34.25\text{kJmol}^{-1} \approx -34.3\text{kJmol}^{-1}$$

上と同じ結果が得られた。

このように別のルートからもアセチル-S-CoAの加水分解反応の標準Gibbsエネルギー変化を求めることができる。

さきの例題 1.12 は次のことを示している。クエン酸の酢酸とオキサル酢酸への分解反応は 2.85kJmol^{-1} のエルゴンを放出することは，逆に言えば，酢酸とオキサル酢酸とからクエン酸を合成するには 2.85kJmol^{-1} のエルゴンを必要とすることを意味する。アセチル-S-CoA(酢酸の活性化されたかたち)からクエン酸が合成されるのであれば，31.4kJmol^{-1} が放出される。したがって，アセチル-S-CoA は 31.4kJ に加えて新たに炭素-炭素結合（2.85kJmol^{-1}）を形成するのに十分なエルゴンを保有しなければならない。すなわち，アセチル-S-CoA の**官能基移行ポテンシャル**（group-transfer potential）（あるいは加水分解のエルゴン），$2.85 + 31.4 = 34.3\text{kJmol}^{-1}$ に値する。

以上は $\Delta G^{0\prime}$ や $E^{0\prime}$ あるいは K'_{eq} のような標準状態の値や，平衡定数の値を求めることについて主眼をおいて学んできた。しかし，実際の生体中では，非平衡の状態であるため，反応の現場における（平衡状態からかけ離れた）$\Delta G'$ や $\Delta E'$ の実際の値がその反応の進行を支配している。その状況を示す例を以下の例題で学んでみよう。

例題 1.13

下に示す3通りの濃度比でピルビン酸〔ケト型 $CH_3COCOOH$，エノール型 $CH_2=C(OH)COOH$〕，乳酸〔$CH_3CH(OH)\cdot COOH$〕，NAD^+ および $NADH$ を含む溶液に乳酸脱水素酵素（lactic dehydrogenase）が加えられたときの $\Delta G'$ をそれぞれ計算し，その際に起こる自発的反応を論述せよ。

(a) [乳酸]/[ピルビン酸] = 1　　　[NAD^+]/[NADH] = 1
(b) [乳酸]/[ピルビン酸] = 159　　[NAD^+]/[NADH] = 159
(c) [乳酸]/[ピルビン酸] = 1,000　[NAD^+]/[NADH] = 1,000

解 答

関与する半反応式と標準還元電位は以下の通りである。（表 1-7 参照）

(Ⅰ)　ピルビン酸 + $2H^+ + 2e^- \longrightarrow$ 乳酸　　　　　　$E^{0\prime} = -0.190\text{V}$
(Ⅱ)　$NAD^+ + 2H^+ + 2e^- \longrightarrow NADH + H^+$　　$E^{0\prime} = -0.320\text{V}$

(a) 標準状態のもとで，すなわち[乳酸]/[ピルビン酸]と[NAD^+]/[NADH]の比がともに 1 であるとき，ピルビン酸/乳酸の半反応は（Ⅰ）式の通り進行するが，一方，NAD^+/NADH の半反応は（Ⅱ）式の逆に（酸化反応として）進行する。この自発的反応の全体では，

(Ⅲ) = (Ⅰ) − (Ⅱ)で示される。

(Ⅲ)　ピルビン酸 + NADH + H$^+$ ⟶ 乳酸 + NAD$^+$

$$\Delta E^{0'} = (-0.190) - (-0.320) = +0.130\text{V}$$

ここでNADHは還元剤として，ピルビン酸は酸化剤としてはたらいている。

$$\Delta G^{0'} = -nF\Delta E^{0'} = -2 \times 96500(\text{Cmol}^{-1}) \times 0.130(\text{V})$$
$$= -25.1\text{kJmol}^{-1}$$

(b)　上記の標準状態に代わって，[乳酸]/[ピルビン酸] = [NAD$^+$]/[NADH] = 159 の場合，還元電位は次のようになる（(1.4.20) 式および例題 1.5 の（Ⅱ）式を参照）。

(Ⅳ)　$E_1 = -0.190 + \dfrac{0.0592}{2}\log\dfrac{[\text{pyruvate}]}{[\text{lactate}]}$

$ = -0.190 + 0.0296\log\dfrac{1}{159}$

$ = -0.190 - 0.065 = -0.255\text{V}$

(Ⅴ)　$E_2 = -0.320 + 0.0296\log\dfrac{[\text{NAD}^+]}{[\text{NADH}]}$

$ = -0.320 + 0.0296\log 159$

$ = -0.255\text{V}$

$\therefore \Delta E' = E_1 - E_2 = -0.255 - (-0.255) = 0\text{V}$

このように$\Delta E' = 0$であるから$\Delta G' = 0$である。これはこの反応が平衡状態にあることを意味している。

(c)　[乳酸]：[ピルビン酸] も [NAD$^+$]：[NADH] がともに 1,000:1 であるので，次のようにE_1とE_2の値が求まる。

(Ⅵ)　$E_1 = -0.190 + 0.0296\log\dfrac{1}{1,000}$

$ = -0.190 - 0.089 = -0.279\text{V}$

(Ⅶ)　$E_2 = -0.320 + 0.0296\log 1000$

$ = -0.320 + 0.089$

$ = -0.231\text{V}$

$\therefore \Delta E' = E_1 - E_2 = -0.279 - (-0.231) = -0.048\text{V}$

このときの$\Delta G'$は正の値をとるので，この濃度比のときは反応は（Ⅲ）式の逆方向に進行する。この場合，乳酸は還元剤であり，NAD$^+$が酸化剤である。その自発的反応の全体について次に示すように$\Delta G'$は負の値を得る。したがって次の右向きの反応は進行する。

(Ⅷ)　乳酸 + NAD$^+$ ⟶ ピルビン酸 + NADH + H$^+$

$\Delta E' = E_2 - E_1 = (-0.231) - (-0.279)$

$ = +0.048\text{V}$

$$\Delta G' = -nF\Delta E' = -2 \times 96{,}500 (\text{Cmol}^{-1}) \times 0.048\text{V}$$
$$= -9.26 \text{kJmol}^{-1}$$

注意 以上の例題にみられるように，$\Delta E^{0'} > 0$ あるいは $\Delta G^{0'} < 0$ であっても，反応式に示された反応が右向きに進むとはかぎらない。その状況下の $\Delta E'$ や $\Delta G'$ の正負が変化の方向を決める。すなわち，反応物と生成物の濃度比いかんによっては，左向きに反応が進行する可能性があることと，生体内ではこの機構によって濃度調節が行われていることを認識するとよい。本節の最後にもうひとつの実例を検討してみることにしよう。

例題 1.14

システイン（cysteine）とシスチン（cystine）の化学構造式は次の通りである。構造式を見比べるとシステインが酸化されてジスルフィド結合が生じてできたものがシスチンである（英字の綴りに注意）。

$$\begin{array}{ll}
\text{CH}_2\text{-SH} & \text{CH}_2\text{-S-S-CH}_2 \\
\text{CH-NH}_2 & \text{CH-NH}_2 \quad \text{CH}_2 \\
\text{CO}_2\text{H} & \text{CO}_2\text{H} \quad\quad \text{CO}_2\text{H} \\
\text{システイン (cysteine)} & \text{シスチン (cystine)}
\end{array}$$

この両者に関係がある次の半反応式と標準還元電位（298K, 1atm, pH7.0）を用いて，下の問に答えよ。

(I) $2\text{H}^+ + \frac{1}{2}\text{O}_2 + 2e^- \longrightarrow \text{H}_2\text{O}$ $\quad\quad E^{0'} = +0.816\text{V}$

(II) $2\text{H}^+ +$ シスチン $+ 2e^- \longrightarrow 2$ システイン $\quad E^{0'} = -0.34\text{V}$

もし 1.00×10^{-2}M のシステイン溶液を pH7.0 で調製して，298K の部屋で空気にさらしたまま放置しておけば，平衡において [cystine] / [cysteine] の濃度比はいくらと推定されるか。ただし，空気中の酸素の分圧は 0.20atm とし，活量係数は 1 と近似してよい。

解答

可能な反応は，(I) − (II) = (III) 式で示される。

(III) 2 システイン $+ \frac{1}{2}\text{O}_2 \longrightarrow$ シスチン $+ \text{H}_2\text{O}$

$\Delta E^{0'} = E^{0'}$（酸化剤）$- E^{0'}$（還元剤） であるから

$$\Delta E^{0'} = +0.816 - (-0.34) = +1.16\text{V}$$
$$\Delta G^{0'} = -nF\Delta E^{0'} = -2 \times 96.485(\text{kJV}^{-1}) \times 1.16\text{V} = -224\text{kJmol}^{-1}$$
$$= -8.314 \times 10^{-3} \times 298(\text{kJmol}^{-1}) \ln K'_{eq}$$
$$\ln K'_{eq} = \frac{224}{8.314 \times 298 \times 10^{-3}} = 90.4$$
$$K'_{eq} = \frac{a_{\text{cystine}} a_{\text{H}_2\text{O}}}{a^2_{\text{cysteine}} a^{1/2}_{\text{O}_2}} \approx \frac{[\text{cystine}]}{[\text{cysteine}]^2 [\text{O}_2]^{1/2}} = 1.84 \times 10^{39} \approx 1.8 \times 10^{39}$$

ここで溶存酸素濃度の代りに，分圧を代用する平衡定数を K''_{eq} とする。

$$K''_{eq} = \frac{[\text{cystine}]}{[\text{cysteine}]^2[0.20]^{1/2}} = \frac{x}{[0.01-x]^2 0.447} = 1.84 \times 10^{39}$$

$$\frac{x}{(0.01-x)^2} = 8.2 \times 10^{38}$$

右辺が巨大な数値であるので，実質 100% システインは酸化されてシスチンになっている。

注意 上の問題で，溶存酸素の活量 a_{O_2} は溶存した酸素の濃度 $[O_2]$ を用いるべきである。$[O_2]$ の代りに Henry の法則 $P_{O_2} = k_H x_{O_2}$ (k_H: Henry 係数，P_{O_2}: O_2 の分圧，x_O: 溶存 O_2 のモル分率) で表される P_{O_2} をそのまま用いた。したがって上式の K''_{eq} の中には k_H が含まれている。

第1章の終りに

以上，生体に関連させつつ化学熱力学の基本的な原理を 1.1 節から 1.5 節にかけて論述し，ついで 1.6 節において**生体エネルギー学** (Bioenergetics) の実際例をいくつか紹介した。1個の生命体の発生から成長という名の構造体形成とその生命活動，それらに伴う新陳代謝と環境の関係，個体の生命の終息と遺伝による次世代への生命の相続などを根本から論じるには，系統だてた生体エネルギー学をもって理解し，解釈あるいは説明がなされなければならない。

生体エネルギー学は，生体内の厖大な数の物質の発見およびそれらの化学構造の決定と，物質間の協同による機能発現の機構の解明と共に発展してきた。これらに関する蓄積された知見は莫大なものになった。しかし，今なお建設途上の学問分野である。本章では，述べるための紙幅がなかったが，生体のエネルギー学としては，次のようなことがらを問題としている。

(ⅰ) 新陳代謝，異化作用と同化作用の機構とエネルギー収支の関係。

(ⅱ) **電子伝達** (electron transport)，**酸化的リン酸化** (oxidative phosphorylation)，ATP の合成とその機構など。

(ⅲ) **トリカルボン酸経路** (tricarboxilic acid cycle) または**クエン酸回路** (citric acid cycle) とよばれる代謝回路の役割および細胞内で生じるさまざまな過程との関係など。

(ⅳ) **解糖** (glycolysis) **経路**の生物学的意義，グリコーゲン，多糖類，単糖類との関係およびペントース-リン酸回路など。

(ⅴ) アミノ酸の異化作用，タンパク質の分解または生合成，**アミノ基転移** (transamination)，尿素の生合成など。

(ⅵ) 脂肪 (lipids) および脂肪酸 (fatty acids) の分解，**トリグリセロールのエネルギー貯蔵と酸化** (β-oxidation)，**褐色脂肪と熱発生** (thermogenecis) の関係など。

(vii) 膜の**能動輸送** (active transport), **浸透現象** (osmotic phenomena) のことなど。

(viii) **光合成** (photosynthesis) に関連する事項。

以上のどのひとつをとってみてもエネルギー学を欠いては，生理的機能あるいは生命現象を知ることはできない。化学熱力学が生命科学に必須の学問であることを示している。なお，生体内のエネルギー変換機構については第5章5.2節でも学習する。

参考文献

1) D. Eisenberg and D. Crothers "Physical Chemistry with Application to the Life Science", The Benjamin / Cummings Publishing Co. Inc. (1979).
2) 杉原剛介・井上亨・秋貞英雄, "化学熱力学中心の基礎物理化学", 増補改訂版, 学術図書出版社 (1997)
3) I. Tinco, Jr., K. Sauer, J. C. Wang "Physical Chemistry—Principles and Applications in Biological Science", 2nd Ed., Prentice Hall, Inc. (1985).
4) A. G. Marshall, "Biophysical Chemistry—Principle, Techniques, and Applications", John Wiley & Sons, Icn., (1978).
5) C. A. Smith and E. J. Wood, "Energy in Biological Systems", Chapman & Hall (1993).
6) I. H. Segel, "Biochemical Calculations" 2nd Ed., John Wiley & Sons, Inc. (1976).
7) 大瀧仁志, "イオンの水和", 共立出版 (1990)
8) 妹尾学, "エントロピー", 共立出版 (1993)
9) 君塚英夫, "化学ポテンシャル", 共立出版 (1984)
10) 川嵜敏祐(監訳), "キャンベル生化学" 第2版, 廣川書店 (1998)
11) 上記1の訳本。西本吉助・影本彰弘・馬場義博・田中英次(共訳), "生命化学のための物理化学 (上), (下)", 培風館 (1987)
12) 功刀滋, "生体物理化学", 産業図書 (1995)

なお，本章にリン脂質の相平衡の問題を取り扱うにあたって，金品昌志・松木均・一森勇人の綜説「高圧力の科学と技術」, 第9巻, 第3号 (1999) および井上亨の綜説「表面」, 第37巻, 第9号 (1999) を参考にした。

練習問題

1.1

酢酸の解離平衡：$CH_3COOH \rightleftarrows CH_3COO^- + H^+$

$$K_a = 1.17 \times 10^{-5}$$

に関する次の問題の計算を行って考察を加えよ。

(a) pH = 0.0 における標準 Gibbs エネルギー $\Delta G^\ominus$ を求めよ。また、$[CH_3COOH] = 1M$、$[CH_3COO^-] = [H^+] = 1M$ のとき、反応はどちらに進むか。

(b) 上問とは異なり、pH = 5.0 を仮に標準状態（25℃、1atm はそのまま）としたときの $\Delta G^{0'}$ を求めよ。また、$[CH_3COOH]$、$[CH_3COO^-]$、および $[H^+]$ がともに 1M であるとき、反応はどちらに進むか。

(c) 乳酸の解離平衡定数 $CH_3CHOHCOOH \rightleftarrows CH_3CHOHCOO^- + H^+$ の生理学的平衡定数は、$K_a' = 1.38 \times 10^{-4}$（25℃）である。この解離反応の生理学的標準 Gibbs エネルギー $\Delta G^{0'}$（および pH = 0 における標準 Gibbs エネルギー $\Delta G^\ominus$ および解離定数 K_a）を求めよ。

1.2

pH = 7.0、25℃、1atm の条件下で、ある生体細胞中の ATP、ADP および P_i の濃度が、それぞれ $1.00 \times 10^{-3}M$、$1.00 \times 10^{-4}M$、および $1.00 \times 10^{-2}M$ の定常状態に保たれているとする。このときの生理学的標準 Gibbs エネルギー $\Delta G^{0'}$ は $-32.2 kJmol^{-1}$ である。この定常状態における $\Delta G'$ を計算せよ。

1.3

フマル酸からクエン酸に転換する際の反応式を示し、25℃、pH7 および 1atm におけるこの反応全体の平衡定数 K_{eq}' および $\Delta G^{0'}$ を、次の3つの式を参考にして求めよ。

(Ⅰ) フマル酸 (fumarate) + H_2O $\underset{}{\overset{フマラーゼ}{\rightleftarrows}}$ リンゴ酸 (malate)

$$K_{eq(I)}' = 4.5$$

(Ⅱ) リンゴ酸 + NAD^+ $\underset{}{\overset{リンゴ酸脱水素酵素}{\rightleftarrows}}$ オキサル酢酸 + NADH + H^+

$$K_{eq(II)}' = 1.3 \times 10^{-5}$$

(Ⅲ) オキサル酢酸 + アセチル CoA + H_2O $\underset{}{\overset{クエン酸合成酵素}{\rightleftarrows}}$ クエン酸 + CoASH

$$K_{eq(III)}' = 3.2 \times 10^5$$

1.4

0.200M のデヒドロアスコルビン酸（dehydroascorbate）と 0.200M のアスコルビン酸（ascorbate）を含む溶液 A と，1.0×10^{-2}M のアセトアルデヒドおよび同じく 1.0×10^{-2}M のエタノールを含む溶液 B とから，それぞれ 50cm^3 ずつ取って 100cm^3 の混合溶液をつくった。このときの温度は 25℃，溶液の pH は 7.0 である。関係する次の半反応式を参考にして，

(a) 熱力学的に正しくかなって生起しうる反応式を示し，(b) 標準電極電位差 $\Delta E^{0'}$ および $\Delta G^{0'}$ を求めよ。また，(c) 混合した瞬間の $\Delta G'$ を求めよ。

(Ⅰ) デヒドロアスコルビン酸 $+ 2H^+ + 2e^- \longrightarrow$ アスコルビン酸　　　$E^{0'} = +0.060$V

(Ⅱ) アセトアルデヒド $+ 2H^+ + 2e^- \longrightarrow$ エタノール　　　$E^{0'} = -0.163$V

1.5

乳酸（Lac.）が完全に酸化して CO_2 と H_2O に変化する反応式は下の通りである。

$$\text{Lac.} + 3O_2 \longrightarrow 3CO_2 + 3H_2O \qquad \Delta G^{0'} = x \text{ kJmol}^{-1}$$

(a) 次の（Ⅰ）と（Ⅱ）式のデータから $\Delta G^{0'}$ を求めよ。

(Ⅰ) グルコース $\longrightarrow 2\text{Lac.}$　　　　　　　$\Delta G^{0'}_{(\text{I})} = -218 \text{kJmol}^{-1}$

(Ⅱ) グルコース $+ 6O_2 \longrightarrow 6CO_2 + 6H_2O$　　　$\Delta G^{0'}_{(\text{II})} = -2,870 \text{kJmol}^{-1}$

(b) 問題の過程が 40% のエネルギー保持効率で行われたとすると，何 mol の ATP が合成されるか。

1.6

水の電離平衡の pK 値は 25℃，1atm で 14.00 であり，そのイオン化熱（ΔH°）は 55.84kJmol^{-1} である。van't Hoff の式（1.3.46）を応用して，37℃ における (a) 水のイオン積 $[H^+][OH^-]$，(b) 水素イオン濃度 $[H^+]$，および (c) pH を求めよ。

1.7

フマル酸からリンゴ酸への変化は代謝経路で重要なものの 1 つである。水溶液中では，平衡が酵素（フマラーゼ）の力を借りて次式のように保たれている。

フマル酸 $+ H_2O \rightleftarrows$ リンゴ酸

25℃，1atm においては，$K'_{eq} = [$リンゴ酸$]/[$フマル酸$] = 4.0$ である。次の各問に答よ。

(a) 25℃ における生理学的標準 Gibbs エネルギー変化 $\Delta G^{0'}$ はいくらか。

(b) この反応の平衡時における Gibbs エネルギー変化 $\Delta G'$ はいくらか。

(c) 0.1M フマル酸 $+$ 0.1M リンゴ酸の混合水溶液中で，1mol のフマル酸が 1mol のリンゴ酸に変わるときの $\Delta G'$ はいくらか。

(d) 前述の（c）と同じ混合水溶液中で 2mol のフマル酸が 2mol のリンゴ酸に変わるときの $\Delta G^{0'}$ はいくらか。

(e) もし，35℃で $K'_{eq} = 8.0$ であるとしたとき，反応の標準エンタルピー変化 ΔH^0 はいくらと見積れるか。ただし，その ΔH^0 は温度に依存しないものとする。

(f) この反応のエントロピー変化 ΔS^0 を計算せよ。ただし，ΔS^0 も温度に依存しないとする。

1.8

ある溶媒中で，あるポリペプチド（polypeptide）は，低温では安定構造としてコイル（coil）状態をとるが，高温ではヘリックス（helix）状態が安定である。コイル ⟶ ヘリックス転移の平衡定数は，近似的に次式で示される。

$$K' = \frac{[\text{helix}]}{[\text{coil}]}$$

50℃では $K' = 1$ であり，60℃では $K' = 10$ となる。次の各問に答えよ。

(a) この転移反応の標準エンタルピー変化 ΔH^0 を求めよ。またこの反応は吸熱反応かそれとも発熱反応か。

(b) 50℃における転移のエントロピー変化 ΔS^0 を求めよ。

(c) ヘリックスは水素結合で組まれた堅い構造をとっているが，一方，コイルの方は水素結合が切れているので，柔軟な構造をしていると考えられている。この考えは，ΔH^0 や ΔS^0 の符号や値の大きさと矛盾していないか，考察してみよ。

1.9

グリシルグリシン（glycylglycine）が 1atm，37℃のもとで加水分解するときの ΔS^0，ΔH^0 および ΔG^0 を，次のデータおよび近似式のいずれかを用いて求めよ。グリシン（glycine）の25℃におけるデータは表 1-2 の（3）を参照せよ。グリシルグリシンの各熱力学量は，25℃において $S^\ominus = +190.0 \text{JK}^{-1}\text{mol}^{-1}$，$\Delta H_f^\ominus = -745.25 \text{kJmol}^{-1}$，$\Delta G_f^\ominus = -497.57 \text{kJmol}^{-1}$ である。

(Ⅰ) $\Delta G^\ominus(298\text{K}) = 2\Delta G_f^\ominus(\text{gly.,s}) - \Delta G_f^\ominus(\text{glygly.,s}) - \Delta G_f^\ominus(\text{H}_2\text{O}, l)$

(Ⅱ) $\Delta G(T) \cong \Delta H(298\text{K}) - T\Delta S(298\text{K})$

(Ⅲ) $\Delta G(T) - \Delta G(298\text{K}) \cong -(T - 298\text{K}) \cdot \Delta S(298\text{K})$

(Ⅳ) $\dfrac{\Delta G(T)}{T} - \dfrac{\Delta G(298\text{K})}{298} \cong \left(\dfrac{1}{T} - \dfrac{1}{298\text{K}}\right) \cdot \Delta H(298\text{K})$

1.10

グルコースの光合成過程における次の反応段階は，生理学的標準状態では自発的に反応が生起しない。

フルクトース-6-リン酸 ＋ グリセルアルデヒド-3-リン酸
(fructose-6-phosphate)　　　(glyceraldehyde-3-phosphate)

⟶ エリスロース-4-リン酸 ＋ キシルロース-5-リン酸
　　(erythrose-4-phosphate)　　　(xylulose-5-phosphate)

$$(\Delta G^{0'} = +6.30 \text{kJmol}^{-1})$$

それぞれの物質の活量係数を 1 とおける，次の各濃度において，反応がクロロプラスト (chloroplast) 中で起きるかどうか．ΔG を求めて判断せよ．

[フルクトース-6-リン酸] ＝ 5.3×10^{-5}M

[グリセルアルデヒド-3-リン酸] ＝ 3.2×10^{-5}M

[エリスロース-4-リン酸] ＝ 2.0×10^{-5}M

[キシルロース-5-リン酸] ＝ 2.1×10^{-5}M

1.11

究極の酸化剤としての酸素（O_2）を用いる，生化学的酸化還元反応の 1 つに，β-ヒドロ酪酸（β-hydrobutyrate, β-HB$^-$）からアセト酢酸（acetoacetate, AAC$^-$）への転換反応がある．

（I）　β-HB$^-$ + O_2 ⟶ AAC$^-$ + H_2O

ただし，AAC/β-HB と O_2/H_2O の半反応と標準還元電位は次の通りである．

（II）　$CH_3COCH_2CO^{2-}$ + $2H^+$ + $2e^-$ ⟶ $CH_3CHOCH_2CO^{2-}$

　　$E^{0'} = -0.346$V

（III）　O_2 + $4H^+$ + $4e^-$ ⟶ $2H_2O$

　　$E^{0'} = +0.816$V

次の問に答えよ．

(a) 生理学的標準 Gibbs エネルギー $\Delta G^{0'}$ と平衡定数を求めよ．

(b) 1atm の空気（O_2 の組成は 20%）で飽和した溶液中で，平衡に達したときの[AAC$^-$]対[β-HB$^-$]の比を求めよ．

1.12

視覚神経の興奮で重要な反応は，グアノシン-3-リン酸（guanosine triphosphate, GTP）の加水分解に触媒作用をする酵素の活性化である．

GTP + H_2O ⟶ GDP + P_i　　　　　　　　　　　　$K'_{eq} = 1.9 \times 10^5$

(a) 網膜中の桿細胞中の GTP，GDP および P_i の代表的な濃度は，それぞれ 50mM，5mM および 15mM である．この定常状態における桿細胞中の $\Delta G'$(25℃, pH7.0)を計算せよ．

(b) もし，GTP の濃度が 2 倍になったと仮定したとき，$\Delta G'$ はどれだけ変化するか．

(c) 上に示した溶液が，定常状態から脱して平衡状態に移行できるようにしたとする．平

衡時のそれぞれの最終濃度はいくらか。

第 2 章
ミクロとマクロ −生物の層構造の一断面−

　生物はいろいろな様態で環境と調和しながら生存している。生物個体は動・植物にわたる種の多様性のなかで繁栄している。その個体は，動物であれば，臓器，組織，細胞，オルガネラ，生体分子の順にサイズによる層構造（hierarchy）から組み立てられている。本章ではこのような層構造の中から細胞，オルガネラ，生体高分子の大きさの世界を見ることにする。これらの生体部品は大きさでいえば，ほぼ $0.01～10\mu m$ の範囲にあり，巨視的な生物構造体と生体分子とをつなぐ橋の位置にあり重要な存在様式を提供している。

　多くの生物部品は，水にも油にも親和性を示す**両親媒物質**を中心とした分子の集合体をその構成要素として採用している。リン脂質や界面活性剤を例にその考え方を述べる。

　さらに生体現象の主役であるタンパク質の構造がある選ばれた空間配置にあり，そこを中心にわずかに**ゆらぎ**（fluctuation）ながら作用していることを見る。そのために**ランダム**な高分子鎖の理解から始め，タンパク質の高次構造に至る。タンパク質構造の設計図と合成作業指令は核酸に書き込まれている。核酸の構造と機能について学習する。

　このような生体高分子や，その他の生体部品はただ静かに座して動作しているのではない。激しくまた複雑に動いて相互作用しながら生体機能が発揮されている。この様子を理解するためにミクロな立場からの**ブラウン運動**に注目する。またブラウン粒子の不規則な軌跡に自己相似性があることを指摘し，時間，空間のサイズによらずにある規則性が貫かれている場合には**フラクタール解析**が有効な視点をあたえることを指摘する。分子の運動はまた拡散方程式でマクロに記述でき，その結果はミクロなブラウン運動の示唆と矛盾がない。

　生体では系全体としての移動，つまり流動も重要である。流れの考え方にも言及する。このような物質の移動に関する知識をもとに，生体系では特に重要な膜を介しておこなわれる**輸送現象**を見る。膜の両側の溶質濃度勾配に従っての**膜透過**　−受動輸送−　と，それに逆らってのおこなわれる**能動輸送**について学習する。

　生体高分子やリボソームなどの小粒子は多彩な種類の分子と相互作用している。この様子を**ホスト・ゲスト相互作用**としてとらえ，マクロの情報である**結合等温線**として表現する。マクロな平均結合量をミクロな分子間の結合で書き表すために統計熱力学の手法を導入する。これにより，例えば，酸素分子のヘモグロビンへの結合挙動がいかに生体目的に合っている

かをより深く会得することができる。理解の容易のために，具体例を先行させ，統計熱力学的背景をあとから説明して，一般的な思考の展開に備える。

2.1 生体高分子-ランダムから秩序構造へ-

生物は数多くの高分子を構成要素として運用し，生体作用を具現している。ここではこれらの生体高分子が極めて多くの可能な空間配置のなかから選ばれた特定の空間配置だけをとることにより機能を発揮していることを学ぶ。

一般に高分子は多数の分子（原子）要素からなるモノマー（単量体）が長く連なったものと見ることができる。高分子を

　　　poly（モノマー）

のように命名すると便利である。またモノマーの連結の度合い，すなわち重合度 n を用いて

　　　（モノマー）$_n$

のように書き表すこともできる。身近にポリエチレン（poly(ethylene)），ポリプロピレ（poly(propylene)），ポリ塩化ビニール（塩ビ）（poly(vinylchloride)）などの高分子からできた製品が満ちあふれている。このやり方でタンパク質，核酸，および多糖類は

　poly(amino acid)，　poly(nucleotide)，　poly(saccharide)

とよぶこともできる。またモノマーどうしを連結している化学結合に着目して命名することもあり，ペット（poly(ethyleneglycol terephthalate)），ナイロン，タンパク質はそれぞれ

　　　polyester,　polyamide,　polypeptide

ということになる。

2.1.1 高分子の空間配置

生体高分子の理解にはまず一般の高分子鎖の空間配置の統計的性質の学習から始めるとよい。そのために，まず簡単な butane（C_4H_{10}）から始めよう。図 2-1 に見るように，2 つの炭素原子，C_A と C_B を結ぶ結合を軸に両端のメチル基は回転して 3 つの状態で安定する。メチル基の 3 つの状態間には $E=12$kJ/mol 程度のエネルギー障壁があるので，まったく自由回転というわけでなく，$\exp(-E/RT)=0.005(T=300K)$ くらいの確率で，束縛されながら熱騒乱力によってまわっている。2 つのメチル基がそれぞれ 3 状態をとるので $3\times3=9$ 状態ありうるが，そのうち**トランス状態**（trans）と**ゴーシュ状態**（gauche）のみが異なった分子形をあたえる。この議論を pentane, hexane, 等々と展開していくと poly(ethylene) の空間配置（**コンフォメーション**，conformation，立体配座とも言う）を考察することになる。例えば，重合度 100 のポリエチレンは 3^{100} ものさまざまな空間配置を取りうる。高分子中の炭素原子は

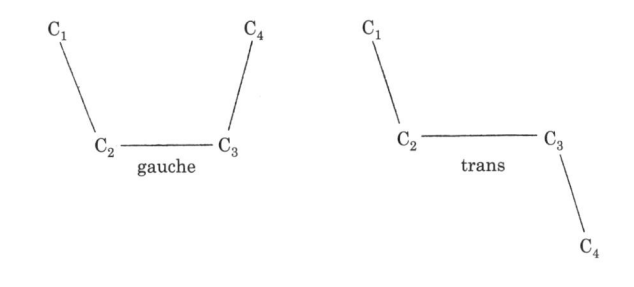

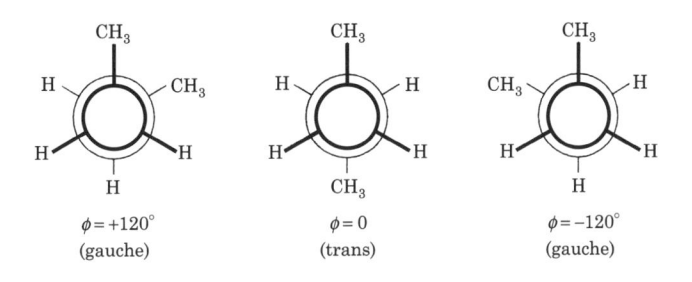

図2-1 ブタン分子の立体配置
下段の図はC_2-C_3軸方向からみている。

結合長，l と結合角，$\theta=180°-109°=71°$に束縛されて，前に述べた3つの状態をつぎつぎと取りながらランダムに空間中に伸びている。そのうちのあるものは立体障害のために実現しないものもあるが，非常に数多くの形をしていることが想像される。

空間配置を特徴づけるためには，高分子鎖の**末端間距離**に注目するとよい。議論を一般化するために，各モノマー間の化学結合を**ベクトル**（vector）と考えて

$$r = r_1 + r_2 + r_3 + \cdots = \sum_{i=1}^{n} r_i \tag{2.1.1}$$

このとき r の絶対値は末端間距離になる（図2-2）。

いま最初の炭素原子から m 番目の炭素原子の座標があまりにも多くの状態をとるので，最

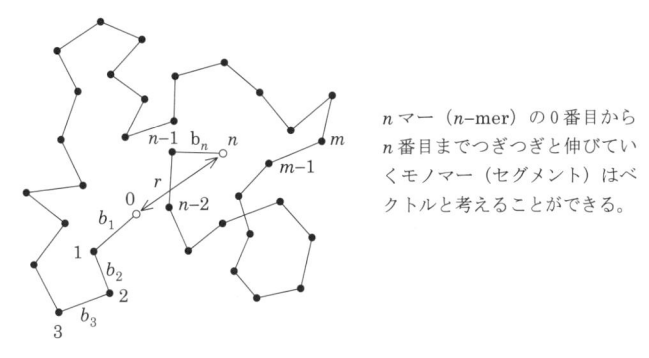

nマー（n-mer）の0番目からn番目までつぎつぎと伸びていくモノマー（セグメント）はベクトルと考えることができる。

図2-2 高分子の立体配置

初の炭素原子の座標との相関がなくなったとしよう。例えば，$m = 10$ で，$3^{10} = 6×10^4$，つまり10万分の1程度の相関しかない。このときの C_{m-1} と C_m 間の平均距離を b として，これをセグメント長とよぶ。b を仮想的な高分子のモノマー間距離と考える。つぎつぎと空間に伸びていくこの仮想的な高分子の配置はベクトルを用いて

$$r = b_1 + b_2 + \cdots + b_n \tag{2.1.2}$$

と表せる。ここで r は高分子の末端間距離である。r の平均値は，お互いに相関がなく連なったセグメントのベクトル和なので，ランダムであり0となる。これでは議論の余地がないので，代りに r^2 の平均値について考察する。

$$\begin{aligned} r^2 &= (b_1 + b_2 + \cdots + b_n) \cdot (b_1 + b_2 + \cdots + b_n) \\ &= nb^2 + \sum_i^n \sum_j^n b_i \cdot b_j \end{aligned} \tag{2.1.3}$$

両辺の平均値は

$$\langle r^2 \rangle = nb^2 + \sum_i^n \sum_j^n \langle b_i \cdot b_j \rangle = nb^2 \tag{2.1.4}$$

ここで $b_i \cdot b_j$ はベクトルがお互いに相関がなく，ランダムであり，正負の値が同様に現われるので，そのスカラー積は平均操作によりゼロとなる。末端間距離の自乗の平均値は重合度 n に比例する。

(2.1.4) 式は2.2節で述べるブラウン運動（Brownian movement）の結果と同形である。i セグメントから $i+1$ セグメントへ移る過程は**マルコフ的**（Markovian）であるという。つまり $i+1$ 番目のセグメントの座標は i 番目の座標と $i+1$ 番目への移り方だけに依存し，それ以前のセグメントの座標によらない。このように現象の種類を越えて論理を同じくすると，同じ数学的表現が得られる。

ここで現実の高分子問題にもどろう。高分子の結合角，θ および結合長（モノマーの長さ），による制限があるが，どのような様態になるかは熱騒乱力によってランダムにきまるので，(2.1.4) 式といくぶん似た式がえられる。

$$\langle r^2 \rangle = \frac{1+\cos\theta}{1-\cos\theta} nl^2 \tag{2.1.5}$$

ここで l は結合長である。$\theta = 71°$ とすると，cosine を含む因子がおよそ2になる。また結合角がランダムに変化すれば，$\langle \cos\theta \rangle = 0$ となり，これを代入して (2.1.4) 式に還元される。

(A) ガウス鎖（Gauss chain）

上に見たように高分子の末端間距離は数多くの値をとる。その値の分布を簡単のために一次元の場合で考えよう。セグメント長，b で総セグメント数，n である高分子の一端を原点に置き，ランダムに正か負の向きにつぎつぎとセグメントを置いていく。短い棒（セグメント長 = b）の両端を細い糸で連結した高分子モデルをランダムに左右に折りたたみながら一

次元座標上に配置するのを想像するとよい。

いま正方向に置いたセグメント数を n_+, 負方向のものを n_- とする. 原点から高分子の末端までの距離を x とすると

$$x = (n_+ - n_-)b \tag{2.1.6}$$

となる. $n = n_+ + n_-$ なので

$$n_+ = \frac{n}{2} + \frac{x}{2b} \tag{2.1.7}$$

$$n_- = \frac{n}{2} - \frac{x}{2b} \tag{2.1.8}$$

ある $x(n_+, n_-)$ を実現するために, 全セグメント数, n のうち, 右 (または左) へ n_+ (または n_-) 行くやり方を考慮して, すべてのやり方のなかで, x だけ変位する確率は

$$P(x) = \frac{n!}{n_+! n_-!}\left(\frac{1}{2}\right)^{n_+}\left(\frac{1}{2}\right)^{n_-} \tag{2.1.9}$$

n, n_+, n_- は十分大きい (高分子性) ので, $x \ll nb$ として Stirling の近似式と Taylor 展開 (x/nb の2次以上の項を無視する) を用いて

$$P(x) = \exp(-\frac{x^2}{2nb^2}) \tag{2.1.10}$$

を得る. 末端間距離が x と $x + dx$ の間にある確率は

$$W(x)dx = A\exp(-\frac{x^2}{2nb^2})dx \tag{2.1.11}$$

A は規格化条件 $\left(\int_{-\infty}^{\infty} W(x)dx = 1\right)$ から

$$A = \sqrt{\frac{1}{2\pi nb^2}} \tag{2.1.12}$$

最終的に

$$W(x)dx = \sqrt{\frac{1}{2\pi nb^2}}\exp(-\frac{x^2}{2nb^2})dx \tag{2.1.13}$$

(2.1.13) 式は数学で **Gauss 誤差関数** (Gaussian error function) とよばれる分布関数 (図 2-3) と同じである. ランダムな高分子のことを**ガウス鎖**と称することがある. 実際の高分子は三

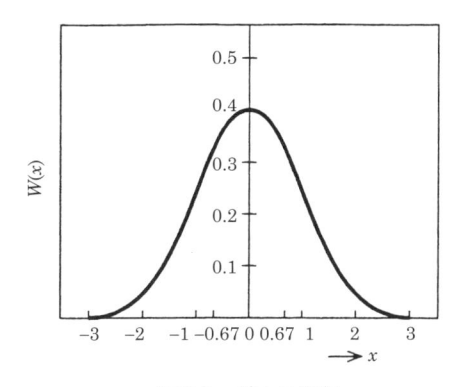

図 2-3　ガウス分布

次元であるから (2.1.13) 式を x, y, z 成分について書き下してそれらの積をとればよい。

分布関数は平均値の計算を可能にする。事実，(2.1.13) 式をもちいて $\langle x^2 \rangle = nb^2$ を計算できる。末端間距離の平均値はランダムな高分子鎖の大きさの目安を与える。より物理的には各セグメントから高分子全体の重心までの距離，s_i の自乗平均値 —回転半径（mean radius of gyration）の自乗平均— は

$$\langle s^2 \rangle = \frac{1}{6} nb^2 = \frac{1}{6} \langle r^2 \rangle \tag{2.1.14}$$

である。現実の溶液中の高分子は分子構造，溶媒効果，温度などの影響でランダム鎖とは多少異なる形態をとることが多い。

Gauss 誤差関数はある値を目指すある現象が，いくつものランダム変動をうけながら遷移過程を経るときに出現する分布（中央極限定理）を記述するのに適している。このような確率過程は数学，物理学，化学などの分野にとどまらず生物，人生，社会現象などにも幅広く存在しているのでガウス統計は分野を超えて成立する有用な分布関数である。

2.1.2　タンパク質

タンパク質では生物進化の長い歴史の中で，選りすぐられた 20 種のアミノ酸がある定まった順列で連結されている。このアミノ酸の配列順序をタンパク質の**一次構造**（primary structure）という。その一次構造の情報はあとから述べるように核酸というデータベースに収められている。いま i 番目のアミノ酸付近の構造に注目しよう（図 2-4）。

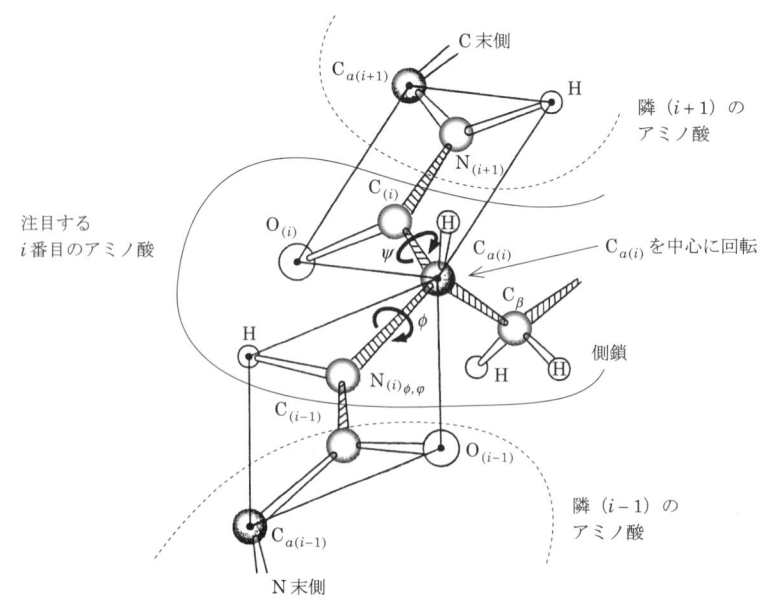

図 2-4　ペプチド結合の平面構造と ϕ, ψ 回転角の定義
1つの α-炭素ごとに一組の (ϕ, ψ) がある。

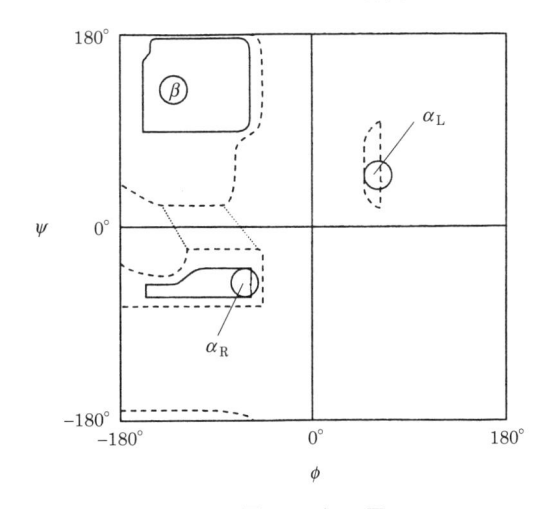

図 2-5 $\phi-\psi$ 図
$\alpha_R(\alpha_L)$ 領域で右(左)巻きα-ヘリックスが安定,β領域でβ-構造をとる。

ペプチド結合（-CO-NH-）は共鳴効果で同一平面上にある。カルボニル炭素，$C(i)$とα炭素，$C_\alpha(i)$を結ぶ軸のまわりの回転角(ψ)，およびアミド窒素，$N(i)$とα炭素，$C_\alpha(i)$間をむすぶ軸のまわりの回転角(ϕ)，それにアミノ酸側鎖などの分子構造でペプチドのコンフォメーションが決まる。それはC_αがその2つの結合軸にトランプのカードのようなものを貼りつけて，軸のまわりでくるくると回転させている図を想像するとよい。アミノ酸の種類によって(ϕ, ψ)のとりうる範囲が制限されていて，それは図2-5のようにマップされている。この**二面角**(ϕ, ψ)と一次構造でタンパク質の**二次構造**（secondary structure）が決まっている。アミノ酸の側鎖の立体的な要因で構造性が制約されているからである。図中の実線内はすべてのアミノ酸がとりうる範囲で，さらに点線内はValとIle以外のアミノ酸のとりうるϕ, ψ角である。このうち，とくに円形で示している領域ではα_R (α_L)は右(左)巻きα-ヘリックスが，βはβ構造のとる角度である。(α_Lは天然にはごくまれにしか現れない。）図2-5で見るように，エネルギー的に安定な配置をあたえるϕ, ψの組み合わせは比較的に狭い範囲に限られている。二次構造には**α-ヘリックス**（α-helix）と**β-構造**（β-conformation）という秩序構造とそれらをつなぎ合わせるための比較的にランダムな構造からなる。これらの二次構造をつぎつぎとつなぎ合わせるとタンパク質の姿が浮かび上がってくる。

(A) α-ヘリックス

右巻きのα-ヘリックスでは$\phi=-60°$，$\psi=-45°\sim-50°$という狭い限られた二面角だけが許されている（図2-5）。その結果，らせん構造（図2-6）を取る。らせんは並進運動軸とそのまわりの円運動（半径と回転方向およびピッチ）で記述される。いま右手の親指以外の指を握りしめ親指で前方を指し示そう。このとき親指の向きがらせんの進行方向で，他の4本

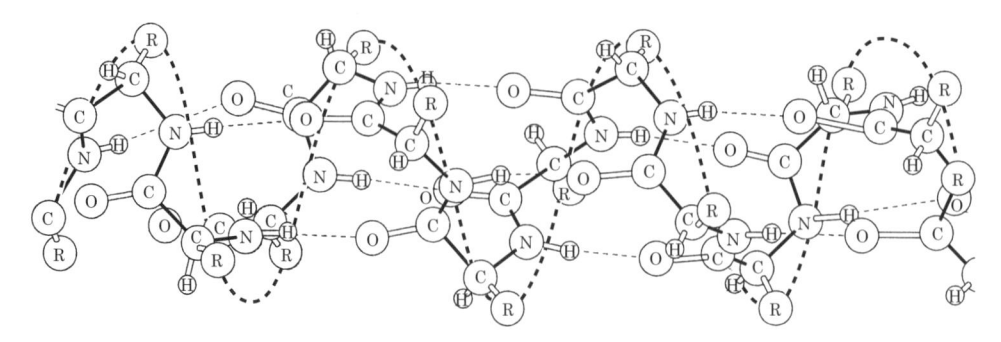

図 2-6 α-ヘリックスの構造
太い線がヘリックスの主鎖，点線はそれを滑らかに
なぞったもの。水素結合の位置に注意しよう。

の指先の方向にらせんは回転している。ペプチドのつくる α-ヘリックスはペプチド骨格の半径 0.3nm，進行方向へ右にピッチ 0.56nm で一回転する。このとき 3.6 個のアミノ酸が連なっている。これらのアミノ酸はちょうど都合よく配向しているカルボニル酸素と 4 残基先のアミン基との間で水素結合が形成されて，らせん構造を強化している。アミノ酸側鎖 R はヘリックスの外側に向いてそれぞれ疎水性，親水性，荷電などの個性を演じている。

(B) β-構造

ペプチド鎖は比較的に伸びたジグザグ形をとっていて，これにもうひとつのポリペプチド鎖が平行に接している。このとき二面角（ϕ, ψ）はエネルギーが低くて水素結合が有効に形成されるように配置されている。2 本のポリペプチド鎖がともに C 末端→N 末端のように方向が一致しているとき平行型 β-構造といい，C→N と C←N のように逆に組み合わされたとき逆平行型 β-構造という。平行しているポリペプチド鎖の間隔は平行型で 0.65nm，逆平行型で 0.70nm である。ポリペプチド鎖が 3 本以上配列することも可能である。このとき波形

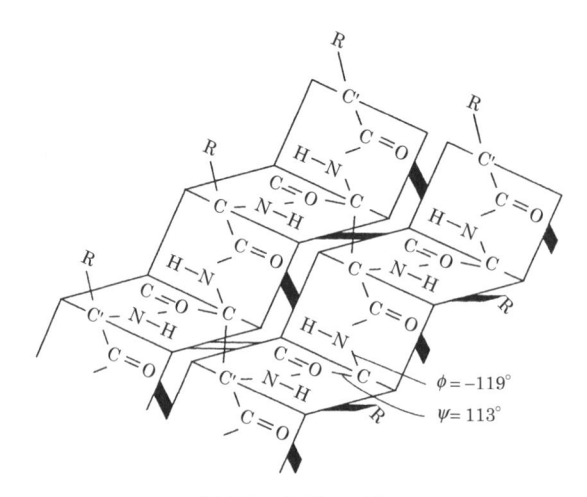

$\phi = -119°$
$\psi = 113°$

図 2-7 β-構造
太い線で示した水素結合でシート間が連結されている。

に折った紙にそったようにポリペプチド鎖がジグザグに並び全体として**β-ひだ状シート**（pleated seat）を形成していることが X-線解析で確認されている。β-構造は水溶性タンパク質や膜タンパク質では小規模に存在し，ケラチンのような構造性タンパク質ではβ-シートが上下に重なるようにして発達して，力学的強度が確保されている。

(C) 高次構造

α-ヘリックスやβ-シートはタンパク質の構造要素でこれらのパーツは，ある定まった順序で三次元空間に折りたたみこまれている。この三次元の秩序をタンパク質の**三次構造**（tertiary structure）という。α-ヘリックスやβ-シートの部品をコンパクトに折りたたむためには部品をつなぐためのチョウツガイの役目をする 4 個のアミノ酸からなる構造があり，**β-ターン**（turn）または**β-ベント**（bent）とよばれている。β-ターンのおかげで構造パーツは 180°に近いシャープなペプチド鎖の折れ曲がりが可能となり，緻密なタンパク質の三次構造が形づくられている。三次構造はアミノ酸の側鎖間の疎水相互作用，極性相互作用，水素結合，静電相互作用，それにシスチン間のジスルフィド結合で架橋されて強化維持されている。タンパク質の三次構造の例を図 2-8 に示す。

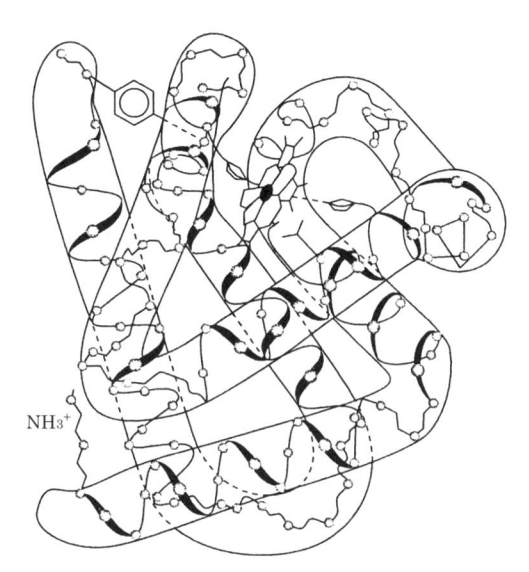

図 2-8 ミオグロビンの三次構造
折れ曲がったα-ヘリックス単位の谷間に
ヘムが収められている。

三次構造と二次構造の大部分はアルコール，尿素，塩酸グアニジン，界面活性剤の添加，極端な pH 環境，および加熱などで破壊されて，比較的に伸びたランダムなコンフォメーションのポリペプチドになる。これをタンパク質の**変性**（denaturation）という。変性したタンパク質はすべての生理活性を失ってしまう。

熱力学的には変性したタンパク質は未変性タンパク質と比較して，高エネルギー，高エントロピー状態にある。いまウシ血清アルブミン（BSA，分子量＝64500，584アミノ酸残基）についてこの問題を考えよう。一次構造にしたがって連続したアミノ酸はϕ-ψマップ（図2-5）上のα点またはβ点を占める，つまり，2状態が許されるとしよう。584個のアミノ酸からなるポリペプチドのコンフォメーションは2^{584}通りありうる。このうちただ1つだけが天然の血清アルブミンをあたえる。エントロピー差は

$$\Delta S = R \ln \frac{2^{584}}{1} = 3367 \mathrm{JK^{-1} mol^{-1}} \tag{2.1.15}$$

にもおよぶことになる。水の融解エントロピーは$22\mathrm{JK^{-1}mol^{-1}}$である（グラム当りのエントロピーは$1.22\mathrm{JK^{-1}g^{-1}}$，BSAのそれは$0.052\mathrm{JK^{-1}g^{-1}}$）。実際にはこのコンフォメーション変化によるエントロピー増は変性によりアミノ酸残基が水中に露出し，それに伴う水和のためのエントロピー減と部分的に相殺される。

いまBSAの584残基のアミノ酸がすべてα-ヘリックスまたはβ-構造をとったと仮定すると，それぞれ$90\mathrm{nm} \times 1.1\mathrm{nm}$の円筒状のひも，$200\mathrm{nm} \times 0.5\mathrm{nm}$のジグザグひもになる。実際のBSAの大きさは$13\mathrm{nm} \times 3\mathrm{nm}$程度である。また584残基がランダム鎖であるとすれば，(2.1.4)式から平均末端間距離は20nmとなる。これからタンパク質がいかに三次構造でうまく折りたたまれているかがわかる。

タンパク質の秩序構造は三次構造にとどまらない。三次構造でできあがったタンパク質がさらに複数個集合してより大きい構造物を作ることがある。これをタンパク質の**四次構造**（quaternary structure）という。四次構造を構成するパーツであるタンパク質を**サブユニット**（subunit）という。例えば，ヘモグロビンは4つのサブユニット（$\alpha_2\beta_2$）からできている。特に注目すべきはリン脂質膜中に存在する膜タンパク質の多くは複合されたサブユニットから構成されていることである。四次構造の例を図2-9に示す。長い1本のポリペプチドで大

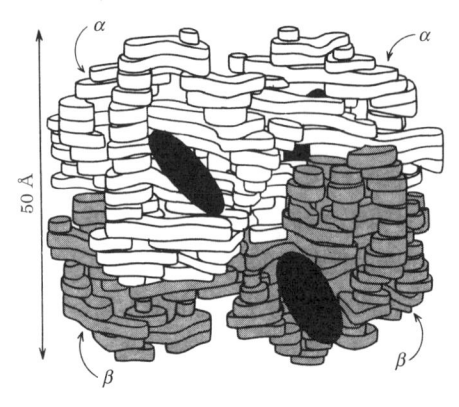

図2-9 ヘモグロビンの四次構造
(M. F. Perutz, "The Hemoglobin Molecule", Scientific American)

きい構造物を作るよりは，scrap and build に便利なサブユニット構造をとる戦略を選んでいるらしい。また，2.3.4 節でのべる**アロステリック効果**のように生化学反応の制御の観点からも有利と考えられる。四次構造に組み込まれたサブユニットは並進の自由度を失っているのでさらに低いエントロピー状態にある。

このように一次構造から高次構造まで各種の化学構造に支えられて高い秩序構造が選ばれているが，タンパク質の機能は固くて不動の構造から生じるのではなく，平衡の位置からわずかにゆらぐ程度のしなやかな構造を保持しながら発現している。例えば，ヘモグロビンへの酸素の協同的結合や各種の酵素の作用も，最初の基質の結合で少しずつ構造を変化させて，つぎに受け入れる基質の結合に備えている。これは数多くの化学結合がわずかづつ変形して実現された一種の「軟構造」と見ることができる。

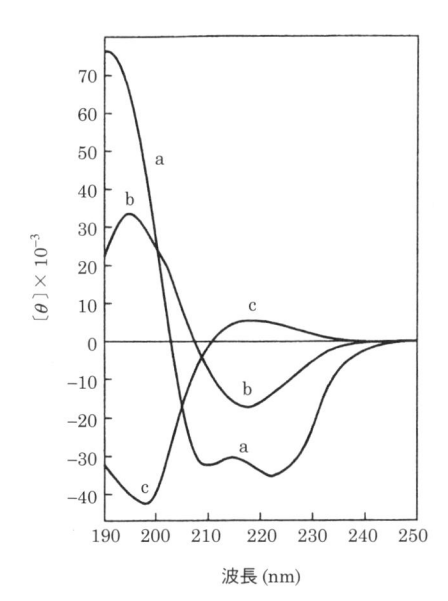

タンパク質の立体構造はある大きさの結晶がえられれば X-線解析で決定できる。また溶液中の二次構造は**円2色性（CD）スペクトル**（circular dichroic spectrum）を用いて推定できる。図 2-10 に示すように，α-ヘリックス，β-構造ともに特徴的な CD スペクトルを持っている。これはα-アミノ酸のもつ不斉性とは別にこれらの二次構造の非対称性に由来している。実際のタンパク質の CD スペクトルはα-ヘリックスおよびβ-構造の CD の適当な加重平均で表現できる。

a：α-ヘリックス，b：β-構造，c：ランダム構造
α-ヘリックスが示す CD スペクトルの特徴は曲線に
2つの極小（double minimum）が現れることである

図 2-10 円二色性 (CD) スペクトル

2.1.3 核　　酸

核酸（nucleic acid）は 19 世紀に細胞核中に酸性高分子物質として発見された。核酸は DNA

(deoxyribose nucleic acid）と RNA（ribose nucleic acid）に大別される．図 2-11 に示すように，化学的にはいずれも poly（nucleotide）であり，糖とリン酸残基を交互につなぎ合わせた高分子鎖を骨格とし塩基を側鎖として表される．

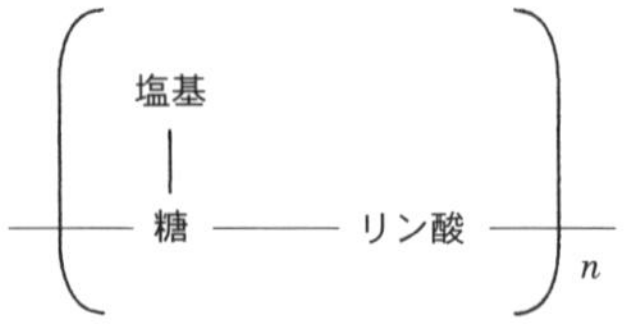

図 2-11 ポリ（ヌクレオチド）

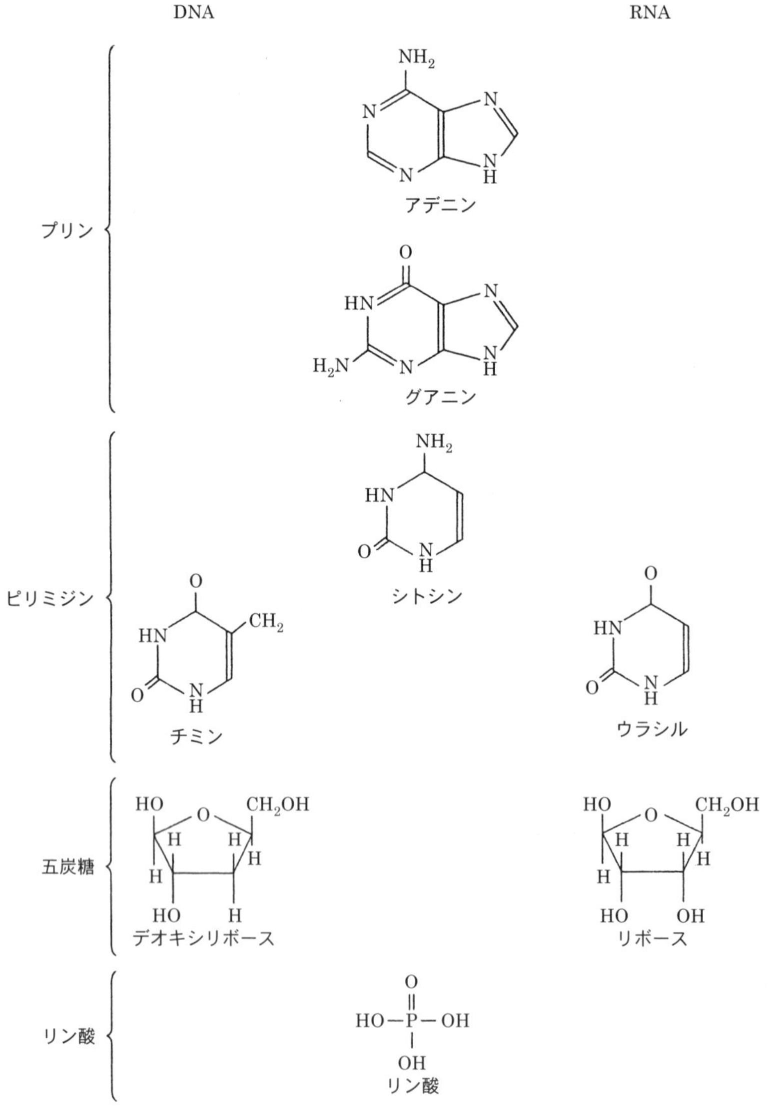

図 2-12 核酸を構成する化学基

DNAとRNAの化学構造の違いは糖と塩基のわずかな差異にある。DNAの糖はdeoxyribose, 塩基はadenine (A), thymine (T), guanine (G), cytosine (C) の4種類だけである（図2-12）。

RNAの糖はribose, 塩基は4種類だが，DNAのthyminがurasilで置換わっているが，あとの塩基は共通である。DNAの分子量は大きく10^7にもおよび，鎖を引き伸ばせば1mmにもなる。これにくらべてRNAの分子量は相対的に小さい。

(A) D N A

DNAは細胞の核中にある染色体を構成しており，生理作用の実行者であるタンパク質の合成に関する情報のデータバンクである。DNAは細胞分裂のときに**複製**（replication）されるので，**遺伝情報**（ゲノム，genome）として重要である。

DNAもまたらせん構造をとっている。しかも通常は2本のpoly (nucleotide) 鎖（ストランド，strand）がお互いに寄り添い捩れあわされて，いわゆる**二重らせん**（double helix）を形成している。図2-13のようにらせん骨格の半径 = 1.0nmで，右回りに3.6nm/turn（この間に10.5ヌクレオチド残基が含まれている）のピッチである。側鎖にある塩基は，タンパク質とことなり，らせんの内側に向いている。したがって外側はリン酸基と糖が露出しているので親水性に富んでいる。内側に向いた塩基は二重らせんの相手のポリヌクレオチドの塩基と向き合い，水素結合で結ばれている。さらにらせん軸に沿って隣り合う塩基は重なり合う（stacking）ようにして極性相互作用をして，水素結合ともどもらせん構造を強化している。らせん内の水素結合はそれぞれA-TとG-C間にのみ相補的におこり，このときそれぞれ2対と3対の水素結合で厳密に区別され高い選択性を保っている。

DNAは4種のヌクレオチドからなる四元重合物である。高分子鎖に沿って4種の塩基が配

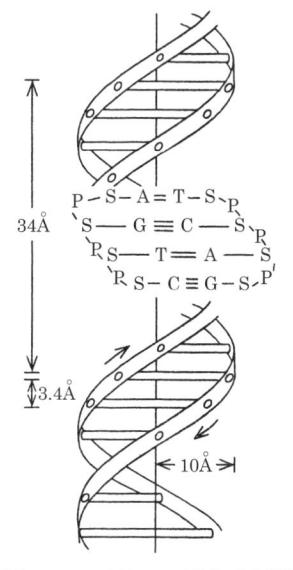

図2-13　DNAの二重らせん構造

表 2-1 DNA のコドンとアミノ酸の関係

	U		C		A		G	
U	UUU	Phe	UCU	Ser	UAU	Tyr	UGU	Cys
	UUC	Phe	UCC	Ser	UAU	Tyr	UGC	Cys
	UUA	Leu	UCA	Ser	UAA	ter	UGA	ter
	UUG	Leu	UCG	Ser	UAG	ter	UGG	Trp
C	CUU	Leu	CCU	Pro	CAU	His	CGU	Arg
	CUC	Leu	CCC	Pro	CAC	His	CGC	Arg
	CUA	Leu	CCA	Pro	CAA	Gln	CGA	Arg
	CUG	Leu	CCG	Pro	CAG	Gln	CGG	Arg
A	AUU	Ile	ACU	Thr	AAU	Asn	AGU	Ser
	AUC	Ile	ACC	Thr	AAC	Asn	AGC	Ser
	AUA	Ile	ACA	Thr	AAA	Lys	AGA	Arg
	AUG	Met	ACC	Thr	AAG	Lys	AGG	Arg
G	GUU	Val	GCU	Ala	GAU	Asp	GGU	Gly
	GUC	Val	GCC	Ala	GAC	Asp	GGC	Gly
	GUA	Val	GCA	Ala	GAA	Glu	GGA	Gly
	GUG	Val	GCG	Ala	GAG	Glu	GGG	Gly

注) ter:コドン列の終止符。AUG は開始符としても用いられる。

列している。このうち連続する **3 塩基列** (triplet) がタンパク質を構成する 20 種の α-アミノ酸に対応するようにコードされている (表 2-1)。

これは triplet が $4^3 = 64$ 状態を表現しうることと関係がある。コンピュータは on/off の 2 進法で多くの状態を作り出せる。例えば on/off のスィッチを 8 個並べたものを 1bite という。1bite $= 2^8 = 256$ で 256 状態を表現できる。アルファベットの大文字，小文字，数字，その他の記号と対応させて多様な表現を可能にしているのと同様である。

この表現力は核酸の複製と深く関わっている。2 本のポリヌクレオチド鎖は相補的で写真のポジとネガの関係にあり，等価な情報を含んでいる。細胞分裂時には 2 つのポリヌクレオチド鎖はほぐされて，新たな相補的ヌクレオチド鎖が DNA を鋳型にして，酵素の助けで重合され，新しい細胞核に収められる。これを DNA の複製という。

二重らせんはさらによじれてスーパーヘリックス（電話の受話器のコードのよじれを想起するとよい）を作り，さらにこれが**ヒストン** (histone) という正に荷電したタンパク質を核にして巻かれている。この複合体を**クロマチン** (chromatin) という。このようにつぎつぎと高次の構造を作り，ついには染色体として光学顕微鏡下で観察される。このようにヘリックス構造を複合して採用することによって，長大な DNA 鎖をコンパクトに収め，かつ必要時にはどこからでも接近して情報提供を可能にしている。

m 個の塩基を持つポリヌクレオチドは 4^m の状態を表現し，n 個の塩基をもつものは 4^n 状態に対応する。この 2 つのポリヌクレオチドをつなぎ合わせると 4^{m+n} 状態を区別できる。一方，つなぎ合わされたポリヌクレオチドは $m+n$ に比例する情報量を持っている。このこと

から，情報量, I と状態数, Q との間にはつぎの関係があることがわかる．

$$I = p \ln Q \tag{2.1.16}$$

ここで p は定数である．この式は分子系の微視的な状態の数, Ω とエントロピー, S の関係式

$$S = k_B \ln \Omega \tag{2.1.17}$$

と同形であり，情報量とエントロピーの密接な関係を示唆している．事実，情報を獲得し，秩序を形成するためには多くのエネルギー移動を必要とする．

核酸の化学分析から塩基の組成比, A/T と C/G がともに 1 であることが早くから注目されていて，二重らせんモデルの創出に重要なヒントをあたえた．さらに(A + T)/(C + G)も 1 に近いことも報告されていた．これは A/T 塩基対と C/G 塩基対の数が等しいことを意味する．いま連続する q 個の塩基対のうち r 個が A/T 塩基対であれば，その A/T 塩基対を q の座席に配置するやり方は $_qC_r$ 通りあり，r = q/2 のとき，つまり(A + T)/(C + G) = 1 のとき，最大値をとる．このとき状態の数が最大となり収容できる情報量も最大になる．長い進化の歴史のなかで最大の効率をもとめて達成されたものであろう．

相溶する液体や気体の 2 成分系でもモル分率 $X_a = X_b = 1/2$ で混合のエントロピーが最大になる．つまり微視的状態の数が最も多くなり，一番ランダムな状態が実現し"最もよく溶けている"ことと関係がある．

(B) R N A

データベースである DNA と較べると RNA には役割の異なる数種類がある．いま，細胞内でデータ保存庫である核とタンパク質合成の現場である**リボソーム**（ribosome）が離れて存在している真核細胞について RNA の働きを簡単に見ておこう．

まず部分的にまき戻された（ほぐされた）DNA ストランドの，あるタンパク質の一次構造に相当する塩基配列上で，それと相補的な塩基配列を持つ**メッセンジャーRNA**（mRNA）が重合される．この mRNA はタンパク質のアミノ酸（n 残基）配列に必要な $3n$ 個以上の塩基を持っている．これは引き続き進行する重合に必要な制御信号を含むとも考えられる．この mRNA は重合が完了すると DNA からはなれて核外にあるリボソームへ移動し，そこに固定される．つぎにこの mRNA を鋳型にして，コードにしたがってアミノ酸を結合した**トランスファーRNA**（tRNA）がポリペプチドの合成をしていく．

これらの一連の生化学反応には多種の酵素が関与して，速やかで円滑に制御された反応が進行している．

2.1.4 多 糖 類

糖をモノマーとする高分子である．いろいろな種類の多糖類があるが，D-グルコース

(D-glucose）からなるものが特に重要で，**セルローズ**（cellulose），**デンプン**（starch），**グリコーゲン**（glycogen）などの形で存在し，組織構造体，エネルギー源として作用している．

セルローズはβ-1,4 グルコシド結合による poly (D-glucose) である．植物細胞の主成分で重合度 3000 程度で，水に不溶である．デンプンは**アミロース**（amylose）と**アミロペクチン**（amylopectin）からなるコロイド粒子で，植物の栄養貯蔵庫であり，したがって動物も養っている．アミロースは D-glucose が α-1,4 グルコシド結合で 300 残基程度重合したものである．一方，アミロペクチンは全体のグリコシド結合のうち，およそ 4% が α-1,6 グルコシド結合で分岐し，重合度は 10^3 のオーダーである．デンプンは低温では水中にコロイド分散しているが，60〜80℃に熱すると比較的に透明なゾルになる．このときグルコース 6 残基でひとまきするヘリックスを形成する．これをα-デンプンと称して過熱前のβ-デンプンと区別する．α-デンプン水溶液にヨウ素（I_2）を加えると深青色になり，いわゆる「ヨウ素-デンプン反応」を呈する．アミロペクチンでは赤紫色になり浅色化している．ヘリックスの内側の空洞（半径 4nm）にヨウ素分子が取りこまれることによる．包接された I_2 はおたがいに独立ではなく，隣接ヨウ素分子どうしが相互作用して，その電子が非局在化し，スペクトル変化をもたらしている．アミロペクチンではその分岐構造のために，ヘリックスが短くて，電子の非局在効果が小さい．

ヘリックス内で配列したヨウ素分子の最外殻の電子は隣接したヨウ素分子を通してつぎつぎと移動して，ついには連続したヨウ素分子列全体に分布する効果 –電子の非局在化– がおこる．その結果，電子の基底状態と励起状態間のエネルギー間隔が小さくなる．この様子は「一次元の箱」に電子を入れたモデルにたいして **Schrödinger 方程式**で解くと，エネルギー，E_n は

$$E_n = \frac{n^2 h^2}{8ma^2} \tag{2.1.18}$$

で表せる．ここで h はプランク定数，m，電子の質量，a は一次元の箱のサイズ，n は量子数である．いちばん起こりやすい基底状態（$n=1$）と第一励起状態（$n=2$）の間のエネルギー間隔は

$$\Delta E = \frac{3h^2}{8ma^2} \tag{2.1.19}$$

となり，a が大きくなれば，つまりヨウ素分子列の長さが長くなれば，ΔE は小さくなる．

$$\Delta E = h\nu = \frac{hc}{\lambda} \tag{2.1.20}$$

であるから，より波長の長い電磁波が吸収される．ここで c は光速度，λ は光の波長である．

ヨウ素-デンプン系に応用すると，ヘリックスが発達しているアミロースではヨウ素分子がより長く配列可能で，したがって赤色がよく吸収され，その補色である深青色が観察される．

また分岐しているアミロペクチンではヘリックスが短いので，より短波長の電磁波が吸収され，浅赤色が見えることが理解できる。ヨウ素分子の取りこみは独立ではなく，孤立して単独に結合する場合と較べて 60 倍も強い協同作用（2.3 節）がある。

グリコーゲンは動物体内の貯蔵炭水化物で重合度は数万にもおよび，D-グルコースが α-1,4 グルコシド結合と α-1,6 グルコシド結合で分岐しながら連なっている。

このほか**寒天**（agar-agar），**キチン**（chitin），**コンドロイチン硫酸**（chondroitin sulfate），**ヘパリン**（heparin），**ヒアルロン酸**（hyaluronic acid），**ペクチン質**（pectin）などさまざまな形で動植物体の各所で重要な働きをしている。

高分子ではないが，重合度の低い，例えば 7 以下の**小糖類**（寡糖類，oligosaccharide）はタンパク質，細胞などと複合して自他認識，自己防衛などの作用をしているのが注目される。血液型の A，B，O の違いもこれによる。

2.1.5 分子量測定

分子量は高分子を特徴づける基礎物性の 1 つである。タンパク質の分子量は DNA レベルの情報があれば正確に得られるが，一般には物理化学的方法によって実験的に求められる。実験法は絶対的方法と相対的方法に分類される。絶対的分子量測定法は健全な理論にもとずいて，それ自身で分子量を求めることができる。一方，相対的方法は絶対法で求めた分子量で較正して求めるやり方で，精巧な装置や，取り扱いに多少の修練を要することなく比較的容易に分子量を推定できる。そこでそのうちのいくつかを紹介しよう。

(A) 絶対的分子量測定法

(1) 浸透圧法

図 2-14 のように溶媒と高分子溶液が**半透膜**（溶媒は通過するが高分子は通さない）で隔てられると，溶媒は溶液を希釈しようとして溶液側へ浸透する。

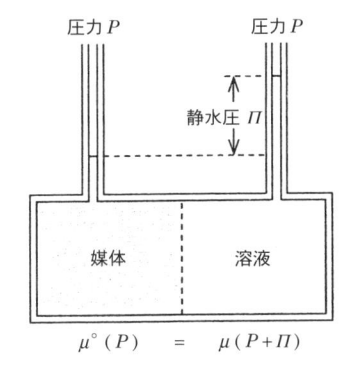

図 2-14 浸透圧測定の原理
溶媒と溶液は半透膜（点線）で隔てられている。

この浸透流を阻止するに必要な圧が浸透圧である。浸透圧は一般に

$$\Pi = RT\left(\frac{c}{M} + Bc^2 + Dc^3 + \cdots\right) \qquad (2.1.21)$$

のように高分子濃度（g/100cm³ 溶液），c のベキ級数として表される。希薄溶液に対しては式（2.1.21）を変形して

$$\frac{\Pi}{c} = RT\left(\frac{1}{M} + Bc\right) \qquad (2.1.22)$$

実測値，Π/c を c に対してプロットすると，切片から RT/M，つまり分子量の逆数，勾配から第 2 ビリアル係数，B が得られる。B は高分子間相互作用のめやすを与える。高分子の溶液中での広がりの度合い -排除体積効果- により $B>0$ になる。この反発的効果に対して，引力的効果 -高分子間の会合- の傾向がある場合は $B<0$ となる。この両方の効果が相殺すると $B=0$ となり見かけ上理想的に振舞う。このように分子量に加えて高分子の溶存状態に関する情報をあたえるので，大変に貴重な実験法である。浸透圧平衡に達するのに通常は長時間を要するが，最新の浸透圧測定機器では電子制御装置を援用して浸透流速を測り，これをもとに加圧したり，平衡浸透圧を予測することで短時間内の測定を可能にしている。

(2) 光散乱法

図 2-15 のようにタンパク質のような高分子溶液に光を照射すると，光は四方八方に散乱される（Rayleigh 散乱）。これは溶液中の分子の電気的双極子が電磁波である光によって励起されて，その双極子があらたに光源となって入射光と同じ波長の電磁波が発射されることによる。溶媒だけでは散乱光は極く微弱であるが高分子やコロイド粒子がブラウン運動で照射領域に出入すると散乱強度が増大する。これらのことを考慮してつぎの式が得られる。

$$R_\theta = \frac{I_\theta r^2}{I_0} = KcM(1 + \cos^2\theta) \qquad (2.1.23)$$

ここで I_0 と I_θ はそれぞれ入射光と散乱角 θ での散乱光の強度である。r は散乱領域から散乱光計測機器までの距離である。M は高分子の分子量である。ここで

$$K = \frac{2\pi^2 n_0^2\left(\dfrac{dn}{dc}\right)^2}{L\lambda^4} \qquad (2.1.24)$$

n_0 は溶媒の屈折率，L はアボガドロ数，λ は光の波長で，溶液の屈折率の高分子濃度依存性，

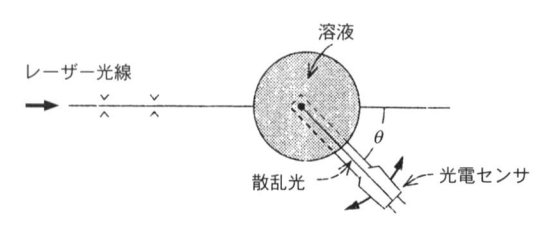

図 2-15 光散乱測定の原理図

dn/dc（屈折率増, refractive index increment）をふくめてすべて実測可能な量である。(2.1.23)，(2.1.24) 式は，つぎのように変形して用いられる。

$$K\frac{c}{R_\theta}(1+\cos^2\theta) = \frac{1}{M} + 2Bc \tag{2.1.25}$$

ここで高分子濃度，c（質量濃度）の散乱への効果を**第 2 ビリアル係数**，B で補正してある。B の物理的意味は浸透圧のそれと同一で，高分子間相互作用の情報を含んでいる。得られた分子量は原理的に溶液中の質量のゆらぎ −究極的には双極子のゆらぎ− を測っているので**重量平均値**である。一方，浸透圧法では束一的性質，つまり粒子数を測っているので，**数平均分子量**が求められる。タンパク質のような生体高分子は十分に精製してあれば単分散（分子量分布がない）であるので両者は一致する。

(B) 相対的分子量測定法

絶対的方法で得た分子量をもとにして簡便に高分子のサイズを知ろうとするやり方である。高分子の分子量と一義的に相関する物性値はどれでも利用可能であり，粘度，拡散係数などが用いられてきた。ここでは最近も頻用されているゲルクロマトグラフィーと SDS-ポリアクリルアミド電気泳動法について述べる。

(1) ゲルクロマトグラフィー

細い管に，高分子ゲルを充填したクロマトグラフィーカラムに被検体である高分子溶液をごく少量注入して，溶媒で溶出する。このとき高分子の**溶離体積**（高分子がカラムの他端から出てくるまでの溶液の体積），V_e は

$$V_e = V_0 + K_D V_i \tag{2.1.26}$$

と表せる。ここで V_0 は**ゲル間隙体積**（void volume），V_i はゲル内部体積，K_D は高分子の V_0 と V_i との間への分配係数である。ゲルの網目の大きさと比較して高分子が十分に大きいとき，$K_D = 0$，つまり高分子はゲル内部に分配されることなく $V_e = V_0$ で早々と溶出される。逆に十分に小さな分子はゲル網目の隅々まで拡散するので，$V_e = V_0 + V_i$ になる。この場合 $K_D = 1$ である。極端でない大きさのの分子では $0 < K_D < 1$ となり分子サイズのめやすとなる。絶対測定法による分子量で較正しておけば，K_D 値から分子量が手軽に推定できる。ゲルとしてはデキストランなどの多糖類や合成高分子など多種類開発されており，架橋度を調整してゲル網目を加減し多彩な高分子の広い分子量にわたって対応できる。溶出は吸光度，屈折率，その他の溶液の物性に注目して検出される。

(2) SDS-ポリアクリルアミド電気泳動法

（SDS poly(acrylamide) gel electrophoresis，SDS-PAGE）

荷電粒子は電場に置かれると媒質と粒子の流体力学的な特性に従った速度で**電気泳動**する。内径 5mm, 長さ 10cm 程度のガラス管にポリアクリルアミドゲル（ゲル骨格濃度；5〜15%，

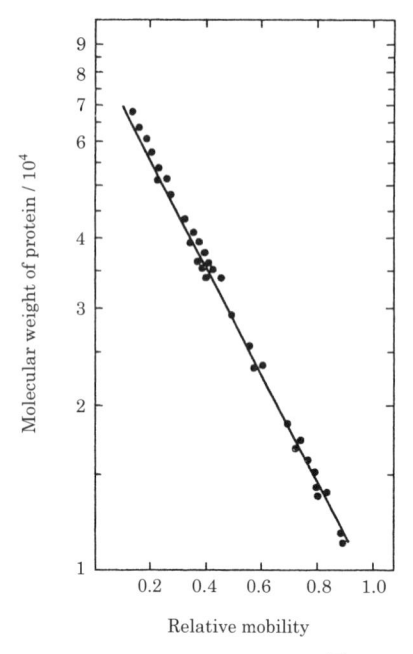

図2-16 のグラフ：横軸 Relative mobility (0.2〜1.0)、縦軸 Molecular weight of protein / 10^4 (1〜9、対数目盛)。データ点が直線状に並ぶ。

約40種ものタンパク質の分子量が相対移動度とみごとに相関している。ゲル濃度：10%，架橋度2.6%

図2-16　PAGEプロット

架橋度；2〜3%程度）を満たし，ゲルの一端に，いろいろなタンパク質をふくむドデシル硫酸ナトリウム（SDS 50〜70mM）溶液を少量添加し，ゲルの他端を陽極に接続して電気泳動する。このときタンパク質は分子内にジスルフィド基があれば還元剤を加えて切断しておく。その結果を図2-16に示す。横軸にそれぞれのタンパク質の相対電気泳動移動度，縦軸にタンパク質の分子量をとってある。掲げた39種のタンパク質は分子量のほかに，一次構造をはじめ生理活性もまったく異なるが，1つの直線上にプロットされているのが極めて印象的で，驚きでさえある。この事実は，ひとたび分子量既知のタンパク質（マーカー）で較正しておけば，未知試料のタンパク質分子量を推定できる可能性を示唆しており，現にこの方法は生化学の実験室で頻用されている。

　この一見不思議な規則性はどうして現われたのであろうか？　分子内の-S-S-架橋が切断されて線状のポリペプチドになったタンパク質は変性し，SDSとほぼ一定割合（1.4gSDS/gタンパク質）の複合体を形成する。このときSDSは本来持っているミセルの性質を色濃く保存して，ポリペプチド鎖に沿ってミセル状のSDS集合体（クラスター）が複数個，分布して結合している。「ネックレス」を想わせる複合体像である。その結果，複合体はSDSクラスター間の負電荷による反発力によって比較的に延びた姿をしている。電気泳動するために必要な複合体の電荷はもとのタンパク質のそれを圧倒したSDSの負電荷による。つまりタンパク質ポリペプチドは種類によらず単位質量当り同一の電荷が付与されて没個性化が行われて

いる。この複合体が電気泳動するときにゲル網目による**分子ふるい効果**を受け，一義的に複合体のサイズ，つまり分子量だけに依存する電気泳動移動度を示すものと考えられている。

SDS-PAGE法は手軽に習得できて，速やかに結果が求められる。単に分子量が推定できるだけでなく，タンパク質のサブユニット構造を知るためにも便利である。分子量が1万以下の小さいタンパク質や構成アミノ酸が疎水性に傾いている膜タンパク質などでは複合体のSDS/タンパク質質量比が変化するので較正直線からはずれることがあるので，その場合は特別な工夫が必要である。

2.2　生体コロイド（物質の移動）-体の小さい構成要素の動き-

生体は常に流転を繰り返している。口や肺から取り入れたものは幾段階もの変化を遂げながら結局は CO_2, H_2O やその他のものになり排出される。その間に数限りない種類の分子や分子集合体が輸送されている。血流は身体を廻る繊細な流通システムであり，流れの中で多くの過程が進行している。例えば，神経は動物のITハイウェイで，**シナプシス**（synapsis）における神経伝達物質の拡散が生物情報の伝達に関わっている。ここではまず脂質などによる分子集合体がコロイドの大きさの生体部品を構成していることに注目し，多様な分子集合の機構と分子形の関係について述べる。つぎに普遍的な熱騒乱力によるコロイドなどの微粒子のミクロなランダム運動 -**ブラウン運動**（Brownian movement）- を見る。さらにに拡散，流動，膜透過など巨視的な移動（輸送）方式について学ぼう。

2.2.1　分子集合体

(A) 両親媒性分子

細胞や小胞体（ベシクル）など生体の微小な部品は脂質を主要成分とした分子の集合によって構成され，μm の世界，つまりコロイドの大きさとなっている。

表2-2　両親媒性分子

分類	物質例
リン脂質	レシチンなど　表1-2
界面活性剤	表2-3，表5-3参照
薬物	dibucaine, tetracaine, chlorpromadine　構造式3（p.41）参照
染料，色素	methylene blue
その他	エタノール，アミノ酸

これらの脂質は**疎水基**と**親水基**からなりたち，大なり小なり水媒質と非極性媒質（油）の両方に親和性を有するので，**両親媒性物質**（表2-2）と称される。水が生体の80%をも占めているので，生き物を形づくるのに必要な性質である。この脂質はいずれも大きい疎水基を有するので，水に対する溶解性は高くないが，分子の一隅に親水基が位置する分子構造から，巨視的な結晶を析出することなく，さまざまな大きさの分子集合体を形成することが多い。大きい疎水基間の強い凝集性により，両親媒性分子は配向して集合する。その際，分子の幾何学的形状により，図2-17のように多様な集合状態が可能になる。

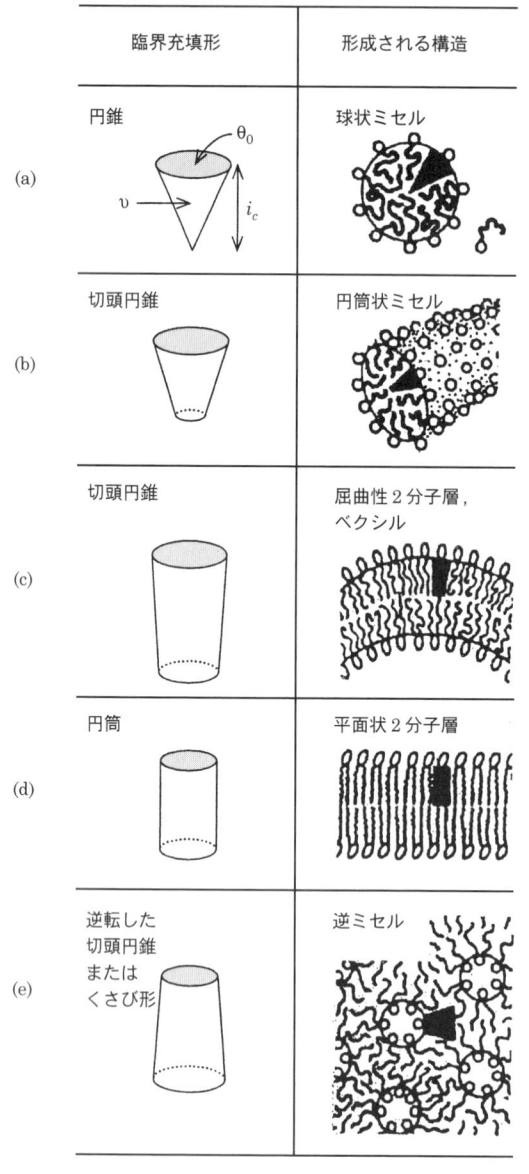

	臨界充填形	形成される構造
(a)	円錐	球状ミセル
(b)	切頭円錐	円筒状ミセル
(c)	切頭円錐	屈曲性2分子層，ベクシル
(d)	円筒	平面状2分子層
(e)	逆転した切頭円錐またはくさび形	逆ミセル

図2-17 分子の形と集合状態
日本化学会編，現代界面コロイド化学の基礎，丸善(1997)

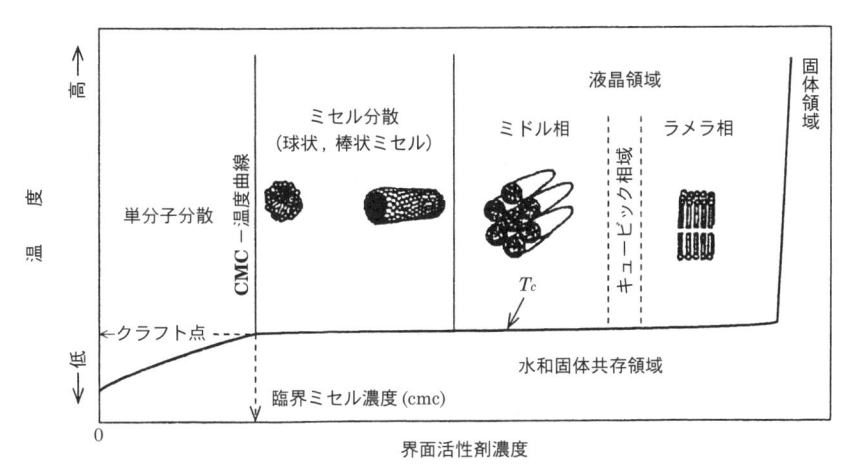

図 2-18　界面活性剤－水系の温度－組成相図
低濃度部分が誇張して図示してあるのに注意
日本化学会編，現代界面コロイド化学の基礎，丸善（1997）

　例えば，相対的に希薄なドデシル硫酸ナトリウム（sodium dodecyl sulfate, SDS）水溶液では球状の分子集合体（ミセル）が形成する。それは図 2-17（a）のようなくさび形の分子の集合による。この場合，円錐の底面側がイオン性親水基で，静電反発力によって底面積が実効的に大きく作用している。一方，リン脂質のように大きい極性基と 2 本の疎水鎖をもつ分子は（b）-（c）の形として作用する。その結果，曲率の小さいベシクルやラメラ（層状）構造をとりやすくなる。イオン強度や両親媒性分子濃度が増すと，極性頭部の寄与が減少して，（b）の形に近づく。このようにもとの分子形だけでなく，濃度（水和），イオン濃度，温度などの外部変数によっても，両親媒性分子は実効的に（a）-（c）のような形として作用し，図 2-18 の相図に見るような複雑な集合状態をとる。このような関係は $\rho = \dfrac{v}{\theta_0 i_c}$ で定義される packing parameter でよく表現される。ここで図 2-17 にあるように v は分子容積，θ_0，i_c は分子の底面積と長さである。（a）のように円錐形の分子であれば $\rho = 1/3$，（d）のように円筒形であれば，$\rho = 1$ となり，packing parameter が分子集合体への充填性，つまり分子の形状と関連していることがわかる。

(B)　界面活性剤

　いろいろな両親媒性物質のうち，大きい疎水基をもち，比較的に溶解度の大きいものを**界面活性剤**（surfactant = surface active agent）という。界面活性剤は 1 本の疎水基とその一端についた**極性基**（陽・陰イオン性，非イオン性）からなるものが多い（表 2-3）。

　低濃度では，界面活性剤は単分子分散で溶解しているが，ある濃度（域）以上では急激に会合が顕著になり，**ミセル**（micelle）という分子会合体が形成される。この濃度（域）を**臨界ミセル濃度**（critical micelle concentration, CMC）と称して，後述するように，ミセル形成能や界面活性をあらわす特性値として重要である。ミセルはその疎水基が水から有効に離脱

表 2-3　いろいろな界面活性剤

界面活性剤の荷電	界面活性剤分子の例
陽イオン性	alkylammonium X alkyltrimethylammonium X alkylpyridinium X
陰イオン性	alkyl sulfate M alkylsulfonate M alkylcarboxylate M cholate M lung surfactant
非イオン性	alkylpoly(oxyethylene) ether poly(oxyethylene)alkylcarboxylate alkylglucoside

alkyl 鎖長：$C_{10} \sim C_{18}$，M，X はそれぞれ 1 価のカチオンとアニオン

しようとしてお互いに集合し，一方，親水基は水側に居残って集合体を安定化する．ミセルの会合数は図 2-18 の (a) の幾何学的形状，つまりはエネルギー関係によって決まり，10-10^2 程度で，会合数の分布は極めて鋭いと考えられている．ミセルは熱力学的に可逆な解離・会合系と考えてよい．S を界面活性剤単分子，M をミセル，n を会合数として

$$nS \rightleftarrows M$$

その平衡定数はそれぞれの濃度を [ ] で囲んで表すと

$$K = \frac{[M]}{[S]^n} \tag{2.2.1}$$

のように定義される．これからミセル化の標準自由エネルギー変化は

$$\Delta G^0 = -RT \ln K = -RT\{\ln[M] - n\ln[S]\} \tag{2.2.2}$$

(2.2.2) 式はミセル 1 モル当りの量である．両辺を n で除して

$$\Delta G^0_m = \frac{\Delta G^0}{n} = -RT\{\frac{\ln[M]}{n} - \ln[S]\} \tag{2.2.3}$$

CMC 附近では会合数 n が充分大きいとき第 1 項を無視できて

$$\Delta G^0_m = RT \ln[S] \tag{2.2.4}$$

このように CMC はミセル化の自由エネルギーをあたえるので，界面活性剤の特性値として重要である．ミセル化の原動力は疎水性なので，アルキル基が長いほど CMC（通常 0.1〜10mM/L のオーダー）は小さくなる．また温度や電解質，有機物などの添加でも変化する．CMC は界面活性剤のいろいろな溶液物性，例えば表面張力や電気伝導度などが急激に変化する濃度（領域）として実測可能である（図 2-19）．

CMC の温度依存性からミセル化のエンタルピー変化，ΔH^0_m やエントロピー変化，ΔS^0_m が算出される．エンタルピー変化は，通常，$-5 \sim +5$kJ/mol 程度と小さく，大きい正のエントロピー変化がミセル会合を駆動している．これは長い疎水鎖が水から離脱してミセル会合

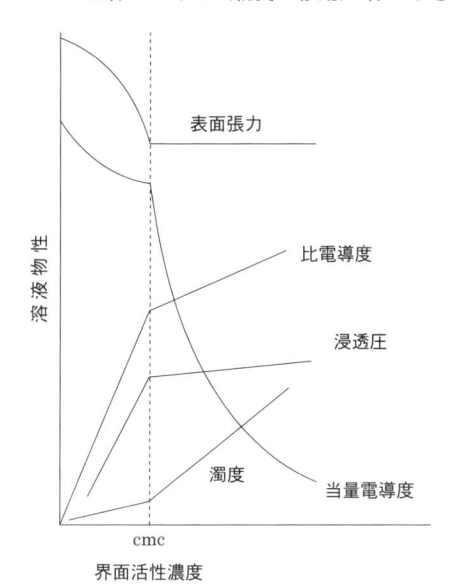

図2-19 界面活性剤の溶液物性の変化
測定方法によってわずかな違いが見られる。

する際に，多量の疎水性水和水を開放することによる。ここに典型的な疎水相互作用を見ることができる。この機構はタンパク質の立体構造の維持にも重要な役割りを演じている。

(C) 可溶化

ミセルはミニ油滴と考えてもよい。事実，油脂など各種の疎水性分子をその中に取り込むことができる（図2-20）。これをミセルによる**可溶化**（solubilization）という。このときも疎水相互作用は重要な原動力となっている。可溶化は熱力学的な分配としてあつかうことができる。

$$K_D = \frac{C_M}{C_W} \tag{2.2.5}$$

ここで K_D は可溶化の平衡定数，C_M，C_W はそれぞれ，被可溶化分子のミセル中と水溶液相中の濃度である。このような熱力学的な研究に加えて，各種の分光学を駆使して，被可溶化分子のミセル内での可溶化部位など細かい知見もえられている。

可溶化が進行し，ついに被可溶化物が過飽和してミセル内で油滴となれば，これを**乳化**（emulsion）という。乳化系は熱力学的に可逆的には安定でないが，うまく設計された乳化系は長時間安定な oil-in-water または water-in-oil 分散系をあたえる。ミルクは生体内乳化系の好個の例である。可溶化や乳化は水難溶性の有機化合物の溶解度を見かけ上増加させるので，医薬，農薬，化粧品，食品，洗浄など実用的観点からも重要である。

(D) 胆汁酸

生体は水と油脂との混合系と観ることができる。体の各所で界面活性物質がこの両者の仲をとりもって作用している。そのなかから胆汁酸類について述べておこう。

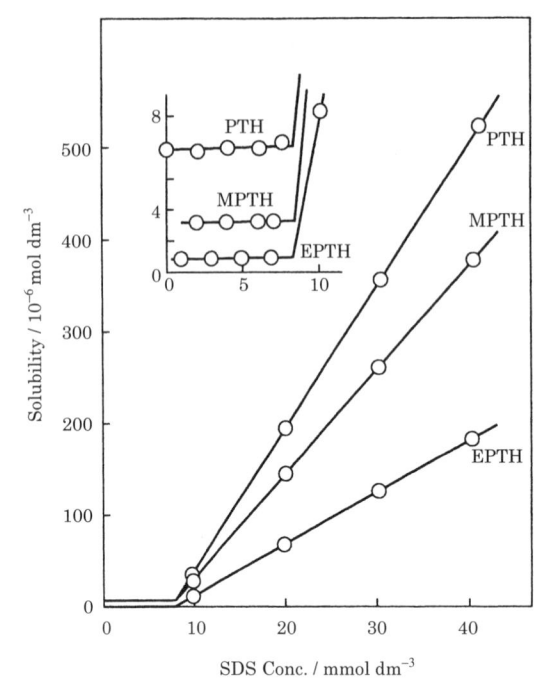

図 2-20 ドデシル硫酸ナトリウム (SDS) 水溶液による薬物の可溶化
PTH : phenothiazine, MTPH : 10-methylphenothiazine,
EPTH : 10-ethylphenothiazine

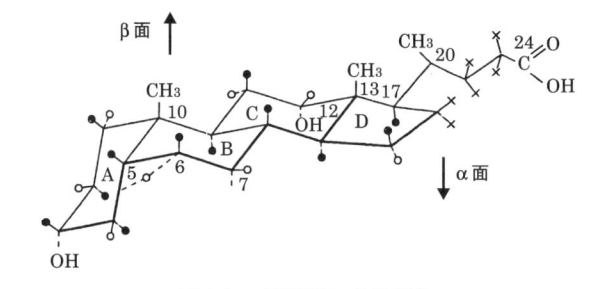

図 2-21 胆汁酸の分子構造
図中の●は axial, ○は equatorial 水素,
×はそれ以外の水素を表す。水酸基の位置
によって数多くの胆汁酸類がある。

　胆汁酸は肝臓でつくられる胆汁にふくまれる生体界面活性剤であり，胆囊から分泌され，食物として摂取された脂肪と十二指腸で混合される。さらにリパーゼが作用しやすいように細かく乳化し，分散させる。胆汁酸類の化学構造は図 2-21 に示すようにステロイド骨格をもっている。水酸基の有無，位置によっていくつもの胆汁酸があるが，ステロイド骨格の一面は疎水性に富み（β面），一方，他の面は親水性である（α面）。その界面活性も SDS などのアルキル長鎖を持つ界面活性剤とは異なっている。会合の原動力となる疎水相互作用が弱く，会合数もまた小さい（10 分子位）ことから，図 2-22 に見るように通常のミセル化とは異な

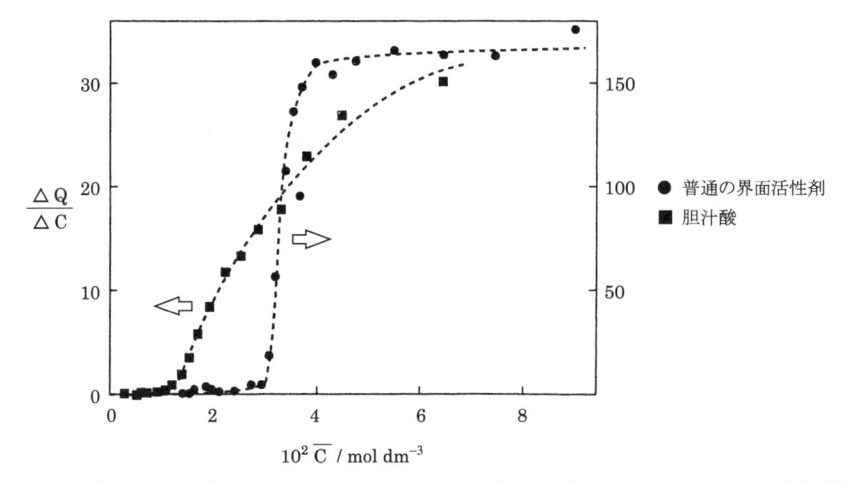

図2-22 胆汁酸溶液中の蛍光分子 (TNS) の発光強度 Q の濃度変化率 △Q／△C 対平均濃度 $\overline{C}$ の図
TNS は疎水的環境で蛍光強度が強くなる。縦軸は蛍光増加の割合を示している。

り，際立った転移現象ではなく，比較的にゆるやかな溶液物性の変化をとげる。しかし，食物として取り込まれた脂肪類の微粒子をその β 面に接してくるみ，反対側の α 面の親水性で効率よく分散させる能力がある。

2.2.2 ブラウン運動と拡散

(A) ミクロの運動

細胞やオルガネラのように μm オーダの存在をコロイドと称する。タンパク質，核酸やその他の物質は集合して機能体を形成する。それらの多くがコロイドの大きさである。これがさらに集合して組織，器官と複雑で巨視化していく。生体内でコロイドサイズの存在意義は何であろうか。

コロイドの示す性質の中で基本的なものの 1 つにブラウン運動がある。直径 $0.1\mu m$ 程度の微粒子が水中に漂っている状況を考えよう。巨視的（マクロ）には熱力学的平衡状態にあっ

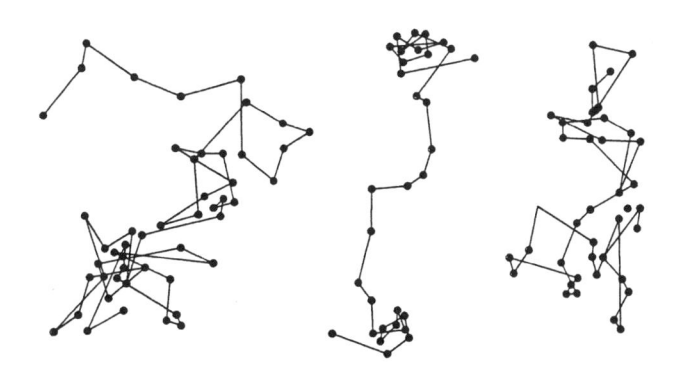

図2-23 ブラウン運動の軌跡
3個の軌跡間にはまったく相関性はない。

ても，微視的（ミクロ）に見れば，局所では時々刻々変動しており，そのコロイド粒子は媒質である水分子の不規則な四方八方からの衝突により右往左往している。Brown（1827）はその様子を顕微鏡下に観察した。図 2-23 は天然ラテックス（gamboges）微粒子のブラウン運動の軌跡を 30 秒毎に記録したものである。

この軌跡の乱雑さから察しられるように，熱運動に由来する水分子の力学的衝撃は予想不可能で典型的なランダム現象である。この現象の物理学的な取り扱いは 20 世紀になって Einstein, Smoluchowski, Langevin, Perrin らによってなされたが，ここでは Langevin の方法を見て行くことにしよう。

(1) Langevin 方程式

いまブラウン粒子（Brownon）の一次元の運動方程式を

$$m\frac{d^2x}{dt^2} + q\frac{dx}{dt} = R(t) \tag{2.2.6}$$

と書く。ここで t は時間，x は粒子の存在する点の座標，m は粒子の質量，q は流体力学的抵抗係数である。第一項は慣性力を，第二項は粘性による摩擦力（流体力学的抵抗）を表している。これらがランダムな熱騒乱力，$R(t)$ と釣り合っていると考える。熱騒乱力は

$$\int_{-\infty}^{+\infty} R(t)dt = 0 \tag{2.2.7}$$

つまり長時間で見れば左右（上下）からの衝撃力は平均されてゼロになる。ランダムであることの必要条件の数学的表現である。(2.2.6) 式の解である微粒子の運動軌跡，x はランダムで予言不可能である。そこで x の統計値に注目する。しかしながら x の平均値はランダムの性質によりゼロになる。そこで x^2 という変数について方程式を解く。そのために (2.2.6) 式の両辺に x を乗じて整理すると，

$$\frac{m}{2}\frac{d^2(x)^2}{dt^2} - m\left(\frac{dx}{dt}\right)^2 = -\frac{q}{2}\frac{d(x)^2}{dt} + xR(t) \tag{2.2.8}$$

(2.2.8) 式の各項の集団平均値（$\langle\ \rangle$ で表す）をとると，

$$\frac{m}{2}\frac{d^2\langle x^2\rangle}{dt^2} - m\left\langle\left(\frac{dx}{dt}\right)^2\right\rangle = -\frac{q}{2}\frac{d\langle x^2\rangle}{dt} + \langle x\rangle\langle R(t)\rangle \tag{2.2.9}$$

左辺第 2 項はエネルギー均分則から次式が与えられる（k_B は Boltzmann 定数）。

$$m\left\langle\left(\frac{dx}{dt}\right)^2\right\rangle = k_B T \tag{2.2.10}$$

これと次のランダムの表現式

$$\langle x\rangle\langle R(t)\rangle = 0 \tag{2.2.11}$$

を用いて整理すると (2.2.9) 式は書き変えられて

$$\frac{m}{2}\frac{d^2\langle x^2\rangle}{dt^2} + \frac{q}{2}\frac{d\langle x^2\rangle}{dt} - k_B T = 0 \tag{2.2.12}$$

を得る。

この微分方程式の解は
$$\frac{d\langle x^2 \rangle}{dt} = \frac{2k_B T}{q} + C\exp(-\beta t) \tag{2.2.13}$$

となる。ここで$\beta = q/m$は定数，Cは積分定数である。第2項はコロイド微粒子では10^{-7}秒程度で消滅する。実際のブラウン運動はもっと長い時間間隔で観察されるので，定常解が重要である。

$$\langle \Delta x^2 \rangle = \langle (x-x_0)^2 \rangle = \frac{2k_B T}{q}t \tag{2.2.14}$$

この式は変位，$\Delta x = x - x_0$の平方の平均値が観測時間，tに比例することを述べている。その比例係数，$k_B T/q = D$は原動力である熱騒乱エネルギーと摩擦抵抗係数，qとの比で表されていて意味深く，後述する巨視的な拡散係数，Dと結びつけて議論される。

いま摩擦係数として定常運動している球に対する**Stokesの法則**を援用すると
$$\langle \Delta x^2 \rangle = \langle (x-x_0)^2 \rangle = \frac{k_B T}{3\pi\eta R_H}t \tag{2.2.15}$$

ここでηは媒質の粘性係数，R_Hはブラウン粒子の流体力学的半径（粒子の大きさ）である。

この式を用いて1秒間に平均で，どれくらいブラウン運動するか概算してみよう。コロイド粒子の半径 $=0.5\mu m$，$T=293$K，水の粘性係数 $=1.0\times 10^{-3}$Ns/m² (20°C)とすると，$(\Delta x^2)^{1/2} = 0.66\mu m$ となる。また$R_H = 5\mu m$（赤血球の大きさ）では$0.22\mu m$と小さくなる。このようにコロイドサイズの存在は地球上の温度環境（$k_B T$）によって絶えず摂動されるかどうかの狭間にあり，細胞やオルガネラなどの生体コロイドの形態と機能に深く関わっている。

例題 2.1　Brownonになろう！

次の手順で二次元のブラウン運動のシミュレーションをしよう。

(a) グラフ用紙の中央に原点を置く。ジャンケンやコイン投げ，サイコロなどで上下左右にそれぞれ$+1$か-1だけ移動するための数値を一組（x, y）決める。

(b) (a)で決めた一組の数値で移動点に印をつける。

(c) (a), (b)を繰り返してつぎつぎと移動していく。そのとき5点目ごとに太めの点を打っておく。

(d) 100–200点くらい動きまわったら（（図A），つぎの作図に移る。

(e) 5点間の距離，L(5)をモノサシで測る。つぎつぎと場所を移しながらL(5)を10データくらい集めて，変位の自乗の平均値 $\langle L(5)^2 \rangle$ を計算する。

(f) (e)の計算を10点間，15点間，20点間について行い，それぞれ$\langle L(10)^2 \rangle$, $\langle L(15)^2 \rangle$, $\langle L(20)^2 \rangle$を求める。

図A コイン投げの軌跡

図B

(g) log ⟨L(n)²⟩ vs log(n) プロットをする（図B）。
勾配や切片を点検せよ。また同等のシミュレーションをコンピュータで行え。

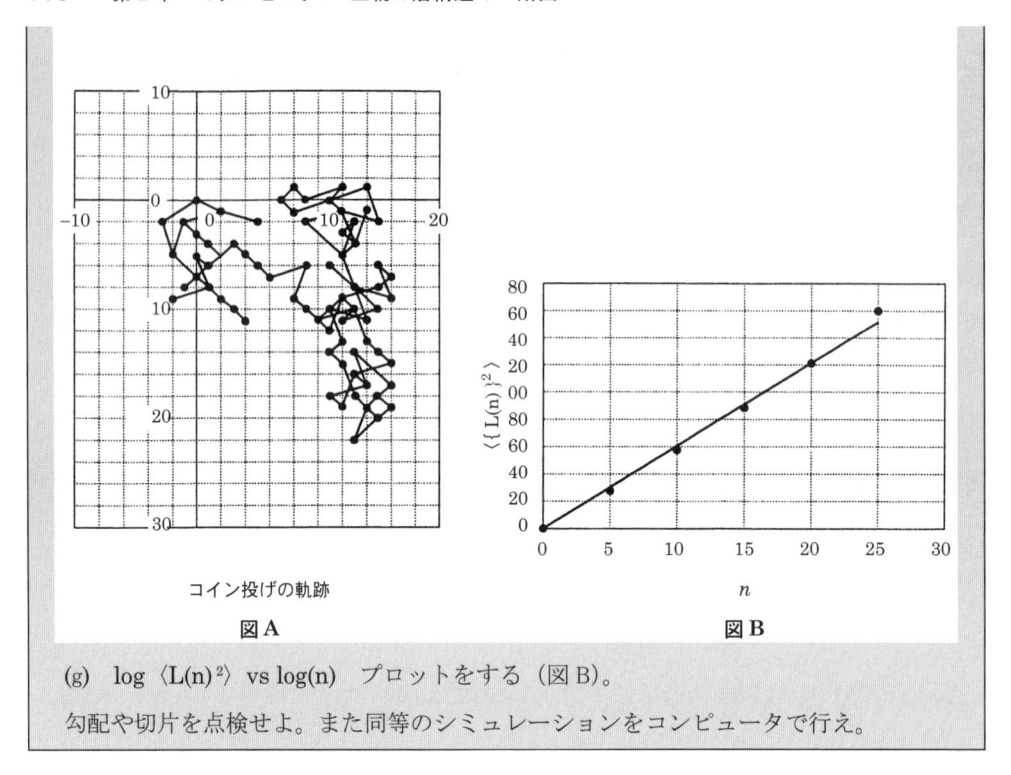

(B) マクロな輸送

(A) ではブラウン粒子1個に注目して，その動きを解析した。ここでは拡散という巨視的な分子集団の移動（輸送）方式について学ぶ。

溶液中の溶質濃度に不均一があれば，溶質分子は拡散作用で移動して均一になろうとする。一般にある原動力があれば，それに対応して何かが移動する。例えば，電気ポテンシャル（電位）勾配があれば電子が移動する。現象論的にはオームの法則，$I = E/R$ でおなじみである。ここでは溶質の濃度差（勾配）が原動力である**拡散**（diffusion）について見ていこう。

濃度差は化学ポテンシャル勾配をあたえる。濃度差を解消してより自由エネルギーの低い均一溶液になろうとして，溶質の移動が起こる。この移動に垂直な単位面積を通過する溶質の一秒間あたりの流れ（流束），J を次のように表す。

$$J = Cv = -L\frac{d\mu}{dx} \tag{2.2.16}$$

C は溶質の濃度である。L は比例定数，v は流れの速さである。そして溶質の化学ポテンシャル，μ は

$$\mu = \mu^0 + RT\ln C \tag{2.2.17}$$

μ^0 は標準化学ポテンシャルである。簡単のため理想溶液を仮定した。(2.2.16) 式で負号は化学ポテンシャル勾配が負になることを配慮してある。

ここでよく知られているオームの法則との対応関係を示しておこう。

$J \iff I$　流れ（質量，電子）

$L \iff 1/R$　比例定数（流れやすさのめやす）

$\dfrac{d\mu}{dx} \iff E = d\phi/dx$　ポテンシャル勾配（移動の原動力）

(2.2.16) 式と (2.2.17) 式を組み合わせて

$$J = Cv = -\frac{LRT}{C}\frac{dC}{dx} = -D\frac{dC}{dx} \tag{2.2.18}$$

ここで D は拡散定数で，物質の移動の難易を特徴づけるパラメーターである。

いま流れに垂直な単位断面積に厚さ，dx を持つ微小な体積を想定して，そこへの溶質分子の流入出を記述しよう（図 2-24）。

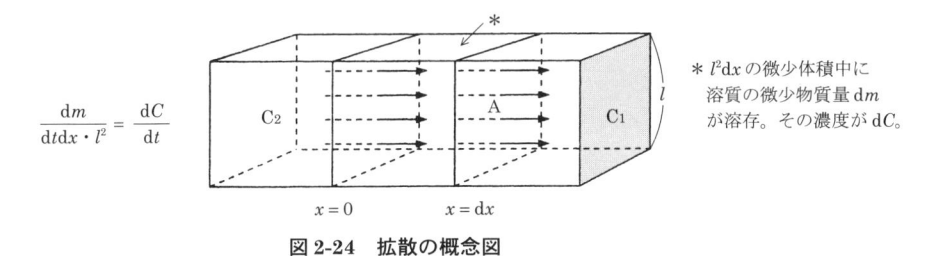

図 2-24　拡散の概念図

右端での流れの式は

$$J_{x+dx} = -D\left(\frac{dC}{dx}\right)_{x+dx} \tag{2.2.19}$$

左端では

$$J_x = -D\left(\frac{dC}{dx}\right)_x \tag{2.2.20}$$

差をとって

$$J_x - J_{x+dx} = D\left[\left(\frac{dC}{dx}\right)_{x+dx} - \left(\frac{dC}{dx}\right)_x\right] = D\frac{d}{dx}\left(\frac{dC}{dx}\right)_x dx \tag{2.2.21}$$

両辺を dx で除して

$$\frac{J_{x+dx} - J_x}{dx} = \frac{dm}{dtdx \times l^2} = \frac{dC}{dt} \tag{2.2.22}$$

ここで流れ，J が単位時間当りであること，$dx \times l^2$ が微小部分の体積であること，その微小体積中に質量 (m) が存在し，その濃度の微少変化 dC を考えると，最右辺の濃度の表現がえられる。(2.2.21) 式と組み合わせると

$$\boxed{\frac{\partial C}{\partial t} = D\frac{\partial}{\partial x}\left(\frac{\partial C}{\partial x}\right)_x} \tag{2.2.23}$$

(2.2.23) 式は溶質濃度の時間・空間にわたる関係を述べており，**拡散方程式**（diffusion equation）とよばれる。濃度 (C) を熱量 ($Q = cT$) に置き換えると，熱拡散方程式または熱

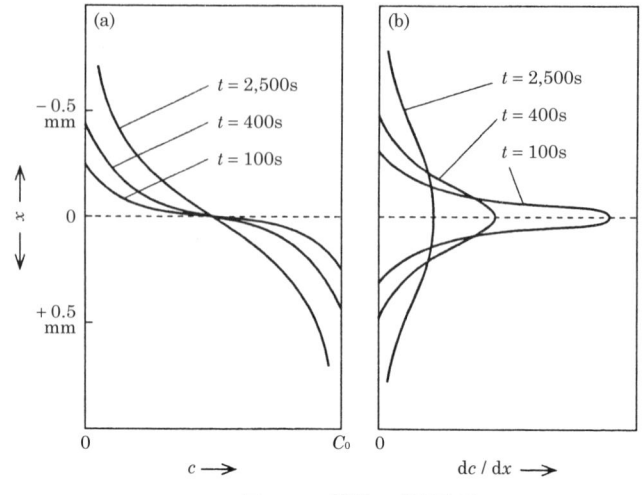

図 2-25　拡散の時間発展
(a) 濃度について (2.2.24) 式
(b) 濃度勾配について (2.2.25) 式

伝導方程式になる。つまり移動する量の種類によらずに，注目している物理量を，すべての時間・空間に渡って記述する普遍性の高い数学的表現である。

　すべての拡散問題は (2.2.23) 式に初期条件，境界条件を付して解かれる。ここでは特殊なケースとして溶質を含む溶液と溶媒を急に接触させた場合を見よう。着色した寒天ゲルと無色のゲルを接触させることを想定すればよい。図 2-25 (a) は濃度プロフィールの時間発展を示している。時間の経過とともに溶質が上側に拡散し，その分が下側から減じられている様子がわかる。これらの傾向は (2.2.23) 式の解として記述される。その結果をしめすと，

$$C(x,t) = \frac{C_0}{2}\left\{1 - \frac{2}{\sqrt{\pi}} \int_0^{\frac{x}{2\sqrt{Dt}}} \exp(-y^2) dy\right\} \tag{2.2.24}$$

ここで C_0 は左室の初期濃度，D は拡散定数である。$t = 0$ において，$-\infty < x < 0$ で $C = C_0$，$0 < x < +\infty$ で $C = 0$ が初期条件である。y は媒介変数（dummy variable）である。(2.2.24) 式の微分形は Gauss 関数と同形になり興味深い。

$$\frac{\partial C}{\partial x} = \frac{C_0}{2\sqrt{\pi Dt}} \exp\left(-\frac{x^2}{4Dt}\right) \tag{2.2.25}$$

(2.2.25) 式（(図 2-25 (b) 参照) の変曲点間の長さ l は

$$l = 2\sqrt{2Dt} \tag{2.2.26}$$

となるので，拡散係数を推定するのに便利である。またコンピュータで濃度プロフィールを curve-fitting するとより正確に求まる。そのようにして求められた拡散係数の例を表 2-4 にまとめた。

　これよりタンパク質のような高分子はエタノールなどの低分子と較べると格段に拡散定数

表 2-4　いろいろな分子の拡散定数（20℃）

分子種	分子量	拡散定数*
myosin	493,000	1.16
serum albumin	65,000	5.94
obalbumin	45,000	7.76
β-lactoglobulin	35,000	7.82
lysozyme	14,100	10.4
sucrose	342	52.3
α-alanine	89.1	91.0
ethanol	46.1	122

*単位：$10^{-11} \times m^2 s^{-1}$

は小さいことがわかる。

このようにマクロな拡散方程式から求められた拡散係数は次のようなミクロな分子論的解釈が可能である。拡散する分子は熱騒乱力によってランダムに運動している。いま，図 2-26 のように x 軸に沿っての拡散を考えよう。ある分子の τ 時間に移動する距離を δ とする。

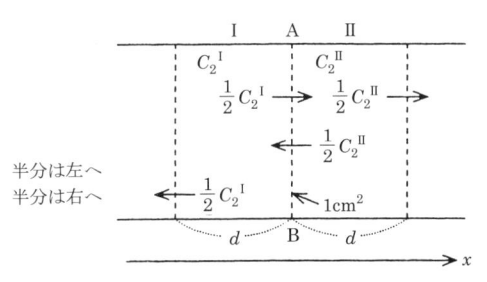

図 2-26　拡散の考え方

分子はランダムに熱運動しているので，x 軸に沿って左右に同じ確率で移動する。したがって，δ の平均値はゼロである。しかし δ^2 の平均値，$\langle \delta^2 \rangle$ は 0 にならない。

$$d = \sqrt{\langle \delta^2 \rangle} \tag{2.2.27}$$

とおくと，d/τ は熱運動による平均速度になる。AB 面の左右に厚さ，d の室を考える。図 2-26 で x 軸に垂直な単位断面，AB 面を通過する分子数に注目しよう。分子はランダムに運動しているので τ 時間に，左側の I 室では $\dfrac{C_I d}{2\tau}$ 分子ずつ左右の方向へ移動する。同様に考えて II 室では $\dfrac{C_{II} d}{2\tau}$ 分子ずつ左右の方向へ動く。その結果，AB 面を通過する正味の分子の流れは，

$$J = -\frac{d^2}{2\tau}\left(\frac{C_{II} - C_I}{d}\right) \tag{2.2.28}$$

$$J = -D\frac{dC}{dx} \tag{2.2.18}$$

(a)

(a) の PQ 間を細かい時間の目で見れば，
(b) のようなランダム構造があるだろう。

(b)

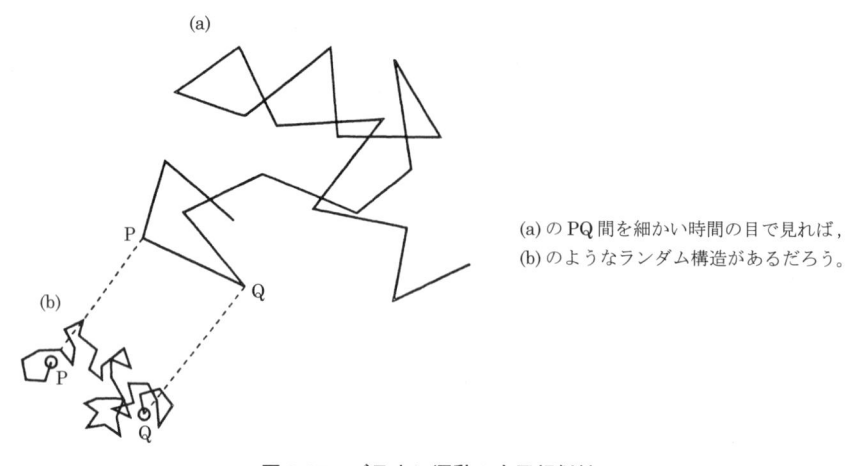

図 2-27　ブラウン運動の自己相似性

と比較して，

$$D = \frac{d^2}{2\tau} = \frac{\langle \delta^2 \rangle}{2\tau} \tag{2.2.29}$$

これは（2.2.14）式の両辺を $2t$ で除したものと同形であることがわかる。

　生体のあらゆるところで生体分子の濃淡が産出されており，それが原動力になって生物活動に必要な分子が移動し生命が維持されている。例えば神経伝達物質であるアセチルコリンは神経細胞の末端から電気信号によって放出され，拡散して相対するレセプタに至り神経信号を伝えている。

(C)　フラクタールと自己相似性

　図 2-23 は 30 秒ごとにブラウン粒子の変位を記録したものである。もし 10 秒ごとに測定したら，その 30 秒の間のランダム移動が観察される（図 2-27）。さらに測定時間間隔を 5 秒，1 秒と縮めていってもそれぞれの時間内でさらに細かいランダム運動が行われているに違いない。ランダム運動の中にさらに小さいスケールのランダム運動が内包されている。ランダム現象の入れ子構造であり，これをランダム現象の**自己相似性**という。

　自己相似性は身辺に数多く見出すことができて，われわれの認識様式と深く関わっている。例えば，大きい折り紙も小さい折り紙も正方形と認識するし，小さいサイコロも大きいサイコロも同様に立方形と観る。定量的には図 2-28 のように面積 A（体積 V）と一辺の長さ a の両対数プロットをとれば，それぞれ 2 と 3 の勾配が求まり，これを正方形や立方体の「次元」と理解している。もう少し複雑な例として図 2-29 を見よう。正三角形の一辺にもとの辺長の 1/3 の辺長の小さい正三角形をつぎつぎと付加していった図形である。そこにはある種の自己相似性を見出すことができる。辺の総長と縮尺（最初の辺長に対する）の両対数を取

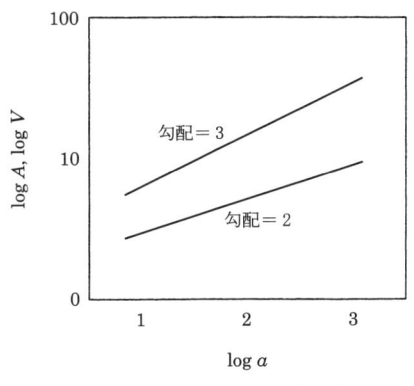

2.2 生体コロイド（物質の移動）-体の小さい構成要素の動き-

図 2-28 次元の考え方

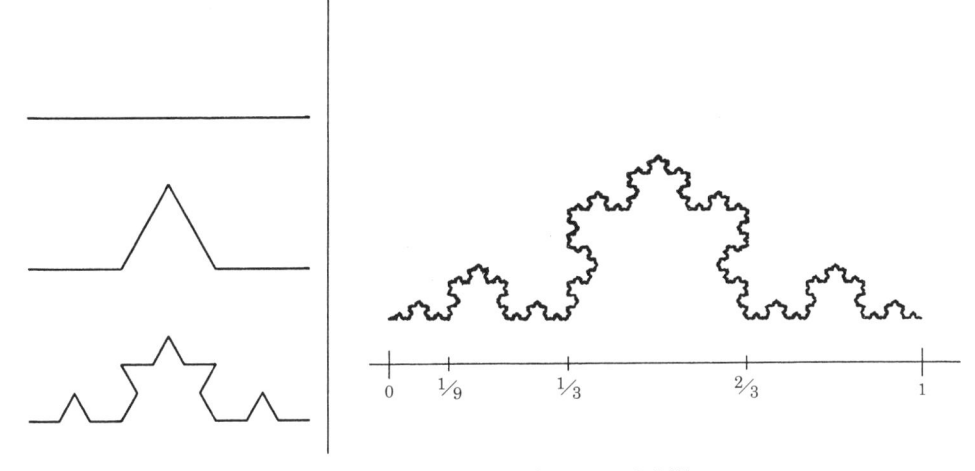

図 2-29 やや複雑な自己相似図（コッホ曲線）

ると直線になる。そのスロープは log4 / log3 = 1.2618…となり非整数である。ここで次元の概念を拡張して，この勾配も次元を表していると考えて**フラクタール次元**（Fractal dimension）と称する。フラクタールは英語の fraction（分数，小数）と関係のある造語である。フラクタール次元は図 2-29 のように規則的な構造をもつ図形だけでなく，雲形，海岸線などの自然の不規則な図形へも拡張され，それぞれのフラクタール次元が決定されている。図 2-30 は肺胞，およびアマゾン河流域のシルエットである。一見してパターンに共通性が見られる。

　血管のフラクタール次元は 2.3 くらいで，三次元の体内をはりめぐらすにはやや小さい。血管を三次元空間内に十分に発達させるには，複雑な曲がりくねった構造が要求されるが，それでは速やかな血流が阻害される。アマゾン川のフラクタール次元は 1.85 で二次元の地表を埋め尽くすには小さい。血管の場合と同様に，流通速度の要因との妥協した結果の次元と考えられる。この 2 つのまったく異なる現象は物質の流通という共通の目的のもとで発達した構造であり，これらの数値にある合目的な意味合いが込められている。

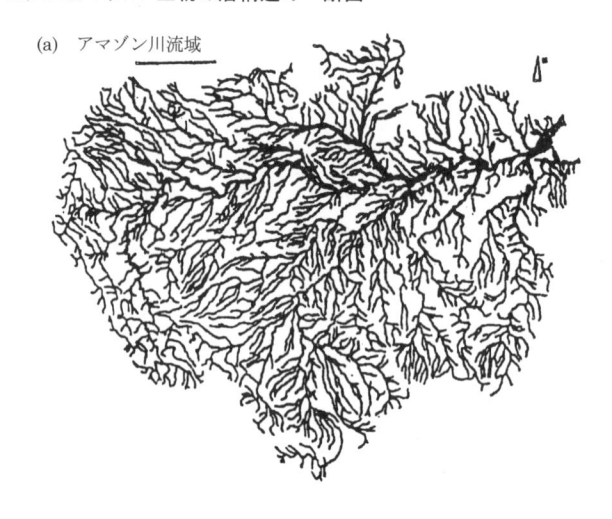

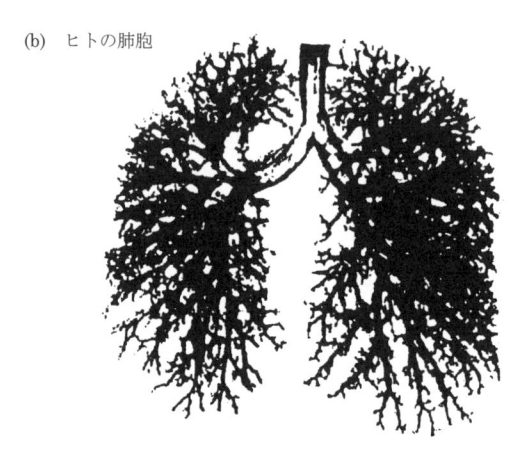

116　第2章　ミクロとマクロ-生物の層構造の一断面-

(a) アマゾン川流域

(b) ヒトの肺胞

図 2-30　自然にあるフラクタール構造
高橋秀樹,「フラクタル」, 朝倉書店 (1986)

　このようにフラクタールの概念は自己相似性を内包するランダムな現象の整理, 解釈法の1つとして有効な視点を与えている.

　ブラウン運動の軌跡にも自己相似性がある. このことは (2.2.14) 式の両辺の平方根 (つまり変位の大きさ) の対数をとると, 時間の対数との勾配が 1/2 となりフラクタール構造が認められる. ある時点の物理状態 (水分子のランダムな衝撃) が次の瞬間の変位を決定する**マルコフ過程** (Markovian process) なので, 数学的には無限に小さい時間間隔までフラクタール構造が存続する. 連続ではあるが, ほとんどあらゆる点で微分不可能という数学的に興味ある性質をもつ軌跡を描く. 物理的には (2.2.13) 式で指数関数項が有効な時間スケール (コロイド系では 10^{-7} 秒程度) まで同じフラクタール構造が持続する.

2.2.3　流　　動

前節では化学ポテンシャル勾配が原動力になって引き起こされる拡散を見てきた。拡散では溶媒が積極的に溶質の移動に関与しないとしてきた。ここでは外圧力勾配により溶液全体が流れる場合について考える。これは呼吸器や心臓血管系の例からもわかるように生体が採用している強力な物質輸送の手段である。

(A) 粘 性 流 動

図2-31のような半径，R_0，長さLの管に液体が満たされ，外圧力差，ΔPで押し流される時の液体の流量，VはPoiseuilleの式

$$V = \frac{\pi \Delta P R_0^4}{8\eta L} t \tag{2.2.30}$$

で表される。ここでηは液体の粘性係数である。このとき管壁近くでは流層はとどまり，管壁から離れるほど速く流動する。その層流の速度プロファイルは放物面である。(2.2.30)式から粘性が小さくて，管の径が大きく，長さが短いほど流量が大きいことがわかる。この式は粘性係数測定の理論的基礎をあたえるので重要である。

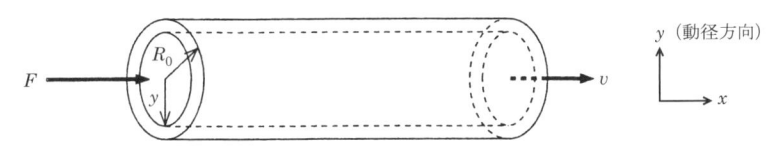

図2-31　管の内径R_0の円筒中の粘性流動

液体が押し流される時に液層間の流速が異なるので，**ずり応力**（shearing stress）が働きそれに逆らう力が発生する。それが粘性力，F_vである。**Newtonの粘性の法則**によれば

$$F_v = \eta \frac{dv}{dy} \tag{2.2.31}$$

となる。この式に従う流れをニュートン流動(Newtonian flow)という。(2.2.31) 式で$\frac{dv}{dy}$は流動する液体中の速度勾配（yは流動方向に垂直）で，粘性抵抗，F_vとの比例定数として粘性係数，ηが定義されている。水では$\eta = 1.0 \times 10^{-3}$Ns/m^2（25℃）である。粘性係数は物性値でいろいろな要因で変化する。

温度が上昇すると分子運動が活発になり液層間の凝集性が減少するので，ηは減少する。その依存性は，Andradeの式

$$\eta(T) = \eta(T_0) \exp\left\{-\frac{E_v}{R}\left(\frac{1}{T_0} - \frac{1}{T}\right)\right\} \tag{2.2.32}$$

でよく表現される。ここでE_vは粘性流動過程に対する**活性化エネルギー**(activation energy for viscous flow) で通常，蒸発エンタルピーの数分の一程度の大きさである。

溶質があると流動する液層間を横切って影響するので，粘性抵抗は増加する。Einstein は

この効果を次のように定式化した。

$$\eta = \eta_0(1+2.5\phi) \tag{2.2.33}$$

ここでη_0は溶媒の粘性係数，ϕは溶質の体積分率である。この式はコロイド，タンパク質などの溶質濃度の低いところ（$\phi<0.02$）でよく成立する。流層間の相対運動を妨げる効果は高分子，とくに良溶媒中や荷電している場合には高分子鎖が拡がるので顕著な増粘効果が見られる。

(2.2.31)式ではηは定数であるが，実際にはせん断速度（dv/dy）（shearing speed）によって変化することがある。この場合を**非ニュートン流動**（non-Newtonian flow）という。せん断によって流動抵抗が減少する場合を**チクソトロピー**（thyxotropy）という。地震の引き起こす地面の流動化や豪雨のもたらす土石流や，使用前に容器をよく振ると，ケチャップが容易に流れ出ることなどはその例である。逆にせん断速度が増すとせん断に逆らう効果が増加することがあり，これを**ダイラタンシー**（dilatancy）という。砂浜で湿った面にゆっくり足をおろすと，めり込むが，たたきつけるように踏むと硬くしまったように抵抗するのはこの効果による。生体の流動系は濃厚溶液であるのでこのような非ニュートン性が重要になる。

心臓は収縮期で100〜150mmHg，弛緩期で60〜90mmHgの圧力により1分間に約5.8L（体重70kg）の血液を拍出している。血液はタンパク質，血球類など複雑な溶質を含むので粘度が高い。また身体状況によっても流動性が大きく変動するという。血管は剛体でなくむしろ弾性に富む管である。とくに毛細血管は直径$6\mu m$位で赤血球と同程度の大きさであり，数百億本も体中にはりめぐらされている。毛細血管の表面積は実に$1,000m^2$（住宅数軒分の面積）もあり，そこは物質交換の現場である。血管系での流動挙動は大変複雑であり，興味深い研究対象である。

血管と比較すると植物体の維管束は硬い管であるので流動挙動はいくぶん簡単になる。

2.2.4 膜透過

生体は隔膜，細胞膜など各種の障壁でコンパートメント化されている。生体作用の分業を促し，外界からの被害を極限化するなど長い進化の過程における洗練の所産であろう。

これらの生体膜は単に部分をさえぎり囲むだけの隔壁でなく，必要な物質を取り入れ，不要なものを排出するための選択性を備えて生体作用に積極的に寄与している。ここではそのような膜を通過する物質の流れについての考え方を学ぶ。その視点から生体膜の機能の分類をして理解を深めたい。

(A) 膜透過係数

細胞膜はリン脂質二重膜で厚さは約 5nm 程度で大変に薄い。この膜をはさんで$\Delta C = C_o - C_i > 0$の濃度勾配があるとする。ここでC_o, C_iはそれぞれ，いま問題にしている

溶質の細胞外,細胞内濃度である。溶質の細胞と水溶液間の分配率,Kを導入する。

$$K = \frac{C_{mo}}{C_o} = \frac{C_{mi}}{C_i} \tag{2.2.34}$$

C_{mo},C_{mi} はそれぞれ膜の外側と内側の両表面付近の溶質濃度である。膜内の濃度勾配,$C_{mo} - C_{mi} = K(C_o - C_i)$ が原動力になって厚さ,d の膜内を溶質が移動する。流れ(J)の式は膜内での拡散係数,D を用いて

$$J = -D\frac{C_{mo} - C_{mi}}{d} = -DK\frac{(C_o - C_i)}{d} = -P\Delta C \tag{2.2.35}$$

ここで P は**膜透過係数**(permeation coefficient)とよばれ,膜の厚さ,d,膜内への取り込みの容易さのめやす,K と,膜内の動きやすさ,D などの情報を含んでいる。脂質二重膜は疎水性に富むので,疎水性の溶質は透過しやすい。窒素,酸素,メタンなど水和エネルギーの大きくない分子が細胞膜を直接横切って輸送される場合を単純拡散(simple diffusion)という。一方,細胞膜に存在するタンパク質で構成されているチャンネルを通過する場合を促進拡散(facilitated diffusion)とよんで区別する。この両方をあわせて受動輸送(passive transport)と称して溶質の化学ポテンシャル勾配が輸送の原動力である。

(B) イオンの膜透過

いま濃度の異なる電解質溶液が負に荷電した半透膜(イオン交換膜)によって隔てられている状況を考えよう(図2-32)。(第1章の1.4節も参照するとよい。)

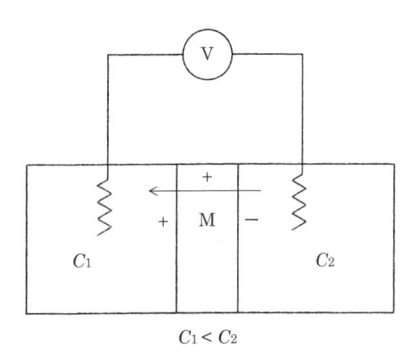

図2-32 濃淡起電力の考え方

陽イオンは右室から膜を透過して左室へ拡散し,陰イオンは膜中の負荷電に斥けられて透過しない。その結果,左室に正電荷,その分だけ右室に負電荷が生じ,この分極が陽イオンのさらなる膜透過を妨げるように作用するので平衡が成立する。

この様子を熱力学で表現するために電気化学ポテンシャル,$\bar{\mu}$ を用いる。

$$\bar{\mu} = \mu^o + RT\ln a_i + zF\phi_i \tag{1.4.2}$$

ここで μ^o は標準化学ポテンシャル,a_i は i 室の溶質イオン活量($i = 1, 2$),z はイオンの電荷の符号,F は Faraday 定数(イオン 1mol 当りの電気量),ϕ_i は電気ポテンシャルである。平

衡の条件，$\bar{\mu}_1 = \bar{\mu}_2$ に（1.4.2）式を代入して

$$\Delta E = \phi_2 - \phi_1 = -\frac{RT}{zF}\ln\frac{a_2}{a_1} \tag{2.2.36}$$

を得る．イオンの選択的透過（いまの例では陽イオン）の結果，電荷分離が生じ平衡になる．その平衡時の電位差が式（2.2.36）で表されている．いま陽イオンのみを透過する理想的イオン透過膜について学んだが，一般の膜は陰，陽イオンとも透過する．このときは膜中の**イオンの輸率**，t_+, t_-（電荷輸送の割合，$t_+ + t_- = 1$）を用いて

$$\Delta E = -(t_+ - t_-)\frac{RT}{zF}\ln\frac{a_2}{a_1} \tag{2.2.37}$$

となる．（2.2.36）式では $t_+ = 1.00$ ($t_- = 0.00$)という特別なケースであった．（2.2.36）および（2.2.37）式を Nernst の式という．非荷電膜では陰イオン，陽イオンともに同程度透過するので電位差はほとんど生じない．このようにイオン透過性の差によって膜の両側に発生する電位を拡散電位という．（2.2.36）および（2.2.37）式は平衡膜電位を示している．

通常の細胞では細胞外液にたいして細胞内部は負に荷電($-60\mathrm{mV}$ 程度)している．これを細胞の**静止電位**（resting potential）という．これは細胞膜を介して陽イオン，陰イオンの透過が不均一であることによる．神経細胞は電気的，化学的刺激によって一時的にイオンの膜透過性が急変し，これにともなって細胞膜電位がパルス状に変化する．これを**活動電位**（action potential）という．このパルス群が神経情報を伝達している．

よく設計されたガラス薄膜は H^+ をよく透過させる．このとき Nernst 式が水素イオンに対して成立し，pH 電極の原理式となる．

(C) 能 動 輸 送

細胞では溶質の濃度勾配に逆らって輸送されることがある(第5章の5.1.4節を参照せよ)．この場合には自発的に起こる（自由エネルギー変化が負の）別の反応と組み合わせて，そこから供給される自由エネルギーで分子ポンプを駆動して溶質分子をくみ上げる．例えば，ヒトの細胞内外液中の Na^+, K^+ 濃度は表 2-5 のように不均衡である．

外液の Na^+/K^+ 濃度比は海水のそれを想わせる．これに較べて内液ではこの濃度比が逆転している．この濃度関係を保つためには濃度勾配に逆らって，Na^+ は外液へくみ出され，K^+ は外液から取りこまれる必要がある．このための**イオンポンプ**の役目を果たしているのは細

表 2-5 ヒトの細胞内外液中の Na^+, K^+ 濃度

	細胞内液	細胞外液
Na^+	14	140
K^+	157	5

濃度は $\mathrm{mmol\ dm^{-3}}$

胞膜中にある Na^+, $K^+ATPase$ という酵素である。その作用機構はおよそ次のとおりだと考えられている。

ⅰ）輸送担体である Na^+, $K^+ATPase$ へ細胞質（細胞内液）側から3個の Na^+ を取り入れる。

（Packman が Na^+ 3個をくわえ込む）

ⅱ）このATPaseにATPが作用してリン酸化する。ATPはADPになる。そうすると酵素はコンホメーション変化し，3個の Na^+ を外液に放出し，同時に外液から K^+ 2個を取り入れる。

（Packmanは外向きになり口をあけ，3個の Na^+ を放出し，かわりに K^+ 2個をくわえこむ）

ⅲ）ATPsaeは脱リン酸化によってコンホメーションがもとに戻り，2個の K^+ を細胞内に放つ。

（Packmanは細胞内に口を開き，2個の K^+ を開放する）

以下，（ⅰ）にもどり作用が続行される。

まとめると細胞膜でATP1分子がADPとPi（リン酸）に分解されるごとに3個の Na^+ を放出し，K^+ 2個が取りこまれる。全身の細胞がこのポンプを必要とするので代謝で作り出されるエネルギーの約1/4はこのために消費されているという。イオンポンプのエネルギー収支は例題で学習する。生体内で数多くの分子種がこのような能動輸送で採取／排出されている。そのような例として，小腸における糖，アミノ酸と Na^+ の共役輸送や，ミトコンドリア内膜中での H^+ の輸送などがよく知られている。

例題 2.2

赤血球膜での Na^+, $K^+ATPase$ によるイオンの能動輸送のエネルギー収支を調べよ。

解 答

血球内外の Na^+ および K^+ 濃度は

$[Na^+]_o$ = 145mM, $[Na^+]_i$ = 10mM, $[K^+]_o$ = 10mM, $[K^+]_i$ = 150mM

である。この濃度関係を保つために Na^+, $K^+ATPase$ は Na^+ 3分子を血球外に排出し，K^+ 2分子を中に取り入れる。このために必要なエネルギーはATPの加水分解で供給される。

［Ⅰ］Na^+, K^+ の輸送に必要な自由エネルギー，ΔG_{tr}

$$\Delta G_{tr} = 3\left\{RT\ln\frac{[Na^+]_o}{[Na^+]_i} + F\phi\right\} + 2\left\{RT\ln\frac{[K^+]_i}{[K^+]_o} - F\phi\right\} = 34\text{kJ} \tag{A}$$

対数項は濃度勾配に逆らってイオンを可逆的に運ぶに要する自由エネルギー，$F\phi$ は膜

電位(-8.6mV)に逆らって(正号)，または駆動されて(負号)輸送されるときの自由エネルギー変化である。自由エネルギー変化は正であるので，自発的には動作しない。

[II] ATPの加水分解の自由エネルギー変化，ΔG_{hl}

$$\text{ATP} \rightleftarrows \text{ADP} + \text{Pi}$$

赤血球内の濃度はおよそ[ATP] = 1.5mM，[ADP] = 0.032mM，[Pi] = 0.032mM である。この反応の生理学的標準自由エネルギー変化，$\Delta G^{0'} = -31.5$kJ/mol を用いて

$$\Delta G_{hl} = \Delta G^{0'} + RT \ln \frac{[\text{ADP}][\text{Pi}]}{[\text{ATP}]_i} = -50\text{kJ} \tag{B}$$

$\Delta G_{tr} + \Delta G_{hl} = -50$kJ < 0 で確かにこのイオンポンプは作動する。ここで ATPase は酵素であると同時にポンプというアクチュエータ(actuator, 動作するもの)であることに注意したい。また，エネルギー効率は$|\Delta G_{tr}/\Delta G_{hl}| = 34/50 = 0.68$の値で示される。身辺の熱機関よりはるかに高能率である。前章の例題1.9や1.10などを参照するとよい。

2.3 ホスト・ゲスト相互作用の統計力学 −生理作用の素過程−

タンパク質，核酸，そのほか各種の生体部品は単独で存在しているのではなく，他のいろいろな物質と接して影響をおよぼしあいながら，その存在目的を果たしている。このような相互作用は分子同士の単なる衝突をはじめ，各種の受容基にはそれぞれの基質が結合するものや，極端な場合は，酵素反応のように不可逆な化学結合を形成するものなど強弱さまざまであり，生理作用の素過程として重要である。ここではこのような相互作用をホスト・ゲスト分子間結合と考えて，その定式をおこない，統計力学の原理につないで理解を深めよう。

2.3.1 結合等温線

可逆的なホスト・ゲスト相互作用を研究する方法はいろいろあるが，熱力学や統計力学のような優れた方法論で理解するためには，**結合等温線**(binding isotherm)が重要である。結合等温線は，n_Bを結合されたゲストの分子数，Nをホスト分子の全数として，ある温度での，単位ホスト当りに結合したゲストの量，$\beta = n_B/N$を，その結合を保証する自由なゲスト分子濃度(平衡濃度)，C_fに対してプロットしたものである。数学的には

$$f(\beta, C_f, T) = 0 \tag{2.3.1}$$

で表される関係をβ vs. C_f，(温度 T)で示したものである。気体の物性については状態図，$f(p, V, T) = 0$，例えば p vs. V(温度 T)はよく知られている。気体の状態図の解析と洞察から気体の数多くの性質の理解が深まった。同様にしてホスト・ゲスト相互作用系についても，状態図である結合等温線の解析から相互作用についての正しい理解が得られるものと期待さ

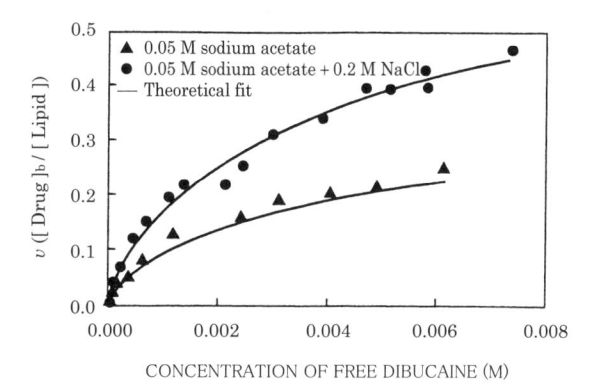

図 2-33　ジブカインのリン脂質ベクシルへの結合等温線
イオン強度による結合性の変化を示している。
理論による curve fitting も可能である。
S.A.Barghouthi, R.K.Puri, and M.R.Eftink, *Biophys. Chem.*, 46, 1-11 (1993)

れる。

　結合等温線を実験的に求めるには，一定温度にあるホストとゲストを含む溶液中で，ホストに結合されたゲスト分子と，結合されない自由なゲスト分子の量目を分別認識することにつきる。そのためには各種の分光学，電気化学，クロマトグラフィーなど物理的，化学的方法があり，系の性質に応じて適用すればよい。結合等温線の例を図 2-33 に示す。

　生命現象を円滑に進行させるには相互作用は強すぎても弱すぎてもいけない。平均的に定まったある時定数でホスト・ゲスト分子は会合と解離をくりかえす。時々刻々変化する生体の速やかな運用には可逆的な結合が好都合である。例えば，神経伝達物質はすべてホスト・ゲスト相互作用の形をとっている。

　ゲストがホストに結合すると，（ゲスト + ホスト）の系のエンタルピーが減少する（発熱反応）。さらにそれまで自由に動き回っていたゲスト分子の並進と回転の自由度の一部が失われる（エントロピーの減少）。またこのような結合状態が現れる確率はゲストの衝突頻度，つまり平衡濃度，C_f に依存する。ΔH だけ低いエンタルピー状態は $\exp(-\Delta H/RT)$ 倍だけ安定化され，それだけ高い確率で出現する。これらのことを考慮して

$$\Xi = 1 + qC_f \exp(-\Delta H/RT) \tag{2.3.2}$$

と書いてみよう。ここで Ξ は**分配関数**（あとで詳しく説明する。Ξ はギリシャ文字 ξ（グザイ）の大文字）とよぶ。q は分子内自由度などと関係している。ここで第 1 項の 1 はゲストを結合していない状態を表し，第 2 項は無結合状態を基準として結合状態が出現する度合いを相対的に書き表している。つまりこの 2 つの項はそれぞれ無結合のホストと，ゲストを結合しているホストの重率（割合）を意味する。そこで結合したゲストの全ホストに対する割合（結合率，β）は

$$\beta = \frac{KC_f}{1+KC_f} = \frac{n_B}{N} \tag{2.3.3}$$

ここで簡略のため

$$K = q\exp(-\frac{\Delta H}{RT}) \tag{2.3.4}$$

と置いた。

(2.3.3) 式は化学量論の式からも導き出せる。

$$C_f + n_0 \rightleftharpoons n_B \tag{2.3.5}$$

ここで n_0, n_B はそれぞれ無結合および結合したホストの数である。平衡定数, K_s は, 全ホスト数, $N = n_0 + n_B$ をもちいて

$$K_S = \frac{[n_B]}{C_f[n_0]} = \frac{[n_B]}{C_f[N-n_B]} \tag{2.3.6}$$

となる。[ ] は対応する化学種の濃度を示す。変形して

$$\beta = \frac{n_B}{N} = \frac{K_S C_f}{1+K_S C_f} \tag{2.3.7}$$

が導かれる。(2.3.3) 式と同形であるが, $K = q\exp(-\frac{\Delta H}{RT})$ の方がより具体的な情報を内包している。

次に1つのホスト上にお互いに独立な結合サイト(部位)が2個所ある場合を考えよう。式 (2.3.2) に習って分配関数を表すと

$$\Xi = 1 + K_1 C_f + K_2 C_f + K_1 K_2 C_f^2 \tag{2.3.8}$$

右辺の各項は順に無結合, サイト1への結合, サイト2への結合, そして両サイトとも結合している状態をあらわしている。最後の項は独立事象なので単に2つの寄与の積で表現できる。結合率は

$$\beta = \frac{n_B}{N} = \frac{K_1 C_f + K_2 C_f + 2K_1 K_2 C_f^2}{1 + K_1 C_f + K_2 C_f + K_1 K_2 C_f^2} \tag{2.3.9}$$

となる。2つのサイトが等価であれば, $K_1 = K_2 = K$ と置いて

$$\beta = \frac{n_B}{N} = \frac{2K C_f + 2K^2 C_f^2}{(1+KC)^2} = \frac{2K C_f}{1+KC_f} \tag{2.3.10}$$

右辺の分子中の2という因子は1つのゲスト分子に2つの結合サイトがあることを反映している。

$$\beta = \frac{n_B}{2N} = \frac{K C_f}{1+KC_f} \tag{2.3.11}$$

と書き直すと全サイト数(全ホスト数でなく)に対する結合率を与え, (2.3.3) 式と同じ形になる。さらに一般に等価で独立な m 個の結合サイトを持つホストへも拡張可能なので, 分配関数は次式で示される。

$$\begin{aligned}\Xi &= 1 + {}_mC_1 KC_f + {}_mC_2(KC_f)^2 + {}_mC_3(KC_f)^3 + \cdots + {}_mC_i(KC_f)^i + \cdots + {}_mC_m(KC_f)^m \\ &= (1+KC_f)^m\end{aligned}$$

(2.3.12)

ここで ${}_mC_i$ は i 個のゲスト分子が m 個のサイトに結合するやり方の組み合わせ数である。全サイトに対する結合率は

$$\beta = \frac{n_B}{mN} = \frac{{}_mC_1KC_f + 2{}_mC_2(KC_f)^2 + 3{}_mC_3(KC_f)^3 + \cdots + i{}_mC_i(KC_f)^i + \cdots + m{}_mC_m(KC_f)^m}{(1+KC)^m}$$
$$= \frac{KC_f(1+KC_f)^{m-1}}{(1+KC_f)^m} = \frac{KC_f}{1+KC_f}$$

(2.3.13)

となりやはり (2.3.3), (2.3.11) 式と同形になる。これはサイトが均質で独立(隣は何をするひとぞ)であることから導かれている。この式は独立で等価な吸着サイトを持つ固体表面への吸着問題からも導かれ, 界面化学の分野では Langmuir **吸着等温式**として知られている。

2.3.2 結合した分子間の相互作用

(A) 協同的相互作用

まず 2 個のサイトがありその一方への結合が他方への結合に影響する場合から考えよう。このときは (2.3.8) 式に新たな因子をつけ加えて次のように分配関数を書く。

$$\Xi = 1 + K_1C_f + K_2C_f + K_1K_2C_f^2 \exp(-\frac{E}{RT})$$

(2.3.14)

E はどちらか一方だけ結合した時と較べて両サイトとも占有された時に要する余分のエネルギーで, 直接, 間接に, 結合したゲスト間の相互作用エネルギーである。$E < 0$ であれば引力的相互作用で, (2.3.14) 式の第 4 項の寄与が相対的に大きくなる。このように結合されたゲストどうしが相互に助け合うようなとき**協同的結合**(cooperative binding)という。これは個々に結合する場合より両サイトとも占められた状態が出現しやすいことを意味する。逆に $E > 0$ のとき反発的で, 第 4 項の寄与は小さくなり, $E \to \infty$ の極限では両サイトが同時に結合されることはない。$E = 0$ で (2.3.8) 式になりお互いに独立な結合が進行する。

サイト数が 3 以上の場合でも, 同様の取り扱いができるが, パラメータ数が急増し, 表式も複雑になる。

(B) 一次元の相互作用系

2.2 節で述べたアミローズのヘリックスにとりこまれたヨウ素分子のように一次元的に相互作用している系について考察しよう。これを図 2-34 のようにモデル化する。N 個の結合サイトが線上にあり, ゲストが結合する。孤立した空サイトに結合するときの結合定数を K_0, 隣のサイトがすでに占められているときには結合定数を uK_0 とする。$u > 1$ であれば隣接ゲスト分子との相互作用のために孤立サイトへの結合よりも強く結合する。$u < 1$ であれば反発的で, 隣接ゲストをさけるように作用する。そのような状況をつぎの分配関数がよく表現することを見ていこう。

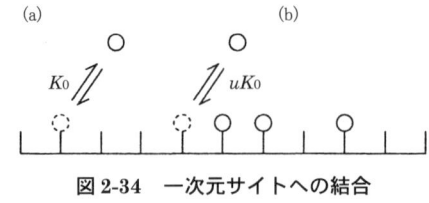

図2-34　一次元サイトへの結合
(a) 孤立したサイトへの結合
(b) すでに結合している粒子に隣接しての結合

$$Z = (1,1)\begin{pmatrix} 1 & 1 \\ s/u & s \end{pmatrix}^N \begin{pmatrix} 1 \\ 0 \end{pmatrix} \tag{2.3.15}$$

ここで K_0 を

$$K_0 = \frac{u}{C_f(0.5)}$$

と定義する。さらに

$$s = u\frac{C_f}{C_f(0.5)}$$

とおくと，s は半結合を保証する平衡濃度，$C_f(0.5)$ で規格化された濃度スケールである。

いま $N=1$ について（2.3.15）式を展開すると

$$Z = 1 + s/u \tag{2.3.16}$$

となり，(2.3.2) 式と同形であることがわかる。s/u は無結合状態，1 に相対的な結合状態の重率を表している。これから平均結合率は

$$\beta = \frac{s/u}{1+s/u} \tag{2.3.17}$$

となり Langmuir 形の結合等温式をあたえる。

つぎに全サイト数，$N=3$ について見よう。同様にして展開すると

$$Z = 1 + \frac{3s}{u} + \frac{2s^2}{u} + \left(\frac{s}{u}\right)^2 + \frac{s^3}{u} \tag{2.3.18}$$

(2.3.18) 式の各項は図 2-35 のそれぞれの結合状態と対応していることから，Z は分配関数のひとつであることがわかる。

さらに任意の N にたいしても，(2.3.15) 式は一次元の相互作用系の分配関数であることが証明されている。このやり方は最初，固体磁性の理論的研究に用いられた（スピンの上向き，下向きをそれぞれ結合状態と非結合状態に対応させる）。この論理にもとづくものを Ising 理論という。ここでは一次元，つまり相互作用する隣接分子数（配位数）は 2 の場合で，数学的には近似なしの厳密な理論である。

2.1.4 で述べたようにアミローズヘリックスへのヨウ素分子の取り込みでは $u=60$ であることが知られている。ヨウ素分子はヘリックスのなかで孤立しているより連なった形で存在

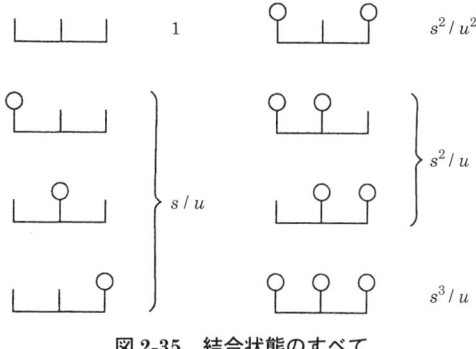

図2-35 結合状態のすべて
（サイト数3の場合）

するほうが60倍も安定であることを意味する。

この理論はポリペプチドやポリヌクレオチドのヘリックス-コイル転移にも一次元の相互作用系として応用されている。

一次元で3つの結合サイトのパラメータ（K, u）が異なる場合は，これに応じて，(2.3.15)式と似たマトリックス，[A]，[B]，[C]を用いて

$$Z = (1,1)[A][B][C]\begin{pmatrix}1\\0\end{pmatrix} \quad (2.3.19)$$

のように容易に拡張可能である。

2.3.3 結合等温線の解析法

状態図である結合等温線はいま問題にしている系のいろいろな情報をひそめてわれわれの眼前にある。そこから有意の知識を抽出するためには上に述べてきた理論を適用しながら解析すればよい。ここではそのいくつかを例示しよう。

(A) Scatchard plot

(2.3.13)式を変形して，$\beta = n_B/mN$を用いると

$$\frac{n_B}{C_f} = K(mN - n_B) \quad (2.3.20)$$

もしゲストの結合が独立であれば，$\frac{n_B}{C_f}$をn_Bにたいしてプロットすると，直線が得られ，勾配はK，横軸との交点はmN，つまり独立な結合サイト数をあたえる（図2-36）。このような作図法をScatchard plotという。

独立な二種の結合サイトがあれば，2つの折れ線となり，それぞれの結合定数とサイト数が求まる。独立な多数のサイトがある系ではプロットは曲線となって現れる。このときは初期勾配から一番強い結合定数が求まり，これをもとに全結合等温線から差し引いてそれに続くサイトの結合定数が得られる。

協同的結合の場合はモデルに基づく理論式にデータを非線形最小自乗法などを用いてパラ

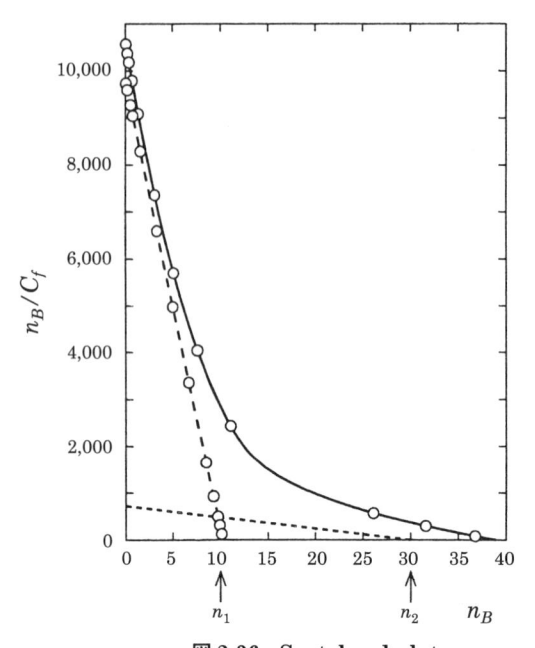

図 2-36 Scatchard plot
結合力とサイト数の異なる2つのサイトへの結合が分離されている。

メータの推定を行う。いずれにしてもパラメータの数は4～5個くらいが限度であり，高い精度の実験データが必要である。

(B) Hill plot

(2.3.12) 式である項だけが他を圧倒して寄与が大きいと仮定すると

$$\Xi = 1 + K_m C_f^m \tag{2.3.21}$$

結合等温線は

$$\beta = \frac{K_m C_f^m}{1 + K_m C_f^m} \tag{2.3.22}$$

となる。(2.3.22) 式を，Hill の式という。Hill 定数，m をパラメータにしてふたつの結合等温線を描いてみた（図 2-37）。

m の値が大きくなると等温線は著しい sigmoid を示し，これは協同的結合に特徴的である。先行して結合されたゲストが後続するゲストの結合を手助けするからである。必要なパラメータを求めるために (2.3.22) 式を変形して，さらに両辺の対数をとると

$$\log(\frac{n_B}{N - n_B}) = m \log C_f + \log K \tag{2.3.23}$$

左辺を $\log C_f$ にたいして目盛ると勾配から m，切片から K がえられる。これを Hill plot という。ヘモグロビンとミオグロビンにたいする酸素分子の結合の Hill plot を図 2-38 に示す。勾配はそれぞれ 3.8, 1.0 であり，ヘモグロビンには顕著な協同性が認められる。これは，次節

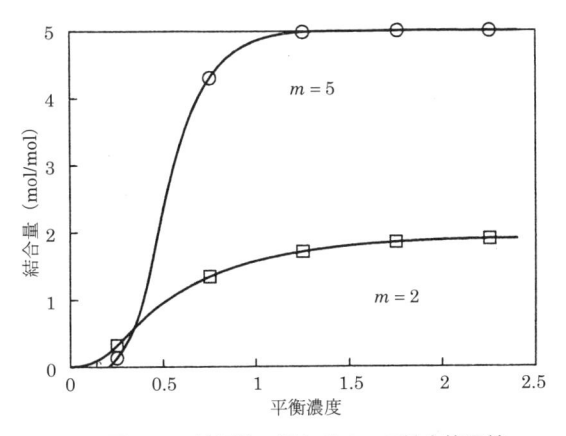

図 2-37 協同性の異なる 2 つの結合等温線

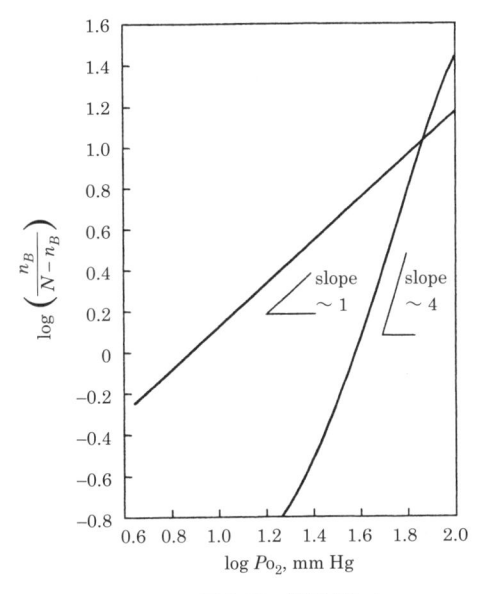

図 2-38 Hill Plot
(酸素分子のグロビンタンパク質への結合)
ヘモグロビン：$N=4$
ミオグロビン：$N=1$

で説明するように，ヘモグロビンが 4 量体構造をもち，一方，ミオグロビンは単量体であることと関係がある。

2.3.4 ヘモグロビンへの酸素分子の結合

赤血球中に 35wt% も含まれるヘモグロビンはタンパク質であり，肺で酸素分子（O_2）を受け取り，血管を経て全身の細胞へ配達する重要な役割を果たしている。ヘモグロビンは 4 量体構造（$\alpha_2\beta_2$）を持ち，それぞれのサブユニット（α, β）に鉄を含むヘムグループがあ

り，そこが酸素分子の可逆的な結合サイトである．酸素分子のヘモグロビンの結合をホスト・ゲスト相互作用として考えてみよう．分配関数は次のように書き下せる．

$$\Xi = 1 + 2K_\alpha p + 2K_\beta p + K_{\alpha^2} p^2 + K_{\beta^2} p^2 + 2K_{\alpha\beta} p^2 + 2K_{\alpha^2\beta} p^3 + 2K_{\alpha\beta^2} p^3 + K_{\alpha^2\beta^2} p^4$$
(2.3.24)

ここで結合定数の添え字は結合状態を表している．ただし，ここでは酸素分子の平衡濃度のかわりに，Henry の法則 $p = k_H C_f$ を用いて酸素の平衡圧を用いている．(2.3.24) 式はやや複雑であるが，すべての結合状態が表現されている．研究の結果，実際には，例えばヒツジのヘモグロビンでは

$$k_1 = 2(K_\alpha + K_\beta),\ k_2 = K_{\alpha^2} + K_{\beta^2} + 2K_{\alpha\beta},\ k_3 = 2(K_{\alpha^2\beta} + K_{\alpha\beta^2}),\ k_4 = K_{\alpha^2\beta^2} \quad (2.3.25)$$

で表した結合定数が実験で求めた酸素結合等温線をよく再現する．ここで k_i ($i = 1,\ 2,\ 3,\ 4$) は酸素分子が i 個したときの結合パラメーターである．各段の酸素親和性は相対的に

$$\frac{k_1}{k_1} = 1,\ \frac{k_2}{k_1} = 1.8,\ \frac{k_3}{k_1} = 1.3,\ \frac{k_4}{k_1} = 18 \quad (2.3.26)$$

となる．後段の結合が有利になっている．ひとたび酸素分子が結合すると，それが次の酸素結合をより容易にする典型的な協同作用である．協同作用が著しいので，結合等温線は明らかにシグモイドになる．これは酸素分圧の大きい肺胞ではヘモグロビンは容易に飽和され，一方，末梢では分圧が低いので容易に脱着する．O_2 流通に対して合目的的に進化した性能である．X-線解析によると酸素分子はまず α サブユニットに結合する．その結果 α と β のヘムグループ間の距離が縮まり，β サブユニットへの酸素結合が優先的に起こるという．このようにタンパク質のコンフォメーション変化をとおしてホストの他の部分への相互作用の可能性をコントロールする機能は酵素などに広く備わっており，**アロステリック効果**（allosteric [= other place]effect）とよばれており，生体内化学反応の制御に重要な役割を果たしている．

2.3.5 Boltzmann 分布

これまでに述べてきたように，マクロな結合等温線を求めるには，ミクロな結合状態，つまりエネルギー状態を数え上げることにつきる．それぞれの結合状態，エネルギー状態は，どのように分布しているかを，より一般的な立場から議論してみよう．

いま，N 粒子からなる断熱系の全エネルギーを E とする．この全エネルギーが N 個の粒子にどのように配分されているかを問題にする．E はつぎのように表せる．

$$E = \sum_i n_i \varepsilon_i \quad (2.3.27)$$

ここで n_i はエネルギー状態，ε_i にある粒子数である．全粒子数は

$$N = \sum_i n_i \quad (2.3.28)$$

である。数列，$\{n_i\}$ がエネルギー分布を決めている。さまざまな分布のなかで最も高い確率で現れるものを模索しよう。それこそすべてのエネルギー現象を支配しているに違いない。

いま N 粒子を一列に並べるやり方は $N!$ 通りある。さらに N 粒子はエネルギー状態によって n_1, n_2, n_3, $\cdots$ のグループに区別されるので，全粒子の配列法は多項分布の考え方を用いて

$$\Omega = \frac{N!}{n_1! n_2! n_3! \cdots} \tag{2.3.29}$$

となる。(2.3.27) と (2.3.28) 式の束縛条件下で (2.3.29) 式を最大にするような数列，$\{n_i\}$ を求めればよい。そのために (2.3.29) 式の対数を微分して最大値を求める。さらに Stirling の近似式や Lagrange の未定乗数法（undetermined multiplier method）を援用する。またそのときに現れる定数，β を単原子気体の全エネルギーと比較して決定すると

$$\frac{n_i}{N} = \frac{\exp(-\frac{\varepsilon_i}{k_B T})}{\sum_i \exp(-\frac{\varepsilon_i}{k_B T})} = A \exp(-\frac{\varepsilon_i}{k_B T}) \tag{2.3.30}$$

これを Boltzmann 分布という。これは図 2-39 のように，大きいエネルギーを持つ粒子数ほど，少なくなる。温度が高いほど分布は平坦になり，温度が低ければ鋭く分布する。低温の極限 ($T \to 0$) では，系のエネルギーは失われていくので，δ 関数的にすべての粒子は最低エネルギーになろうとし，分布がないからエントロピーも零に近づく（熱力学第 3 法則）。絶対零度の世界，物理的涅槃の境地に想いをはせるとよい。

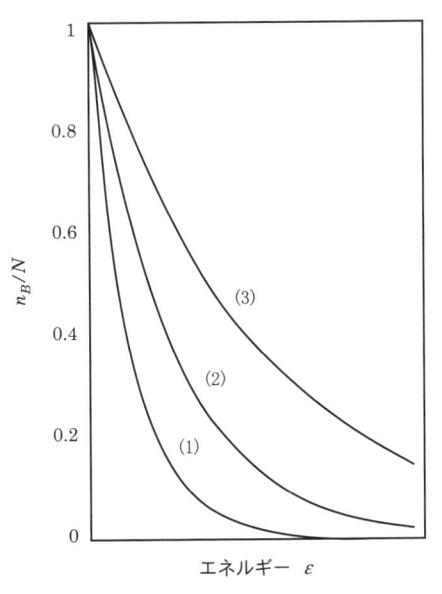

図 2-39 Boltzmann 分布
温度，T：(1) 150K，(2) 300K，(3) 600K

Boltzmann 分布はエネルギー分布を規定するので，エネルギーが関わるすべての現象を記述するのに用いられる。

(2.3.30) 式を2つのエネルギー状態，i, j について書き，その比をとると

$$\frac{n_i}{n_j} = \exp(-\frac{\varepsilon_i - \varepsilon_j}{k_B T}) \tag{2.3.31}$$

となり，エネルギー差，$\Delta\varepsilon = \varepsilon_i - \varepsilon_j$ が2つの状態の相対的な出現の確率と関係づけられる。例えば，(2.3.14) 式では2つのサイトがともに占められる結合状態の出現の度合いを **Boltzmann 因子** (factor) をつけて表現した。(3.1.39) 式では反応速度の大小が，反応系と活性化状態とのエネルギー差をふくむ Boltzmann 因子で表すことができ，反応速度論では Arrhenius 因子とよばれている。

2.3.6 ミクロとマクロの掛け橋 –統計力学–

原子，分子などのミクロの知識は量子力学や各種の分光学などにより蓄積されて，化学の根幹をなしている。一方，われわれが日常目撃し経験する「モノ」は多数の分子が複雑に集合して実現したマクロな存在である。ミクロの知識にもとづいてマクロの現象を理解するためにはミクロの状態すべてにわたって平均化する必要がある。マクロはミクロの集合の所産だからである。ミクロから積み上げてマクロを計算する手法，それが統計力学である。

例えば，(2.3.12) 式は**分配関数** (partition function) のひとつである。分配関数は状態和 (sum of states) ともよばれるように，いま問題にしている系のそれぞれの状態が出現する数に比例する量の和で表されている。分配関数のなかの各項は，それぞれの項に対応する物理状態が出現する確率に比例するので，系のマクロな性質の平均値を計算するのに用いられる。

一般にある量，X の平均値は

$$\langle X \rangle = \frac{\sum_{j=1}^{N} w_j X_j}{\sum_{j=1}^{N} w_j} \tag{2.3.32}$$

で求められる。ここで w_j および X_j はそれぞれ j というクラスの重率と，X の大きさである。例えば (2.3.13) 式がこれと同形であることがわかる。結合量，i の重率が $_mC_i(KC_f)^i$ に対応する。分配関数 Ξ を一般に

$$\Xi = \sum_{i}^{m} k_i C_f^{\,i} \tag{2.3.33}$$

と書くと，平均結合数，$\langle i \rangle$ は

$$\langle i \rangle = \frac{\sum_{i}^{m} i k_i C_f}{\sum_{i}^{m} k_i C_f} = \frac{d\ln\Xi}{dC_f} C_f = \frac{d\ln\Xi}{d\ln C_f} \tag{2.3.34}$$

となり，平均結合率，β は

$$\beta = \frac{\langle i \rangle}{N} \tag{2.3.35}$$

となる。つまりモデルに基づいて分配関数が書き下されると，結合等温線が計算できることを意味する。これまでに出てきた結合率を表現する式はすべて（2.3.35）式の形に帰着できる〔(3.3.58) 式も参照せよ〕。

統計熱力学（平衡論の統計力学）では温度，T, とゲスト分子の化学ポテンシャル，μ で特徴づけられる熱力学的媒質 (heat bath) にゲスト分子をそれぞれ 0, 1, 2, 3...i..., m 個結合したホストがおたがいに平衡に存在している系を**大きい正準集団** (grand canonical ensemble) という。大きい正準集団分配関数は一般に次式であたえられる。

$$\varXi = \sum_{i=0}^{m} Q_i \exp\left(\frac{i\mu}{RT}\right) \tag{2.3.36}$$

ここで Q_i はホスト分子と i 個のゲスト分子からなる混合系（複合体）の**正準集団** (canonical ensemble) の分配関数である。正準分配関数自身は構成している系の量子力学的情報（エネルギー準位と縮退度）が集積されたものとして定義されるが，より粗視した運動の自由度，相互作用エネルギーなどを総合した結合状態について表現することも可能である。Q_i は（ホスト分子 + i 個ゲスト分子）からなるミニ混合系（図 2-40 の（ホスト + ゲスト系））の Helmholtz 自由エネルギー，A_i と

$$A_i = -k_B T \ln Q_i \tag{2.3.37}$$

の関係がある。

図 2-40 のようにいろいろな組成の（ゲスト + ホスト）複合体が熱浴槽（温度，T とゲストの化学ポテンシャル，μ）中で，おたがいに平衡している様子は，また次のように多段平衡として表現できる。

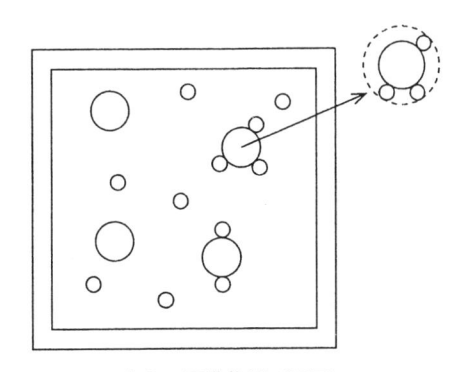

図 2-40　大きい正準集団 (GCE)
ホスト（大きい丸）とゲスト（小さい丸）が温度，T, ゲストの化学ポテンシャル，μ の媒質に浸って平衡にある。

$$\begin{aligned}
H_0 + g &\xrightleftharpoons{K_1} H_1 \\
H_1 + g &\xrightleftharpoons{K_2} H_2 \\
H_2 + g &\xrightleftharpoons{K_3} H_3 \\
&\vdots \\
H_i + g &\xrightleftharpoons{K_{i+1}} H_{i+1} \\
&\vdots \\
H_{m-2} + g &\xrightleftharpoons{K_{m-1}} H_{m-1} \\
H_{m-1} + g &\xrightleftharpoons{K_m} H_m
\end{aligned} \qquad (2.3.38)$$

ここで H_i は i 個のゲストを結合した複合体，g はゲストの単量体である．これから

$$A_i = -RT \ln \prod_1^i K_i = -kT \ln Q_i \qquad (2.3.39)$$

となり，(2.3.35)式が熱力学的安定性, Q_i と，量目関係（濃度），$\exp(i\mu/RT) = C_f^i \times \text{constant}$ でそれぞれの複合体種が大きい正準集団のなかで存在を主張していることを示している．このような多段平衡の実在は図 2-41 に見ることができる．これはタンパク質（ウシの ubiquitin）の**質量分析スペクトル**（mass analysis spectrum）である．溶液中ではいろいろな数の D^+（デューテロン）を担ったタンパク質が共存していることを示している．溶液の pD（重水素イオン濃度）が変わると，各ピークの相対的な高さが変化する．これはマクロには pD 滴定曲線から，平均デューテロン化数として認識される．

このように統計力学はミクロとマクロを結びつける強力な架け橋の役割を果している．

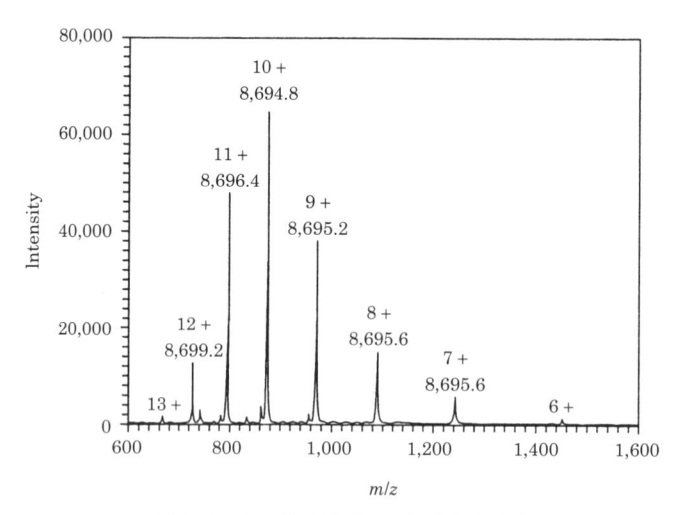

図 2-41 いろいろな数にプロトン化した bovine ubiquitin の mass spectrum
溶媒：1%CH_3COOD を含む重水

V.Katta and B.T.Chait, *Rapid communications in mass spectrometry*, **5**, 214-217(1991)

それにより私たちの生命に対する理解が，ミクロからマクロにわたり，より広い視点から一段と深まる。

参考文献

1) W. ムーア，"物理化学 上下"，東京化学同人（1994）
2) 早川勝光，白浜啓四郎，井上亨，"ライフサイエンス系の物理化学"，三共出版（1995）
3) 中垣正幸，寺田弘，宮嶋孝一郎，"生物物理化学"，南江堂（1982）
4) P. C. Hiemenz, "Principles of Colloid and Surface", Dekker, New York（1987）
5) A. G. Marchall, "Biophysical Chemistry", John-Wiley, Dekker, New York（1987）
6) R. F. Steiner, L. Garone, "The Physical Chemistry of Biochemical Solutions", World Science, Singapore（1991）
7) H. バーグ，"生物学におけるランダムウォーク"，法政大学出版部（1983）
8) 米沢富美子，"ブラウン運動"，共立出版（1986）
9) A. Harrison, "Fractals in Chemistry", 1995, Oxford Science Publications, Oxford
10) J. David Rawn, "Biochemistry", 1989, Carolina Biological Supply Company 日本語版：長野敬，吉田賢右監訳 "ローン生化学"，医学書院（1991）
11) 井本稔・藤代亮一，"高分子化学教程"，朝倉書店（1965）

練習問題

2.1

ヒトの血液の浸透圧は約 7.7atm である (40℃)。理想溶液を仮定して，

(a) 血液中の全溶質濃度を推定せよ。また，これと海水の濃度を比較して議論せよ。

(b) 4℃での浸透圧はどうなるか？

2.2

ある生体高分子水溶液の浸透圧データ (25℃) は下のとおりである。
分子量と第2ビリアル係数を算出せよ。

π /Pa	480	640	747	1039
C/gdm^{-3}	29.7	38.1	43.9	58.5

2.3

CD-ROM は約 650MB（メガバイト）の記憶容量をもっている。これと等価の情報をもつ DNA の重量を計算せよ。ただし，ヌクレオチドの平均分子量を 360 と仮定する。

2.4

DNA1mg の持つ情報量は A4 版（1,000 文字）何枚分の情報に相当するか。ただし 1 文字は 2 バイトで表される。

2.5

十分に長い高分子鎖について，$\langle x^2 \rangle = nb^2$ を証明せよ。

2.6

ブドウ糖，アミロース，それにアミロペクチンを含む水溶液のゲルクロマトグラムから，ブドウ糖；50cm^3，アミロース；25cm^3，アミロペクチン；10cm^3 で溶出していることがわかった。このアミロースの K_D を計算せよ。

2.7

（2.1.9）式から（2.1.10）式を導け。

2.8

ヒトの精子は平均速度 $5\mu m/s$ で遊泳している。精子の実効半径を $3\mu m$ と仮定して，熱騒乱力による移動速度と比較して議論せよ。

2.9

身辺のフラクタール構造を指摘し，解析せよ。

2.10

表 2.2.3 の拡散定数から，Stokes の法則，$F=6\pi\eta R_H$ を用いて，流体力学的等価半径（R_H）を計算し，分子の形と比較検討せよ。

2.11

（2.3.29）式から（2.3.30）式を導け。

2.12

下表はあるタンパク質への薬物の結合データである。Scatchard plot をして，結合定数と結合サイト数を求めよ。

平均結合率／(mol/mol)	平衡濃度／(mM/dm³)
0.18	0.11
0.66	0.53
1.01	1.03
1.34	2.06
1.66	5.08

2.13

空気（平均分子量 = 29）の垂直分布に Boltzmann 分布を仮定して，気圧が 1/2 になる高度を推定せよ（温度 = 15℃）。

2.14

次表はあるタンパク質上にある等価な 4 個の結合サイトに対するリガンドの結合データで

ある。Hill plot をして結合定数と協同性を評価せよ。

平均結合数（mol/mol）	リガンドの平衡濃度／（mM/dm³）
0.012	0.011
0.041	0.051
0.141	0.102
0.52	0.503
1.32	1.02
2.45	1.53
2.92	2.06
3.21	3.05
3.61	5.06
3.73	10.5

2.15

(2.3.21) 式を (2.3.34) 式に代入し Hill の式を導け。

第 3 章
生体内反応の速度過程―酵素反応速度論を中心に―

3.1 反応速度論の基礎

3.1.1 はじめに

生命はさまざまな化学反応によって維持されている。栄養源として取り入れた食物の消化に始まり，生体を構成する物質の合成と分解（物質代謝）あるいは生命維持に必要なエネルギーの産出（エネルギー代謝）など，これらすべての生命活動に化学反応がかかわっている。細胞の中という穏やかな環境のもとでこれらの化学反応が進行するのは**酵素**（enzyme）の働きによる。酵素は生体内で起こる化学反応を触媒する機能をもったタンパク質である。

二酸化炭素は水に溶けて速やかに加水分解を受けて水素イオンと重炭酸イオンに変わる。

$$CO_2 + H_2O \longrightarrow H^+ + HCO_3^-$$

このときカルボニックアンヒドラーゼという酵素が存在すると，10^{-6}M という非常に低濃度のときでさえ，この反応の速さは酵素が存在しないときに比べて約 80,000 倍速くなる。このように，酵素は生化学反応の平衡には影響を与えず，反応速度を高める作用をもっている。

さまざまな実験条件のもとで酵素反応の速度を測定し，反応速度が実験パラメータにどのように依存するかを調べることによって酵素の触媒作用のしくみが明らかになる。酵素反応の機構を解明するためのこのようなアプローチを**酵素反応速度論**（enzyme kinetics）という。酵素反応に限らず一般的に化学反応の機構は，反応物濃度，温度，pH などの条件（パラメータ）を変えたときに反応速度がどのような影響を受けるかを調べることにより知ることができる。酵素反応速度論に進む前に，この節で一般的な反応速度論について基礎的なことをまとめておこう。

3.1.2 反応のタイプと速度式

(A) 速度式と反応の次数

化学反応の速度は一般に反応物質の濃度と温度に依存する。反応速度を反応物質の濃度の関数として表したものを**速度式**（rate equation）とよぶ。反応速度が濃度のどのような関数になるかは反応のタイプによって決まってくる。速度式の中に現われる反応物質の濃度の指数

の和を**反応の次数**（reaction order）という。

(B) 一 次 反 応

次のような最も簡単な型の化学反応を考える。ここでAおよびPはそれぞれ反応物，生成物を表す。

$$A \longrightarrow P \tag{3.1.1}$$

もしこの反応が一段階で進行するならば，反応により単位時間当たりに消失するA分子の数は，そこに含まれるAの個数に比例するだろう。すなわち，この場合，反応速度はAの濃度に比例することが直観的に考えてうなずける。したがって，反応速度（v）とAの濃度（[A]）の間には次のような関係があることが予想される。

$$v = -\frac{d[A]}{dt} = k[A] \tag{3.1.2}$$

ここで，比例定数の k を反応の**速度定数**（rate constant）と呼ぶ。速度定数は温度の関数であり，一般に反応温度が高くなる程，その値は大きくなる。(3.1.2) 式の速度式では，反応物の濃度の指数の和は 1 であり，(3.1.2) 式の速度式に従う反応を**一次反応**（first-order reaction）という。

反応速度の実験では，反応物質の濃度を時間の関数として測定する。このような実験データは，(3.1.2) 式のような微分形の速度式を用いるよりも，積分した形と比べるほうが都合がよい。いま，反応が開始してから時間 t が経過したときの反応物Aの濃度が c_A であったとしよう。この時刻におけるAの消失速度は，(3.1.2) 式より

$$-\frac{dc_A}{dt} = kc_A \tag{3.1.3}$$

と表される。変数を分離して積分すれば

$$\int \frac{dc_A}{c_A} = -\int k\, dt$$

$$\therefore \quad \ln c_A = -kt + C$$

ここで C は積分定数である。Aの初濃度（$t=0$ のときの濃度）を c_A^0 とすれば，これより積分定数が決まり，その結果次式が得られる。

$$\ln c_A = -kt + \ln c_A^0 \tag{3.1.4}$$

したがって，**いろいろな反応時間 t で c_A を測定し，$\ln c_A$ を t に対してプロットしたとき，それが直線になればその反応は一次反応であるということができる**。さらにまた，その直線の勾配から速度定数の値が求められる。

(3.1.4) 式はまた次のようにも書き表される。

$$c_A = c_A^0 \exp(-kt) \tag{3.1.5}$$

(3.1.5) 式によれば，一次反応では反応物の濃度は時間とともに指数関数的に減少し，その

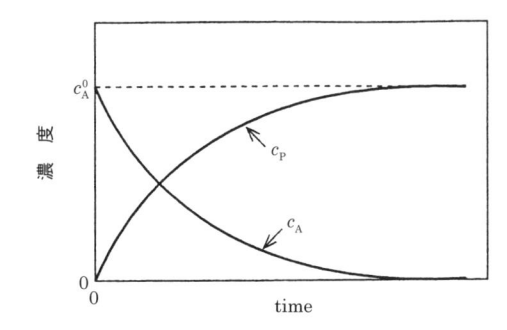

図3-1 (a) 一次反応で，反応物および生成物の濃度が時間とともに変化する様子
(3.1.5)式のプロット。

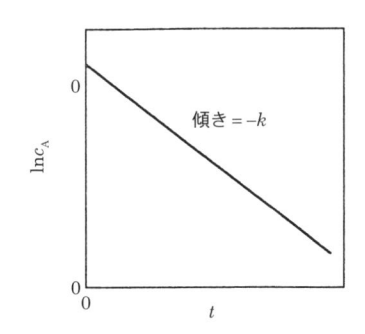

図3-1 (b) 一次反応に対する反応物濃度の対数と反応時間の関係
(3.1.4)式のプロット。

減少のし方（減少速度）が k によって決まることになる。このようすを図3-1に示した。

【例】化学反応の範疇には入らないが，放射性原子の崩壊は典型的な一次反応である。すなわち，ある時刻に N_0 個の放射性原子が存在したとき，時間 t 後に残っている個数 N は

$$N = N_0 \exp(-\lambda t)$$

で与えられる。ここで，崩壊の速度定数に相当する λ を**崩壊定数**という。放射性崩壊の場合，崩壊速度の目安として**半減期**を用いる場合が多い。半減期とは，最初の量がその半分にまで減少するのに要する時間のことであり，$t_{1/2}$ で表す。上式に，$N = N_0/2$，$t = t_{1/2}$ を代入すると次式が得られる。

$$t_{1/2} = \frac{\ln 2}{\lambda} \fallingdotseq \frac{0.693}{\lambda}$$

このように，一次反応の場合，半減期は初濃度には無関係に速度定数のみで決まってくる。^{60}Co の半減期は 5.25 年，^{14}C の半減期は 5,570 年である。^{14}C の放射性崩壊は考古学的資料の年代推定に利用される。

(C) 二 次 反 応

反応物 A と B が生成物 P を生じる次式の反応について考えてみよう。

$$A + B \longrightarrow P \tag{3.1.6}$$

この反応も一段階で進むものとする。その場合，反応が起こるためにはAとBが出会うことが必要である。この出会いの頻度はAの濃度とBの濃度の積に比例する。したがって，この反応の速度は，次のような濃度依存性をもつものと予測されるだろう。

$$v = -\frac{d[A]}{dt} = -\frac{d[B]}{dt} = k[A][B] \tag{3.1.7}$$

(3.1.7) 式の速度式では，反応物の濃度の指数の和は2であり，この型の速度式に従う反応を**二次反応**（second-order reaction）という。（Aの減少速度はBのそれに等しい。）

このタイプの二次反応の積分型の速度式は次のようにして得られる。反応時間 t におけるAとBの濃度を c_A, c_B とすれば，Aに着目した場合の反応速度は次式で与えられる。

$$-\frac{dc_A}{dt} = kc_A c_B \tag{3.1.8}$$

ここで，AとBの初濃度を c_A^0 および c_B^0 とし，反応開始後の時間 t の間にAの濃度が x だけ減ったとしよう。そうすれば，反応時間 t におけるAとBの濃度はそれぞれ $c_A^0 - x$ および $c_B^0 - x$ であるから，(3.1.8) 式から次式が得られる。

$$-\frac{d(c_A^0 - x)}{dt} = k(c_A^0 - x)(c_B^0 - x) \tag{3.1.9}$$

ここで c_A^0 は定数であるから (3.1.9) 式は次のように書ける。

$$\frac{dx}{dt} = k(c_A^0 - x)(c_B^0 - x) \tag{3.1.10}$$

$t = 0$ のとき $x = 0$ であるから，(3.1.10) 式を $t = 0$, $x = 0$ から $t = t$, $x = x$ まで積分すれば

$$\int_0^t k\,dt = \int_0^x \frac{dx}{(c_A^0 - x)(c_B^0 - x)}$$

$$kt = \frac{-1}{c_A^0 - c_B^0}\int_0^x \left(\frac{1}{c_A^0 - x} - \frac{1}{c_B^0 - x}\right)dx$$

$$= \frac{-1}{c_A^0 - c_B^0}\left(\ln\frac{c_A^0}{c_A^0 - x} - \ln\frac{c_B^0}{c_B^0 - x}\right)$$

したがって，この型の二次反応の積分速度式として最終的に次式が得られる。

$$kt = \frac{1}{c_A^0 - c_B^0}\ln\frac{c_B^0(c_A^0 - x)}{c_A^0(c_B^0 - x)} \tag{3.1.11}$$

反応開始後のある時間におけるAまたはBのどちらかの濃度がわかれば，x がわかる。そこで，いろいろな反応時間でAまたはBの濃度を測定し，(3.1.11) 式の右辺の量を反応時間に対してプロットしたとき，原点を通る直線になればその反応は二次反応であると結論できる。また，その直線の勾配から速度定数の値を決定することができる。

【例】アルカリによるエステルの加水分解，例えば次式で示した NaOH による酢酸エチルの加水分解は二次反応になる。

$$CH_3COOC_2H_5 + NaOH \longrightarrow CH_3COONa + C_2H_5OH$$

t (min)	x (mol dm^{-3})	Y
1.3	0.00104	12.0
5.3	0.00280	41.0
9.1	0.00406	73.7
13.8	0.00493	107.9
19.0	0.00573	156.0
26.0	0.00638	220.0

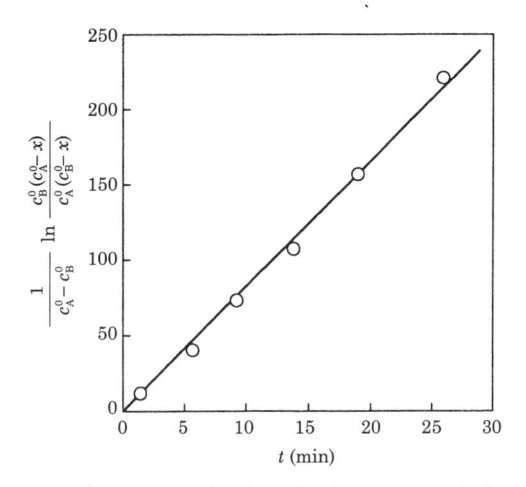

図 3-2 NaOH による酢酸エチルの加水分解反応に対する (3.1.11) 式のプロット (25℃)

NaOH の初濃度が，$c_A^0 = 0.01280$ moldm^{-3}，酢酸エチルの初濃度が $c_B^0 = 0.00759$ moldm^{-3} のとき，反応により消失した NaOH の濃度 (x) を反応開始後の種々の時間 (t) で測定した結果を表に示す。このときの反応温度は 25℃ である。この結果より $Y = \dfrac{1}{c_A^0 - c_B^0} \ln \dfrac{c_B^0(c_A^0 - x)}{c_A^0(c_B^0 - x)}$ を計算し，Y を t に対してプロットすると図 3-2 が得られる。(3.1.11) 式から予測されるように，このプロットは原点を通る直線になり，その傾きからこの反応の速度定数として $k = 8.42$ mol^{-1}dm^{3}min^{-1} が得られる。

(D) 擬一次反応

速度式が (3.1.8) 式で与えられる二次反応で，反応物の一方（例えば B）が他方に比べて大過剰に存在する状況を考えてみよう。この場合，反応による B の減少量ははじめの量に比べると非常にわずかな割合である。したがって，反応の進行中 B の濃度は実質上一定に保たれると考えてよい。このとき (3.1.8) 式は

$$-\frac{dc_A}{dt} = k'c_A \tag{3.1.12}$$

となり，一次の速度式と同じ形になる。ただしこの場合，速度定数の中に B の初濃度 c_B^0 が含まれてくる。すなわち

$$k' = kc_B^0$$

このように，あるひとつの反応物質を除いてそれ以外の反応物質が大過剰に存在すると，反

応は見かけ上一次反応になる。このような反応を**擬一次反応**（pseudo-first-order reaction）と呼ぶ。溶媒が反応物のひとつになる溶液反応では，溶媒は大過剰に存在するために擬一次反応となる場合が多い。生体内では水が多量に存在し，また生体内で起こる化学反応には水が反応物として関与するものも多く，このタイプの生体内反応がしばしばみられる。

(E) 複合反応

これまでは，反応物から生成物への変化が一方向に，かつ，一段階で起こるような単純な反応をみてきた。現実の化学変化では，逆反応が起こったり，反応物から生成物への変化が中間体を経て進行するようなものが多い。そこで次に，このような**複合反応**(complex reaction)の簡単な例として，(1) 正・逆両方向とも一次反応であるような可逆反応，および (2) 反応物と生成物の間にひとつの中間体が存在するような化学反応を調べていこう。

(1) 可逆反応

次式で表されるようなAとBの間で起こる可逆的な反応を考る。

$$\mathrm{A} \underset{k_{-1}}{\overset{k_1}{\rightleftarrows}} \mathrm{B} \tag{3.1.13}$$

この場合，正反応の速度定数をk_1，逆反応の速度定数をk_{-1}とすれば，Aは$k_1 c_\mathrm{A}$の速度で消失するが，また一方で$k_{-1} c_\mathrm{B}$の速度で生じる。したがって，Aの正味の減少速度は次式で与えられる。

$$-\frac{\mathrm{d} c_\mathrm{A}}{\mathrm{d} t} = k_1 c_\mathrm{A} - k_{-1} c_\mathrm{B} \tag{3.1.14}$$

上式がこの型の反応に対するAについての速度式である。これより，以下のようにして積分速度式が得られる。

Aの初濃度をc_A^0とし，最初Bは存在しなかったとすれば

$$c_\mathrm{A} + c_\mathrm{B} = c_\mathrm{A}^0$$

が常に成り立つ。この関係を**物質収支の関係**（material balance）とよぶ。したがって，(3.1.14)式より

$$\begin{aligned}-\frac{\mathrm{d} c_\mathrm{A}}{\mathrm{d} t} &= k_1 c_\mathrm{A} - k_{-1} (c_\mathrm{A}^0 - c_\mathrm{A}) \\ &= (k_1 + k_{-1}) c_\mathrm{A} - k_{-1} c_\mathrm{A}^0 \end{aligned} \tag{3.1.15}$$

が得られる。(3.1.15)式は変数分離形の1階微分方程式で，その解は次のようになる。

$$c_\mathrm{A} = \frac{k_1}{k_1 + k_{-1}} c_\mathrm{A}^0 \exp[-(k_1 + k_{-1}) t] + \frac{k_{-1}}{k_1 + k_{-1}} c_\mathrm{A}^0 \tag{3.1.16}$$

(3.1.16) 式は，Aの濃度が反応時間とともに指数関数的に減少し，右辺第2項で与えられるある一定の値に近づいていくことを示している（図3-3）。なおここで，もし$k_{-1} = 0$（すなわち，逆反応が起こらない）ならば，(3.1.16)式は(3.1.2)式の解，すなわち(3.1.5)式と一致することに注意しよう。

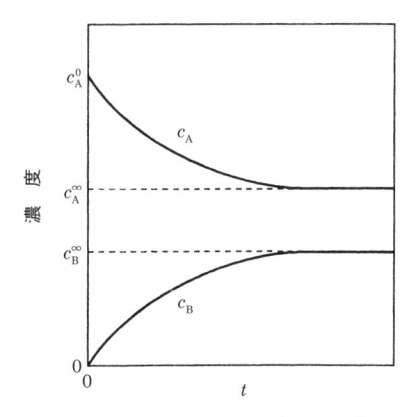

図 3-3 可逆反応 A ⇄ B における A および B の濃度と反応時間の関係

この反応の最終状態に目を向けてみよう。t が無限大のときの A の濃度は (3.1.16) 式で $t = \infty$ として

$$c_A^\infty = \frac{k_{-1}}{k_1 + k_{-1}} c_A^0 \tag{3.1.17}$$

となり，また，B の濃度は

$$c_B^\infty = c_A^0 - c_A^\infty = \frac{k_1}{k_1 + k_{-1}} c_A^0 \tag{3.1.18}$$

となる。すなわち，この反応は A, B の濃度がそれぞれ (3.1.17) 式，(3.1.18) 式で与えられるような平衡状態に達する。そのときの濃度の比が**平衡定数** K であるから

$$K = \frac{c_B^\infty}{c_A^\infty} = \frac{k_1}{k_{-1}} \tag{3.1.19}$$

である。こうして，一段階で起こる可逆一次反応に対する平衡定数が，(3.1.19) 式によって速度定数と結び付けられることがわかる。さらにまた，(3.1.16) 式を c_A^∞ を用いて書き直すと次式が得られる。

$$c_A - c_A^\infty = \left(c_A^0 - c_A^\infty\right)\exp[-(k_1 + k_{-1})t] \tag{3.1.20}$$

(3.1.20) 式は，$c_A - c_A^\infty$ の対数を t に対してプロットすれば直線となり，その勾配から $k_1 + k_{-1}$ が求められることを示している。したがって，こうして得られた $k_1 + k_{-1}$ の値と平衡定数の値から (3.1.19) 式を用いて k_1 と k_{-1} の個々の値を求めることができる。

(2) 逐次反応

ここでは，A が中間体 B を経て C へと変化する反応を考える。

$$A \xrightarrow{k_1} B \xrightarrow{k_2} C \tag{3.1.21}$$

このように，いくつかの反応が連続して最終生成物にいたる反応を**逐次反応**（consecutive reaction）という。この例では，3 種の物質に対する速度式はそれぞれ次のように表される。

$$-\frac{dc_A}{dt} = k_1 c_A \tag{3.1.22}$$

$$\frac{dc_B}{dt} = k_1 c_A - k_2 c_B \tag{3.1.23}$$

$$\frac{dc_C}{dt} = k_2 c_B \tag{3.1.24}$$

これらの速度式の積分形を求めて，各物質の濃度が時間とともにどのような変化の仕方をするか見てみよう．(3.1.22) 式は (3.1.3) 式と同じ形であり，その積分形は次式で与えられる．

$$c_A = c_A^0 \exp(-k_1 t) \tag{3.1.25}$$

次に，(3.1.23) 式の c_A に (3.1.25) 式の関係を用いると

$$\frac{dc_B}{dt} + k_2 c_B = k_1 c_A^0 \exp(-k_1 t)$$

が得られる．これは定数係数の1階線形微分方程式であり，$t=0$ のとき $c_B=0$ という初期条件のもとで解くと，その解として次式が得られる．

$$c_B = c_A^0 \frac{k_1}{k_2 - k_1} [\exp(-k_1 t) + \exp(-k_2 t)] \tag{3.1.26}$$

中間体 B の濃度の時間変化は (3.1.26) 式によって表される．c_C の時間変化に対しては，反応開始時に A のみが濃度 c_A^0 で存在するものとすれば，$c_A + c_B + c_C = c_A^0$ （物質収支の関係）が常に成り立つから

$$\begin{aligned} c_C &= c_A^0 - (c_A + c_B) \\ &= c_A^0 \left[1 + \frac{k_1}{k_2 - k_1} \exp(-k_2 t) - \frac{k_2}{k_2 - k_1} \exp(-k_1 t) \right] \end{aligned} \tag{3.1.27}$$

が得られる．以上の (3.1.25) ～ (3.1.27) 式が，時間の関数としての A, B および C の濃度を表す関係である．$c_A^0 = 1$, $k_1 = 1$ min^{-1} として，(a) $k_2 = 0.1 k_1$ の場合と (b) $k_2 = 10 k_1$ の場合について，(3.1.25) ～ (3.1.27) 式を用いて c_A, c_B および c_C を計算した結果を図 3-4 に示す．それぞれの反応種の濃度が時間とともに変化する様子がわかるだろう．

(F) 逐次反応における律速段階

さて，ここで (3.1.21) 式の反応について，最終生成物 C の生成速度に目を向けてみよう．(3.1.24) 式の右辺の c_B に (3.1.26) 式を代入すれば，C の生成速度は次式で与えられる．

$$\frac{dc_C}{dt} = c_A^0 \frac{k_1 k_2}{k_2 - k_1} [\exp(-k_1 t) - \exp(-k_2 t)] \tag{3.1.28}$$

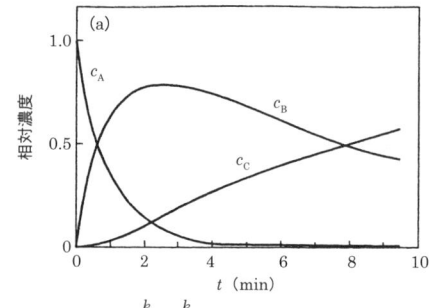

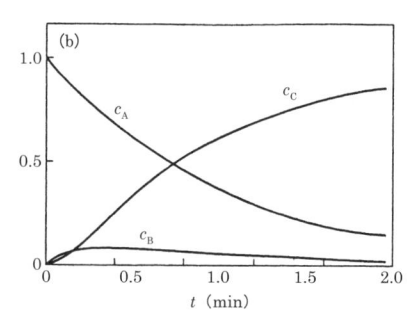

図 3-4 逐次反応 $A \xrightarrow{k_1} B \xrightarrow{k_2} C$ において，反応物 (A)，中間体 (B)，生成物 (C) の濃度が時間とともに変化する様子
$c_A^0 = 1$, $k_1 = 1$ min^{-1} のとき，(a) $k_2 = 0.1 k_1$ の場合，(b) $k_2 = 10 k_1$ の場合．

これから明らかなように，Cの生成速度は反応の第1段階の速度定数 k_1 と第2段階の速度定数 k_2 に依存する。そこで，k_1 と k_2 の大小関係に対して，次のような2つの極限の場合を考えてみよう。

i) $k_1 \gg k_2$ （k_2 が律速）

この場合，(3.1.28) 式は近似的に

$$\frac{dc_C}{dt} = k_2 c_A^0 \exp(-k_2 t) = k_2 c_B \tag{3.1.29}$$

となり，Cの生成速度はB → Cの変化速度と等しくなる。

ii) $k_1 \ll k_2$ （k_1 が律速）

このとき (3.1.28) 式は次式で近似される。

$$\frac{dc_C}{dt} = k_1 c_A^0 \exp(-k_1 t) = k_1 c_A \tag{3.1.30}$$

したがって，この場合，Cの生成速度はA → Bの変化速度と等しくなる。

上の例は，多段階反応における最終生成物の生成速度は最も遅い反応段階の速度で決まってくることを示している。すなわち，一箇所でも遅い段階があれば，それ以外の反応段階でいくら速く反応が進行しても，**反応全体としてはこの遅い段階の進行速度に支配される**。このように，反応全体の速度を支配する最も遅い反応段階を**律速段階**（rate-determining step）とよぶ。

3.1.3 定常状態近似

(A) 定常状態

これまでみてきた例から明らかなように，反応のタイプが複雑になると数学的な複雑さが急速に増してくる。こうなったとき，速度式の厳密解を得ることは手に負えないことになる。しかし，ある近似的な方法を使うことによってこの困難さを回避することができる。そこで，(3.1.21) 式の型の逐次反応を例にとって，この近似的な方法を見つけよう。

いま，k_2 が k_1 に比べて非常に大きいとしよう。これは，中間体Bの反応性が高い場合に当てはまる。このとき，c_B と t の関係を表す (3.1.26) 式で，右辺の第2項は第1項に比べて無視できるから，Bの濃度はAの濃度の k_1/k_2 倍という小さい値になる。もし，Aがゆっくりしか反応しないなら，Bの濃度は長い時間にわたってこの小さい値に保たれることになる。この状況は図 3-4(b) に示されており，そこでは時間に対する c_B の変化量はわずかである。したがって，反応の開始時や終了時を除けば，近似的に

$$\frac{dc_B}{dt} \cong 0 \tag{3.1.31}$$

が成り立つとみなすことができよう。時間が経過しても中間体の濃度が一定に保たれるとい

うことは，いいかえれば中間体の生成速度と消失速度が等しいということであり，このような状態を**定常状態**（steady state または stationary state）とよぶ。このように，反応の進行中，中間体が定常状態にあるとする仮定を**定常状態近似**（steady state approximation）という。

定常状態近似を用いることにより速度過程の取り扱いが非常に簡単になる。(3.1.31) 式が成り立っていれば，B に対する速度式〔(3.1.23) 式〕は

$$\frac{dc_B}{dt} = k_1 c_A - k_2 c_B \cong 0$$

となり，これより

$$c_B \cong \frac{k_1}{k_2} c_A$$

が得られる。これを生成物 C に対する速度式〔(3.1.24) 式〕に代入すれば

$$\frac{dc_C}{dt} = k_2 c_B \cong k_1 c_A \tag{3.1.32}$$

となる。これは，(3.1.22) 〜 (3.1.24) 式の速度式の厳密な解〔(3.1.27) 式〕で $k_2 \gg k_1$ の場合に対して得られる式〔(3.1.30) 式〕と同じ結果である。

(B) 定常状態近似の応用例

次の反応について，中間体 C に定常状態近似を適用して生成物 D の生成速度を表してみよう。

$$A + B \underset{k_{-1}}{\overset{k_1}{\rightleftarrows}} C \xrightarrow{k_2} D \tag{3.1.33}$$

それぞれの反応種に対する速度式は次のように書ける。

$$\frac{dc_A}{dt} = \frac{dc_B}{dt} = -k_1 c_A c_B + k_{-1} c_C \tag{3.1.34}$$

$$\frac{dc_C}{dt} = k_1 c_A c_B - (k_{-1} + k_2) c_C \tag{3.1.35}$$

$$\frac{dc_D}{dt} = k_2 c_C \tag{3.1.36}$$

C が定常状態にあるならば次の関係が成り立つ。

$$\frac{dc_C}{dt} \cong 0$$

したがって，(3.1.35) 式より

$$c_C \cong \frac{k_1}{k_{-1} + k_2} c_A c_B$$

が得られ，これを (3.1.36) 式に代入すれば D の生成速度として次式が得られる。

$$\frac{dc_D}{dt} = \frac{k_1 k_2}{k_{-1} + k_2} c_A c_B \tag{3.1.37}$$

それゆえ，この反応は二次反応となる。

この型の反応では，中間体が生成物に変わる速度よりも反応物に戻る速度の方が著しく大

きい場合，すなわち $k_{-1} \gg k_2$ の場合がしばしばみられる。この場合，反応物と中間体の間に平衡が成り立っているとみなすことができる。このとき，(3.1.37) 式の分母で k_2 は無視することができ，また k_1/k_{-1} は $A + B \rightleftarrows C$ の平衡定数 K に相当するから，(3.1.37) 式は次式のように書ける。

$$\frac{dc_D}{dt} = k_2 K c_A c_B \tag{3.1.38}$$

したがって，この場合，実験的に得られる二次速度定数の中身は，反応の第1段階の平衡定数と第2段階の速度定数が組み合わさったものになる。多段階反応で，最初の段階における中間体と反応物の間のこのような平衡を**前駆平衡**という。

3.1.4 反応速度に対する温度の影響—Arrheniusの式と活性化エネルギー

前節までは，反応速度と反応物濃度の関係（反応次数）に注意をはらってきた。ここでは，速度式に内在しているもうひとつの因子の速度定数に目を向けよう。反応速度の実験をいろいろな温度で行なうと，一般的には，反応速度と濃度の次数関係は変わらないが，速度定数の値は温度が高くなるにつれて大きくなることがわかる。速度定数と温度の間の関係は，Arrheniusによって経験的に見いだされた次の式によって表される。

$$k = A \exp(-E_a/RT) \tag{3.1.39}$$

上式中の A と E_a は個々の反応で決まった値をとり，それぞれ**頻度因子**（frequency factor）および**活性化エネルギー**（activation energy）とよばれる。また，この (3.1.39) 式をArrhenius**の式**という。(3.1.39) 式の対数をとった形は次のようになる。

$$\ln k = -\frac{E_a}{RT} + \ln A \tag{3.1.40}$$

この関係は，いくつかの温度で速度定数を求め，その対数を絶対温度の逆数に対してプロットすれば直線になること，またその直線の勾配と切片から E_a と A が得られることを示している。このようなプロットをArrhenius**プロット**という。

速度定数の温度依存性を (3.1.40) 式の形で整理することにより2つのパラメータ A と E_a が導入された。次に，これらの量の物理的な意味を考えよう。これに関して簡単で定性的な理論はArrheniusによって展開された。

化学反応が起こるためには，反応物分子間で，ある結合が切れて別の結合ができるという結合の組換えが起こらなければならない。そのためには，反応の途中に，古い結合が切れかけ，かつ新しい結合ができかけた状態を経ることが必要である。この状態は反応物や生成物よりも高いエネルギーをもち，**遷移状態**（transition state）とよばれ，またそこで存在する中間体を**活性複合体**（activated complex）とよぶ。すなわち，どのような反応段階においても，反応は高エネルギーの活性複合体を経て進行する。いいかえれば，化学反応が起こるために

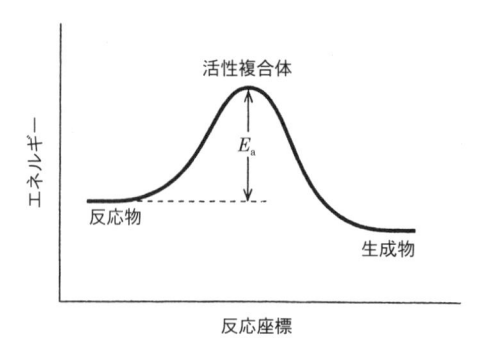

図 3-5　反応のエネルギー図

越えなければならないエネルギーの山が反応経路中に存在する。この状況は，図 3-5 に模式的に示した反応のエネルギー図により理解できるだろう。

いま，活性複合体が反応物より E_a だけ高いエネルギーをもつものとしよう。多数の分子が 2 つの異なるエネルギー状態をとり得るとき，それぞれのエネルギーをもった分子がどのような割合で存在するかは Boltzmann 分布則（第 2 章 3 節）で与えられる。それによれば，活性複合体の数と反応物分子の数の比は次式で表される。

$$\frac{活性複合体の数}{反応物分子の数} = \exp(-E_a/RT)$$

反応速度 v は，活性複合体の濃度に比例すると考えられるから，その比例定数を A とすれば，v は次式により反応物の濃度と関係づけられるだろう。

$$v = A \times (活性複合体の濃度)$$
$$= A\exp(-E_a/RT) \times (反応物の濃度)$$

こうして，速度定数が（3.1.39）式の形で与えられることが導かれる。また，この Arrhenius の理論によれば，活性化エネルギーの実体は活性複合体と反応物の間のエネルギー差であると解釈される。

3.2　酵素反応速度論

3.2.1　はじめに

酵素反応の場合，反応物（すなわち，酵素によって触媒されて生成物に変わるような物質）を **基質**（substrate）とよぶ。酵素に最も特徴的なこととして，基質に対する特異性があげられる。すなわち，ひとつの酵素はある決まった基質だけを認識し，ある決まった化学反応だけを触媒する。特異性の厳密さは酵素の種類によって多少異なるが，おおまかには 1 つの生化学反応につき 1 つの酵素が対応していると考えられる。このことは，図 3-6 に模式的に示したように，酵素には特定の基質を結合させる部位が存在し，そこで基質が生成物へと変換されると考えれば理解される。この部位を酵素の **活性部位**（active site）または **活性中心**（active

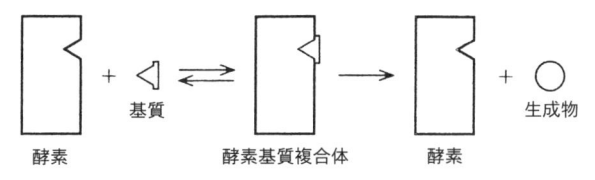

図 3-6 基本的な酵素反応の模式図
活性部位は切込みで示してある。

center) という。最も小さい酵素の場合でも活性部位の面積は酵素の全表面積の 5% 以下であることが知られている。通常，5 個程度のアミノ酸が活性部位を形成し，その特定のアミノ酸配列がそこに結合する分子の種類を決定し，基質特異性が現れる。

酵素反応速度論が目指すところは，複雑な酵素反応の機構を速度論的アプローチを通して明らかにすることである。反応速度論では，仮定した反応機構に基づいて速度式を組み立て，実験結果と照らし合せて仮定した機構の妥当性を検討する。ここでは，上で示した最も簡単な機構に対する速度式を見つけることからはじめよう。

3.2.2 Michaelis-Menten 式

(A) 定常状態酵素反応速度論の基礎

酵素反応の最も簡単な機構として次の機構が考えられるだろう。すなわち，基質（S）が酵素（E）に可逆的に結合して**酵素・基質複合体**（ES）が形成され，この複合体から生成物（P）が生じるとともに酵素が再生される。この機構は次式で表される。

$$\mathrm{E + S} \; \underset{k_{-1}}{\overset{k_1}{\rightleftarrows}} \; \mathrm{ES} \; \overset{k_2}{\longrightarrow} \; \mathrm{E + P} \tag{3.2.1}$$

これは前節で考えた (3.1.33) 式と似通っており，反応物の 1 つが再生されるという点が異なる。反応に関与する各物質について速度式を書き表せば

$$\frac{\mathrm{d}c_\mathrm{S}}{\mathrm{d}t} = -k_1 c_\mathrm{E} c_\mathrm{S} + k_{-1} c_\mathrm{ES} \tag{3.2.2}$$

$$\frac{\mathrm{d}c_\mathrm{ES}}{\mathrm{d}t} = k_1 c_\mathrm{E} c_\mathrm{S} - k_{-1} c_\mathrm{ES} - k_2 c_\mathrm{ES} \tag{3.2.3}$$

$$\frac{\mathrm{d}c_\mathrm{P}}{\mathrm{d}t} = k_2 c_\mathrm{ES} \tag{3.2.4}$$

$$\frac{\mathrm{d}c_\mathrm{E}}{\mathrm{d}t} = -k_1 c_\mathrm{E} c_\mathrm{S} + k_{-1} c_\mathrm{ES} + k_2 c_\mathrm{ES} \tag{3.2.5}$$

これらの速度式は複雑すぎて解析的に解くことはできないが，コンピュータを用いれば数値的に解いて各物質の濃度を時間の関数として表すことができる。速度定数および酵素濃度，基質濃度に適当な値を用いて得られた計算結果を図 3-7 に示す。この図から，反応開始後の短い時間を除けば酵素・基質複合体の濃度がほぼ一定に保たれること，すなわち，複合体に対して定常状態が達成されることがわかる。また，その間，生成物の濃度は時間に対して直線的に増加する。したがって，生成物濃度を時間の関数として測定すれば，得られた直線の

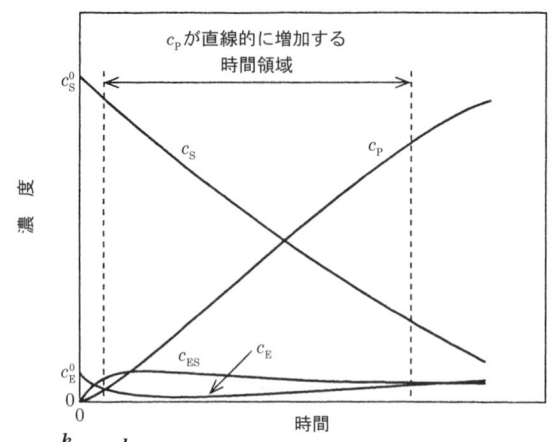

図3-7 $E + S \underset{k_{-1}}{\overset{k_1}{\rightleftarrows}} ES \overset{k_2}{\to} E + P$ の各反応種の濃度が時間とともに変化する様子
(3.2.2)～(3.2.5) 式を $k_1 = k_{-1} = k_2$ および $c_S^0 \gg c_E^0$ の条件で数値的に解いて得られた計算曲線。

傾きから定常状態における生成速度を実験的に求めることができる。なお，基質が酵素に比べて大過剰に存在すれば（$c_S^0 \gg c_E^0$），定常状態に達するまでの時間が短くなる。

次に，酵素・基質複合体（ES）に対して定常状態近似を適用して上の速度式を解いてみよう。複合体が定常状態にあれば，(3.2.3) 式は

$$\frac{dc_{ES}}{dt} = k_1 c_E c_S - (k_{-1} + k_2)c_{ES} = 0 \tag{3.2.6}$$

これより次式の関係が得られる。

$$\frac{k_{-1} + k_2}{k_1} = \frac{c_E c_S}{c_{ES}} \tag{3.2.7}$$

ここで，(3.2.7) 式の左辺は複合体の解離（反応物側へと生成物側への）のしやすさを表す定数であり，これを K_m で表し，Michaelis 定数とよぶ。すなわち

$$K_m = \frac{k_{-1} + k_2}{k_1} \tag{3.2.8}$$

なお，$k_{-1} \gg k_2$ ならば K_m は $ES \rightleftarrows E + S$ の平衡定数（次元は濃度）に相当する。(3.2.7) 式より，複合体の濃度を Michaelis 定数を用いて表せば

$$c_{ES} = \frac{c_E c_S}{K_m} \tag{3.2.9}$$

ここで，酵素の全濃度を c_E^0 とすれば，物質収支の関係より次式が成り立つ。

$$c_E^0 = c_E + c_{ES} \tag{3.2.10}$$

(3.2.9) 式と (3.2.10) 式より，複合体濃度は酵素の全濃度を用いて次式のように表される。

$$c_{ES} = \frac{c_E^0 c_S}{K_m + c_S} \tag{3.2.11}$$

(3.2.11) 式を (3.2.4) 式に代入すると，生成物の生成速度として次式が得られる。

$$\frac{dc_P}{dt} = v = \frac{k_2 c_E^0 c_S}{K_m + c_S} \tag{3.2.12}$$

(3.2.12) 式は，定常状態における生成物の生成速度（v）を酵素の全濃度および基質濃度の関数として表すものである。定常状態速度を測定する場合，酵素濃度に対して過剰な基質濃度が用いられる（図 3-7 およびそれに関する本文中の説明を見よ）。また，定常状態速度は反応の初期過程から求められるので，基質濃度（c_S）は近似的に基質初濃度（c_S^0）と等しいとみなされる。したがって，(3.2.12) 式は基質の初濃度を用いた次式で置き換えられる。

$$v = \frac{k_2 c_E^0 c_S^0}{K_m + c_S^0} \tag{3.2.12'}$$

酵素濃度を一定にして，基質初濃度を種々に変えたときの v と c_S^0 の関係を図 3-8 に示す。(3.2.12') 式からもわかるように，基質が比較的低濃度のときは v は c_S^0 に対して直線的に増加し，基質が高濃度になると一定値に近づいていく。大過剰の基質のもとで得られる最大速度を V_{max} で表せば，(3.2.12') 式は次式のように書き直せる。

$$v = \frac{V_{max} c_S^0}{K_m + c_S^0} \tag{3.2.13}$$

(3.2.12') 式や (3.2.13) 式を Michaelis-Menten の式という。

(B) K_m と V_{max} の決定方法

(3.2.13) 式から明らかなように，酵素反応の定常状態速度の解析から2つの重要なパラメター K_m と V_{max} が得られる。K_m は，前にも述べたように，酵素・基質複合体の解離の傾向を表すパラメターである。いいかえれば，K_m は酵素と基質の結合の強さの目安となるもので（K_m が小さいほど結合は強い），酵素の基質特異性の評価に役立つ。V_{max} は酵素の全濃度に比例するので酵素濃度の目安となり，したがって，未知の試料溶液中の酵素濃度を知るために用いられる（enzyme assay）。また，酵素濃度が既知の場合，V_{max} から k_2 を知ることができる。k_2 は酵素の触媒としての効率の目安となるパラメターであり，また，酵素触媒の機構に関する知見を得るために役立つ。ここで，これらのパラメター K_m と V_{max} を実験的に決定する方法について示そう。

酵素の全濃度を一定にして，基質濃度を変えて v を測定し，図 3-8 のようなグラフを描け

$$\frac{V_{max}}{2} = \frac{V_{max} c_S^0}{K_m + c_S^0}$$

$$\frac{1}{2} = \frac{c_S^0}{K_m + c_S^0}$$

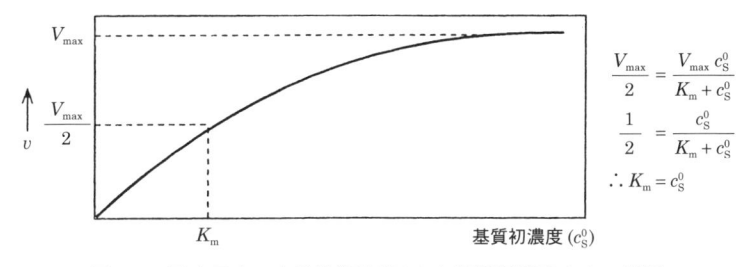

$$\therefore K_m = c_S^0$$

図 3-8 酵素反応の定常状態速度 (v) と基質初濃度 (c_S^0) の関係
$V_{max}/2$ を与える c_S^0 が K_m に相当する。

ば，v の高濃度への外挿値として V_{max} を，また，$v = V_{max}/2$ となるときの基質濃度として K_m を決定できる。この方法では基質の広い濃度範囲にわたる測定が必要であり，とくに，正確な V_{max} を得るためには十分に高濃度までの基質濃度が要求される。より簡略化された実験からこれらのパラメータを決定するためには，以下に示すように，Michaelis-Menten 式を変形した式を用いる方法がとられる。

(1) Lineweaver–Burk 式

(3.2.13) 式の両辺の逆数をとれば次式が得られる。

$$\frac{1}{v} = \frac{K_m}{V_{max}} \cdot \frac{1}{c_S^0} + \frac{1}{V_{max}} \tag{3.2.14}$$

(3.2.14) 式によれば，$1/c_S^0$ に対して $1/v$ をプロットすれば直線が得られ，その直線の傾きと切片から K_m と V_{max} を決定することができる。図 3-9(a) はこのプロットを模式的に示したものである。なお，図 3-9(a) のようなプロットを Lineweaver-Burk **プロット**といい，K_m と V_{max} を決定する方法として最もよく用いられている。

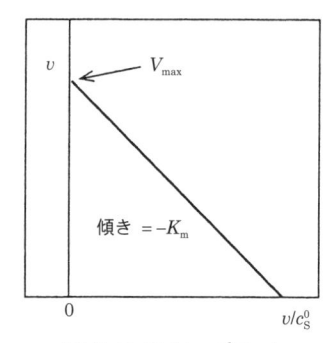

(2) Eadie–Hofstee 式

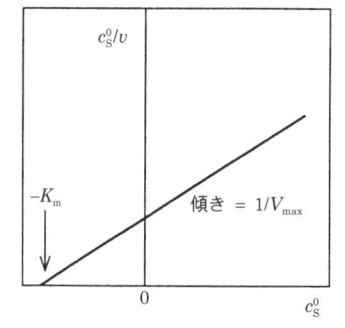

(3.2.13) 式は次式のようにも変形できる。

$$v = -K_m \cdot \frac{v}{c_S^0} + V_{max} \tag{3.2.15}$$

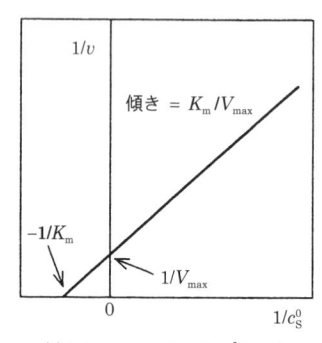

図 3-9 K_m と V_{max} を求めるための作図による方法

したがって，v/c_S^0 に対して v をプロットしたときの直線の傾きが $-K_m$ に，また切片が V_{max} に相当する（図 3-9(b)）。

(3) Hanes-Woolf 式

(3.2.13) 式はまた次のようにも変形できる。

$$\frac{c_S^0}{v} = \frac{c_S^0}{V_{max}} + \frac{K_m}{V_{max}} \tag{3.2.16}$$

したがって，c_S^0 に対して c_S^0/v をプロットした直線の傾きと切片から K_m と V_{max} が得られる（図 3-9(c)）。

3.2.3 複雑な酵素反応機構

(A) 逆反応が起こる場合

前節では酵素触媒反応の中で最も簡単な型を取り扱ったが，そこでは基質から生成物への一方向の反応を考えた。ここでは，生成物からもとの基質への逆反応も起こるような場合を考えよう。この機構は次の反応スキームで表される。

$$\mathrm{E + S} \underset{k_{-1}}{\overset{k_1}{\rightleftarrows}} \mathrm{ES} \underset{k_{-2}}{\overset{k_2}{\rightleftarrows}} \mathrm{E + P} \tag{3.2.17}$$

この場合，酵素・基質複合体および生成物の生成速度は次式で与えられる。

$$\frac{dc_{ES}}{dt} = k_1 c_E c_S - (k_{-1} + k_2) c_{ES} + k_{-2} c_E c_P \tag{3.2.18}$$

$$\frac{dc_P}{dt} = v = k_2 c_{ES} - k_{-2} c_E c_P \tag{3.2.19}$$

複合体に定常状態近似を適用すれば

$$\frac{dc_{ES}}{dt} = 0$$

より，複合体の定常状態における濃度は次式で与えられる。

$$c_{ES} = \frac{k_1 c_S + k_{-2} c_P}{k_{-1} + k_2} c_E \tag{3.2.20}$$

物質収支の関係

$$c_E = c_E^0 - c_{ES} \tag{3.2.21}$$

を (3.2.19) 式に代入した後 c_{ES} について解くと次式が得られる。

$$c_{ES} = \frac{(k_1 c_S + k_{-2} c_P) c_E^0}{k_{-1} + k_2 + k_1 c_S + k_{-2} c_P} \tag{3.2.22}$$

また，(3.2.22) 式を (3.2.21) 式に代入すれば，遊離の酵素濃度として次式が得られる。

$$c_E = \frac{(k_{-1} + k_2) c_E^0}{k_{-1} + k_2 + k_1 c_S + k_{-2} c_P} \tag{3.2.23}$$

(3.2.22) 式と (3.2.23) 式を (3.2.19) 式に代入すると，定常状態における生成物の生成速

度として次式が得られる。

$$v = \frac{(k_1 k_2 c_S - k_{-1} k_{-2} c_P) c_E^0}{k_{-1} + k_2 + k_1 c_S + k_{-2} c_P} \tag{3.2.24}$$

(3.2.24) 式で 2 つの極限の場合を考えよう。ひとつは生成物が存在しない状況で基質と酵素を混合した場合で，そのとき反応の初期の段階では $c_P = 0$ と近似できる。この場合，(3.2.24) 式は次式のように簡単化される。

$$v_f = \frac{V_{max}^f c_S}{K_m + c_S} \tag{3.2.25}$$

ここで，式中のパラメーターにはそれらが正反応に関連した量であることを示すために添字 f を付けた。(3.2.25) 式は逆反応を考えないときの Michaelis-Menten の式と同じものであり，これより，逆反応が起こる場合でも基質と酵素の反応初期の段階では逆反応にともなう複雑さを無視できることがわかる。

もうひとつの極限は，上とは逆に生成物と酵素から反応をはじめる場合で，このときも反応の初期段階に限れば $c_S = 0$ と近似できるので (3.2.24) 式は次式のように書き直すことができる。

$$v_b = -\frac{dc_P}{dt} = \frac{k_{-1} k_{-2} c_P c_E^0}{k_{-1} + k_2 + k_{-2} c_P} = \frac{k_{-1} c_E^0 c_P}{\frac{k_{-1} + k_2}{k_{-2}} + c_P} = \frac{V_{max}^b c_P}{K_m^b + c_P} \tag{3.2.26}$$

ここで，添字の b は逆反応に関するものであることを示すために付けた。すなわち，V_{max}^b および K_m^b は逆反応に対する最大速度および Michaelis 定数に相当する。(3.2.26) 式は，酵素によって触媒される反応が可逆的であれば，逆反応もまたその酵素によって触媒されること，および，生成物と酵素から反応をはじめる実験を行えば逆反応に対する V_{max} と K_m を知ることができることを示している。

酵素によって触媒される可逆反応の速度は，基質濃度と生成物濃度の両方に依存する。とくに生成物濃度に注目すると，(3.2.24) 式の分子の $-k_{-1} k_{-2} c_P$ の項および分母の $k_{-2} c_P$ の項のため，反応が進行して生成物が蓄積されるにつれて正反応の速度は遅くなることがわかるだろう。すなわち，生成物が少量しか存在しないと酵素反応は急速に進行して生成物が生産され，一方，生成物が多量に蓄積されるとその生成速度は遅くなる。このことは，生成物が酵素の触媒作用を制御しているとみなすことができ，酵素反応の調節機構の最も簡単な例になっている。より複雑な酵素反応の調節機構については次の節で取り扱う。

(B) 2 つの中間体が存在する場合

(3.2.1) 式の反応機構では，酵素・基質複合体からただちに生成物と酵素が生成するものとしている。しかし，酵素・基質複合体からいったん酵素と生成物の複合体を経て，それから生成物が遊離されると考える方が現実的であろう。この場合の反応スキームは次式で表さ

れる。
$$\mathrm{E+S} \underset{k_{-1}}{\overset{k_1}{\rightleftarrows}} \mathrm{ES} \underset{k_{-2}}{\overset{k_2}{\rightleftarrows}} \mathrm{EP} \xrightarrow{k_3} \mathrm{E+P} \tag{3.2.27}$$

中間体 ES および EP の生成速度はそれぞれ以下のように表される。
$$\frac{dc_{\mathrm{ES}}}{dt} = k_1 c_{\mathrm{E}} c_{\mathrm{S}} - (k_{-1}+k_2)c_{\mathrm{ES}} + k_{-2}c_{\mathrm{EP}} \tag{3.2.28}$$
$$\frac{dc_{\mathrm{EP}}}{dt} = k_2 c_{\mathrm{ES}} - (k_{-2}+k_3)c_{\mathrm{EP}} \tag{3.2.29}$$

また，生成物の生成速度は
$$\frac{dc_{\mathrm{P}}}{dt} = v = k_3 c_{\mathrm{EP}} \tag{3.2.30}$$

で表され，物質収支の関係は次式で与えられる。
$$c_{\mathrm{E}}^0 = c_{\mathrm{E}} + c_{\mathrm{ES}} + c_{\mathrm{EP}} \tag{3.2.31}$$

2つの中間体に定常状態近似を適用し，その結果を（3.2.30）式および（3.2.31）式と組合せることによって，定常状態における生成物の生成速度を与える次式が得られる。
$$\frac{dc_{\mathrm{P}}}{dt} = v = \frac{k_1 k_2 k_3 c_{\mathrm{E}}^0 c_{\mathrm{S}}}{k_{-1}k_{-2} + k_{-1}k_3 + k_2 k_3 + k_1(k_2+k_{-2}+k_3)c_{\mathrm{S}}} \tag{3.2.32}$$

なお，ここでも基質濃度 c_{S} は実質的には初濃度 c_{S}^0 で置き換えられる。

（3.2.32）式は，定数の中味は異なるが関数形としては単純な Michaelis–Menten 式（3.2.12）式または（3.2.13）式と同じ形をしている。したがって，基質濃度（c_{S}^0）と生成物の生成速度（v）の実験データを（3.2.14）式～（3.2.16）式等に従って処理したとき直線関係が得られ，それより $V_{\max}$ や K_{m} に相当するパラメーターが得られる。これはいいかえれば，中間体が1つの場合と2つの場合を実験的に区別できないことになり，この点が定常状態の速度解析の方法の弱点でもある。定常状態に達する前の段階での速度を化学緩和法などの高速反応測定法を用いて調べることによりこの問題を解決できるが，これについては第4節で述べよう。

(C) 2つの基質が存在する場合

酵素によっては複数の基質が関与する反応を触媒するものがある。このような酵素反応の例として，ここでは2種類の基質から2種類の生成物が生じる場合を考えよう。この型の酵素反応では，ひとつの酵素に2種類の基質が結合した後，生成物に変換され，次いで生成物が遊離される場合があり，その中でも，2種類の基質が結合する順番が決まっている場合（**逐次機構** sequential mechanism）と結合の順番に一定の決まりがない場合（**ランダム機構** random mechanism）がある。S1，S2 を基質，P1，P2 を生成物として，それぞれの機構は次式のように表される。

(1) 逐次機構

$$\mathrm{E} \xrightarrow{\mathrm{S1}} \mathrm{ES1} \xrightarrow{\mathrm{S2}} \mathrm{ES1S2} \longleftrightarrow \mathrm{EP1P2} \xrightarrow{\mathrm{P1}} \mathrm{EP2} \xrightarrow{\mathrm{P2}} \mathrm{E} \quad (3.2.33)$$

(2) ランダム機構

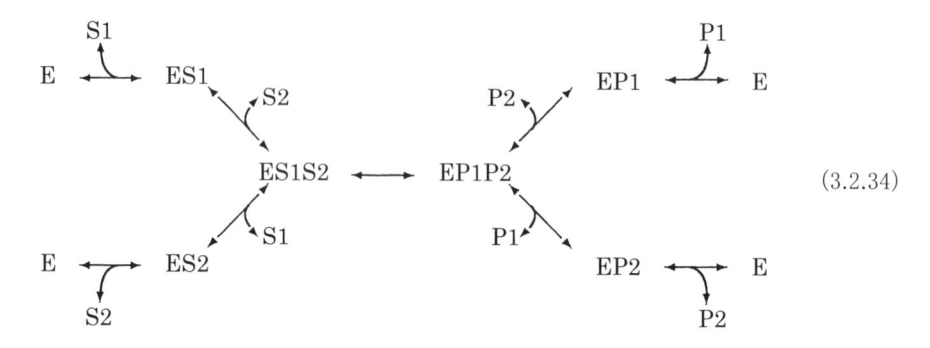

$$\begin{array}{c}
\mathrm{E} \xrightarrow{\mathrm{S1}} \mathrm{ES1} \searrow_{\mathrm{S2}} \qquad \qquad \qquad \nearrow \mathrm{EP1} \xrightarrow{\mathrm{P1}} \mathrm{E} \\
\mathrm{ES1S2} \longleftrightarrow \mathrm{EP1P2} \\
\mathrm{E} \xrightarrow{\mathrm{S2}} \mathrm{ES2} \nearrow^{\mathrm{S1}} \qquad \qquad \qquad \searrow_{\mathrm{P1}} \mathrm{EP2} \xrightarrow{\mathrm{P2}} \mathrm{E}
\end{array} \quad (3.2.34)$$

もう1つの場合として,第1の基質が酵素に結合し,生成物に変わり,それが遊離されるとともに酵素が形態を変え,この形を変えた酵素に第2の基質が結合して生成物に変わり,それが遊離されるとともに酵素はもとの形態に戻る機構があり,**ピンポン機構**(ping-pong mechanism)とよばれる。この機構は次のように表される。

(3) ピンポン機構

$$\begin{aligned}
&\mathrm{E} + \mathrm{S1} \rightleftarrows \mathrm{ES1} \rightleftarrows \mathrm{EP1} \rightleftarrows \mathrm{E'} + \mathrm{P1} \\
&\mathrm{E'} + \mathrm{S2} \rightleftarrows \mathrm{E'S2} \rightleftarrows \mathrm{E'P2} \rightleftarrows \mathrm{E} + \mathrm{P2}
\end{aligned} \quad (3.2.35)$$

定常状態速度式は,逐次機構とランダム機構に対しては同じになり,次式で表される。

$$v = \frac{Vc_{\mathrm{S1}}c_{\mathrm{S2}}}{X_0 + X_1 c_{\mathrm{S1}} + X_2 c_{\mathrm{S2}} + c_{\mathrm{S1}}c_{\mathrm{S2}}} \quad (3.2.36)$$

一方,ピンポン機構に対する定常状態速度式は次式で与えられる。

$$v = \frac{Vc_{\mathrm{S1}}c_{\mathrm{S2}}}{X_1 c_{\mathrm{S1}} + X_2 c_{\mathrm{S2}} + c_{\mathrm{S1}}c_{\mathrm{S2}}} \quad (3.2.37)$$

ここで,X_0,X_1,X_2は種々の速度定数が組合わさった定数項である。いま,一方の基質,例えばS2が他方に比べて大過剰に存在するものとしよう($c_{\mathrm{S2}} \gg c_{\mathrm{S1}}$)。そのとき,(3.2.36) 式と (3.2.37) 式はいずれも次式のように簡単になる。

$$v = \frac{Vc_{\mathrm{S1}}}{X_2 + c_{\mathrm{S1}}} \quad (3.2.38)$$

(3.2.38) 式は1種類の基質が存在する場合の Michaelis-Menten 式と同じ形になっている。消化酵素が触媒する反応の基質のひとつは水であり,水は大過剰に存在する。したがって,この状況は多くの消化酵素にあてはまる。

(3.2.36) 式および (3.2.37) 式からわかるように,いずれの場合も,c_{S2}^0 を一定にして c_{S1}^0 を

種々に変えた実験から Lineweaver-Burk プロットをすれば直線が得られる。同様の実験をいくつかの c_{S2}^0 について行うと，ピンポン機構と他の2つの機構ではLineweaver-Burk プロットの直線群の振る舞いが異なる。逐次機構とランダム機構の場合，図3-10(a)に示したように，c_{S2}^0 を変えると直線の傾きと切片の両方が変わる。一方，ピンポン機構の場合，Lineweaver-Burk プロットは切片のみが c_{S2}^0 の影響を受けるため平行な直線群が得られる（図3-10(b)）。したがって，ピンポン機構と他の2つの機構は単純な Lineweaver-Burk プロットによって区別することができる。しかし，逐次機構とランダム機構を区別するためにはさらに煩雑な実験が必要である。逐次機構に従う酵素の例としてNAD-およびNADP-デヒドロゲナーゼがあげられる。クレアチンキナーゼは典型的なランダム機構に従う酵素である。ピンポン機構に従う酵素としてはピリドキサールトランスアミナーゼが知られている。

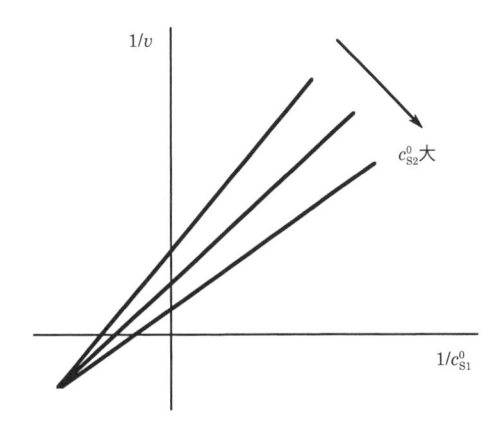

(a) 逐次機構またはランダム機構

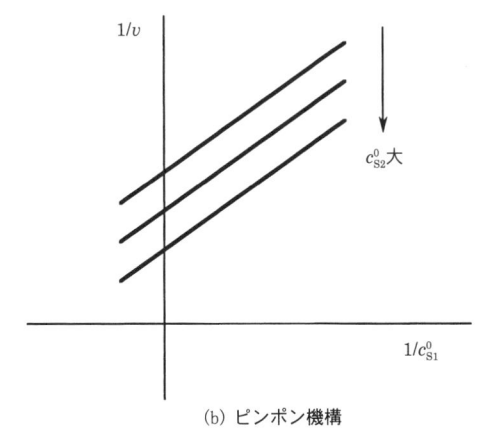

(b) ピンポン機構

図3-10 逐次機構，ランダム機構およびピンポン機構に対する **Lineweaver-Burk**プロット

3.3 酵素活性の調節機構

3.3.1 はじめに

前の節で可逆的な酵素反応を取り扱ったとき（3.2.3 節 A），生成物が酵素の触媒活性を調節するということを指摘した。すなわち，生成物の存在量（濃度）が少なければ酵素が生成物を生産する速度は速いが，生成物が多量に存在していればその生成速度は抑えられる。言い換えれば，生成物は酵素活性を抑制する機能をもち，それによって酵素反応を調節している。これ以外にも酵素の触媒効果を調節するしくみとして多様な機構が存在する。その多くは，基質や生成物以外の第 3 の物質が酵素の活性部位もしくは活性部位から離れた結合部位に結合することによってもたらされる。このような化学物質によって酵素触媒反応の速度が微妙に調節される。この章では，このような酵素活性の調節機構について考えよう。

3.3.2 阻害剤による酵素活性の調節

先にも述べたように，酵素による触媒反応では酵素の活性部位に基質が結合し，そこで化学変化を受けて生成物となり，その生成物が活性部位から離れていく。酵素の活性部位には，基質によく似た化学構造をもつ化合物もまた結合することができるだろう。このような物質が存在すれば，酵素・基質複合体が形成される機会が減少し，結果として生成物の生成速度が遅くなる。酵素の触媒活性が第 3 の物質によって押さえられることを**酵素の阻害**（enzyme inhibition）といい，このような物質を**阻害剤**（inhibitor）とよぶ。阻害剤による酵素の阻害作用にはいくつかのタイプがあり，阻害剤が酵素に結合すると基質は結合できなくなるような阻害様式を**競争阻害**（competitive inhibition）という。阻害剤の結合は基質の酵素への結合には影響を及ぼさないが，触媒機能を妨害するような阻害様式を**非競争阻害**（noncompetitive inhibition）という。これら 2 つの中間的な阻害様式も見られ，これを**混合阻害**（mixed inhibition）という。さらに，阻害剤が遊離の酵素には結合しないが，酵素・基質複合体と結合して反応を阻害する場合もあり，これは**反競争阻害**（uncompetitive inhibition）とよばれる。以下に，それぞれの阻害様式について詳しく見ていこう。

(A) 競争阻害

阻害剤を I で表せば，競争阻害が起こるときの酵素反応は次の反応スキームで表される。

$$E + S \underset{k_{-1}}{\overset{k_1}{\rightleftarrows}} ES \xrightarrow{k_2} E + P$$

$$E + I \underset{k_{-3}}{\overset{k_3}{\rightleftarrows}} EI \tag{3.3.1}$$

阻害剤が酵素に結合して EI 複合体をつくるので遊離の酵素が減少し，その結果 ES 複合体も減少するので，P の生成速度は阻害剤が存在しないときに比べて遅くなるということは直感

的にわかるだろう．この場合，遊離の酵素を基質と阻害剤が競争的に奪い合うことになる．

(3.3.1) 式の反応では，生成物の生成速度は次式で与えられる．

$$\frac{dc_P}{dt} = v = k_2 c_{ES} \tag{3.3.2}$$

基質および阻害剤が酵素に比べて大過剰（c_S^0, $c_I^0 \gg c_E^0$）という実験条件下では ES 複合体および EI 複合体の両方に対して定常状態近似が適用できて，次の関係が得られる．

$$\frac{dc_{ES}}{dt} = k_1 c_E c_S - (k_{-1} + k_2) c_{ES} = 0 \tag{3.3.3}$$

$$\frac{dc_{EI}}{dt} = k_3 c_E c_I - k_{-3} c_{EI} = 0 \tag{3.3.4}$$

これらの関係より次式を得る．

$$\frac{c_E c_S}{c_{ES}} = \frac{k_{-1} + k_2}{k_1} = K_m \tag{3.3.5}$$

$$\frac{c_E c_I}{c_{EI}} = \frac{k_{-3}}{k_3} = K_I \tag{3.3.6}$$

ここで，K_m は Michaelis 定数であり，また，K_I は EI 複合体の解離平衡定数に相当し，**阻害定数**とよばれる．物質収支の関係は次式で表され

$$c_E^0 = c_E + c_{ES} + c_{EI} \tag{3.3.7}$$

これを c_E について解いて (3.3.5) 式および (3.3.6) 式に代入すると，次式が得られる．

$$K_m = \frac{(c_E^0 - c_{ES} - c_{EI}) c_S}{c_{ES}} \tag{3.3.8}$$

$$K_I = \frac{(c_E^0 - c_{ES} - c_{EI}) c_I}{c_{EI}} \tag{3.3.9}$$

(3.3.9) 式を c_{EI} について解くと

$$c_{EI} = \frac{(c_E^0 - c_{ES}) c_I}{c_I + K_I} \tag{3.3.10}$$

これを (3.3.8) 式に代入した後，c_{ES} について解くと次式が得られる．

$$c_{ES} = \frac{K_I c_E^0 c_S}{K_m c_I + K_I c_S + K_I K_m} \tag{3.3.11}$$

この (3.3.11) 式と (3.3.2) 式より，P の生成速度を表す次式が得られる．

$$v = \frac{k_2 K_I c_E^t c_S}{K_m c_I + K_I c_S + K_I K_m} \tag{3.3.12}$$

c_S が十分に高いところでは，この反応速度は極限値 $V_{max} = k_2 c_E^0$ に近づく．したがって，(3.3.12) 式は次のように書き直すことができる．

$$v = \frac{V_{max} K_I c_S}{K_m c_I + K_I c_S + K_I K_m} = \frac{V_{max} c_S}{K_m \left(1 + \dfrac{c_I}{K_I}\right) + c_S} \tag{3.3.13}$$

または，基質および阻害剤の濃度をそれぞれの初濃度 c_S^0, c_I^0 で近似すれば

$$v = \frac{V_{\max} c_S^0}{K_m \left(1 + \dfrac{c_I^0}{K_I}\right) + c_S^0} \tag{3.3.13'}$$

(3.3.12) 式あるいは (3.3.13) 式が，競争阻害がある場合の酵素反応の速度を全酵素濃度，基質濃度，および阻害剤濃度の関数として表す関係式である。

(3.3.13') 式の両辺の逆数をとると，Lineweaver-Burk 式に相当するものとして次式が得られる。

$$\frac{1}{v} = \left(1 + \frac{c_I^0}{K_I}\right) \frac{K_m}{V_{\max}} \cdot \frac{1}{c_S^0} + \frac{1}{V_{\max}} \tag{3.3.14}$$

この式を単純な Michaelis-Menten 式に対応する Lineweaver-Burk 式

$$\frac{1}{v} = \frac{K_m}{V_{\max}} \cdot \frac{1}{c_S^0} + \frac{1}{V_{\max}} \tag{3.2.14'}$$

と比較すると，直線の傾きのみが阻害剤の影響を受けることがわかる。すなわち，図 3-11 に示すように，競争阻害剤の濃度を変えて一連の実験を行って Lineweaver-Burk プロットをしたとき，直線の傾きは阻害剤濃度が増すにつれ大きくなるが y-切片は変わらない。このことは以下のことを考えてもうなずける。阻害剤と基質は酵素の同じ結合部位に競争的に結合し，また，その結合はいずれの場合も可逆的であるので，基質が阻害剤に比べて十分に大過剰にあればすべての酵素は実質的に ES 複合体として存在し，v は $V_{\max}$ に近づく（すなわち，$1/c_S^0 \to 0$ のとき $v \to V_{\max}$）。基質濃度が低くなると，阻害剤が遊離の酵素を奪うため（EI 複合体として），ES 複合体が減少し結果として v が小さくなる（すなわち，$1/v$ は大きくなる，あるいは，直線の傾きが大きくなる）。

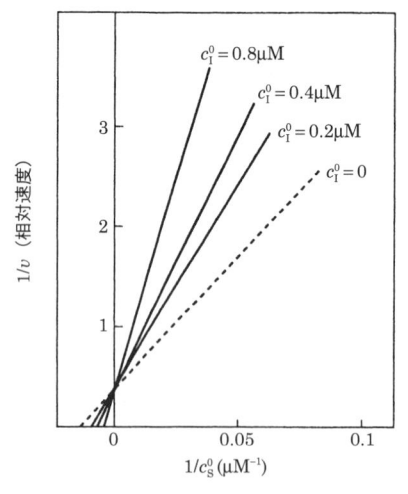

図 3-11　eserine の acetylcholineesterase に対する競争阻害

c_I^0：阻害剤 (eserine) 初濃度
c_S^0：基質 (acetylcholine) 初濃度

(B) 非競争阻害

非競争阻害の場合，阻害剤は基質の酵素への結合に対しては影響を及ぼさない。しかし，阻害剤が酵素に結合していると基質から生成物への変換が妨害される。この型の阻害剤が存在するときの酵素反応は次の反応スキームで表される。

$$
\begin{aligned}
&\text{E} + \text{S} \underset{k_{-1}}{\overset{k_1}{\rightleftarrows}} \text{ES} \xrightarrow{k_2} \text{E} + \text{P} \\
&\text{E} + \text{I} \underset{k_{-3}}{\overset{k_3}{\rightleftarrows}} \text{EI} \\
&\text{EI} + \text{S} \underset{k_{-1}}{\overset{k_1}{\rightleftarrows}} \text{EIS} \\
&\text{ES} + \text{I} \underset{k_{-3}}{\overset{k_3}{\rightleftarrows}} \text{EIS}
\end{aligned}
\tag{3.3.15}
$$

酵素・基質・阻害剤の3者の複合体（EIS）からは生成物が生じない。また，基質と阻害剤は酵素への結合に関しては独立であるので，酵素・阻害剤複合体（EI）への基質（S）の結合および解離の速度定数はそれぞれ k_1 および k_{-1} であり，同様に，酵素・基質複合体（ES）への阻害剤（I）の結合・解離のそれは k_3 および k_{-3} である。

(3.3.15) 式の各反応種に対する定常状態濃度は K_{m} および K_{I} と次式で関係づけられる。

$$
\begin{aligned}
K_{\mathrm{m}} &= \frac{c_{\mathrm{E}} c_{\mathrm{S}}}{c_{\mathrm{ES}}} \\
K_{\mathrm{I}} &= \frac{c_{\mathrm{E}} c_{\mathrm{I}}}{c_{\mathrm{EI}}} = \frac{k_{-3}}{k_3} = \frac{c_{\mathrm{ES}} c_{\mathrm{I}}}{c_{\mathrm{EIS}}}
\end{aligned}
\tag{3.3.16}
$$

これらと物質収支の関係

$$
c_{\mathrm{E}}^0 = c_{\mathrm{E}} + c_{\mathrm{ES}} + c_{\mathrm{EI}} + c_{\mathrm{EIS}} \tag{3.3.17}
$$

から，非競争阻害の場合の定常状態速度として次式が得られる。

$$
\frac{\mathrm{d}c_{\mathrm{P}}}{\mathrm{d}t} = v = \frac{V_{\max} c_{\mathrm{S}}}{(K_{\mathrm{m}} + c_{\mathrm{S}})\left(1 + \dfrac{c_{\mathrm{I}}}{K_{\mathrm{I}}}\right)} \tag{3.3.18}
$$

(3.3.18) 式の逆数をとると，この場合の Lineweaber–Burk 式として次式が得られる。

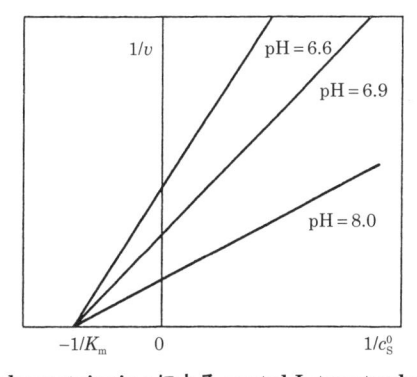

図 3-12 α-chymotripsine による acetyl-L-tryptophan amide の加水分解反応に対する H$^+$ イオンの非競争阻害

$$\frac{1}{v} = \left(1+\frac{c_\mathrm{I}}{K_\mathrm{I}}\right)\left(\frac{K_\mathrm{m}}{V_\mathrm{max}}\cdot\frac{1}{c_\mathrm{S}}+\frac{1}{V_\mathrm{max}}\right) \tag{3.3.19}$$

この式を単純な Lineweaber–Burk 式（(3.2.14) 式）と比較すると，非競争阻害の場合，阻害剤濃度によって Lineweaber–Burk プロットの傾きと y-切片の両方が影響を受けることがわかる．すなわち，阻害剤濃度が増すと，直線の傾きと y-切片が大きくなる．ただし，x-切片は阻害剤濃度によらず一定になる．この様子を図 3-12 に示した．

(C) 混合阻害

上では阻害剤による酵素阻害の様式として 2 つの極限の状況を見てきた．現実にはこれら 2 つの阻害様式の中間的な場合も多く，これは混合阻害とよばれる．混合阻害の場合の定常状態速度式は次式で与えられる．

$$v = \frac{V_\mathrm{max}c_\mathrm{S}}{K_\mathrm{m}\left(1+\dfrac{c_\mathrm{I}}{K_\mathrm{I}}\right)+c_\mathrm{S}\left(1+\dfrac{c_\mathrm{I}}{K_\mathrm{I}'}\right)} \tag{3.3.20}$$

ここで，K_I は EI 複合体の解離定数，K_I' は EIS 複合体の解離定数であり，この 2 つの解離定数が同じなら非競争阻害になり，また，$K_\mathrm{I}' \to \infty$（すなわち，EIS 複合体が形成されない）のとき競争阻害になることが確かめられるだろう．

混合阻害の場合の Lineweaver–Burk 式は

$$\frac{1}{v} = \left(1+\frac{c_\mathrm{I}}{K_\mathrm{I}}\right)\frac{K_\mathrm{m}}{V_\mathrm{max}}\cdot\frac{1}{c_\mathrm{S}}+\left(1+\frac{c_\mathrm{I}}{K_\mathrm{I}'}\right)\frac{1}{V_\mathrm{max}} \tag{3.3.21}$$

となり，したがって，この場合，Lineweaver–Burk プロットは図 3-13 に模式的に示したように，直線の傾き，y-切片，x-切片のいずれもが阻害剤濃度に依存するようになる．

(D) 反競争阻害

この阻害様式では，阻害剤は遊離の酵素には結合しないが酵素・基質複合体に結合して基質→生成物の反応を阻害する．このような阻害剤が存在する場合の反応機構は次式で表される．

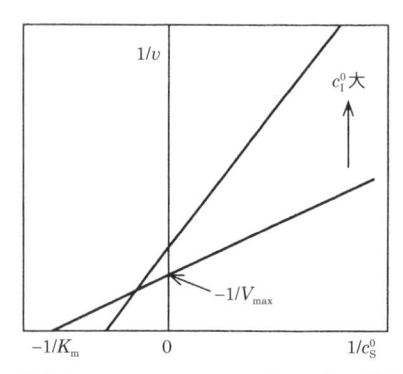

図 3-13 混合阻害の場合 Lineweaver–Burk プロットに対する阻害剤濃度の影響

$$\text{E} + \text{S} \underset{k_{-1}}{\overset{k_1}{\rightleftarrows}} \text{ES} \xrightarrow{k_2} \text{E} + \text{P} \qquad (3.3.22)$$

$$\text{ES} + \text{I} \underset{k_{-3}}{\overset{k_3}{\rightleftarrows}} \text{ESI}$$

非競争阻害（3.3.2 節(B)）で示した取り扱いと同様の手順を踏むと，ES 複合体の定常状態濃度として次式が得られる。

$$c_{\text{ES}} = \frac{c_{\text{E}}^0 c_{\text{S}}}{K_{\text{m}} + \left(1 + \dfrac{c_{\text{I}}}{K_{\text{I}}}\right)c_{\text{S}}} \qquad (3.3.23)$$

したがって，定常状態における生成物の生成速度は次式で表される。

$$v = \frac{V_{\max} c_{\text{S}}}{K_{\text{m}} + \left(1 + \dfrac{c_{\text{I}}}{K_{\text{I}}}\right)c_{\text{S}}} \qquad (3.3.24)$$

また，この式の両辺の逆数をとると

$$\frac{1}{v} = \frac{K_{\text{m}}}{V_{\max}} \cdot \frac{1}{c_{\text{S}}} + \left(1 + \frac{c_{\text{I}}}{K_{\text{I}}}\right)\frac{1}{V_{\max}} \qquad (3.3.25)$$

となり，この場合の Lineweaver–Burk プロットでは直線の切片のみが阻害剤濃度の影響を受ける。

3.3.3 pH による酵素活性の調節

種々の pH のもとで酵素活性を測定すると，典型的には図 3-14 に示すようなベル型の pH 依存性が観測される。酵素活性が最も大きくなる**至適 pH**（optimum pH）は酵素の種類によって異なる。このようなベル型の pH 依存性は，酵素が 3 種のイオン化状態をとり，そのうちのひとつの形態のみが活性を示すと考えれば理解できる。この 3 種のイオン化状態を EH_2^{2+}，EH^+ および E とし，これらの間に次のような平衡が成り立っているとしよう。

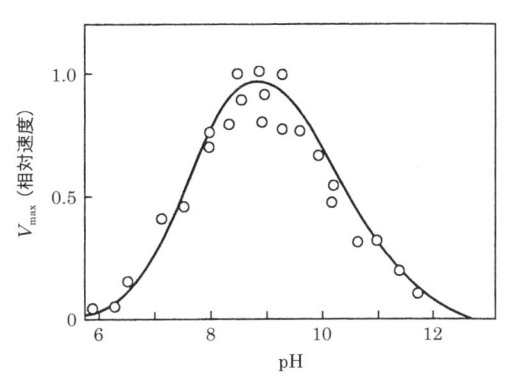

図 3-14 histidine を基質とした histidase の酵素活性の pH による変化

$$\text{EH}_2^{2+} \xrightleftharpoons[K_1]{\text{H}^+} \text{EH}^+ \xrightleftharpoons[K_2]{\text{H}^+} \text{E} \tag{3.3.26}$$

ここで，EH^+のみが基質と結合して触媒作用を示すものとすれば，酵素活性は全酵素種のうちのEH^+種の割合に比例するだろう．それぞれの酵素種の割合は，次のようにしてH^+濃度（c_{H^+}）の関数として求められる．

(3.3.26) 式の2つの段階の平衡定数（酸解離定数）は

$$K_1 = \frac{c_{\text{EH}^+} c_{\text{H}^+}}{c_{\text{EH}_2^{2+}}} \tag{3.3.27}$$

$$K_2 = \frac{c_{\text{E}} c_{\text{H}^+}}{c_{\text{EH}^+}} \tag{3.3.28}$$

酵素濃度に対する物質収支の関係は

$$c_{\text{E}}^0 = c_{\text{E}} + c_{\text{EH}^+} + c_{\text{EH}_2^{2+}} \tag{3.3.29}$$

(3.3.27) 式と (3.3.28) 式より c_{E} および c_{EH^+} を $c_{\text{EH}_2^{2+}}$ で表して (3.3.29) 式に代入すると次式が得られる．

$$c_{\text{E}}^0 = \frac{K_2 K_1 c_{\text{EH}_2^{2+}}}{c_{\text{H}^+}^2} + \frac{K_1 c_{\text{EH}_2^{2+}}}{c_{\text{H}^+}} + c_{\text{EH}_2^{2+}} \tag{3.3.30}$$

したがって，全酵素濃度に対するEH_2^{2+}の割合は，水素イオン濃度の関数として次式で表される．

$$\frac{c_{\text{EH}_2^{2+}}}{c_{\text{E}}^0} = \frac{c_{\text{H}^+}^2}{c_{\text{H}^+}^2 + K_1 c_{\text{H}^+} + K_1 K_2} \tag{3.3.31}$$

同様にして，他の2つの酵素種の割合は

$$\frac{c_{\text{EH}^+}}{c_{\text{E}}^0} = \frac{K_1 c_{\text{H}^+}}{c_{\text{H}^+}^2 + K_1 c_{\text{H}^+} + K_1 K_2} \tag{3.3.32}$$

$$\frac{c_{\text{E}}}{c_{\text{E}}^0} = \frac{K_1 K_2}{c_{\text{H}^+}^2 + K_1 c_{\text{H}^+} + K_1 K_2} \tag{3.3.33}$$

で与えられる．(3.3.31) 式〜(3.3.33) 式を用いて3種の酵素種の割合を計算し，pHの関数として描いた曲線を図 3-15 に示す．図 3-15(a) は $\text{p}K_1 = 5$, $\text{p}K_2 = 10$ として，また，図 3-15(b) は $\text{p}K_1 = 7$, $\text{p}K_2 = 8$ として計算したものである．EH^+ 濃度は $\text{p}K_1$ と $\text{p}K_2$ の中間の pH のところで極大をもつベル型の pH 依存性を示し，この酵素種のみが活性をもつと仮定すれば，図 3-14 のような酵素活性の pH 依存性が説明される．

次に，酵素が3種のイオン化状態をとり得るとしたときの酵素反応の速度式を導こう．これは以下の3つの場合に分けて考えられる．いずれの場合も，3種のイオン化状態のうち EH^+ のみが基質と結合して触媒作用を示すものとする．

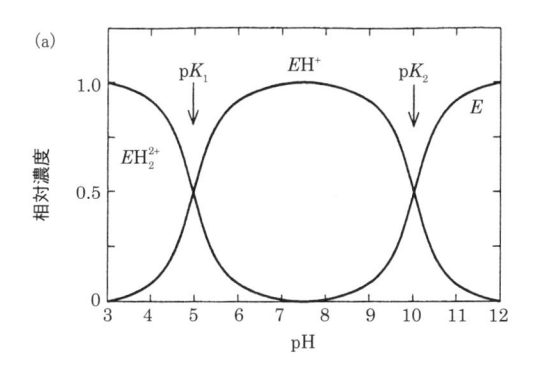

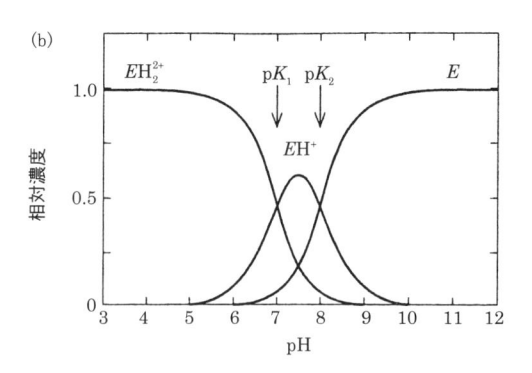

図 3-15 酵素の3つのイオン化種，EH_2^{2+}, EH^+ および E の相対濃度と pH の関係
(a) は $pK_1 = 5, pK_2 = 10$ として，また (b) は $pK_1 = 7, pK_2 = 8$ として計算したもの。

(A) 遊離酵素のみがイオン化する場合

この場合の反応スキームは (3.3.26) 式をもとにして次のように表される。

$$\begin{array}{c} E \\ \diagup\searrow H^+ \\ K_2 \\ EH^+ + S \underset{k_{-1}}{\overset{k_1}{\rightleftarrows}} EH^+S \overset{k_2}{\longrightarrow} EH^+ + P \\ K_1 \\ \diagup\searrow H^+ \\ EH_2^{2+} \end{array} \tag{3.3.34}$$

通常，酵素のイオン化の反応は非常に速く，3 つの酵素種の間に平衡が常に成り立っていると考えてよい。このとき

$$K_1 = \frac{c_{EH^+} c_{H^+}}{c_{EH_2^{2+}}} \tag{3.3.35}$$

$$K_2 = \frac{c_E c_{H^+}}{c_{EH^+}} \tag{3.3.36}$$

また，定常状態を考えれば

$$K_m = \frac{c_{EH^+} c_S}{c_{EH^+S}} \tag{3.3.37}$$

これらを酵素に関する物質収支の関係

$$c_E^0 = c_E + c_{EH^+} + c_{EH_2^{2+}} + c_{EH^+S} \tag{3.3.38}$$

と組合せることによって，酵素・基質複合体（EH$^+$S）の濃度に対する次式が得られる．

$$c_{EH^+S} = \frac{c_E^0 c_S}{K_m\left(1 + \dfrac{K_2}{c_{H^+}} + \dfrac{c_{H^+}}{K_1}\right) + c_S} \tag{3.3.39}$$

したがって，$v = k_2 c_{EH^+S}$ より，この場合の定常状態速度は次式で与えられる．

$$v = \frac{k_2 c_E^0 c_S}{K_m\left(1 + \dfrac{K_2}{c_{H^+}} + \dfrac{c_{H^+}}{K_1}\right) + c_S} = \frac{V_{max} c_S}{K_m\left(1 + \dfrac{K_2}{c_{H^+}} + \dfrac{c_{H^+}}{K_1}\right) + c_S} \tag{3.3.40}$$

(3.3.40) 式を単純な Michaelis-Menten 式と比較すると，H$^+$濃度の関数項が Michaelis 定数に掛かっており，実験的に得られる見かけの Michaelis 定数が pH によって変わることがわかる．これに対して，V_{max} は pH に依存しない．また，$c_{H^+} \gg K_2$ ならば（すなわち，pH が低いとき），(3.3.40) 式は

$$v = \frac{V_{max} c_S}{K_m\left(1 + \dfrac{c_{H^+}}{K_1}\right) + c_S} \tag{3.3.41}$$

となり，これは H$^+$を阻害剤とする競争阻害の速度式（(3.3.13) 式）と一致する．すなわち，このメカニズムでは，低い pH における酵素活性の落ちは H$^+$を阻害剤とする競争阻害に相当している．

(B) 酵素・基質複合体のみがイオン化する場合

遊離酵素ではイオン化は起こらないが，基質が結合した複合体ではイオン化が起こり，そのうちの1つの酵素種のみが触媒活性を示すような状況を考えよう．この場合の酵素反応全体としての反応機構は次式で表される．

$$\begin{array}{c}
EH_2^{2+}S \\
K_1 \uparrow\downarrow H^+ \\
EH^+ + S \underset{k_{-1}}{\overset{k_1}{\rightleftarrows}} EH^+S \xrightarrow{k_2} EH^+ + P \\
K_2 \downarrow\uparrow H^+ \\
ES
\end{array} \tag{3.3.42}$$

前と同様の取り扱いにより，この場合の定常状態速度は次式で与えられる．

$$v = \frac{V_{max} c_S}{K_m + c_S\left(1 + \dfrac{K_2}{c_{H^+}} + \dfrac{c_{H^+}}{K_1}\right)} \tag{3.3.43}$$

したがって，Lineweaver-Burk プロットから得られる見かけの最大速度と Michaelis 定数はそれぞれ

$$V_{\max}^{\mathrm{app}} = \frac{V_{\max}}{1+\dfrac{K_2}{c_{\mathrm{H}^+}}+\dfrac{c_{\mathrm{H}^+}}{K_1}} \quad \text{および} \quad K_{\max}^{\mathrm{app}} = \frac{K_{\mathrm{m}}}{1+\dfrac{K_2}{c_{\mathrm{H}^+}}+\dfrac{c_{\mathrm{H}^+}}{K_1}} \tag{3.3.44}$$

となり，これらはいずれも pH に依存する。

H$^+$濃度が十分に高くて $c_{\mathrm{H}^+} \gg K_2$ の場合，(3.3.43) 式は次のように簡略化できる。

$$v = \frac{V_{\max}c_{\mathrm{S}}}{K_{\mathrm{m}}+c_{\mathrm{S}}\left(1+\dfrac{c_{\mathrm{H}^+}}{K_1}\right)} \tag{3.3.45}$$

これは反競争阻害が起こる場合の速度式（(3.3.27) 式）と対応しており，この機構は低い pH のもとでは H$^+$ を阻害剤とする反競争阻害に相当する。

(C) 遊離酵素と酵素・基質複合体の両方がイオン化する場合

この場合の酵素反応は次の反応スキームで表される。

$$\begin{array}{c}
\mathrm{EH_2^{2+}} \qquad\qquad \mathrm{EH_2^{2+}S} \\
K_{\mathrm{E1}} \downarrow\uparrow \mathrm{H^+} \quad K_{\mathrm{ES1}} \downarrow\uparrow \mathrm{H^+} \\
\mathrm{EH^+ + S} \;\underset{k_{-1}}{\overset{k_1}{\rightleftarrows}}\; \mathrm{EH^+S} \;\xrightarrow{k_2}\; \mathrm{EH^+ + P} \\
K_{\mathrm{E2}} \downarrow\uparrow \mathrm{H^+} \quad K_{\mathrm{ES2}} \downarrow\uparrow \mathrm{H^+} \\
\mathrm{E} \qquad\qquad\quad \mathrm{ES}
\end{array} \tag{3.3.46}$$

前と同様の方法を適用すれば，(3.3.46) 式の反応機構に対する定常状態速度式として次式が得られる。

$$v = \frac{V_{\max}c_{\mathrm{S}}}{K_{\mathrm{m}}\left(1+\dfrac{K_{\mathrm{E2}}}{c_{\mathrm{H}^+}}+\dfrac{c_{\mathrm{H}^+}}{K_{\mathrm{E1}}}\right)+c_{\mathrm{S}}\left(1+\dfrac{K_{\mathrm{ES2}}}{c_{\mathrm{H}^+}}+\dfrac{c_{\mathrm{H}^+}}{K_{\mathrm{ES1}}}\right)} \tag{3.3.47}$$

ここでも $c_{\mathrm{H}^+} \gg K_{\mathrm{E2}}, K_{\mathrm{ES2}}$ の状況を考えると，(3.3.47) 式は次式のように簡略化される。

$$v = \frac{V_{\max}c_{\mathrm{S}}}{K_{\mathrm{m}}\left(1+\dfrac{c_{\mathrm{H}^+}}{K_{\mathrm{E1}}}\right)+c_{\mathrm{S}}\left(1+\dfrac{c_{\mathrm{H}^+}}{K_{\mathrm{ES1}}}\right)} \tag{3.3.48}$$

これは 3.3.2 節 (C) で考えた混合阻害の場合の速度式（(3.3.20) 式）と同じ形であり，このモデルは低い pH のもとでは H$^+$ を阻害剤とする混合阻害に相当することがわかる。

3.3.4 多量体酵素の調節機構

酵素のなかには，いくつかのタンパク質が非共有結合的な弱い力で結び付いた多量体構造をもつものも多い。多量体酵素を構成する個々のタンパク質を**サブユニット**（subunit）という。いくつかのサブユニットが結び付くことで酵素活性が微妙に調節される場合も多く，こ

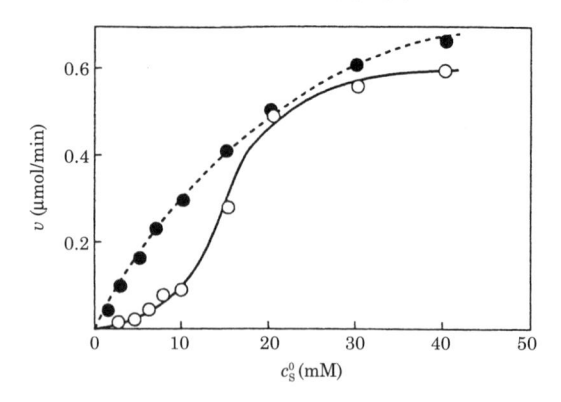

図 3-16 aspartate transcarbamylase による酵素触媒反応における生成物の生成速度と基質 (aspartate) 濃度の関係
●：単離されたサブユニットを用いたとき。
○：5量体酵素を用いたとき。

のような多量体酵素はとくに**調節酵素**とよばれる。例として，アスパラテートトランスカルバミラーゼをみてみよう。この酵素は5つのサブユニットから構成されており，そのうちの2つのサブユニットが触媒活性をもち，他の3つのサブユニットは触媒作用は示さず調節機能を受けもつ。この酵素をサブユニットにバラバラにして触媒作用を示すサブユニットだけを取りだして酵素活性を調べたものと5量体のままで酵素活性を調べたものの比較を図3-16に示す。5量体酵素の場合，生成物の生成速度と基質濃度の関係はS-字型（シグモイド型，sigmoidal）の曲線を描き，酵素活性は基質濃度の変化に対して急激に変化することがわかる。いいかえれば，この酵素の作用は単量体として存在するよりも5量体として存在したときの方が基質濃度に対して敏感になり，この敏感さによって酵素活性が細かく調節されることになる。

多くの多量体酵素の活性は，上の例と同様なシグモイド型の基質濃度依存性を示す。この振舞いは，酵素に複数の基質結合部位が存在し，例えば ES_2 の方が ES よりも生成物への反応速度が速いと考えれば説明がつく。極端な場合として，ES はまったく反応しないとしよう。その場合の反応は次式で表される。

$$E + S \underset{k_{-1}}{\overset{k_1}{\rightleftarrows}} ES \overset{S}{\underset{k_2}{\leftarrow}} ES_2 \overset{k_3}{\longrightarrow} E + S + P \tag{3.3.49}$$

また，定常状態速度式は次式で与えられる。

$$v = \frac{k_1 k_2 k_3 c_E^0 c_S^2}{k_3(k_1 + k_2) + k_1 k_3 c_S + k_1 k_2 c_S^2} \tag{3.3.50}$$

(3.3.50) 式によれば，基質濃度が非常に高いところでは，速度は酵素濃度によって決められる最大速度 V_{max} に近づき，一方，非常に低濃度では v は c_S^2 に比例する。したがって，c_S に対する v のプロットはシグモイド型になる。この機構の肝心なところは，酵素に基質がた

くさん結合するほど酵素の活性が高くなるという点で，このことは酵素の結合部位の間に何らかの相互作用が存在することを示している。これは，酵素の活性部位から離れた部位に結合した基質が酵素活性に影響を及ぼしていることになり，この現象は**アロステリック効果**（allosteric effect）とよばれている（p.130，2.3.4 節も参照するとよい。）。

アロステリック効果をより定量的に説明するモデルがいくつか提案されている。そのひとつは Monod, Wyman, Changeux によるもので（MWC モデル），同じサブユニットから構成された 4 量体酵素を念頭においてこのモデルを説明しよう。このモデルは次のような仮定を設ける。

1) サブユニットはコンフォメーションが異なる 2 つの状態 R と T のいずれかの状態で存在し，これらの間で平衡が成り立つ。R は**緩和状態**（relax）を，T は**緊張状態**（tension）を表しており，T のコンフォメーション状態では触媒活性が低い，すなわち，基質は T サブユニットには結合しにくい。

2) 4 量体中で，サブユニットはすべて同じコンフォメーションをとっている。すなわち，許されるのは R_4 か T_4 のコンフォメーションだけであり，R_3T のような混成状態は存在しない。つまり，ひとつの酵素の R と T の転移では 4 つのサブユニットが一斉に転移する。

3) 酵素の R と T の平衡は，基質が結合しているかどうかには関係しない。4 量体間の平衡定数は次のように表される。

$$L = \frac{c_{T_4}}{c_{R_4}} \tag{3.3.51}$$

4) いずれのコンフォメーション状態に対しても基質の結合は可能であるが，結合定数（平衡定数）は異なる。R サブユニットおよび T サブユニットに対する結合定数はそれぞれ次のように表される。

$$K_R = \frac{c_{RS}}{c_R c_S} \tag{3.3.52}$$

$$K_T = \frac{c_{TS}}{c_T c_S} \tag{3.3.53}$$

以上の仮定は，酵素と基質の間に図 3-17 に示すような複合的な平衡関係が存在することに相当する。酵素および酵素・基質複合体として 10 種類の状態が考えられるが，それらの濃度は以下のような平衡式で与えられる。

$$\left.\begin{aligned}
c_{R_4 S} &= 4 K_R c_{R_4} c_S \\
c_{R_4 S_2} &= \frac{3}{2} K_R c_{R_4 S} c_S = 6 K_R^2 c_{R_4} c_S^2 \\
c_{R_4 S_3} &= \frac{2}{3} K_R c_{R_4 S_2} c_S = 4 K_R^3 c_{R_4} c_S^3 \\
c_{R_4 S_4} &= \frac{1}{4} K_R c_{R_4 S_3} c_S = K_R^4 c_{R_4} c_S^4
\end{aligned}\right\} \tag{3.3.54}$$

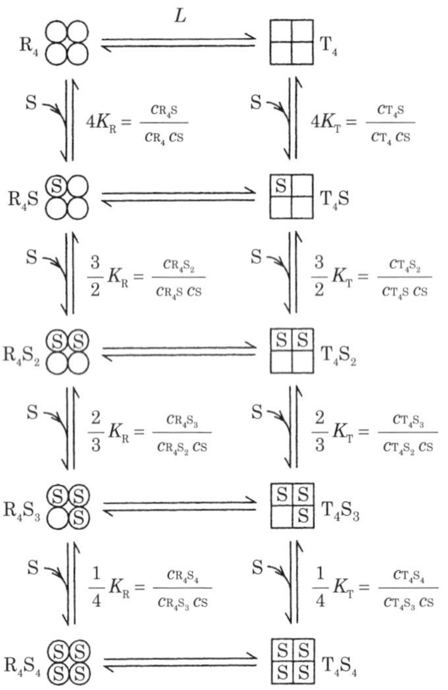

第 3 章 生体内反応の速度過程—酵素反応速度論を中心に—

図 3-17 同じサブユニットから構成される 4 量体酵素への基質結合のモデル

酵素は R_4 または T_4 のいずれかの形で存在し，ひとつのサブユニットにはひとつの基質が固有結合定数 K_R または K_T で結合すると仮定。結合定数にかかる 4, 3/2 などは統計的因子。

$$\left.\begin{aligned}
c_{T_4} &= L c_{R_4} \\
c_{T_4S} &= 4K_T c_{T_4} c_S = 4LCK_R c_{R_4} c_S \\
c_{T_4S_2} &= 6K_T^2 c_{T_4} c_S^2 = 6LC^2 K_R^2 c_{R_4} c_S^2 \\
c_{T_4S_3} &= 4K_T^3 c_{T_4} c_S^3 = 4LC^3 K_R^3 c_{R_4} c_S^3 \\
c_{T_4S_4} &= K_T^4 c_{T_4} c_S^4 = LC^4 K_R^4 c_{R_4} c_S^4
\end{aligned}\right\} \tag{3.3.54}$$

ここで

$$C = K_T / K_R \tag{3.3.55}$$

であり，また，4, 3/2 などは統計的因子である（これらの因子が現れるわけを考えてみよ）。各酵素種の濃度に対する (3.3.54) 式を用いれば，酵素の結合部位のうち基質が結合している部位の割合（飽和度），Y，は次式で表される。

$$\begin{aligned}
Y &= \frac{c_{R_4S} + 2c_{R_4S_2} + 3c_{R_4S_3} + 4c_{R_4S_4} + c_{T_4S} + 2c_{T_4S_2} + 3c_{T_4S_3} + 4c_{T_4S_4}}{4(c_{R_4} + c_{R_4S} + c_{R_4S_2} + c_{R_4S_3} + c_{R_4S_4} + c_{T_4} + c_{T_4S} + c_{T_4S_2} + c_{T_4S_3} + c_{T_4S_4})} \\
&= \frac{(1+K_R c_S)^3 K_R c_S + LC(1+CK_R c_S)^3 K_R c_S}{(1+K_R c_S)^4 + L(1+CK_R c_S)^4} \\
&= \frac{\alpha(1+\alpha)^3 + LC\alpha(1+C\alpha)^3}{(1+\alpha)^4 + L(1+C\alpha)^4}
\end{aligned} \tag{3.3.56}$$

ただし，最後の等式では

$$\alpha = K_R c_S \tag{3.3.57}$$

とおいた。4量体酵素に対しては基質結合の飽和度を表す表現として (3.3.56) 式が得られたが，一般に n 個の等価なサブユニットから構成される酵素に対する飽和度は次式で与えられる。

$$Y = \frac{\alpha(1+\alpha)^{n-1} + LC\alpha(1+C\alpha)^{n-1}}{(1+\alpha)^n + L(1+C\alpha)^n} \tag{3.3.58}$$

(3.3.58) 式によれば，酵素に対する基質の結合度（Y）と基質濃度（$\alpha = K_R c_S$）の関係，すなわち結合曲線の形は n と C と L の値によって変化することがわかる。これらのパラメーターの値をいろいろと変化させたときの結合曲線の形を図 3-18 に示す。図 3-18(a) から，$n=1$ のとき，すなわち単量体酵素では結合曲線は双曲線型になり，n が大きくなるほどシグモイド型が顕著になることがわかる。もし，$L=0$ であれば，T のコンフォメーションをとる分子は存在しなくなり，(3.3.58) 式は

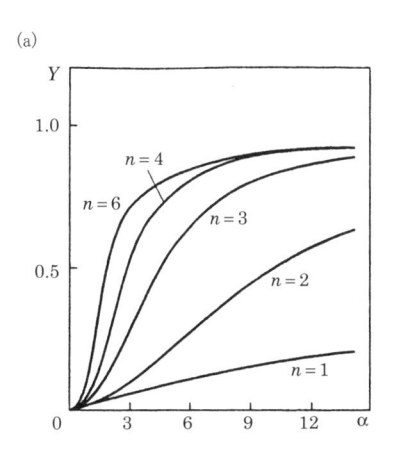

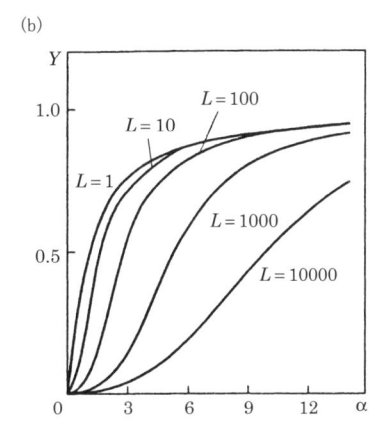

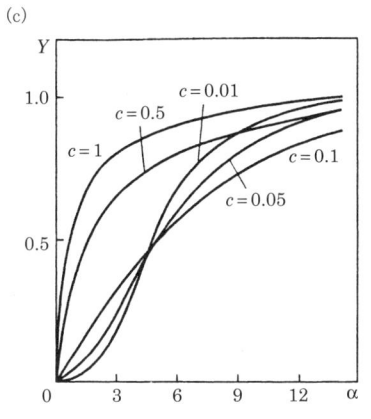

(a) 結合部位の数 n を変化させたときの結合曲線の変化。ただし，$L=100, C=0.01$。
(b) R_n と R_n の平衡定数 L の値を変化させたときに結合曲線の変化。ただし，$n=4, C=0.01$。
(c) $C = K_T/K_R$ の値を変化させたときの結合曲線の変化。ただし，$n=4, L=1000$。

図 3-18　MWC モデル (3.3.58) 式による結合曲線

$$Y = \frac{\alpha}{1+\alpha} = \frac{K_R c_S}{1+K_R c_S}$$

となり,これは双曲線型の関数である.同様に,$L = \infty$ のときは

$$Y = \frac{C\alpha}{1+C\alpha} = \frac{K_T c_S}{1+K_T c_S}$$

となり,やはり双曲線型の結合関数になる.すなわち,R と T の両方が存在するときだけ結合曲線は双曲線関数からずれてシグモイド型になる.いいかえれば,多量体酵素のサブユニット間の相互作用のためR型とT型が協同的に転換するためにシグモイド型の結合曲線が現れてくる.

酵素触媒による生成物の生成速度は結合した基質濃度に比例し,これはまた酵素に対する基質の結合度 (Y) に比例する.図3-16に示したような多量体酵素でみられる生成速度 (v) と基質濃度 (c_S) のシグモイド型の関係はMWCモデルによってうまく説明される.

3.3.5 基質の自己阻害作用による酵素活性の調節

これまで見てきた酵素反応では多くの場合,生成物の生成速度は基質濃度が高くなるにつれ大きくなり,最大速度へと近づいていく.これに対して図3-19に示したように,基質濃度が高くなると生成物の生成速度が落ちてくる例も見られる.酵素活性のこの振舞いを説明する最も簡単なモデルは酵素・基質複合体にさらにもうひとつの基質が結合して反応を阻害するという機構である.すなわち

$$\begin{aligned}
\text{E} + \text{S} &\underset{k_{-1}}{\overset{k_1}{\rightleftarrows}} \text{ES} \xrightarrow{k_2} \text{E} + \text{P} \\
\text{ES} + \text{S} &\underset{k_{-3}}{\overset{k_3}{\rightleftarrows}} \text{ES}_2 \longrightarrow \text{no reaction}
\end{aligned} \quad (3.3.59)$$

この機構によれば,定常状態における生成物の生成速度は次式で与えられる.

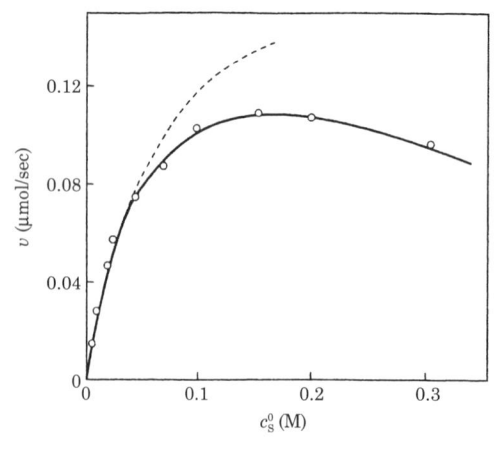

図3-19 ウレアーゼによる尿素の分解速度と基質濃度の関係
点線は阻害がないときに予測される双曲線型の基質濃度依存性を示す.

$$\frac{dc_P}{dt} = v = k_2 c_{ES} = \frac{k_2 c_E^0 K_m' c_S}{c_S^2 + K_m' c_S + K_m K_m'} \tag{3.3.60}$$

ここで

$$K_m = \frac{k_{-1} + k_2}{k_1}, \quad K_m' = \frac{k_{-3}}{k_3}$$

とおいた。すべての酵素が ES 複合体になったときに期待される最大速度を V_{max} とすれば，(3.3.60) 式は次のように書ける。

$$v = \frac{V_{max} K_m' c_S}{c_S^2 + K_m' c_S + K_m K_m'} \tag{3.3.61}$$

(3.3.60) 式あるいは (3.3.61) 式を見ると，分母が c_S の二次式になっている。したがって，基質濃度を増していくと，v は始めは大きくなっていくが，ある濃度のところで極大値をとり，その後減少していく。また，これらの速度式は，3.3.3 節で pH の効果を考えたとき得られた EH^+ 種の相対濃度を与える関係（(3.3.32) 式）と同じ形をしている。したがって，横軸に基質濃度の対数をとって表せば，v はベル型の曲線を描く。このように，基質による**自己阻害**の機構により，基質濃度が低い場合は基質濃度が増すと生成速度が大きくなり，基質濃度が高い場合は逆に基質濃度が増すと生成速度は小さくなる。生体は外的条件の変化に影響されることなく恒常性を維持する機能を備えており，これを**ホメオスタシス**（homeostasis）という。自己阻害は生成物の生成速度に関するホメオスタティックな調節をするための簡単な手段になる。

3.4 前定常状態速度論

3.4.1 はじめに

これまでは定常状態における酵素反応の速度解析から得られる知見に注意を払ってきた。定常状態速度を測定するには，酵素と基質を混合後，数分経過した後から生成物濃度の時間変化を測ればよい。このような比較的遅い反応の追跡には特別な工夫は必要とされず，実験室で汎用されている測定機器を用いて実験を行うことができる。これに対して，高速反応測定法を用いれば定常状態に達する前の速い過程を追跡することができ，そこでの速度解析から定常状態速度論では得られなかった知見を得ることができる。この節では，高速反応測定法とその酵素反応に対する応用について見ていこう。

3.4.2 ストップトフロー法

急速混合法とよばれる高速反応測定法のひとつに**ストップトフロー法**（stopped-flow method）がある。ストップトフロー装置は，2 本の注射器型容器に 2 つの反応液を別々に入

れておき,ピストンを急激に押すことで2つの反応液が混合した急速な流れをつくりだし,この流れが観測セルを通過するように設計されている。また,この流れを急速に止める機構も備えており,流れが止った直後からの生成物濃度の時間変化を観測セルを通した光の吸収によって測定していく。2つの反応液が混合してから観測セルに入るまで通常数 msec の時間がかかる。したがって,この方法では反応開始から数 msec 経過した時点より後の速度過程が追跡できる。これに対して,通常の方法では反応液を混合した後,数 min 経過した時点からの反応しか追跡できない。ストップトフロー法を用いることにより,通常法に比べて約1,000倍高い時間分解能を得ることができる。

　ストップトフロー法を酵素反応に応用した例として,アルカリ性ホスファターゼによるジニトロフェニルリン酸の加水分解反応の測定結果を図 3-20(a)に示す。この酵素はリン酸エステルの加水分解反応を触媒するものであり,ここで用いた基質は加水分解を受けてジニトロフェノールを遊離するが,この化合物は波長 360nm の光を吸収する。したがって,360nm における吸光度の時間変化が生成物濃度の時間変化に対応する。図 3-20(a)から,反応開始

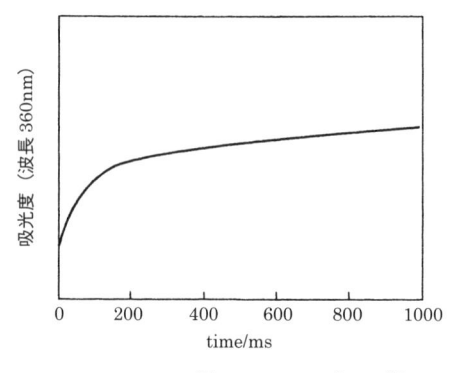

18μM のアルカリ性ホスファターゼ溶液と 1.3mM のジニトルフェニルリン酸溶液の急速混合後の吸光度の時間変化。

図 3-20(a)　ストップトフロー法実験の記録例

定常状態 $c_E^0 \dfrac{k_2 k_3}{k_2+k_3} t$

指数関数的変化 $c_E^0 \left(\dfrac{k_2}{k_2+k_3}\right)^2 \left[1-e^{-(k_2+k_3)t}\right]$

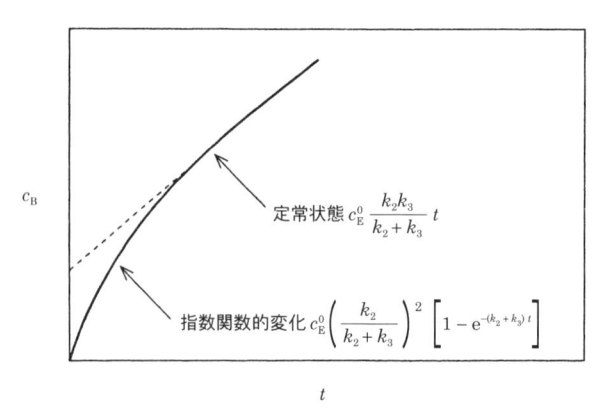

図 3-20(b)　(3.7.7)式を模式的に示したもの

後ジニトロフェノール濃度が指数関数的に増加し，その後定常速度で増大していく様子がわかる。

この酵素反応の機構として，次のような反応スキームを仮定しよう。

$$\text{E} + \text{AB} \underset{k_{-1}}{\overset{k_1}{\rightleftarrows}} \text{EAB} \xrightarrow{k_2} \text{EA} + \text{B}$$
$$\text{EA} \xrightarrow{k_3} \text{E} + \text{A}$$
(3.4.1)

ここで，AB は基質のジニトロフェニルリン酸，B はジニトロフェノール，A はリン酸を表す。実験と対応づけるためには B の濃度の時間依存性を (3.4.1) 式の反応スキームに従って見つける必要がある。そこで，簡単のため，基質濃度 c_{AB} は非常に大きくて，考えている時間スケールでは第 1 段階の速度は十分に速く（すなわち，$\text{E} + \text{AB} \rightleftarrows \text{EAB}$ は常に平衡として取り扱うことができる），酵素の全濃度は $c_E^0 = c_{EAB} + c_{EA}$ で与えられる（すなわち，遊離酵素の濃度は無視できる）と仮定する。このとき，EA の生成速度は次式で与えられる。

$$\begin{aligned} \frac{dc_{EA}}{dt} &= k_2 c_{EAB} - k_3 c_{EA} \\ &= k_2 c_E^0 - (k_2 + k_3) c_{EA} \end{aligned}$$
(3.4.2)

変数を分離すれば，

$$\frac{dc_{EA}}{\dfrac{k_2 c_E^0}{k_2 + k_3} - c_{EA}} = (k_2 + k_3) dt$$
(3.4.3)

上式を $t=0$ のとき $c_{EA} = 0$ という初期条件のもとで積分すると，c_{EA} を時間の関数として表す次式が得られる。

$$c_{EA} = \frac{k_2 c_E^0}{k_2 + k_3} \left[1 - \exp\{-(k_2 + k_3)t\} \right]$$
(3.4.4)

次いで，$c_{EAB} = c_E^0 - c_{EA}$ であるから，c_{EAB} に対する表式は

$$c_{EAB} = c_E^0 - \frac{k_2 c_E^0}{k_2 + k_3} \left[1 - \exp\{-(k_2 + k_3)t\} \right]$$
(3.4.5)

となり，これより B の生成速度は次式で与えられる。

$$\frac{dc_B}{dt} = k_2 c_{EAB} = \frac{k_2 c_E^0}{k_2 + k_3} \left[k_3 + k_2 \exp\{-(k_2 + k_3)t\} \right]$$
(3.4.6)

これを $t=0$ のとき $c_B = 0$ という初期条件のもとで積分すると B の濃度を時間の関数として表した次式が得られる。

$$c_B = c_E^0 \left\{ \frac{k_2 k_3}{k_2 + k_3} t + \left(\frac{k_2}{k_2 + k_3} \right)^2 \left[1 - \exp\{-(k_2 + k_3)t\} \right] \right\}$$
(3.4.7)

図 3-20(b) は (3.4.7) 式が表す曲線を模式的に示したものである。この曲線は実験で観測されるジニトロフェノール濃度の時間変化をよく表しており，アルカリ性ホスファターゼによるリン酸エステルの加水分解が (3.4.1) 式の機構で進行することが示唆される。

3.4.3 化学緩和法

　上で述べたストップトフロー法は，2つの反応物を急速に混合することで速い反応を追跡しようとするものであった。つまり，反応物を手で混ぜていたのではその間に終わってしまうような化学反応の速度を測るために，混合法に工夫を加えた方法である。これとは別に，まったく違った原理に基づいた高速反応測定法に**化学緩和法**（chemical relaxation techniques）と呼ばれる方法がある。化学緩和法はまた温度ジャンプ法（T-jump）などの過渡的（transient）方法と超音波吸収法（ultrasonic absorption）などの定常的（stationary）方法の2つに分けられる。ここでは，酵素反応系への応用例が多い**温度ジャンプ法**を念頭において，過渡的化学緩和法の原理と応用例を見ていこう。

　過渡的化学緩和法の原理は，簡単にいえば次のようなものである。化学平衡系に外部から強制的にある撹乱（摂動）を与える。例えば，温度を急激に変化させる。すると，系は新しい条件（例えば新しい温度）における平衡の達成へと向けて変化するので，化学反応が進行する。そこで，この平衡の移行過程（すなわち緩和過程）を追跡する。以下で示すように，平衡の摂動の幅が小さければ，この移行過程はどんな化学平衡に対しても一次の速度過程となり，その速度は緩和時間で特徴づけられる。この点は化学緩和法の利点である。温度ジャンプ法では，水溶液中を通した高電圧の放電や強力なレーザー光の照射によって数℃の温度上昇を数 μ sec 以内につくりだす。数℃の温度変化は小摂動の条件にかなっており，この方法では温度ジャンプ後の濃度の指数関数的な時間変化を観測し，緩和時間を実験的に求めていく。以下に示すように，緩和時間は一般に反応物濃度と速度定数の関数となり，その中身は反応の機構によって異なる。

(A) 1段階化学平衡

　次のような1段階の可逆反応が，ある温度 T_1 のもとで平衡状態になっているとしよう。

$$\mathrm{A} + \mathrm{B} \underset{k_{-1}}{\overset{k_1}{\rightleftarrows}} \mathrm{C} \tag{3.4.8}$$

いま，この平衡系の温度を急激に ΔT だけ上げて，新しい温度 T_2（$= T_1 + \Delta T$）に保つと，平衡系は温度 T_2 における新たな平衡状態へと移行する。すなわち，反応物や生成物の濃度は新しい平衡状態における濃度へと変化する。この様子は，例えば図3-21のように示されるだろう。各成分の新しい平衡状態における濃度を $\bar{c}_i$，温度変化後の時間 t における濃度を c_i，c_i と $\bar{c}_i$ の差を $\Delta c_i (= c_i - \bar{c}_i)$ とすれば，時間 t における A の減少速度は次式で表される。

$$-\frac{\mathrm{d}c_\mathrm{A}}{\mathrm{d}t} = -\frac{\mathrm{d}(\bar{c}_\mathrm{A} + \Delta c_\mathrm{A})}{\mathrm{d}t} = k_1(\bar{c}_\mathrm{A} + \Delta c_\mathrm{A})(\bar{c}_\mathrm{B} + \Delta c_\mathrm{B}) - k_{-1}(\bar{c}_\mathrm{C} + \Delta c_\mathrm{C}) \tag{3.4.9}$$

ここで，化学量論の関係から

$$\Delta c_\mathrm{A} = \Delta c_\mathrm{B} = -\Delta c_\mathrm{C} = \Delta c$$

であるので，(3.4.9) 式は次のように書くことができる。

3.4 前定常状態速度論   *179*

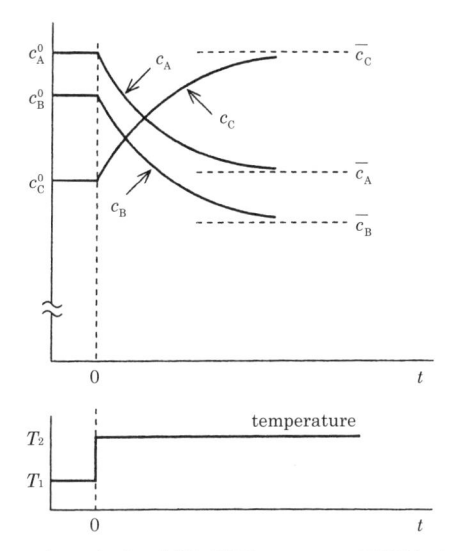

図 3-21 (3.4.8)式の化学平衡系について，温度ジャンプ後の
反応物濃度の時間変化を模式的に表したもの

$$\begin{aligned}
-\frac{\mathrm{d}(\overline{c}_A + \Delta c)}{\mathrm{d}t} = -\frac{\mathrm{d}\Delta c}{\mathrm{d}t} &= k_1(\overline{c}_A + \Delta c)(\overline{c}_B + \Delta c) - k_{-1}(\overline{c}_C - \Delta c) \\
&= k_1\overline{c}_A \cdot \overline{c}_B + k_1(\overline{c}_A + \overline{c}_B)\Delta c + k_1\Delta c^2 - k_{-1}\overline{c}_C + k_{-1}\Delta c \\
&= \left[k_1(\overline{c}_A + \overline{c}_B) + k_{-1}\right]\Delta c + k_1\Delta c^2
\end{aligned} \tag{3.4.10}$$

ここで，最後の等式に移るときに $k_1\overline{c}_A \cdot \overline{c}_B = k_{-1}\overline{c}_C$（平衡条件）の関係を用いた。いま，温度の上昇幅が小さくて $\overline{c}_i \gg \Delta c_i$ ならば（小摂動の条件），(3.4.10)式の Δc^2 の項は無視できて，次式が得られる。

$$-\frac{\mathrm{d}\Delta c}{\mathrm{d}t} = \left[k_1(\overline{c}_A + \overline{c}_B) + k_{-1}\right]\Delta c \tag{3.4.11}$$

積分した形で表すと，

$$\Delta c = \Delta c^0 \exp\left[-\{k_1(\overline{c}_A + \overline{c}_B) + k_{-1}\}t\right] = \Delta c^0 \exp(-t/\tau) \tag{3.4.12}$$

ここで，Δc^0 は $t = 0$ のときの Δc，すなわち，温度ジャンプの前後での平衡濃度の差である。

(3.4.12)式からわかるように，温度ジャンプ後の平衡濃度からのずれは時間とともに指数

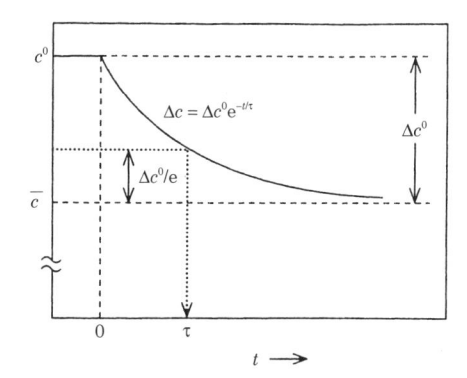

図 3-22 化学平衡の緩和過程と緩和時間

関数的に減衰し，その減衰速度は τ で特徴づけられる。(3.4.10) 式から (3.4.11) 式に移るところで見たように，温度ジャンプの幅が小さければ（すなわち，小摂動の条件が満たされれば）速度式は線形化されて，どのような化学平衡系でも観測される平衡の移行過程は指数関数的になる。新たな平衡への移行速度の目安となるパラメター，τ は**緩和時間**（relaxation time）とよばれる。緩和時間は平衡濃度との差が最初の 1/e にまで減衰するのに要する時間に相当する（図 3-22）。いま考えている化学平衡系では，緩和時間の逆数は反応物の平衡濃度と速度定数に次式で結びつけられる。

$$\tau^{-1} = k_1(\bar{c}_A + \bar{c}_B) + k_{-1} \tag{3.4.13}$$

したがって，種々の平衡濃度のもとで緩和時間を測定し，$\bar{c}_A + \bar{c}_B$ に対して緩和時間の逆数をプロットしたとき直線関係が得られれば，その反応は (3.4.8) 式の反応スキームに従うものと考えられ，また，直線の傾きと切片から速度定数の値を得ることができる。平衡濃度を知るためには，あらかじめ平衡定数がわかっている場合はサンプル調製時の濃度から計算で求められる。平衡定数が未知の場合は，適当な値の平衡定数 K_0 を仮定して平衡濃度を計算し，(3.4.13) 式に従ったプロットを行って k_1 と k_{-1} を求め，それを用いて改良された平衡定数 K_1 を求める。K_i の値が一定値に収束するまでこの手順を繰り返せば平衡濃度を得ることができる。

乳酸脱水素酵素（lactate dehydrogenase）と補酵素 NADH の反応系に温度ジャンプ法を適用した結果を図 3-23 に示す。この酵素と NADH の間に

$$\mathrm{E + NADH} \underset{k_{-1}}{\overset{k_1}{\rightleftarrows}} \mathrm{E \cdot NADH} \tag{3.4.14}$$

のような結合平衡が成り立っていると仮定すれば，観測される緩和時間は次式で与えられる。

$$\tau^{-1} = k_1(\bar{c}_E + \bar{c}_{\mathrm{NADH}}) + k_{-1} \tag{3.4.15}$$

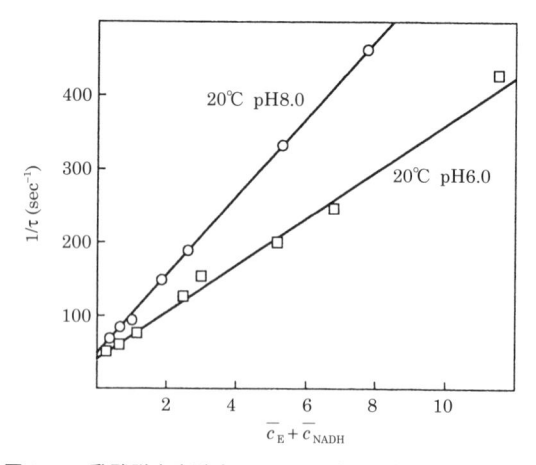

図 3-23 乳酸脱水素酵素＋NADH 系で得られた緩和時間の逆数の濃度に対するプロット

図 3-23 に示すように，緩和時間の逆数と $\bar{c}_\text{E} + \bar{c}_\text{NADH}$ の間に良好な直線関係が得られ，これより，この酵素と NADH の間に (3.4.14) 式の結合平衡が成り立つことが示されるとともに結合，解離の速度定数が見積もられる．

(B) 2段階化学平衡

いくつかの化学平衡が連続して起こる多段階化学平衡の場合，通常，緩和曲線は異なる緩和時間をもつ複数の指数関数の重なりとして観測され（緩和スペクトル），緩和時間と平衡濃度および速度定数の関係は急速に複雑になる．ここでは多段階化学平衡の中でもっとも簡単な2段階化学平衡系について緩和時間の表式を導いてみよう．次のような2段階化学平衡を考える．

$$\text{A} + \text{B} \underset{k_{-1}}{\overset{k_1}{\rightleftarrows}} \text{C} \underset{k_{-2}}{\overset{k_2}{\rightleftarrows}} \text{D} \tag{3.4.16}$$

平衡条件と小摂動の条件を考慮して各成分に対して速度式を書けば次式のようになる．

$$\frac{dc_\text{A}}{dt} = \frac{d(\bar{c}_\text{A} + \Delta c_\text{A})}{dt} = \frac{d\Delta c_\text{A}}{dt} = -k_1 \bar{c}_\text{A} \Delta c_\text{A} - k_1 \bar{c}_\text{B} \Delta c_\text{B} + k_{-1} \Delta c_\text{C} \tag{3.4.17}$$

$$\frac{dc_\text{B}}{dt} = -k_1 \bar{c}_\text{A} \Delta c_\text{A} - k_1 \bar{c}_\text{B} \Delta c_\text{B} + k_{-1} \Delta c_\text{C} \tag{3.4.18}$$

$$\frac{dc_\text{C}}{dt} = k_1 \bar{c}_\text{A} \Delta c_\text{A} + k_1 \bar{c}_\text{B} \Delta c_\text{B} - (k_{-1} + k_2)\Delta c_\text{C} + k_{-2} \Delta c_\text{D} \tag{3.4.19}$$

$$\frac{dc_\text{D}}{dt} = k_2 \Delta c_\text{C} - k_{-2} \Delta c_\text{D} \tag{3.4.20}$$

上の4つの式から，化学量論の関係と物質収支の関係

$$\Delta c_\text{A} = \Delta c_\text{B} \quad \text{および} \quad \Delta c_\text{A} + \Delta c_\text{C} + \Delta c_\text{D} = 0 \tag{3.4.21}$$

を用いて Δc_B と Δc_C を消去すると，独立な関係として次の2つの速度式が得られる．

$$\frac{d\Delta c_\text{A}}{dt} = -\left[k_1(\bar{c}_\text{A} + \bar{c}_\text{B}) + k_{-1}\right]\Delta c_\text{A} - k_{-1}\Delta c_\text{D} \tag{3.4.22}$$

$$\frac{d\Delta c_\text{D}}{dt} = -k_2 \Delta c_\text{A} - (k_2 + k_{-2})\Delta c_\text{D} \tag{3.4.23}$$

ここで表現を簡略化するために

$$\begin{aligned}&a_{11} = k_1(\bar{c}_\text{A} + \bar{c}_\text{B}) + k_{-1}, \ a_{12} = k_{-1} \\ &a_{21} = k_2, \ a_{22} = k_2 + k_{-2}\end{aligned} \tag{3.4.24}$$

とおけば，(3.4.22) および (3.4.23) 式は次のように書き表される．

$$\frac{d\Delta c_\text{A}}{dt} = -a_{11}\Delta c_\text{A} - a_{12}\Delta c_\text{D} \tag{3.4.25}$$

$$\frac{d\Delta c_\text{D}}{dt} = -a_{21}\Delta c_\text{A} - a_{22}\Delta c_\text{D} \tag{3.4.26}$$

この連立微分方程式の一般解は

$$\Delta c_\text{A} = A_{11}\exp(-t/\tau_1) + A_{12}\exp(-t/\tau_2) \tag{3.4.27}$$

$$\Delta c_\text{D} = A_{21}\exp(-t/\tau_1) + A_{22}\exp(-t/\tau_2) \tag{3.4.28}$$

で表され，$1/\tau_1$ と $1/\tau_2$ は次の行列式の2つの実根として与えられる．

$$\begin{vmatrix} a_{11}-1/\tau & a_{12} \\ a_{21} & a_{22}-1/\tau \end{vmatrix} = 0 \tag{3.4.29}$$

すなわち

$$\frac{1}{\tau_1} = \frac{a_{11}+a_{22}}{2}\left(1+\sqrt{1-b}\right) \qquad (\text{短い方の}\tau) \tag{3.4.30}$$

$$\frac{1}{\tau_2} = \frac{a_{11}+a_{22}}{2}\left(1-\sqrt{1-b}\right) \qquad (\text{長い方の}\tau) \tag{3.4.31}$$

ここで

$$b = \frac{4(a_{11}a_{22}-a_{12}a_{21})}{(a_{11}+a_{22})^2} \tag{3.4.32}$$

である。このように，2段階化学平衡では温度ジャンプ後の濃度の時間変化は緩和時間τ_1とτ_2をもった2つの指数関数の和として観測される（(3.4.27)式および(3.4.28)式）。

アルコールデヒドロゲナーゼ（アルコール脱水素酵素），エタノールおよびNAD^+の反応系に対する温度ジャンプの測定例を図3-24に示しているが，この系では時間スケールが約10倍異なるところに2つの緩和過程が観測される。このように，実際の測定で2つの緩和過程を別々の時間領域で識別できるためには，緩和時間に少なくとも10倍以上のひらきが必要である。この場合，すなわち，$\tau_1 \ll \tau_2$の場合，$b \ll 1$となるので$\sqrt{1-b} \cong 1-b/2$と近似すれば(3.4.30)および(3.4.31)式は次のように簡略化される。

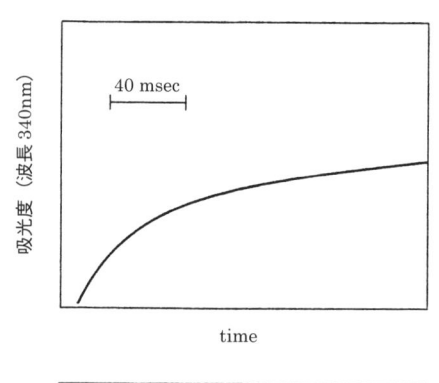

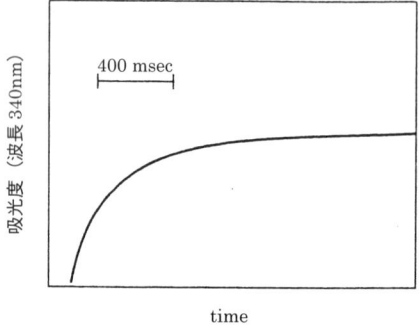

図3-24 アルコールデヒドロゲナーゼ + エタノール + NAD^+系の温度ジャンプ測定

$$\frac{1}{\tau_1} \cong \frac{a_{11}+a_{22}}{2}\left(2-\frac{b}{2}\right) \cong a_{11}+a_{22}$$
$$= k_1(\bar{c}_A+\bar{c}_B)+k_{-1}+k_2+k_{-2} \tag{3.4.33}$$

$$\frac{1}{\tau_2} \cong \frac{(a_{11}+a_{22})b}{4} = \frac{a_{11}a_{22}-a_{12}a_{21}}{a_{11}+a_{22}}$$
$$= \frac{k_1(k_2+k_{-2})(\bar{c}_A+\bar{c}_B)+k_{-1}k_{-2}}{k_1(\bar{c}_A+\bar{c}_B)+k_{-1}+k_2+k_{-2}} \tag{3.4.34}$$

2段階化学平衡では，一方の過程が他方に比べて正逆ともにきわめて速いという場合が実際上しばしば見られる．このように速度的に非対称な系では，速い方の過程は常に平衡が成り立っていると仮定することができ，(3.4.33) および (3.4.34) 式はさらに次のように近似できる．

$a_{11} \gg a_{22}$（第1段階がきわめて速い）のとき

$$\frac{1}{\tau_1} \cong a_{11} = k_1(\bar{c}_A+\bar{c}_B)+k_{-1} \tag{3.4.35}$$

$$\frac{1}{\tau_2} \cong a_{22}-\frac{a_{12}}{a_{11}}a_{21} = \frac{k_2(\bar{c}_A+\bar{c}_B)}{\bar{c}_A+\bar{c}_B+K_1}+k_{-2} \tag{3.4.36}$$

ただし，$K_1 = k_{-1}/k_1 = \bar{c}_A \cdot \bar{c}_B/\bar{c}_C$ である．

$a_{22} \gg a_{11}$（第2段階がきわめて速い）のとき

$$\frac{1}{\tau_1} \cong a_{22} = k_2+k_{-2} \tag{3.4.37}$$

$$\frac{1}{\tau_2} \cong a_{11}-\frac{a_{21}}{a_{22}}a_{12} = k_1(\bar{c}_A+\bar{c}_B)+\frac{k_{-1}}{1+K_2} \tag{3.4.38}$$

ただし，$K_2 = k_2/k_{-2} = \bar{c}_D/\bar{c}_C$ である．

(C) 2つの中間体を含む酵素反応

酵素に基質が結合することによって酵素のコンフォメーション変化が誘起される場合がある．このような場合の酵素反応は2つの中間体を含む反応スキームで表される．すなわち

$$\mathrm{E+S} \underset{k_{-1}}{\overset{k_1}{\rightleftharpoons}} \mathrm{ES} \underset{k_{-2}}{\overset{k_2}{\rightleftharpoons}} \mathrm{E^*S} \overset{k_3}{\longrightarrow} \mathrm{E+P} \tag{3.4.39}$$

ここで，$\mathrm{E^*S}$ はコンフォメーション変化を受けた酵素と基質の複合体である．この反応スキームで，初めの2つの段階が最後の段階（すなわち生成物の生成過程）に比べて十分速ければ，化学緩和法で観測される短い時間領域ではこの反応は (3.4.16) 式と同じ連続した2段階の化学平衡系とみなすことができる．通常，酵素への基質の結合過程（第1段階）は酵素のコンフォメーション変化（第2段階）に比べて非常に速い．このとき，温度ジャンプ法の実験で観測される2つの緩和時間は (3.4.35) および (3.4.36) 式に対応して，それぞれ次式で与えられる．

$$\frac{1}{\tau_1} = k_1(\bar{c}_E+\bar{c}_S)+k_{-1} \tag{3.4.40}$$

$$\frac{1}{\tau_2} = \frac{k_2}{1 + K_1/(\bar{c}_E + \bar{c}_S)} + k_{-2} \tag{3.4.41}$$

したがって，遅いほうの緩和時間の逆数 $1/\tau_2$ は

$\bar{c}_E + \bar{c}_S \ll K_1$ のとき k_{-2} に近づく。

$\bar{c}_E + \bar{c}_S \gg K_1$ のとき $k_2 + k_{-2}$ に近づく。

一方，速い方の緩和時間の逆数 $1/\tau_1$ は $(\bar{c}_E + \bar{c}_S)$ とともに直線的に増加する。

もし，基質がコンフォメーション変化を受けた酵素にのみ結合して引き続き生成物を生じるなら，そのときの反応スキームは次式で表される。

$$E \underset{k_{-1}}{\overset{k_1}{\rightleftarrows}} E^* \underset{k_{-2}}{\overset{k_2}{\underset{S}{\rightleftarrows}}} E^*S \overset{k_3}{\rightarrow} E + P \tag{3.4.42}$$

ここでも，はじめの2つの段階が最後の段階に比べて十分速い状況を考えて2段階平衡系として取り扱い，さらにまた，基質の結合過程がコンフォメーション変化の過程よりもはるかに速いとすれば，このモデルに対する2つの緩和時間は次式で与えられる。

$$\frac{1}{\tau_1} = \frac{k_{-1}}{1 + \bar{c}_S/(\bar{c}_{E^*} + K_2)} + k_1 \quad (\text{ここで}, \ K_2 = k_{-2}/k_2) \tag{3.4.43}$$

$$\frac{1}{\tau_2} = k_2(\bar{c}_{E^*} + \bar{c}_S) + k_{-2} \tag{3.4.44}$$

したがって，速い方の緩和時間の逆数 $1/\tau_1$ は

$\bar{c}_S \ll (\bar{c}_{E^*} + K_2)$ のとき $k_1 + k_{-1}$ に近づく。

$\bar{c}_S \gg (\bar{c}_{E^*} + K_2)$ のとき k_1 に近づく。

一方，遅い方の緩和時間の逆数 $1/\tau_2$ は $(\bar{c}_{E^*} + \bar{c}_S)$ とともに直線的に増加する。このように，基質濃度を変化させたときの緩和時間の応答の違いから（3.4.39）式と（3.4.42）式の2つのメカニズムの違いを区別することができる。この点が化学緩和法などの測定手段を用いた前定常状態の速度解析の利点である。定常状態における速度解析では上記の2つの機構を識別できないし，また，中間体が1つの場合も2つの場合も実験的には区別できない。

3.5 薬物速度論（ファーマコキネティックス）

3.5.1 はじめに

前節までは生体内で起こる酵素反応の速度論を取り扱ってきた。この節では，多少おもむきが変わるが，生体内に投入された薬物の動きを速度論的に考えてみよう。体内における薬物の移動を速度論的に解析することによって，投与後の血中や各種臓器および組織中の薬物濃度の時間変化を量的に予測することができる。それにより，生体内における薬物の移動や代謝の機構の解明が可能になるとともに，安全で合理的な薬物投与計画をたてることができ

る。このようなことを目的として体内における薬物の動態を研究する分野を薬物速度論あるいは**ファーマコキネティックス**（pharmacokinetics）とよぶ。現在，薬物速度論の研究方法は（1）**コンパートメントモデル解析法**（compartment model analysis），（2）生理学的速度論（physiological model analysis），および（3）**モーメント解析法**（moment analysis）の3つに分類される。このうちコンパートメントモデル解析法は最も古くから行われてきた方法で，生体内での薬物の動きを比較的単純な形で数式化できるために臨床的な用途も広く，現在でも最も重要な解析法である。そこで，この節では生体内における薬物動態のコンパートメントモデルによる解析をみていくことにしよう。

3.5.2 コンパートメントモデル

図3-25は，抗癌剤の一種のメソトレキサートを急速静注により体内に投与したとき，種々の組織について薬物濃度が時間とともに変化する様子を示したものである。この図を見ると，肝臓，腎臓，筋肉，および血漿ではメソトレキサート濃度の絶対値は違うものの濃度の時間変化の様子はほぼ同じであることに気が付く。このことから，肝臓，腎臓，筋肉，および血液の間でメソトレキサート濃度が常に平衡状態にあることがうかがえる。コンパートメントモデル解析では，このように薬物濃度の時間推移が同じで，速度論的に区別がつかない組織をひとつの**コンパートメント**（compartment，区画）として取り扱う。図3-25の小腸の場合はメソトレキサート濃度の時間推移は他の組織と大きく異なり，小腸は血液等とは別の独立したコンパートメントとして取り扱われる。

体内にいくつのコンパートメントを設定する必要があるかは薬物によって異なり，コンパートメントの数によって，1-コンパートメントモデル，2-コンパートメントモデル…とよば

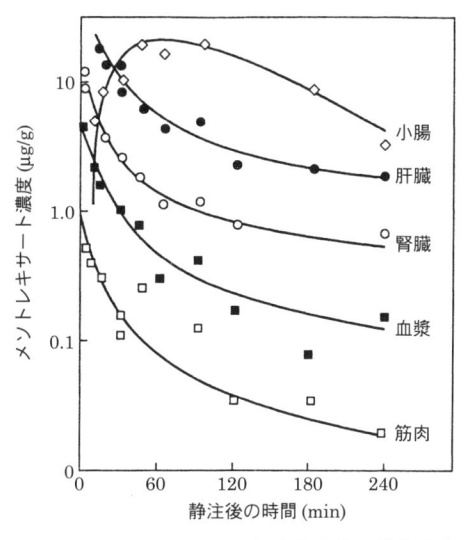

図3-25　メソトレキサートの急速静注後の薬物濃度の時間推移

れる。この場合，血液を含むコンパートメントを体循環コンパートメントまたは中心コンパートメント，それ以外のコンパートメントを末梢コンパートメントとよぶ。

コンパートメントモデルのうち，各コンパートメント内での薬物濃度の減少速度および各コンパートメント間の薬物の移行速度が一次の速度式に従うと仮定したモデルが**線形コンパートメントモデル**である。一方，体内での移行過程に飽和を示す過程が存在する場合，移行速度は Michaelis-Menten 式などによって表され，このようなモデルを**非線形コンパートメントモデル**とよぶ。一般に，多くの薬物の体内動態の解析は線形モデルを用いて行われる。そこで，以下では線形モデルのみを取り扱っていく。

3.5.3 線形 1-コンパートメントモデル

1-コンパートメントモデルでは，すべての組織（臓器）間での薬物の移行は常に平衡にあるとして，生体全体をひとつのコンパートメントとして取り扱う。このモデルを模式的に表すと図 3-26 のようになる。ここで，この図に示された記号の意味を記しておこう。

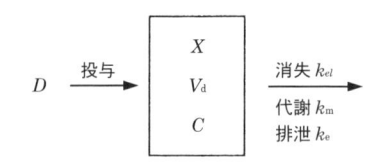

図 3-26 線形 1-コンパートメントモデル

D：薬物投与量

X：体内薬物量

V_d：見かけの分布容積（薬物が体内のすべての臓器や組織に血中濃度と同じ濃度で分布したと仮定したときに占める容積）

C：血中濃度（正確には血漿中濃度）　　$C = X/V_\mathrm{d}$

k_{el}：消失速度定数

k_m：代謝速度定数

k_e：尿中排泄速度定数

k_{el} は体内からの薬物の消失（elimination）速度を表す速度定数であり，体内からの薬物の消失が代謝（metabolism）と排泄（excretion）のみによると考えると

$$k_{el} = k_\mathrm{m} + k_\mathrm{e}$$

の関係が成り立つ。

なお，薬物の体内動態を表す基本的なパラメーターとして，上に記した以外に**生物学的半減期** $t_{1/2}$ がある。これは，体内薬物量あるいは血中薬物濃度が元の値の 1/2 になるのにかかる時間である。薬物の消失が一次速度式に従う場合，3.1.2 節で示したように，$t_{1/2}$ は次式によ

って k_{el} と関係づけられる。

$$t_{1/2} = \frac{\ln 2}{k_{el}} = \frac{0.693}{k_{el}}$$

薬物投与後の血中濃度の時間変化を表す関係式は，薬物の投与の仕方（急速静注，点滴静注，経口投与など）によって異なる。以下，順を追ってみていこう。

(A) 急速静注

(1) 血中濃度の時間推移

急速静注では，投与された薬物のすべてが一度に体内（血中）に移行し，その血中濃度は時間の経過とともに減少していく。薬物の消失速度が一次の速度式に従う場合，急速静注後時間 t が経過したところでの体内薬物量の変化速度は次式で与えられる。

$$-\frac{dX}{dt} = k_{el}X \tag{3.5.1}$$

これを積分し，$t=0$ における体内薬物量を X^0 とすれば（X^0 は投与量 D に等しい）次式が得られる。

$$X = X^0 \exp(-k_{el}t) = D\exp(-k_{el}t) \tag{3.5.2}$$

見かけの分布容積 V_d を用いて血中濃度の表式に変換すると

$$C = C^0 \exp(-k_{el}t) \tag{3.5.3}$$

ここで，$C = X/V_d$ および $C^0 = D/V_d$ である。これより，急速静注の場合の薬物の血中濃度は投与後の時間経過とともに指数関数的に減少していくことがわかる。(3.5.3) 式の対数をとると

$$\ln C = -k_{el}t + \ln C^0 \tag{3.5.4}$$

したがって，通常の一次反応の場合と同様に，血中薬物濃度の対数を投与後の時間に対してプロットすれば直線が得られ，その傾きから消失速度定数 k_{el} を求めることができる。また，切片と $C^0 = D/V_d$ の関係から見かけの分布容積 V_d が見積られる。

(2) 全身クリアランス

(3.5.1) 式は次のように書き変えられる。

$$-\frac{dX}{dt} = k_{el}X = k_{el}V_dC \tag{3.5.5}$$

これより，体内薬物量の消失速度は血中濃度に比例することがわかる。ここで，比例定数の $k_{el}V_d$ を CL で表し，この CL を**全身クリアランス**とよぶ。すなわち

$$CL = k_{el}V_d \tag{3.5.6}$$

全身クリアランスは，体全体を薬物処理システムと考えたときの薬物の処理能力を表すパラメータである。その意味は，(3.5.5) 式と (3.5.6) 式から得られる次式を見るとわかりやすい。

$$CL = -\frac{dX}{dt}/C$$

全身クリアランスは体内の薬物が単位時間当りに減少した量をそのときの血中濃度で割ったものであり，その単位は体積を時間で割ったもの（l/min など）になる。例えば，$C = 2g/l$ のとき $-dX/dt = 1g/min$ であったとすれば，1min 後は $C = 1g/l$ となり，またこのときの全身クリアランスは $CL = 0.5l/min$ である。この状況は，もとの血液（$C = 2g/l$）$1l$ のうち，半分（$0.5l$）が 1min の間にきれいにされた（薬物が除去された）ことに相当する。すなわち，全身クリアランスは単位時間当たりにどれくらいの血液がきれいにされたかで薬物処理速度を表したものといえる。

肝臓や腎臓などの個々の組織の薬物処理能力を表す場合も同様なパラメーターが用いられ，それぞれ肝クリアランス（CL_h），腎クリアランス（CL_r）と呼ばれる。代謝は肝臓で，排泄は腎臓で行われるから，これらのクリアランスと速度定数の間には次のような関係がある。

$$CL_h = k_m V_d \tag{3.5.7}$$

$$CL_r = k_e V_d \tag{3.5.8}$$

$$CL = CL_h + CL_r \tag{3.5.9}$$

(3) 血中濃度—時間曲線下面積（AUC）

血中薬物濃度のデータから得られるもうひとつの薬物速度論パラメーターに**血中濃度—時間曲線下面積**（area under the plasma concentration-time curve）AUC がある。投与後無限大時間までの AUC（AUC^∞）は (3.5.3) 式の両辺を $t = 0$ から $t = \infty$ まで積分して求められる。

$$AUC^\infty = \int_0^\infty C dt = C^0 \int_0^\infty \exp(-k_{el}t)dt = \frac{C^0}{k_{el}} \tag{3.5.10}$$

さらに，$C^0 = D/V_d$ だから，

$$AUC^\infty = \frac{D}{k_{el}V_d} = \frac{D}{CL} \tag{3.5.11}$$

(3.5.11) 式は，AUC^∞ が投与量すなわち体内に入った総薬物量（D）に比例し，その比例定数が全身クリアランスの逆数になることを示している。この関係は，投与方法や投与速度によらず成立することから，AUC は投与後に実際に体内に入った薬物量を見積る際の指標として重要なパラメーターになる。

実験データを用いて AUC を求めるためには，グラフに描いた血中濃度—時間曲線と横軸の間の面積を何らかの方法で求めればよいが，台形公式により面積を算出する方法がよく用いられる。

(B) 定速静注（点滴静注）

この投与法では，投与開始から常に一定の速度で薬物が静脈内に注射される。したがって，点滴静注の場合の線形 1—コンパートメントモデルでは投与速度を表すために 0 次速度定数

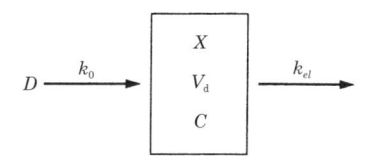

3.5 薬物速度論（ファーマコキネティクス）　189

```
D ──k₀──→ [ X  V_d  C ] ──k_el──→
```

図 3-27　定速静注（点滴静注）の場合の線形 1-コンパートメントモデル

k_0 が導入されることになる（図 3-27）。

(1) 血中濃度の時間推移

この場合の体内薬物量 X に対する速度式は次式で表される。

$$\frac{dX}{dt} = k_0 - k_{el}X \tag{3.5.12}$$

投与後の初期においては X は少ないので消失速度も小さく、投与速度が消失速度を上回り（$k_0 > k_{el}X$）、体内薬物量は増加する。X が増加するに従って消失速度が大きくなり、やがては投与速度と等しくなり（$k_0 = k_{el}X$）、定常状態に達する（$dX/dt = 0$）。

(3.5.12) 式を積分すると

$$X = \frac{k_0}{k_{el}}\{1 - \exp(-k_{el}t)\} \tag{3.5.13}$$

上式の両辺を見かけの分布容積 V_d で割れば、血中濃度の時間推移を表す次式が得られる。

$$C = \frac{k_0}{k_{el}V_d}\{1 - \exp(-k_{el}t)\} = \frac{k_0}{CL}\{1 - \exp(-k_{el}t)\} \tag{3.5.14}$$

これより、定速静注の場合の血中薬物濃度は静注開始後の時間経過とともに図 3-28 のように変化することがわかる。

定常状態における血中濃度 C_{ss} は、(3.5.14) 式で $t = \infty$ とおくことによって、次式で与えられる。

$$C_{ss} = \frac{k_0}{k_{el}V_d} = \frac{k_0}{CL} \tag{3.5.15}$$

すなわち、定常状態における薬物の血中濃度は 0 次の投与速度 k_0 を全身クリアランス CL で割った値になる。

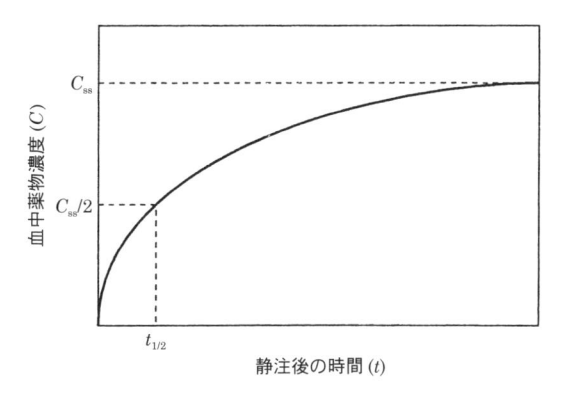

図 3-28　定速静注（点滴静注）時の血中薬物濃度の時間推移

(2) 負荷投与

血中薬物濃度が定常状態に達するのに時間がかかり過ぎる場合，点滴静注開始と同時に急速静注を併用して薬物を投与することがしばしば行われる。これは，治療に効果的な薬物濃度を速く達成させるためであり，このような投与法を負荷投与という。**負荷投与量**（loading dose）は，大抵の場合，定常状態での体内薬物量に相当する量であり，次式で与えられる。

$$\text{loading dose} = C_{ss}V_d = \frac{k_0}{k_{el}}$$

急速静注によって k_0/k_{el} に相当する薬物を負荷投与し，同時に k_0 の速度で点滴静注を開始したとき，血中薬物濃度の時間変化は次式で表される。

$$C = \frac{k_0/k_{el}}{V_d}\exp(-k_{el}t) + \frac{k_0}{CL}\{1-\exp(-k_{el}t)\} = \frac{k_0}{CL} = C_{ss} \tag{3.5.16}$$

すなわち，このときの血中薬物濃度は，図 3-29 に示したように，時間に関係なく一定（C_{ss}）となる。

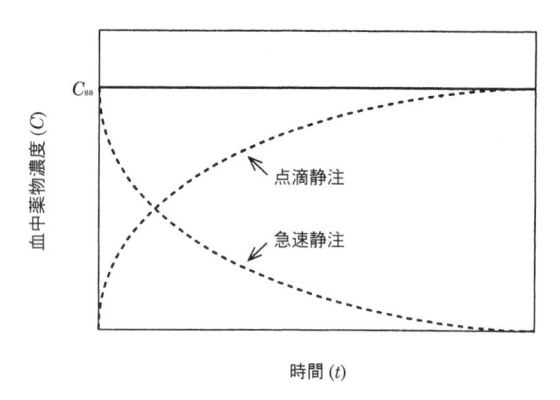

図 3-29 負荷投与のときの血中薬物濃度の時間推移

(3) 投与停止後の血中濃度

点滴静注を停止すると，それが定常状態に達する前であれ後であれ，体内薬物量および血中薬物濃度は一次速度式に従って減少する。その様子を模式的に図 3-30 に示す。

図 3-30(a)は，点滴時間が十分長くて定常状態に達した後に投与を停止したときのもので，この場合，停止後の血中薬物濃度の時間変化は次式で表される。

$$C = C_{ss}\exp(-k_{el}t') = \frac{k_0}{CL}\exp(-k_{el}t') \tag{3.5.17}$$

ここで，時間 t' は点滴停止後の時間である。一方，図 3-30(b)は，定常状態に達する前に点滴投与を停止した場合で，このときの停止後の血中薬物濃度の時間変化は次式で表される。

$$C = \frac{k_0}{CL}\bigl(1-\exp(-k_{el}t)\bigr)\,\exp(-k_{el}t') \tag{3.5.18}$$

ここで，時間 t は点滴静注を行った時間であり，また，t' は投与停止後の時間である。

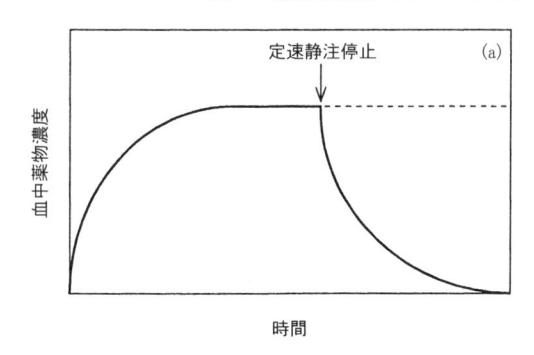

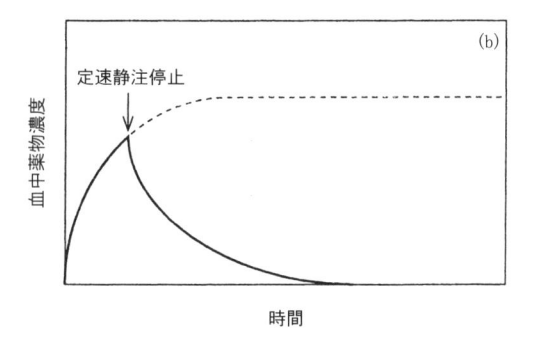

図3-30 点滴静注停止後の血中薬物濃度の時間推移

(C) 吸収過程を含む投与

これまでは静脈注射による薬物投与を考えてきた。次に，ここでは**経口投与**や**筋肉内注射**あるいは**皮下注射**によって薬物を投与する場合を考えよう。この状況は，図3-31に示したように，一次吸収過程と一次消失過程を含むコンパートメントモデルによって表すことができる。このモデルでは，薬物の吸収速度は投与部位の薬物量 X_a に比例し，その比例定数として吸収速度定数 k_a が現れてくる。また，投与量 D のすべてが吸収されるとは限らず，そのため，投与された量のうち実際に体内に吸収された割合を表すパラメター F（吸収率）が必要となる。なお，図3-31では吸収部位が付け加わっており，このモデルは2つのコンパートメントからできているように思えるかもしれないが，投与部位は生体内とはみなさず，このモデルはあくまで1-コンパートメントモデルであることを注意しておこう。

知りたいことは体内薬物量 X および血中薬物濃度 C の投与後の時間推移である。X の変化

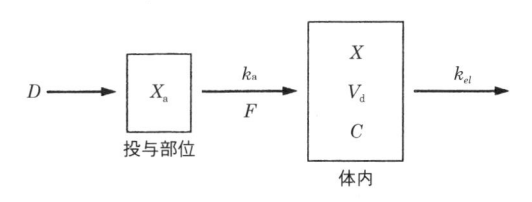

図3-31 一次吸収過程を含む線形1-コンパートメントモデル

速度は吸収速度と消失速度の差として次式で表される。

$$\frac{dX}{dt} = k_a X_a - k_{el} X \tag{3.5.19}$$

ここで，投与された薬物が一次の速度式に従って吸収されることとその吸収率を考慮すれば，投与部位の薬物量は時間の関数として次式で与えられる。

$$X_a = FD\exp(-k_a t) \tag{3.5.20}$$

（3.5.20）式を（3.5.19）式に代入し，次いで積分すると，Xの時間変化を表す関係として次式が導かれる。

$$X = \frac{FDk_a}{k_a - k_{el}}\{\exp(-k_{el}t) - \exp(-k_a t)\} \tag{3.5.21}$$

また，これより，血中薬物濃度を時間の関数として表す次式が得られる。

$$C = \frac{FDk_a}{V_d(k_a - k_{el})}\{\exp(-k_{el}t) - \exp(-k_a t)\} \tag{3.5.22}$$

一般に投与後の薬物の吸収速度は体内からの消失速度よりも速く，$k_a > k_{el}$の関係が成り立つ。この場合，血中の薬物濃度は図3-32のような時間経過をたどる。投与後，十分に時間がたつと，$\exp(-k_{el}t) \gg \exp(-k_a t) \cong 0$となり（すなわち，吸収がほぼ完了した状態），このとき（3.5.22）式の右辺第2項は近似的に0とおくことができる。したがって，tが十分大きいところでは血中薬物濃度の対数は時間とともに直線的に減少し，その傾きからk_{el}を算出することができる（図3-32を見よ）。また，（3.5.22）式から最高血中濃度$C_{\max}$および最高血中濃度に到達する時間$t_{\max}$を知ることができ，それらは次式で与えられる。

$$C_{\max} = \frac{FD}{V_d}\left(\frac{k_a}{k_{el}}\right)^{k_{el}/(k_{el}-k_a)} \tag{3.5.23}$$

$$t_{\max} = \frac{1}{k_a - k_{el}}\ln\frac{k_a}{k_{el}} \tag{3.5.24}$$

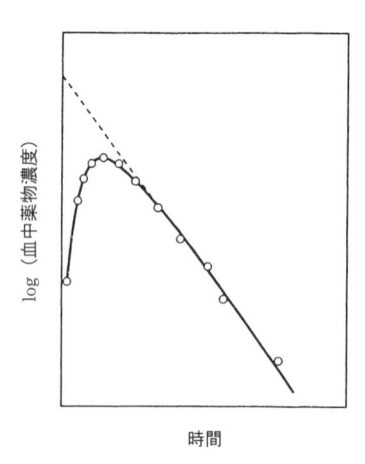

図3-32 一次吸収過程を含む場合の血中薬物濃度と投与後の時間の関係
縦軸は対数スケールで表してある。

(D) 反復投与

　薬物療法では1回の投与で治療が終了することはまれで，薬物の**反復投与**が行われることが多い。反復投与で，前回に投与した薬物が体内から完全に消失した後で次の投与が行われるようならば，そのときの血中濃度の振舞いは1回投与後の血中濃度の時間推移が単に繰り返されたものとなる。しかし，前回投与した薬物が体内に残っている間に次の投与を行うと，薬物は投与を重ねるごとに体内に蓄積し，血中薬物濃度は上昇していく。ただし，これは無限に上昇していくわけではなく，最終的には血中濃度がある一定の濃度範囲を上下するような定常状態に達する。ここでは**急速静注による反復投与**における血中薬物濃度と時間の関係を調べよう。

　薬物を同じ投与量 D で一定の間隔 τ ごとに急速静注により反復投与したときの血中薬物濃度について考える。1回目の投与後の血中濃度と時間の関係は前出の（3.5.3）式で与えられるので，投与後の時間 τ における血中薬物濃度は

$$C(\tau) = C^0 \exp(-k_{el}\tau) = C^1_{\min} \tag{3.5.25}$$

ここで，$C^1_{\min}$ は，投与 τ 時間後の濃度（すなわち，2回目の投与直前の濃度）が1回目投与後の最小血中濃度であることを表している（図3-33）。また，1回目投与時の最大血中濃度 $C^1_{\max}$ は投与後の初濃度 C^0 である。2回目の投与直後の血中濃度 $C^2_{\max}$ は，$C^1_{\min}$ に投与による上昇分 C^0 が加わるので，

$$C^2_{\max} = C^0 + C^1_{\min} = C^0 + C^0\exp(-k_{el}\tau) = C^0\{1+\exp(-k_{el}\tau)\} \tag{3.5.26}$$

となり，またその τ 時間後の濃度 $C^2_{\min}$ は次式のようになる。

$$C^2_{\min} = C^2_{\max}\exp(-k_{el}\tau) = C^0\{1+\exp(-k_{el}\tau)\}\exp(-k_{el}\tau) = C^0\{\exp(-k_{el}\tau)+\exp(-2k_{el}\tau)\} \tag{3.5.27}$$

同様にこの操作を繰り返せば，n 回目投与の直後および τ 時間後の血中薬物濃度はそれぞれ次の式で表される。

$$\begin{aligned}C^n_{\max} &= C^0\left[1+\exp(-k_{el}\tau)+\exp(-2k_{el}\tau)+\cdots+\exp\{-(n-1)k_{el}\tau\}\right]\\&= C^0\frac{1-\exp(-nk_{el}\tau)}{1-\exp(-k_{el}\tau)}\end{aligned} \tag{3.5.28}$$

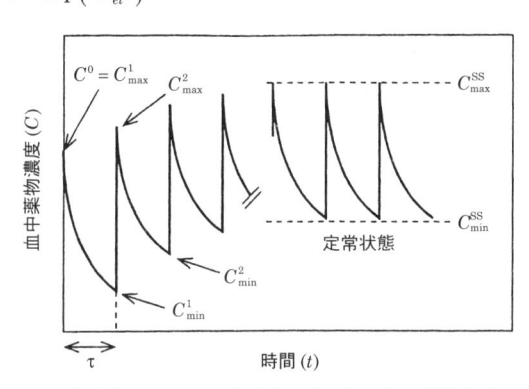

図3-33　急速静注による反復投与の場合の血中薬物濃度の時間推移

$$C_{\min}^n = C^0\{\exp(-k_{el}\tau)+\exp(-2k_{el}\tau)+\cdots+\exp(-nk_{el}\tau)\}$$
$$= C^0 \frac{1-\exp(-nk_{el}\tau)}{1-\exp(-k_{el}\tau)}\exp(-k_{el}\tau) \tag{3.5.29}$$

また，n 回目投与後のある任意の時間 t における血中薬物濃度は次式で与えられる。

$$C^n(t) = C^0 \frac{1-\exp(-nk_{el}\tau)}{1-\exp(-k_{el}\tau)}\exp(-k_{el}t) \qquad (\text{ただし，} 0 \leq t \leq \tau) \tag{3.5.30}$$

(3.5.28) 式および (3.5.29) 式から，投与回数が増すにつれ，すなわち n が大きくなるにつれ，$C_{\max}^n$ や $C_{\min}^n$ はある一定値に近づき定常状態に達することがわかる。これらの式で $n=\infty$ とすれば，定常状態における最大血中濃度 $C_{\max}^{\mathrm{SS}}$ および最小血中濃度 $C_{\min}^{\mathrm{SS}}$ が得られる。すなわち，

$$C_{\max}^{\mathrm{SS}} = C^0 \frac{1}{1-\exp(-k_{el}\tau)} \tag{3.5.31}$$

$$C_{\min}^{\mathrm{SS}} = C^0 \frac{1}{1-\exp(-k_{el}\tau)}\exp(-k_{el}\tau) \tag{3.5.32}$$

定常状態に達したときの投与後の任意の時間 t における血中薬物濃度は，(3.5.30) 式で $n=\infty$ とおくことによって，次式で与えられる。

$$C^{\mathrm{SS}}(t) = C^0 \frac{1}{1-\exp(-k_{el}\tau)}\exp(-k_{el}t) \qquad (\text{ただし，} 0 \leq t \leq \tau) \tag{3.5.33}$$

(3.5.31) ～ (3.5.33) 式から，定常状態に達した後では血中薬物濃度は $C_{\min}^{\mathrm{SS}}$ と $C_{\max}^{\mathrm{SS}}$ の間で上下することがわかる。図 3-33 はこの様子を模式的に示したものである。

定常状態での血中薬物濃度が初回投与後の濃度に比べてどの程度上昇しているかは次式で表され，この R を蓄積比とよぶ。

$$R = \frac{C_{\max}^{\mathrm{SS}}}{C_{\max}^1} = \frac{C_{\min}^{\mathrm{SS}}}{C_{\min}^1} = \frac{1}{1-\exp(-k_{el}\tau)} \tag{3.5.34}$$

3.5.4 線形 2-コンパートメントモデル

1-コンパートメントモデルでは，体内に投与された薬物はすべての組織の間で速やかに分配され平衡状態に達すると仮定する。しかし，図 3-25 のメソトレキサートの例では，そのような単純な仮定はあてはまらず，小腸の振舞いは他と大きく異なっている。このような場合には図 3-34 に示した **2-コンパートメントモデル**がよく用いられる。急速静注による投与の場合，このモデルでは，体内における薬物の移行は以下のように進行すると考える。

ⅰ）急速静注によって体循環コンパートメントに投与された薬物は，このコンパートメント内の各組織中に速やかに分布し，各組織の薬物濃度の間に分布平衡が成り立つ。

ⅱ）次いで，末梢コンパートメントへの分布が始まり，また，それと並行して体循環コンパートメントからの薬物の消失（代謝と排泄）が進行する。したがって，薬物投与後の初期の間は，体循環コンパートメント中の薬物濃度は消失と末梢コンパートメント

3.5 薬物速度論（ファーマコキネティックス）

体循環コンパートメント

$D \rightarrow \boxed{\begin{array}{c} X_1 \\ V_{d1} \\ C \end{array}} \xrightarrow{k_{el}}$

$k_{12} \updownarrow k_{21}$

$\boxed{\begin{array}{c} X_2 \\ V_{d2} \end{array}}$

末梢コンパートメント

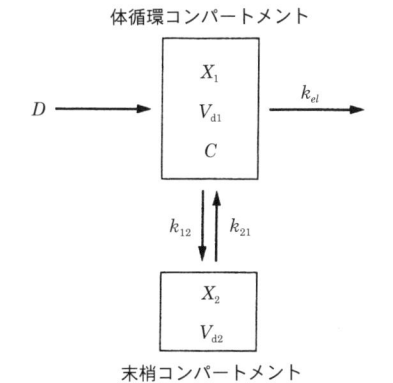

図 3-34　線形 2-コンパートメントモデル

への分布の 2 つの過程で減少していく．この期間を**分布相**（または α 相）とよび，血中薬物濃度の急速な減少が観察される．

iii）その後しばらくして 2 つのコンパートメント間で薬物濃度が平衡に達すると，体循環コンパートメント中の薬物濃度は消失過程によってのみ減少する．この期間を**消失相**（または β 相）とよび，そこでは血中薬物濃度は比較的ゆっくり減少する．

したがって，血中薬物濃度の時間推移を模式的に表すと図 3-35 のようになる．

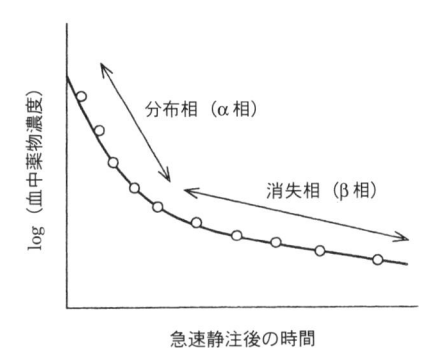

図 3-35　線形 2-コンパートメントモデルに基づいた急速静注後の血中薬物濃度の時間推移

次に，このモデルに従って速度式を書き表し，それを解いてみよう．体循環コンパートメント中の薬物量 X_1 および末梢コンパートメント中の薬物量 X_2 の変化速度はそれぞれ次式で表される．

$$\frac{dX_1}{dt} = k_{21}X_2 - (k_{12} + k_{el})X_1 \tag{3.5.35}$$

$$\frac{dX_2}{dt} = k_{12}X_1 - k_{21}X_2 \tag{3.5.36}$$

(3.5.35) 式の両辺を t で微分し，それに (3.5.36) 式を代入し，次いで X_2 を消去すると次式が得られる．

$$\frac{\mathrm{d}^2 X_1}{\mathrm{d}t^2} + (k_{el} + k_{12} + k_{21})\frac{\mathrm{d}X_1}{\mathrm{d}t} + k_{el}k_{21}X_1 = 0 \tag{3.5.37}$$

これは定数係数の2階線形微分方程式であり、一般解は次式で与えられる。

$$X_1 = A'\exp(-\alpha t) + B'\exp(-\beta t) \tag{3.5.38}$$

ここで、A'とB'は積分定数であり、また

$$k_{el} + k_{12} + k_{21} = \alpha + \beta \quad \text{および} \quad k_{el}k_{21} = \alpha\beta \tag{3.5.39}$$

とおいた。初期条件、すなわち $t=0$ のとき $X_1 = D$ および $\dfrac{\mathrm{d}X_1}{\mathrm{d}t} = -(k_{el} + k_{12})D$ より

$$A' + B' = D$$

および

$$\left(\frac{\mathrm{d}X_1}{\mathrm{d}t}\right)_{t=0} = -\alpha A' - \beta B' = -(k_{el} + k_{12})D$$

が得られ、これより積分定数が次のように決定される。

$$A' = \frac{D(\alpha - k_{21})}{\alpha - \beta} \quad \text{および} \quad B' = \frac{D(k_{21} - \beta)}{\alpha - \beta}$$

次いで、(3.5.38)式の両辺を体循環コンパートメントの分布容積 V_{d1} で割って血中薬物濃度に変換すると

$$C = A\exp(-\alpha t) + B\exp(-\beta t) \tag{3.5.40}$$

ここで

$$A = \frac{D(\alpha - k_{21})}{V_{d1}(\alpha - \beta)} \quad \text{および} \quad B = \frac{D(k_{21} - \beta)}{V_{d1}(\alpha - \beta)} \tag{3.5.41}$$

である。こうして、急速静注の場合の血中薬物濃度の時間推移を線形2-コンパートメントモデルによって表した関係式が得られる。

2-コンパートメントモデルの速度論的パラメーターは以下のようにして実験的に求めることができる。図3-36は血中薬物濃度の対数と急速静注後の時間の関係を示したものである(ここで、$\alpha > \beta$ とした)。まず、消失相領域の直線部分の傾きからβが、またその直線を $t=0$ ま

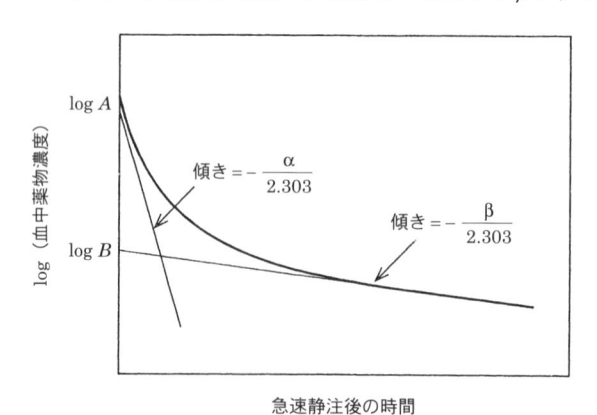

図3-36 線形2-コンパートメントモデルの速度論的パラメーターの推定法

で外挿したときの切片から B が求められる。次いで，分布相領域で，実際の血中濃度から消失相の直線部分の外挿濃度を差し引いたものの対数を時間に対してプロットすると直線が得られ，その傾きから α が，また切片から A が求められる。(3.5.39) 式と (3.5.41) 式の関係を用いると，速度論的パラメーターを A, B, α, および β と関係づける次の式が導かれる。

$$k_{21} = \frac{A\beta + B\alpha}{A + B} \tag{3.5.42}$$

$$k_{el} = \frac{\alpha\beta}{k_{21}} \tag{3.5.43}$$

$$k_{12} = \alpha + \beta - k_{21} - k_{el} \tag{3.5.44}$$

$$V_{d1} = \frac{D}{A + B} \tag{3.5.45}$$

$$V_{d2} = \frac{k_{12} V_{d1}}{k_{21}} \tag{3.5.46}$$

こうして実験データから得られる A, B, α, および β から，各過程に対する速度定数などの速度論的パラメーターを算出することができる。

参考文献

1) P. W. クーヘル，G. B. ラルストン，林　利彦ほか訳，"酵素と反応速度論"，マグロウヒル出版 (1992)
2) H. グートフロイド，寺本　英ほか訳，"エンザイム　物理学的アプローチ"，化学同人 (1974)
3) A. G. Marshall, "Biophysical Chemistry", Section 3, John Wiley & Sons (1978)
4) G. G. Hammes (Ed.), "Investigation of Rates and Mechanisms of Reactions. Part II. Investigation of Elementary Reaction Steps in Solution and Very Fast Reactions", John Wiley & Sons (1974)
5) G. H. Czerlinski, "Chemical Relaxation: An Introducion to Theory and Application of Stepwise Perturbation", Dekker (1966)
6) 花野　学編，"ファーマコキネティクス"，南山堂 (1987)
7) 西垣隆一郎編，"薬物動態学"，丸善 (1998)

練習問題

3.1

ある酵素反応について，$c_S^0 = 0.5\,\mathrm{mmol\cdot dm^{-3}}$ の基質濃度で反応速度を測定したところ，$v = 50\,\mathrm{\mu mol\cdot dm^{-3}\cdot min^{-1}}$ であった。この酵素反応はMichaelis-Menten式に従い，$K_\mathrm{m} = 1\,\mathrm{mmol\cdot dm^{-3}}$ である。V_max はいくらか。また，基質濃度が未知の試料を用いて反応速度を測定したところ，$v = 100\,\mathrm{\mu mol\cdot dm^{-3}\cdot min^{-1}}$ であった。このときの基質濃度はいくらか。

3.2

ヘキソキナーゼは ATP によるグルコースおよびフルクトースのリン酸化反応を触媒する酵素である。グルコースおよびフルクトースに対する Michaelis 定数はそれぞれ $K_\mathrm{m} = 0.13\,\mathrm{mmol\cdot dm^{-3}}$ および $K_\mathrm{m} = 1.3\,\mathrm{mmol\cdot dm^{-3}}$ である。この酵素反応は Michaelis-Menten 式に従い，グルコースおよびフルクトースに対する V_max は同じであると仮定して次の問いに答えよ。

1) $c_S^0 = 0.13,\ 1.3,\ 13\,\mathrm{mmol\cdot dm^{-3}}$ のとき，それぞれの基質に対する規格化された反応速度（v/V_max）を求めよ。

2) ヘキソキナーゼの親和性はどちらの基質に対する方が強いか。また，親和性の違いと反応速度の違いについて考察せよ。

3.3

下の表は，ある酵素の一定濃度の溶液と基質溶液を混合したときの反応速度と基質初濃度の関係を示したものである。このデータを用いて，(a) Lineweaver-Burk プロット，(b) Eadie-Hofstee プロット，(c) Hanes-Woolf プロットを行い，それぞれのプロットで V_max と K_m を求めよ。

$c_S^0(\mathrm{\mu mol\cdot dm^{-3}})$	$v(\mathrm{\mu mol\cdot dm^{-3}\cdot min^{-1}})$
10	20
20	40
40	64
60	80
100	100
200	120
1,000	150
2,000	155

3.4

Michaelis-Menten 式((3.2.13) 式)は次のように書ける。

$$\frac{dc_S}{dt} = -\frac{V_{max}c_S}{K_m + c_S}$$

この式を積分して任意の時間 t における基質濃度を表す関係式を導け。また，この積分速度式は，i) $c_S^0 \gg K_m$ のとき，および，ii) $c_S^0 \gg K_m$ のとき，それぞれどのような形になるか。

3.5

問題 3.4 の積分速度式を用いて酵素反応の実験データから K_m と V_{max} を推定する方法を考えよ。

3.6

Michaelis-Menten 型のある酵素反応に対する阻害剤 I の効果について実験を行い，次の結果を得た。

1) この阻害反応はどのような阻害様式に従うか。

$c_S^0(\text{mmol}\cdot\text{dm}^{-3})$	$c_I^0(\text{mmol}\cdot\text{dm}^{-3})$		
	0	0.5	1.0
	$v(\mu\text{mol}\cdot\text{dm}^{-3}\cdot\text{min}^{-1})$		
0.05	0.33	0.20	0.14
0.10	0.50	0.33	0.25
0.20	0.67	0.50	0.40
0.40	0.80	0.67	0.57
0.50	0.83	0.71	0.63

2) この酵素反応の V_{max}，K_m および阻害定数を求めよ。

3.7

多量体酵素に対する基質の結合において，a) 正の協同性が働く場合，b) 協同性が見られない場合，c) 負の協同性が働く場合，$1/c_S^0$ に対する $1/v$ のプロットはそれぞれどのようになるか。それぞれの場合について，K_m の c_S^0 に対する依存性を定性的に考えてみよ。

3.8

ある化合物 AB の水中における次のような会合・解離平衡

$$A + B \underset{k_{-1}}{\overset{k_1}{\rightleftarrows}} AB$$

について，温度ジャンプの測定を行い次の結果を得た。ここで，c_{AB}^0 は AB の全濃度である。

c_{AB}^0 (mol·dm⁻³)	0.001	0.002	0.005	0.010	0.025	0.05	0.10
τ (msec)	4.08	3.74	2.63	1.84	1.31	0.88	0.67

このデータに基づいて，k_1，k_{-1}，および平衡定数 ($K = k_1/k_{-1}$) を求めよ．ただし，この平衡系の K は非常に大きい．したがって，AB の解離度は小さく，$\bar{c}_{AB} \cong c_{AB}^0$ という近似を用いて解析せよ．

3.9

体重 60 kg の患者に生物学的半減期が 8 時間の抗生物質を点滴静注し，血中濃度を 1.5 mg/cm³ に保ちたい．点滴速度 (mg/h) をいくらにすればよいか．ただし，見かけの分布容積は $V_d = 0.2$ dm³/kg とせよ．

第4章
生体系の界面科学

　物理的，化学的にお互いに異質な部分（相）が相接するところを界面（interface）*という。生体は細胞膜をはじめとして，いろいろな隔壁でさえぎられた部分からなり，これらが総合されて個体を形成し，生活している。したがって，これらの細胞膜や隔壁が他と接するところに界面があり，そこは各種の生体物質の選択的輸送の関門であり，また，多くの生化学反応の現場でもある。

　界面附近にある分子は凝集力の異なる2つの相からの影響下にあり，多少とも配向した分子力場にある。このような状態は熱力学的によく記述される。「界面」の考え方に親しんでいこう。

4.1　界面の熱力学

　いま水と空気（または油，水に不溶な有機化合物を便宜的にこう総称する）が接している界面を考えよう。平らな水面は空気と水が幾何学的な面で隔てられているのだろうか。上に述べたように，界面附近は配向した分子力場が存在することを考えると，図4-1（a）のように急激ではあるが，連続した濃度変化をしているだろう（他に Gibbs の分割面という考えもある図4-1（b））。

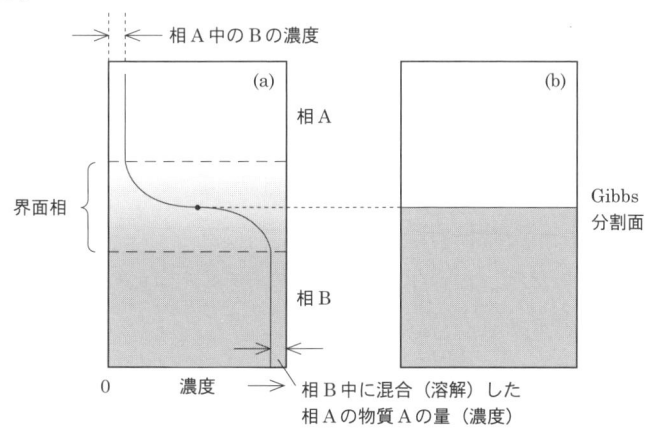

図4-1　界面を含む系

*：　相の一方が空気の場合の界面を「表面」（surface）ということがある。空気相に観察者であるわれわれ人間がいることを思わせる表現である。

A面から上はたしかに空気(または油)相が,B面から下には水相がある。その中間に両方の相の影響を強くうけた極めて薄い「界面相」を想定できる。

界面相を相の1つであると考えると,いろいろな熱力学量が定義できる*。

例えば,Gibbsの自由エネルギーは(微分形式で)

$$dG^S = -S^S dT + V^S dp + \gamma dA \tag{4.1.1}$$

ここでsは界面を意味する。Aは表(界)面積,γは表(界)面張力である。普通のバルク相の熱力学では寄与が無視できるので省略されたγdA項以外は(1.3.14)式と同一である。

P, T一定の平衡時には

$$dG^S = \gamma dA \tag{4.1.2}$$

これは表面積変化にともなう自由エネルギー変化を表し,γは単位面積当たりの自由エネルギーであることがわかる。図4-2は表面自由エネルギーを理解するための概念図である。

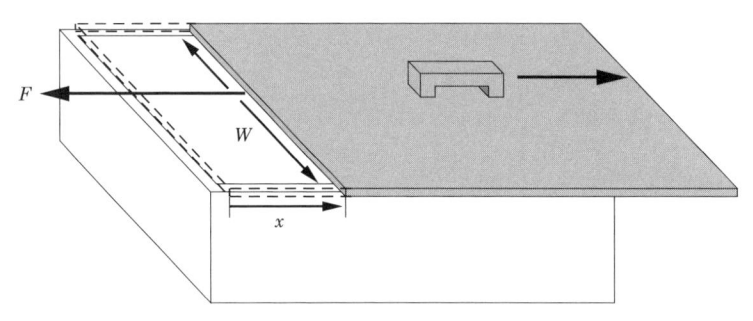

図4-2 表面エネルギーの概念図

幅Wの水槽に可動式のフタがしてある。いま蓋を右にxだけずらして水表面を露出させる。このとき表面積を形成するのに必要な最小仕事,つまり自由エネルギーは(4.1.2)式を積分して,$\Delta G^s = \gamma \Delta A$となる。

表面形成にともなう過剰な自由エネルギーなので,表面は減少しようとしてフタを左方へ引き寄せようとする。力学的にはこれと釣り合うための力,Fとして認識される。xの変位に対して,$\Delta G^s = Fx = \gamma Wx = \gamma \Delta A$なる仕事が必要である。

これからγは単位長さ当たりの力であることもわかる。例えば,水の表面張力は,72 mN/m = 72 mJ/m^{2}となり,力学的側面とエネルギー的側面があることが理解される。表4-1にいくつかの系の表面張力,界面張力を例示した。

水の表面張力が他と較べて大きいことがわかる。これは水素結合による水の大きい凝集力と関係がある。界面張力は相手の液体により8〜50 mN/mとなる。生体系に見られるいろいろな界面張力もこの程度と考えられる。

---

*: 界面相に対して,A,B相をバルク相(bulk phase)とよぶことがあり,界面化学では大変便利である。

表 4-1 液体の表面張力 γ_1 または γ_2（mN m^{-1}）と水に対する界面張力 γ_{12}（mN m^{-1}）（20℃）

液 体	γ_1 (mN m^{-1})	
水	72.75	
メチルアルコール	22.6	
エチルエーテル	16.96	
グリセリン	63.4	
ベンゼン	28.88	
トルエン	28.43	

液 体	γ_2 (mN m^{-1})	γ_{12} (mN m^{-1})
1-オクタノール	27.6	8.4
オクタン酸	28.8	8.2
1-オクテン	22.4	22.2
オレイン酸	32.5	15.6
ミリスチン酸エチル	29.8	22.3
トリオレイン	34.6	23.2
ベンゼン	28.6	35.0
トルエン	28.5	36.6
ニトロベンゼン	43.9	25.7
ヘキサン	18.4	51.1
オクタン	21.8	50.8
ヨードベンゼン	39.7	40.9
ブロモホルム	41.9	40.5
ヘキサデカン	30.0	52.1

4.1.1 界面張力の測定法

界面張力の測定法はいろいろあるが，ここでは比較的に信頼性の高い方法をひとつだけ紹

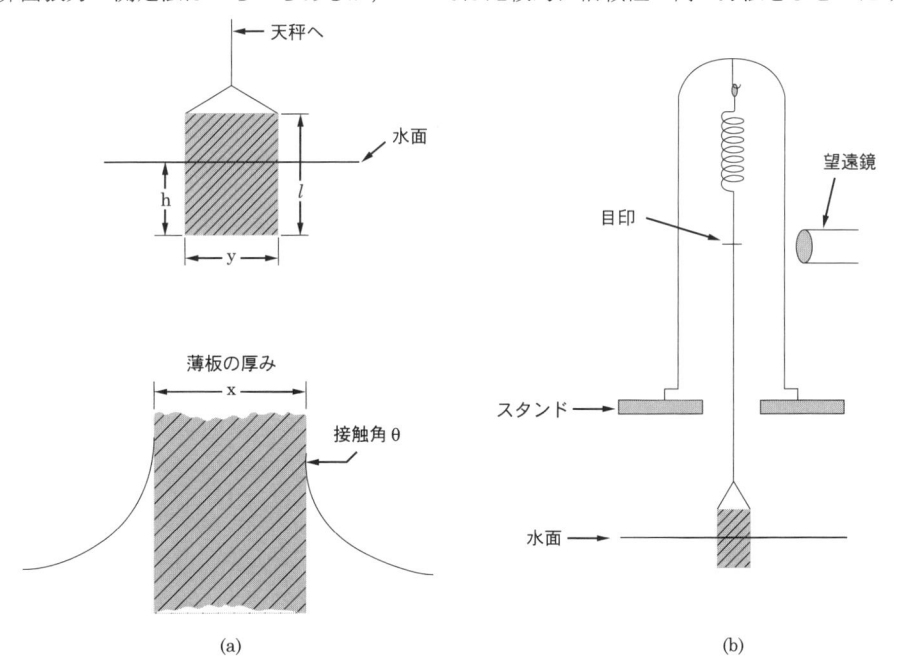

図 4-3 Wilhelmy の平板法（plate method）

ウィルヘルミー平板法 (Wilhelmy plate method)

図 4-3 のように薄板（雲母，スライドグラス，ろ紙など）を垂直に液体に浸す。

このとき薄板の厚みを x，幅の長さを y とすると薄板の周囲長は $2(x+y)$ なので，その薄板の力 F は

$$F = 2\gamma(x+y) + K \tag{4.1.3}$$

で液中へ引き込まれようとする。ここで K は薄板の重力，浮力をふくむ項で別に実験的評価ができる。薄板表面が液体でぬれる必要がある（接触角 = 0，後述）ことに注意すれば，F を測って γ が求められる（図 4-3 を見よ。）。

このほかに毛管上昇法（例題），滴重（容）法，懸滴法など数多くあるが，詳細は実験書を参考にするとよい。

例題 4.1 毛管上昇

よく精製した水（25℃）の表面に，清浄なガラス毛管を垂直に立てたら，$h = 29.0\text{mm}$ の毛管上昇（図中の B と A の高さの差）が観察された。水の表面張力を 72.25 mN/m として，毛管の内半径，r を求めよ。ただし，図中に拡大して表現している曲面（メニスカス）の接触角 θ は，実際では $0°$ であった。

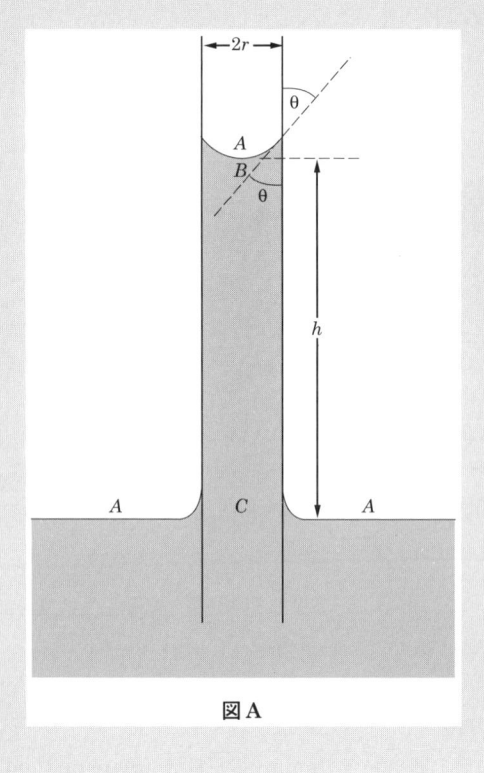

図 A

解　答

図Aのように毛管内壁で上向きに表面張力，$\gamma\cos\theta$ が $2\pi r$ の円周に対して働き，これが上昇した水中の質量に応じた重力とバランスしていると考えると，次式（a）が成り立つ。特に清浄なガラス表面をもつ毛細管であれば $\theta = 0$ であるので（a′）式が与えられる。

$$2\pi r \cos\theta\gamma = \rho\pi r^2 hg \tag{a}$$

$$2\pi r\gamma = \rho\pi r^2 hg \tag{a′}$$

ここで ρ は密度，g は重力の加速度である（$\rho = 0.9970 \mathrm{kgm^{-3}}$，$g = 9.807 \mathrm{ms^{-2}} = 9.807 \mathrm{Nkg^{-1}}$）。

（a′）式から内半径 r が 0.510mm と計算される。

$$r = \frac{2\gamma}{\rho hg} = \frac{2 \times 72.25 \times 10^{-3} \mathrm{Nm^{-1}}}{0.9970 \mathrm{kgm^{-3}} \times 29.0 \times 10^{-3} \mathrm{m} \times 9.807 \mathrm{Nkg^{-1}}} = 0.510 \mathrm{mm}$$

このようにして較正した毛管でいろいろな液体や溶液の表面張力が測定できる。

もう古語であるドイツ語"Kapillariechemie"（直訳：毛管化学）は毛管現象の不思議を研究する分野で，界面化学の先駆的学問であった。

4.1.2 曲がった界面

界面は平面とは限らない。とくに生体では細胞，さらにそのなかにある各種のオルガネラ

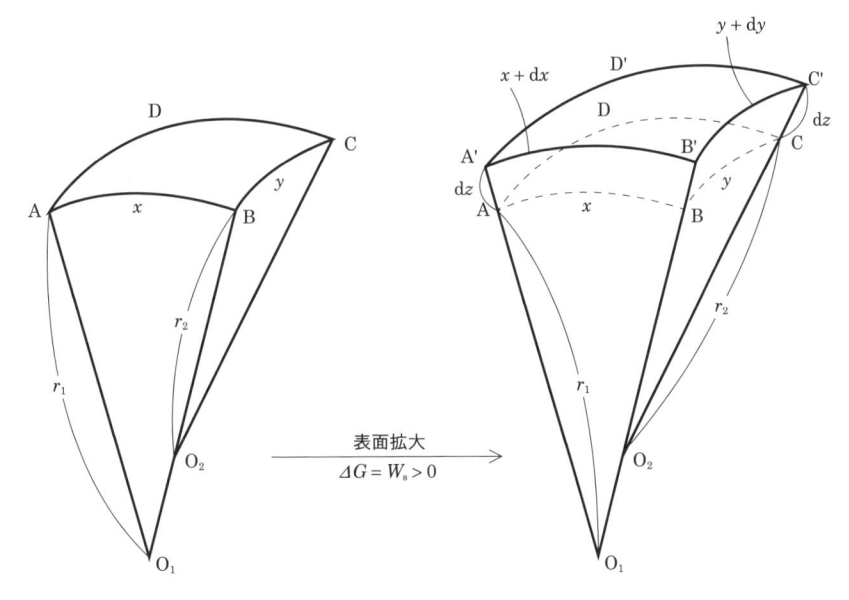

図4-4 曲 表 面
2つの曲率半径 r_1 と r_2 をもつ曲表面（ABCD）（左）
それぞれ dx, dy, dz ほど拡大した曲表面（A'B'C'D'）（右）
面積 a の増加分は $\Delta a = xdy + ydx$
角 ABC 及び角 A'B'C' は直角。

は 1 μm 以下の大きさで，曲がった界面で覆われている。ここでは界面が有限の曲率をもつ場合について考察しよう。図 4-4 のように表面積 ABCD は曲率半径，r_1, r_2 をもつ曲表面である。この表面を法線方向に dr だけ変位させると新しい表面積は $(x+dx)(y+dy)$ になる。このとき面積拡張に必要な自由エネルギー変化 ΔG は次式で示される。

$$\Delta G = \{(x+dx)(y+dy)-xy\}\gamma = (ydx+xdy)\gamma \tag{4.1.4}$$

図の相似関係から

$$\frac{x+dx}{x} = \frac{r_1+dz}{r_1} \qquad \therefore dx = \frac{x}{r_1}dz$$

同様にして，$dy = \dfrac{y}{r_2}dz$ を (4.1.4) 式に代入すると表面拡張の仕事（自由エネルギー変化に相当する）W_s は

$$W_s = \gamma\left(\frac{1}{r_1}+\frac{1}{r_2}\right)xydz \tag{4.1.5}$$

この表面積増を面内外の圧力差，Δp で行わせるとその仕事 W_p は

$$W_p = \Delta p xydz \tag{4.1.6}$$

力学的に表面が平衡であれば $W_s = W_p$ であるから，次式の関係が導かれる。

$$\Delta p = \gamma\left(\frac{1}{r_1}+\frac{1}{r_2}\right) \tag{4.1.7}$$

球面では $r_1 = r_2 = r_c$ と置いた。

$$\Delta p = \frac{2\gamma}{r_c} \tag{4.1.8}$$

となる。(4.1.7)，(4.1.8) 式を Young–Laplace の式という。いま平衡圧がそれぞれ，p_0, p_r である平表面から曲面へ dn モルの界面分子を移動 (transport : tr) するための自由エネルギーは

$$dG_{tr} = dnRT\ln(\frac{p_r}{p_0}) \tag{4.1.9}$$

と (4.1.8) 式から表面拡張にともなう自由エネルギー変化

$$dG_s = 8\pi\gamma r_c dr_c \tag{4.1.10}$$

とを等しいとおいて

$$8\pi\gamma r_c dr_c = dnRT\ln(\frac{p_r}{p_0}) \tag{4.1.11}$$

を得る。$dn = 4\pi\rho r_c^2 dr_c / M$ に注目して

$$RT\ln(\frac{p_r}{p_0}) = \frac{2\gamma M}{\rho r_c} = \frac{2\gamma V_m}{r_c} \tag{4.1.12}$$

ここで V_m, ρ はそれぞれ，液体のモル体積，密度である。この式から液体粒のサイズによって平衡圧が変化する。ひずみの場である界面で分子が高い自由エネルギーを持っていること

と関係がある。水滴について試算すると表4-2のようになり，ナノスケールの世界ではこの効果が無視できない。また固体表面についても同様な議論をして，粒子の大きさと溶解度についても類似の関係が得られる。

表 4-2　表面曲率半径と平衡圧の関係

r_c/nm	p_r/p_0
100	1.01
10	1.1
1	3.0

粒径（液滴の半径）が小さくなるほど液の蒸気圧が高くなることを示している。固体の場合は，粒径が小さいほど溶解度が大きくなる。

4.1.3　接着とぬれ

(A)　接着（adhesion）

いま単位断面積の液柱を想定する（図 4-5(a)）。その中間を切断すると，新しい表面が2つ生成する。このとき

$$W_c = 2\gamma \tag{4.1.13}$$

は液体の凝集力に逆らって新しい表面をつくるに必要な自由エネルギーなので，**凝集の仕事**（work of cohesion）という。図 4-5(b)のように2種の液体からなる場合，その界面で切断すると，界面ABが失われ，かわりに表面A，Bが生成する。このとき，

$$W_a = \gamma_A + \gamma_B - \gamma_{AB} \tag{4.1.14}$$

を**接着の仕事**（work of adhesion）という。接着の仕事の例を表 4-3 に示した。

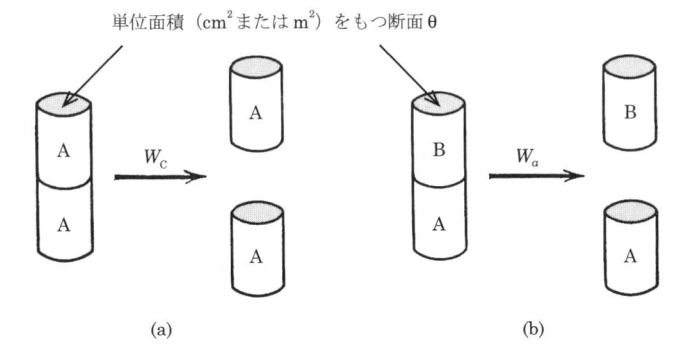

図 4-5　凝集仕事 W_C と接着仕事 W_a

表 4-3　各系における凝集の仕事（W_c）と接着の仕事（W_a）/(mJm^{-2})

液-気界面	凝集の仕事（W_c）	液-液界面	接着の仕事（W_a）
オクタン	44	オクタン-水	44
オクチルアルコール	55	ヘプタン-水	42
ヘプタン酸	57	オクチルアルコール-水	92
ヘプタン	40	オクチレン-水	73
		ヘプタン酸-水	95

生体系でも細胞どうしが接して存在するので，その離合集散は接着の自由エネルギーで考察される。

(B) ぬれ（wetting）

コップや窓ガラスなどに水滴が付着しているのをよく見かける。また，スイレンの大きな葉に朝露が玉となって光っているのは美しい。このように固体 S の表面に液体 L の1滴がどのように付着するか見ていこう。

図 4-6 は固体表面に乗った液滴のプロフィールである。固体表面と液滴の接するところの力のつりあいから

$$\gamma_{SL} - \gamma_S + \gamma_L \cos\theta = 0 \tag{4.1.15}$$

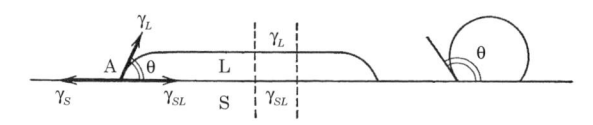

図 4-6　ぬれの力学（接触角）

固体／液体界面，固体表面，液体表面が減少するような方向に力が作用する。このとき θ を接触角（contact angle）といい，液体による固体表面のぬれ（wetting）の尺度として用いられる。$\theta > 90°$ のとき，$W_a < W_c/2$ となり，ぬれない。逆に $\theta < 90°$ であれば，$W_a > W_c/2$ となり，このとき，ぬれるという。その極限として $\theta \to 0°$ がある。

表 4-4 にいくつかの系について接触角を掲げた。このなかでテフロン表面が単に水にぬれないだけでなく，油にもぬれないのでとくに注目される。

表 4-4　いろいろな物質の水に対する接触角

物　質	θ	物　質	θ
パルミチン酸	111°	ナフタレン	62°
パラフィン	108	セチルアルコール	46
ベンゼン	105	ポリビニールアルコール	37
グラファイト	86	β-ナフトール	35
安息香酸	65	アセトアミド	15
白金	40	テフロン	108

このような物理化学的要因のほかに固体表面の形状によってもぬれは制御されている。水鳥や海獣などは羽毛によって被われて水にぬれない。この発水性は単に羽毛の表面に脂肪が分泌されているだけからでなく，その微細な表面構造によることが知られている。表面が細かいミクロな構造をもっていれば，実効表（界）面積が増え，したがって界面自由エネルギーが増加する。いま実効表面積と粗視化した（つまり普通のマクロな）表面積との比を ρ とすれば，(4.1.15) 式中で，固体の関係する項に ρ を乗じて

図 4-7 超撥油性表面上の油滴

用いた油が表面をぬらしていない（表面はぬれていない）ことを示している。

$$\rho(\gamma_{LS} - \gamma_S) + \gamma_L \cos\theta_\rho = 0 \tag{4.1.16}$$

$$\cos\theta_\rho = \frac{\gamma_S - \gamma_{LS}}{\gamma_L}\rho = \rho\cos\theta \tag{4.1.17}$$

つまり $\theta = 90°$ を境にしてぬれるか撥水するかの性質を ρ の因子で拡大する効果がある。図4-7 は電解法で表面に凹凸をつけた酸化アルミニウムをフッ化モノアルキルリン酸で表面処理した面上の油滴の写真である。この表面にはフラクタール構造（2.2.2 (C) 節参照）があることが知られている。

4.2　界面電気現象

液相と接している界面を構成する成分の1つがイオンとして溶解するか，または溶液中のあるイオン種が選択的に界面に吸着すると，その界面は荷電する。生体系では H^+ または OH^- による荷電がとくに重要である。荷電した界面について学習しよう。

4.2.1　電気ポテンシャル

電荷をもつ面からの影響は電気ポテンシャル（電位）の大小で表現される。よりよく理解するためのアナロジーとして重力ポテンシャルを引き合いに出そう。地球表面にある 1 kg の試験質量（プローブ）を考える。これは地球から 9.806 N（ニュートン）の力を受けている。われわれはこれを重力として直感できる。月表面でプローブに働く力を測ればそこでの重力場の強さを知ることができる。地球表面でこの試験質量を 1 m 持ち上げると，9.806 N × 1 m = 9.806 J（ジュール）だけエネルギーが増す。一般に力場の影響のもとで質量が移動するとエネルギーの出入りがある。これをポテンシャル（位置エネルギー）という。まったく同様に考えて，ある電荷が周囲の空間にもたらす「電場」に 1 C（クーロン）の試験電荷を置き，それが受ける力で電場の強さを定義し，さらに電気ポテンシャル（電位），ψ も理解できる。界面電荷の効果は電位で表現することが多い。電荷量×電位 = ポテンシャルエネルギーであるから，1 J = 1 C × 1 V，つまり電位の単位は V(volt) = J/C である。電解質水溶液界面付近の電位（の絶対値）は 10〜100 mV 程度である。

電場の強さ，E と電位 ψ の関係を整理すると

$$E(x) = -\frac{d\psi(x)}{dx} \tag{4.2.1}$$

となる。

ところで界面には多数の荷電点があるのでこれをならして（smear out），単位面積当たりの電荷密度，$\sigma(\text{N/m}^2)$ を定義する。界面での電場の強さ，$E(0)$ との関係は

$$E(0) = -\frac{d\psi(x)}{dx}\bigg|_{x=0} = \frac{\sigma}{\varepsilon_0 \varepsilon_r} \tag{4.2.2}$$

ここで ε_0 は真空の誘電率（普遍定数），ε_r は媒質の比（相対）誘電率（水では 78.5 (25℃)，物性値），つまり水の電気双極子が電場で配向して，電場の強さを緩和する度合いを表している。

一般に空間の一点，x の電場，E はそこの電荷密度，$\rho(x)$ と次の関係がある。

$$\frac{dE}{dx} = \frac{\rho(x)}{\varepsilon_0 \varepsilon_r} \tag{4.2.3}$$

x における電場の変化はその点の電荷によるからである。またこれは電気力線の保存則と見ることができる。(4.2.2) 式と組み合わせて，ポテンシャルで表現すると，次の **Poisson の式**とよばれる関係式を得る。

$$\frac{d^2\Psi(x)}{dx^2} = -\frac{\rho(x)}{\varepsilon_0 \varepsilon_r} \tag{4.2.4}$$

空間中の電位と電荷の分布関係を記述する基本方程式である。

この界面電荷がその周囲におよぼす電位，つまりポテンシャルエネルギーによって溶液中の電荷（イオン）は Boltzmann 分布（2.3.5 節参照）をとる。

$$\begin{aligned} C_+(x) &= C_+(\infty) \exp\left\{\left(-\frac{z_+ e \psi(x)}{k_B T}\right)\right\} \\ C_-(x) &= C_-(\infty) \exp\left\{\left(-\frac{z_- e \psi(x)}{k_B T}\right)\right\} \end{aligned} \tag{4.2.5}$$

ここで x は界面からの距離，z_+, z_- はイオンの荷電数（符号ふくめて）である。定性的にいえば負に帯電している細胞表面とは逆符号に荷電している陽イオンは界面付近により多く存在し，陰イオンは遠ざけられている（図 4-8）。これは静電相互作用と熱騒乱力のバランスによる平衡分布である。この濃淡関係から界面付近ではイオンが**拡散電気二重層**(diffuse electric double layer) を形成していることがわかる（図 4-10 も見よ。）。

バルク中のイオン濃度を次のようにおいて

$$\rho(x) = C_+(x) + C_-(x) \tag{4.2.6}$$

Poisson の式に代入し，適当な境界条件を付して解かれる。その結果の概要は次のように図解

4.2 界面電気現象

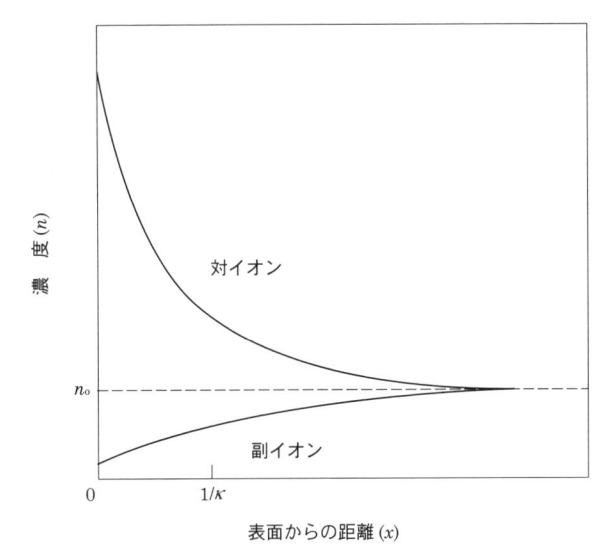

図 4-8 イオン分布

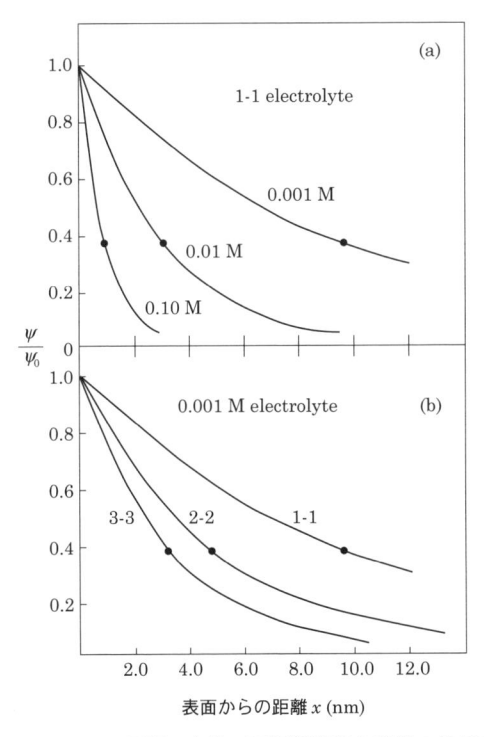

(縦軸: 濃度 (n)、横軸: 表面からの距離 (x)、対イオン、副イオン、n_0、$1/\kappa$)

図 4-9 電場の変化（電解質濃度と荷数の効果）

(a) 1-1 electrolyte: 0.001 M, 0.01 M, 0.10 M
(b) 0.001 M electrolyte: 3-3, 2-2, 1-1
縦軸: ψ/ψ_0、横軸: 表面からの距離 x (nm)

される。

図 4-9 は電位の相対値（$\psi(x)/\psi_0$）が荷電面からどのように分布しているかいくつかの場合について示している。界面から遠ざかるほど電位が低下するのは一見してわかる。(a) は界面と接している溶液の濃度の効果を 1:1 電解質についてのものである。濃度が高いほど電

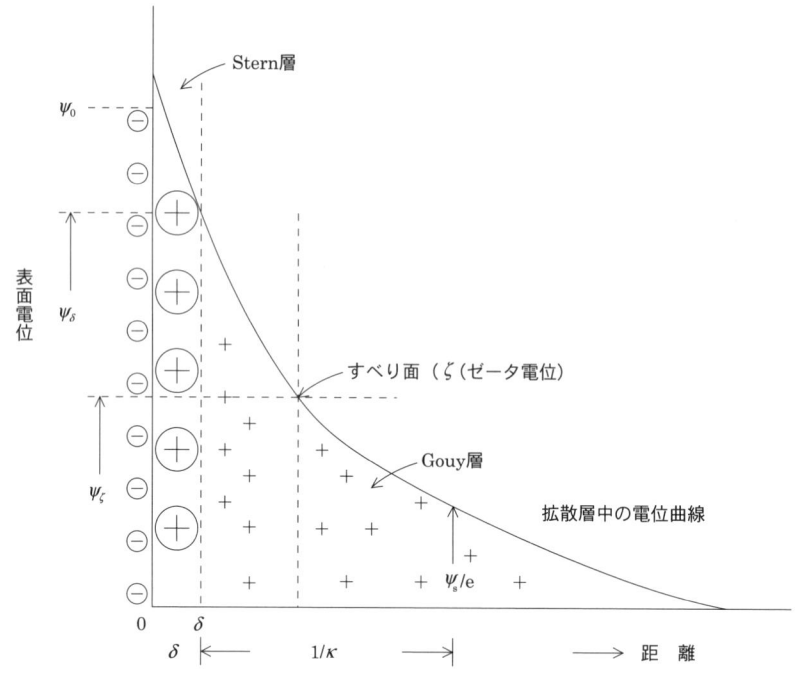

図4-10 Stern理論による電気二重層モデル[10]
表面電位が⊖のときのStern層とGouy層による⊕の分布を示す。すべり面での電位がζ（ゼータ）位として測定できる。Stern層に⊕が表面電位より多く吸着するとGouy層のイオンは⊖になる。κ：Debye-Hückelのパラメーター，$1/\kappa$はDebye距離と呼ばれる〔(4.2.7)式参照〕。

位低下の傾向が著しい。界面近くに多く分布している**対イオン**（counterion，この場合は陽イオン）が電場を遮蔽していることによる。(b)は同じ濃度（0.001M）でも電解質の型による違いを示したもので，荷電数が多いほど**遮蔽効果**（shielding effect）が強く効いている。この遮蔽効果は電解質溶液では普遍的に必ず存在する。遮蔽効果を通してイオン－イオン間や界面－イオン間の相互作用が制御されているので極めて重要である。多価イオンはこの普遍的な遮蔽効果に加えて，界面と直接，間接に相互作用して界面電位に影響を与えることがあるので注意を要する。図4-10は，もとのψ_0により特異吸着した対イオンによって電位が界面からδのところ（固定層または**シュテルン層**，Stern layer）まで急低下し，その外側に拡散二重層が形成したとするシュテルン（Stern）のモデルを示している。

シュテルン層の外側に新たにψ_δなる電位を想定して特異吸着現象の解析に用いられる。特異吸着の結果，界面電荷の符号が逆転することさえある。この荷電の逆転を利用して，コロイド分散系の安定性や不安定性を制御することができ，排水処理などに応用されている。

4.2.2 イオン雰囲気

図 4-9 に戻ろう。それぞれの曲線上に・点がある。その横軸は"**イオン雰囲気**"（ionic atmosphere）の厚さ，κ^{-1} を示している。

$$\kappa^{-1} = \left(\frac{\varepsilon_0 \varepsilon_r RT}{2000 F^2 I}\right)^{\frac{1}{2}} \tag{4.2.7}$$

ここで F はファラデー定数（$=eL$），I はイオン強度である（1.3.2 節参照）。

$$I = \frac{1}{2}\sum_i C_i z_i^2$$

イオン種のモル濃度，C_i と荷電数，z_i を含む有効空間電荷の平均値を表すパラメターである。多少複雑な形をしているが，(4.2.7) 式の物理的意味は界面電荷によって引き寄せられた対イオンの雲（雰囲気）が界面電位を遮る度合いを示しており，定量的には拡散している電位の平均値をあたえる間隔（距離）である。界面から κ^{-1} 離れた面上に界面電荷と同量（反対符号）の電荷が相対しているのと等価である。

$$\psi_0 = \frac{\sigma}{\varepsilon_0 \varepsilon_r \kappa} \tag{4.2.8}$$

つまり，(4.2.8) 式は間隙 κ^{-1} に誘電体（誘電率 $= \varepsilon_0 \varepsilon_r$）を満たした平行板コンデンサーに σ の電気量を荷電したときの電位 ψ_0 を与える式と同じである。19 世紀に Helmholtz は界面での電気現象は平行コンデンサーと等価であると看破している。κ^{-1} の大きさは (4.2.7) 式から，25℃ ではほぼ

$$\kappa^{-1} \approx \frac{0.3}{z\sqrt{C}} \tag{4.2.9}$$

ここで z は荷電数，C はモル濃度（M）である。1:1 電解質の場合，0.1 M で 1 nm，0.01 M で 3 nm，0.001 M だと 10 nm となる。遠達力（long-range force）である静電相互作用のおよぶ範囲の目安として貴重である。他の相互作用力はほとんど分子間くらいで有効なのに比し（1.5 節参照），数分子分の距離をへだててなお静電力が作用することを示している。また，この距離はイオン強度を変えることで制御できる。

このような静電気力はコロイド粒子，赤血球などの細胞の間の相互作用や反応性に大きく影響している。

4.2.3 界面動電現象（Interfacial electrokinetic phenomena）

血管や細いガラス管のような，その内壁が荷電した管の中に電解質溶液がある状況を考えよう。前節で見たように，符号の異なる電荷が管内壁表面とバルク側に相対して分布している。いま管の両端に電極を置いて，電位差を与えると，内部の溶液は電気力に引かれて流動を始める。この現象を電気浸透（electro-osmosis）という。管内の流動する電解質溶液は拡

散二重層のいずれかの面で，流動部分と静止部分に分かれる。このせん断（すべり）面における電位をζ（ゼータ）電位という。管内部で流動する液体が「感じる」界面電位である。すべり面は界面から水数分子分くらいの距離にある。電気二重層のコンデンサモデルを用いると，流動液体の持つ電気量σは，電極間隔，δのコンデンサがζ電位で充電されていると考えれば，次の式が成り立つ。

$$\sigma = \frac{\varepsilon_0 \varepsilon_r}{\delta}\zeta \tag{4.2.10}$$

この電気量に長さ，lの管の両端に電圧差，Vをあたえると駆動力が生じる。これが粘性摩擦力とバランスして，定常流vになる。このときの次式がえられる。

$$\frac{\sigma V}{l} = \frac{v\eta}{\delta} \tag{4.2.11}$$

これを（4.2.10）式に代入して整理すると次式のようになる。

$$v = \frac{\varepsilon_0 \varepsilon_r}{\eta}\left(\frac{V}{l}\right)\zeta \tag{4.2.12}$$

この速度で電気浸透流は流れる。

一般に，荷電面と溶液が相対運動すればゼータ電位が発生するので，荷電コロイドやタンパク質が電場に置かれるとバルクに対して相対的に移動する。これを**電気泳動**（electrophoresis）という。（4.2.12）式の両辺を$\frac{V}{l}$で割る。

$$\mu = \frac{v}{\left(\frac{V}{l}\right)} = \frac{\varepsilon_0 \varepsilon_r}{\eta}\zeta \tag{4.2.13}$$

これを**電気泳動移動度**（electrophoretic mobility）μといい，単位電場当たりの泳動速度である。ゼータ電位は界面電位よりその絶対値は小さい，$|\psi_0| > |\zeta|$が，比較的に容易に測定できるζ電位を測って近似的に界面電位，ψ_0を推定することができる。

外部電圧の代りに管の両端に静水圧をかけると，荷電した溶液が移動するので電流が流れる。これを**流動電流**（streaming current）という。

重力場でコロイド粒子が沈降すれば，これも荷電粒子の移動であるから，沈降容器の上下に電圧が発生する。これは**沈降電位**（sedimentation potential）とよばれる。

電気浸透，電気泳動，流動電流，沈降電位はいずれも荷電界面とバルク溶液の相対運動に起因するものを異なった状況で観察したものである。この四者の関係は不可逆過程の熱力学で美しくまとめられる。

4.2.4　キャピラリー電気泳動（capillary electrophoresis）

これは界面動電現象を巧みに利用した分析法である。長さ数 10 cm，内直径 50 μm 程度の溶融（無定形）シリカ毛細管に電解質溶液を満たす。シリカ管内壁はシラノール（–SiOH）

に加水分解し，わずかに負に荷電している．管の両端に数 10 V/cm くらいの電位差を与えると，電気浸透効果で管内の溶液は陰極のほうに流動する．このとき図 4-11 のように溶液内の溶質はその荷電と流体力学特性に応じて電気泳動する．

陰極側に検出器をおき流出してくる化学種をモニタする．図 4-12 はその一例を示している．このように極めて高い分解能が得られるのは，管が細いのでオーム熱がうまく発散し，対流

(a)

$V = V_{eo} + V_{ep}$
V：移動速度 (cm/s)
V_{eo}：電気浸透速度 (cm/s)
V_{ep}：電気泳動速度 (cm/s)

(b)

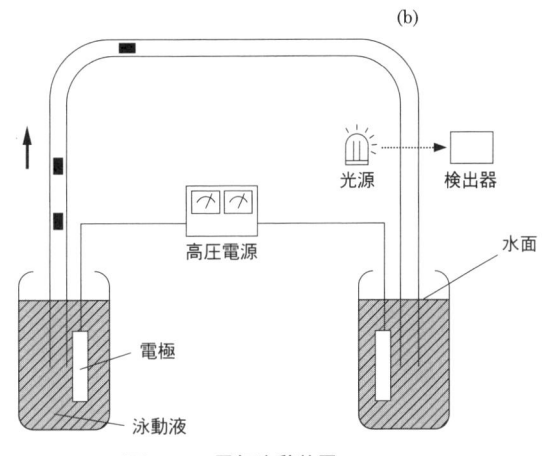

図 4-11　電気泳動装置

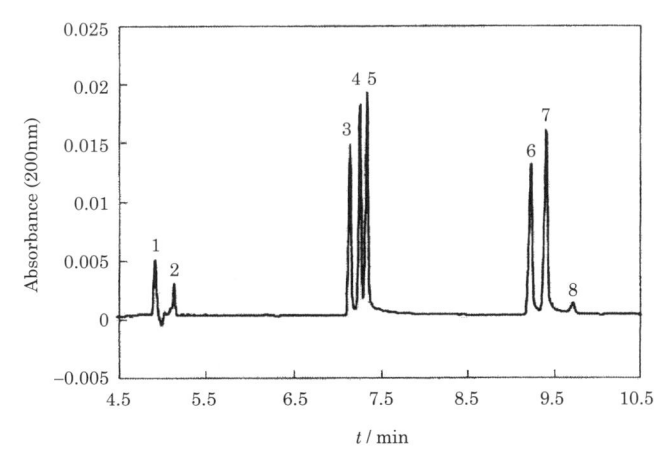

図 4-12　電気泳動グラフの 1 例

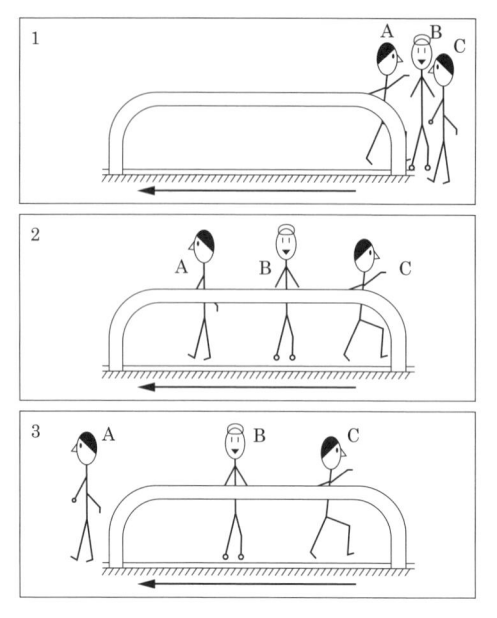

図 4-13 動く歩道モデル

による溶質の流れに乱れがないことによる。電気浸透流（V_{eo}）に電気泳動速度（V_{ep}）が重ねられてそれぞれの溶質が個性を反映した順序で流出してくる。定量的には次式で表現できる。

$$V = V_{eo} + V_{ep} = \left(\frac{\varepsilon_0 \varepsilon_r}{\eta} \varsigma + \frac{q}{6\pi \eta R_H} \right) E \qquad (4.2.14)$$

q はそれぞれ溶質の電荷，R_H は流体力学的等価半径（hydrodynamic radius）である。この様子は図 4-13 のように「動く歩道」モデルによっても理解できる。

キャピラリー電気泳動法は溶質のキャリアー（運搬体）としてミセルを共存させたり，ゲルや高分子を添加するなど多彩な分析法を内包していて，生体関連物質の分析にもよく用いられている。

4.3 単分子膜と吸着膜

界面付近の分子は配向した特殊な環境にあり，それにともなってバルク相とは異なった物性や反応性が期待される。界面に 1 分子の厚さの研究対象を設置できればその知見が得られるであろう。

4.3.1 単分子膜（Langmuir film, Monolayer）

ヘキサンのような揮発性溶媒に，脂肪酸，例えばパルミンチン酸を極く少量溶かした溶液

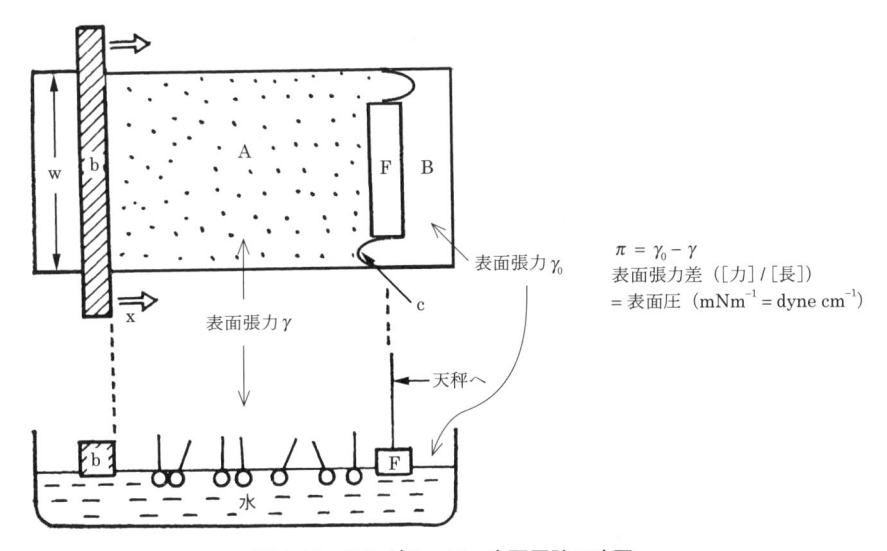

図 4-14 ラングミュアー表面圧計の略図
上面図　A：単分子膜部分　B：清浄面
　　　　b：可動仕切り板（バリアー）　F：浮子（フロート）
　　　　c：テフロンリボン
側面図　──○：単分子膜を形成する分子

$\pi = \gamma_0 - \gamma$
表面張力差（[力]/[長]）
= 表面圧（mNm^{-1} = dyne cm^{-1}）

をシャーレにいれた水の表面に一滴落としてみる。あらかじめ少しばかり浮かしておいたチョーク粉はさっと周囲に押しやられる。しばらくするとヘキサンは蒸発して，あとに脂肪酸が一分子層をなして水面に拡がっている。このとき脂肪酸はカルボキシル基を水に接し，疎水基は水中から空気の方へのがれるようにして水面に立つ。この様子をより定量的に観察するために図 4-14 のような装置を用いる。

水槽はテフロンのような撥水性の高い材料で作られている。水槽には充分に清浄な水が盛られ，バリアー（仕切り板）b で水面は A と B に分かれる。A 部に既知量（n mol；$nL = N$ molecule）の脂肪酸が展開される。水表面が表面張力の低い脂肪酸と置き換わるので，A 部の表面張力，γ は B 部のそれ（γ_0）より小さくなる。ここでその差

$$\pi = \gamma_0 - \gamma \tag{4.3.1}$$

を**表面圧**（surface pressure）と定義する。表面圧は単分子膜分子の熱騒乱力と分子間力のバランスであらわれるので，分子間距離，つまり分子当たりの表面積，$A = wx/N$ の関数になる。ここで w と x は露出した水面の大きさを表す。A はバリアーを移動させて実験的に設定できる。

図 4-15 はミリスチン酸について，π vs A の関係（π–A curve）を温度を変えて測定した結果を示している。

A の広い領域では分子間相互作用が小さいので，π はきわめて小さい。ここでは脂肪酸は単分子ないしは小規模な分子集合体として存在している。その状態は $\pi A = N k_B T$ で表せるの

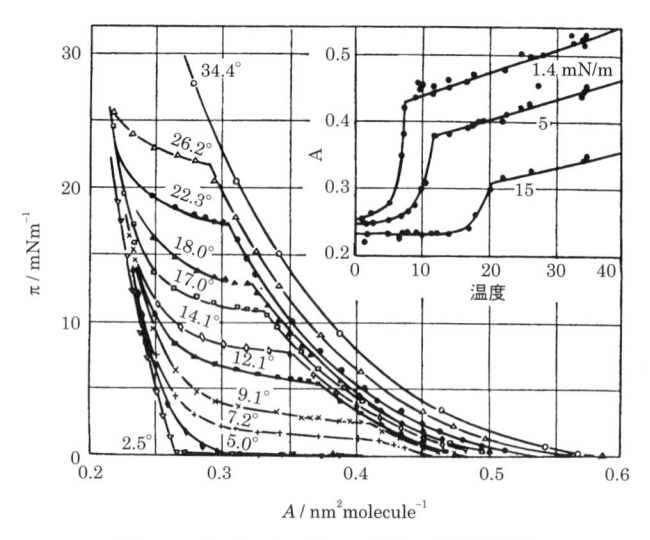

図4-15 ミリスチン酸 π-A 曲線の温度依存性
下相液：pH2

で気体状態とよばれる。さらに膜を圧縮していくと，平坦部が現れる。その温度依存性も考慮すると，van der Waals 気体の気相／液相共存領域を思い出させる。事実，平坦部が終わると表面圧は急上昇して二次元液体状態になる。液相には2つあって，低圧部では液体膨張膜（L_1）とよばれる状態で，これに相当する三次元類似体はない。さらに圧縮すると，$π–A$ 曲線は急激に立ち上がって液体凝縮膜（L_2）になる。図 4-15 の挿入図は表面圧一定で，分子占有面積が温度とともに急増し，新しい相の出現で面積増を緩和していることを示している。さらに圧縮すると，最終的に固体膜となり，それ以上の圧縮では膜は崩壊する。ステアリン酸では気相からいきなり固相となる。より長いアルキル基の強い凝縮性による。固相部の $π–A$ 曲線を表面積軸に外挿すると，アルキル基の長さによらず 0.20 nm² 程度になり，共通にあるカルボキシル基の大きさを反映していると考えられる。

リン脂質は細胞膜の主成分なので，その単分子膜挙動を調べてみる価値がある。図 4-16 は気／水界面，37℃におけるリン脂質（DPPC）とコレステロールの混合単分子膜の例である。混合膜の熱力学的解析により低圧（一定圧力）における面積（A）と組成（X）の関係はいずれの組成においても理想混合曲線より負のずれを示した。この現象は DPPC の2本鎖が熱運動により疎水末端が最も運動が激しく，円錐（cone）状の排除体積をとり，その隙間にコレステロール分子が入り込み面積の凝縮効果を示すと理解されている。これらの結果を踏まえて生体膜との関連が議論されている。

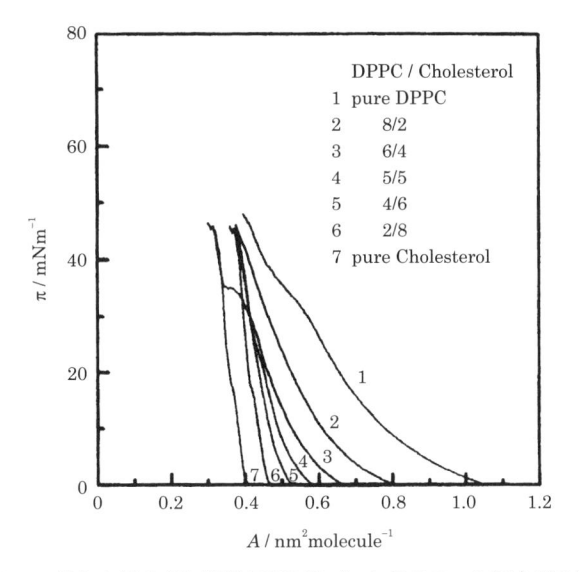

図 4-16(a) 37℃におけるリン脂質(DPPC)/コレステロール混合単分子膜の π-A 曲線
下相液：純水

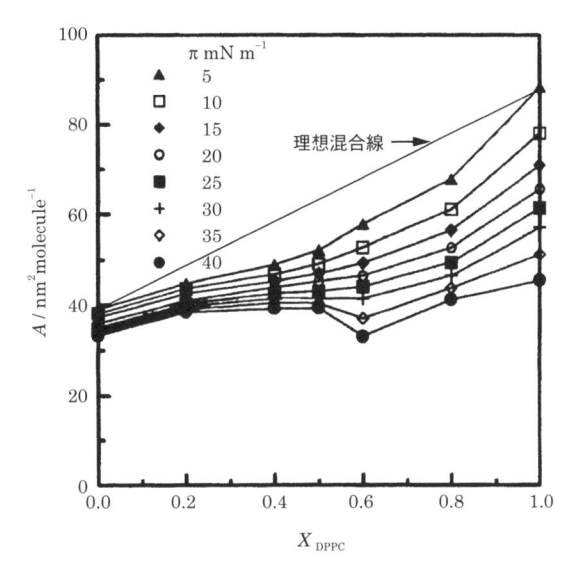

図 4-16(b) 各圧力におけるリン脂質 (DPPC) とコレステロールの混合単分子膜系における平均分子面積と組成との加成性
図中の理想混合線は5 mNm^{-1}における場合で，面積の加成性が負のずれを表している。
縦軸：面積、横軸：DPPCのモル分率

4.3.2 吸 着 膜 (Adsorption film)

前節でのべた単分子膜は水に難溶性の両親媒性物質を気相側から揮発性の展開溶液として表面に導入された。膜物質のバルクへの溶解は高い活性化エネルギーに阻まれて無視できるとした二次元世界であった。

ここでは溶液側から膜物質が気／液界面に吸着して単分子層を形成する場合を考える。

界面活性剤，アルコール，脂肪酸（塩），薬物などの両親媒性分子を水中に溶解させると，"不愉快な"水との接触を最小にするために気／水界面へ逃れようとする。この状況を 4.1.1 節で述べた界面の熱力学で記述しよう。

簡便のため A，B の 2 成分系について，界面の Gibbs 自由エネルギーを書くと

$$dG^s = \gamma dA + \sum_{i=A,B} \mu_i^s dn_i^s \quad (T, p\ 一定) \tag{4.3.2}$$

表面組成（n_A^s/n_B^s）一定の条件で積分して次式を得る。

$$G^s = \gamma A + \sum_{i=A,B} \mu_i^s n_i^s \tag{4.3.3}$$

この一般的表現の全微分は

$$dG^s = \gamma dA + A d\gamma + \sum_{i=A,B}(\mu_i^s dn_i^s + n_i^s d\mu_i^s) \tag{4.3.4}$$

(4.3.2) 式と比較すれば，次式が成立することがわかる。

$$A d\gamma + \sum_{i=A,B} n_i^s d\mu_i^s = 0 \tag{4.3.5}$$

これは温度と圧力が一定のときの界面に関する項を含む Gibbs-Duhem の式である。

平衡時には界面とバルクの化学ポテンシャルは等しいので

$$A d\gamma + \sum_{i=A,B} n_i^s d\mu_i = 0 \tag{4.3.6}$$

両辺を A で除して，整理すると

$$d\gamma = -\sum_{i=A,B} \Gamma_i d\mu_i \tag{4.3.7}$$

ここで $\Gamma_i = \dfrac{n_i^s}{A}$ は単位面積あたりの界面濃度であり，**吸着量**または**表面過剰量**（surface

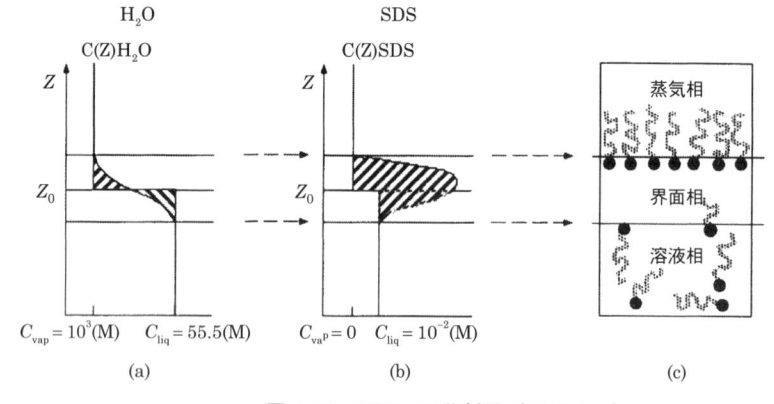

図 4-17 Gibbs の分割面（division）

Gibbs の界面の定義に基づく成分 i の相対吸着量
- (a)：溶媒の界面過剰量が 0 となる位置に界面をとる約束がある（Z_0）。
    2 つの面積は等しく，符号は反対である。
- (b)：溶質（SDS）について Z_0 を選ぶと，界面に関する成分 B の界面過剰量であり，模式的に描くと図上 B の斜線をほどこした部分に存在する成分 B の量。
    $\Gamma_{SDS}>0$，両方の面積がプラスに寄与している。
- (c)：界面相の模式図：SDS の界面活性により界面相における SDS の増加

excess) とよばれる。いま溶媒 (A) について，$\Gamma_A = 0$ になるように界面を選ぶと（図 4-17a）

$$\frac{d\gamma}{d\ln C_B} = -\Gamma_B RT \tag{4.3.8}$$

を得る。ここで $\mu_B = \mu_B^0 + RT\ln C_B$ を用いた。この式は表面張力の溶質濃度依存性から界面濃度が計算できることを示している。これを Gibbs の**吸着等温式**（Gibbs' adsorption isotherm）という。これは 2.3 節にある吸着等温式と異なり，熱力学の関係式であるので，吸着モデルによらず普遍的に成立する。図 4-18 は放射性の ^3H で標識したドデシル硫酸ナトリウムで吸

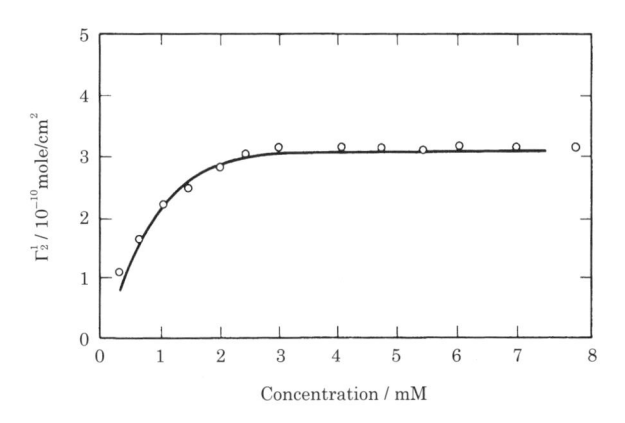

図 4-18 ラジオアイソトープで標識した界面活性剤（**SDS**）の表面濃度と液相中の濃度との関係（吸着等温線）
縦軸：吸着量，横軸：SDSの濃度(mM)

図 4-19 25℃における吸着 SDS 単分子膜の π-A 曲線
下相液：0.115mol/l NaCl ○：測定値 実線：式(4.3.9)よりの計算値

着量を実測して（4.3.8）式を検証したものである。

次式に示す A_i は吸着分子当たりの面積である。(4.3.1) 式で定義した表面圧, π に対しプロットすると，図 4-19 のようになる。

$$A_i = \frac{1}{L\Gamma_i} \tag{4.3.9}$$

これから次の関係（二次元の状態方程式）を満たしていることが見てとれる。

$$\pi A = N k_B T \tag{4.3.10}$$

つまり表面に吸着している分子は二次元気体的にふるまっていることがわかる。ちなみに πA はエネルギーまたは仕事の次元を持つ [(4.3.3) 式]。溶質濃度が高くなるとこの理想性からはずれてくる。

4.3.3 肺表面活性物質（lung surfactants）

哺乳動物に不可欠な酸素は肺をとりまく肋間筋と横隔膜の収縮運動, つまり「ふいご作用」で気管支から肺胞へと送り込まれている。肺胞は直径 0.1 mm くらいの大きさで, 5 億個もありその総表面積は 70 m² にもおよぶ。

肺胞の表面は肺表面活性物質（LS）を含む溶液で覆われている。LS はジパルミトイルフォ

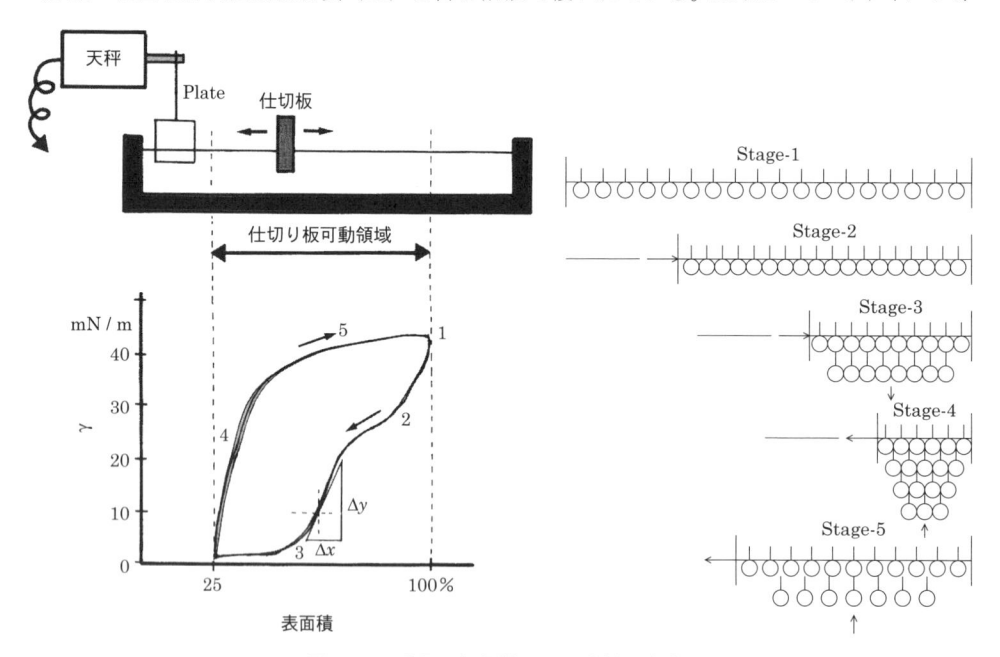

図 4-20 呼吸の各段階と π-A 曲線の変化
改良 Wilhelmy 天秤と界面活性物質吸着分子の呼吸サイクルにおける変動の図

ブタの肺胞洗浄液の測定記録（濃度＝10mg/m*l*, 下相液＝0.9%NaCl, 下相液温度22℃, 面積変化速度＝0.3cpm) 表面圧縮率は, 図の $\Delta x/\Delta y$ で表される値である。通常, 表面張が 10〜15 mN/m の時の値を用いる。この値が小さいほど、肺機能にとって望ましいものと見なされている。小さな矢印は表面からの流入（↑）と流出（↓）を表す。Stage-2 は安静呼気位からの呼気で最大表面濃度に達した時, Stage-3 はさらに肺胞が収縮し, 分子表面下へ流出したことを示している (squeeze-out)。この時表面張力は最小になる。

スファチジルコリンを主成分とし中性脂肪，糖質，脂質，リポタンパク質などからなる混合物である。その働きは気/液界面張力を低下させることにより，肺胞のサイズの Laplace 効果（4.1.3 節）による不均一化を防ぎ，肋間筋と横隔膜の収縮運動と協調して，円滑な O_2/CO_2 交換の場を提供することにある。

ヒトの場合，肺胞の表面は 1 分間に 16 回程度のサイクルで膨張と収縮を繰り返している。図 4-20 は肺胞表面を実験的にシミュレートする装置（基本的には Langmuir trough）とその結果を示している。

バリアー（仕切板）は周期的に移動して呼吸をなぞる。①→②→③は表面膜の圧縮，つまり呼気過程を，④→⑤→①は膨張＝吸気過程に対応している。呼気にともなって LS は圧縮され，表面表力は低下し，ついには LS の一部はバルク相へ溶解する。吸気とともに LS の分子面積は拡がる。このとき不足分はバルクへ逃れた LS で界面へ補給される。その結果あらわれるループは大きいほどよいと言われている。このようにして常に肺胞表面を機能的にする機構が作用している。

LS の不足などから引起される呼吸窮迫症候群という病気には外部から LS を投与して補う必要がある。人工 LS の研究・開発のツールとして界面化学が重要な働きをしている。

4.3.4 表面電位 (surface potential)

これまでに述べた二次元の熱力学のほかに，表面の電気現象を介して二次元の物性を探ることができる。図 4-21 はそのための測定装置の概念図である。水槽 T の表面上 1 mm 位に

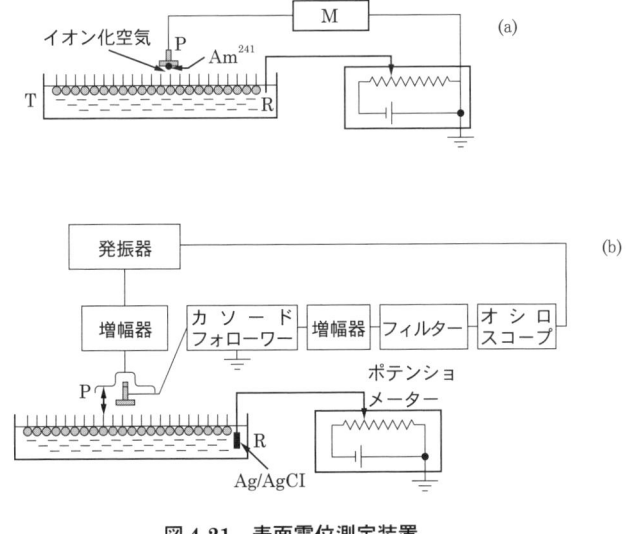

図 4-21 表面電位測定装置
P：電極，R：参照電極

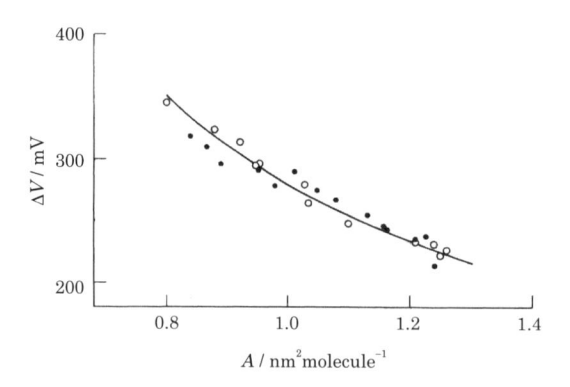

図 4-22 クロロフィルaの表面電位とAのプロット

電極 P が置かれている。電圧計 M で参照電極 R との間の電位差を測る。

このとき電極 P の表面には ^{241}Am などの α-線源をメッキしておくと空気ギャップ（P-R 間）の電気抵抗が著しく減少するので比較的安定に測定できる（イオン化電極法 (a)）。このほか P 電極を上下に細かく振動させて発生する交流信号が 0 になるように補償電位を与えて，そのときの電圧から P-R 間電位を測定する交流法もある（振動容量法 (b)）。

純水表面と膜物質があるときの電位差をそれぞれ V_0，V とする。その差，$\Delta V = V - V_0$ を表面電位という。図 4-22 は表面電位と A をプロットしたもので，表面電位が膜の状態を反映しているのがわかる。

表面電位の物理的内容は，純水表面の V_0 が差し引かれているので，膜物質の電荷や双極子によるものと考えられる。いま ΔV を間隙 d，電荷密度 σ，真空の誘電率 ε_0，比誘電率 ε_r であるコンデンサの両極間の電位差と考えると，次式が成り立つ。

$$\Delta V = \frac{\sigma d}{\varepsilon_0 \varepsilon_r} \tag{4.3.11}$$

n を単位面積当たりの電気量とすると，$\sigma d = ned = n\mu$，e は単位電荷，μ は実効双極子モーメントである。表面にある分子の双極子モーメント μ_0 と次の関係にある。

$$\mu = \mu_0 \overline{\cos\theta} \tag{4.3.12}$$

ここで $\overline{\cos\theta}$ は法線に対する双極子の配向因子である。これから膜分子の配向に関する具体的な情報が得られる。

図 4-23 は生体膜成分である DPPC の π-A，ΔV-A，$\mu_\perp$-A 曲線を示している。DPPC の π-A 曲線は特徴的な一次の相変化を示しその転移は無秩序な液体膨張膜(LE)から秩序だった液体凝縮膜(LC)への変化である。ある温度下の相転移開始圧力（π_s：図(a)中矢印で示す）は種々の下相液下で，リン脂質個有の π_s の値を示す。20℃，純水上で DPPC の π_s は約 4 mNm^{-1} で，室温から約 43℃の三重点に達する温度範囲においては $\partial \pi_s / \partial T \sim +1.5$ mN m^{-1} K^{-1} の関係で変化する。25℃，下相液は 0.15 M(= moldm^{-3})NaCl の実験条件（図 4-23）で π_s の値

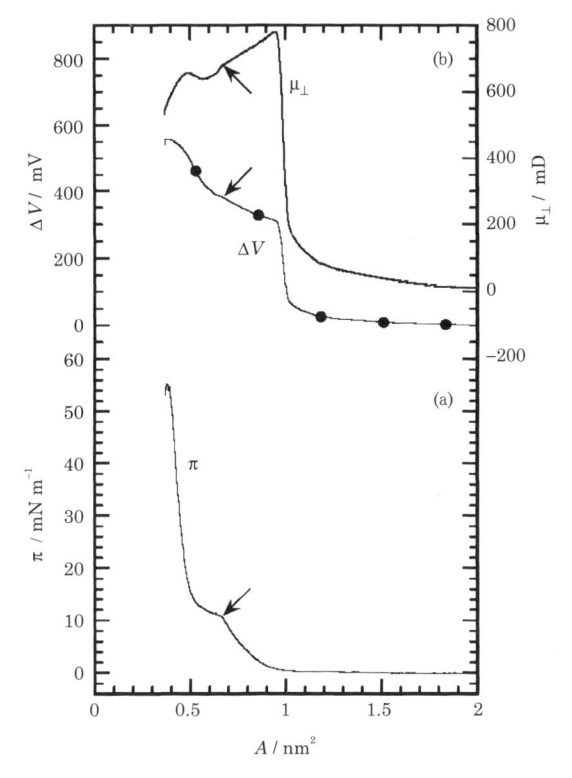

図 4-23　DPPC の π-A, ΔV-A, および $\mu_\perp$-A 等温線 (isotherms)
DPPC の表面圧 (π), 表面電位 (ΔV), 表面双極子モーメント ($\mu_\perp$)
それぞれの分子占有面積 (A) に対する等温線 (298K)

は約 10.5 mNm^{-1} である。DPPC 単分子膜は約 54 mNm^{-1} まで安定で, 圧力をゼロへ外挿した面積 (分子極限面積) は 0.52 nm^2 で, 崩壊圧は 55 mNm^{-1} である。

　一方気体状態における表面電位 (ΔV) は特定面積に至るまでほぼゼロと一定しており, その特定面積以降で急激な電位の上昇が観察される。これは DPPC の 2 本鎖が水面より持ち上がる急激な配向変化に対応し LE 相に移行して行く様子が分かる。その後表面圧が徐々に上昇し π_s (矢印) を経由して LC／LE の共存領域を経て LC 相へと移行する。表面圧の上昇前の広い面積 (特定面積) において ΔV の急激な変化が観察される現象は, 表面電位 (ΔV) 測定が表面圧測定よりも, 非接触測定でしかも敏感なものであること如実に示している例である。DPPC の表面電位 (ΔV) 変化は 0 mV から配向に変化に伴う約 300 mV のジャンプを経由して 550 mV まで到達する。約 300 mV の表面電位 (ΔV) のジャンプの後, 低圧における DPPC は 2 本鎖の分子運動により生じる分子内の空間を持つ。次に LC／LE の相転移を示し, 更に高圧になると (>30 mNm^{-1}) 2 本の疎水鎖は水面に対して (約 30° 傾いて) に配向する。π-A 等温線に見られる変曲点 (inflection point) はそれぞれの ΔV-A, $\mu_\perp$-A 曲線上のそれに (矢印) 一致する。

4.4 累積膜，ベシクル，二重膜

生物体にはさまざまな層状構造が分布している。例えば，植物の葉緑体中のグラナや動物の視覚神経などがある。またこれらの層状構造は同時に袋構造で内外界を区別している。このような高次構造の意義を理解するために，前節で学んだ単分子膜や吸着膜の知識をもとにしてさまざまな様態を学ぶことにする。

4.4.1 累積膜

古く 1935 年に Langmuir の弟子，Blodgett は水面上に展開した単分子膜を固体表面に移しとり，幾重にも重ねる方法を考案した。図 4-24 のように充分に研磨した支持体（金属，ガラス，石英など）を，単水表面に展開した分子膜を通して静かに上下に往復することにより任意の層数だけ重ねることができる。

このような多重膜を**累積膜**，または LB 膜（Langmuir-Blodgett 膜）という。材料と条件を

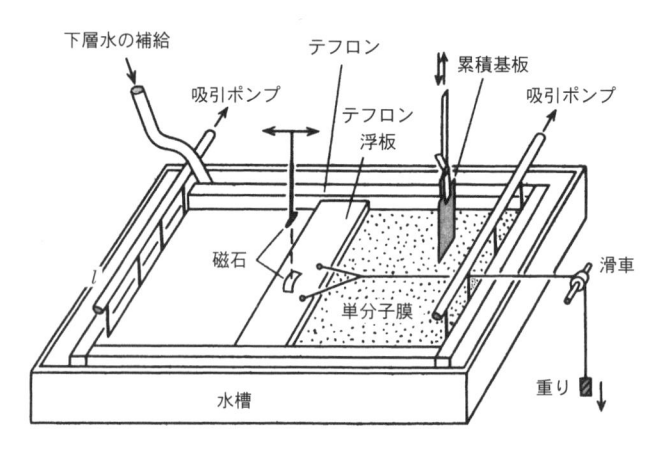

図 4-24 LB装置の原理図

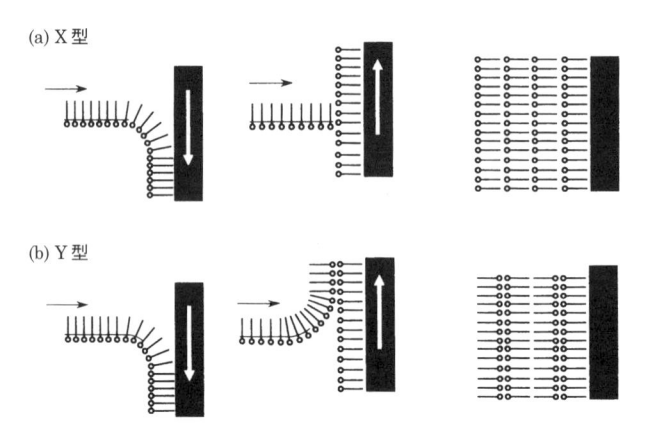

図 4-25 垂直浸せき法（Blodgett法）による累積膜の形成過程

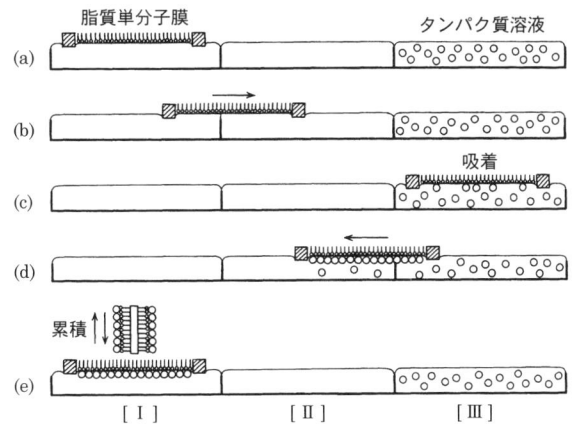

図 4-26 多槽式水槽による吸着型複合LB膜の作製法

うまく選べば，図 4-25 (a)，(b) のように親水基，疎水基が face-to-back，face-to-face に累積することも可能である。現在では電子制御された巧妙な LB 膜装置が市販されている。この LB 膜技術を用いればリン脂質の多重累積で生体にみられる各種の層状構造を実験的にシミュレートすることができる。また膜物質に酸化・還元性をあたえて電子の移動を制御すればシリコン半導体類似の超微細電子デバイスの開発も可能とされている。発色団を膜に導入すれば感光体，光センサに応用できる。

水溶性の機能性分子を単分子膜状に固体表面に固定化する手段として，気／水界面に展開した脂質単分子膜に下層水中から機能性分子を吸着させ，それを LB 法により基板上に累積する方法がある。この操作を効率的に行うため多槽式円形水槽を用いる手法を図 4-26 に示す。(1) 脂質単分子膜を展開して所定の表面圧に圧縮し，(2) 2 本の仕切り板の間に膜を保持したまま，蒸留水（または緩衝水溶液）表面を経由して機能性分子を含む水溶液上に導く。(3) 機能性分子を脂質単分子膜に吸着させた後，(4) 蒸留水上ですすいで過剰に吸着している分子を除去してから，(5) 元の水槽に戻して，吸着分子を含む脂質単分子膜を所定の表面圧で固定基板上に累積する。この方法は，抗原抗体反応や酵素反応などの研究において，機能性生体高分子の高次構造を損なうことなく固定化するのに有用であり，また気／水界面の単分子膜による分子認識などの研究にも役立つ。固定化に利用される分子間相互作用として，脂質単分子膜の極性基と機能性分子との静電的相互作用の他に，最近ビオチンで修飾した脂質単分子膜とストレプトアジピジンとの特異的な相互作用等も利用されている。

4.4.2 ベシクル

細胞はリン脂質を主成分とし閉じた二重膜で内外を隔している。このような袋構造を**ベシクル**（vesicle，小胞）という。また脂質によって構成されるので**リポソーム**（liposome）ともよばれる。

レシチンのようなリン脂質のクロロホルム溶液を丸底フラスコに入れて，減圧しながらクロロホルムを除去し，脂質をフラスコ内壁に薄く付着させる．つぎに水，または緩衝溶液を注ぎ，脂質の相転移点以上で，超音波によって激しく振とうする．リン脂質は剥離して水中にただよう．分散液の一部を取って電子顕微鏡で観察すると，図4-27(a)あるいは図4-27(b)のような多重構造の模様がみえる．

縞の幅は50 nm，リン脂質二重膜の厚さである．超音波振とうの時間に応じて，**大きい多重膜ベシクル**（large multilamellar vesicle，LMV：0.3-10μm）のほかに，**大きい単一重膜ベシクル**（large unilamellar vesicle，LUV：0.2-2μm），**小さい単一重膜ベシクル**（small unilamellar vesicle，SUV：0.025-0.2μm）が生成する．

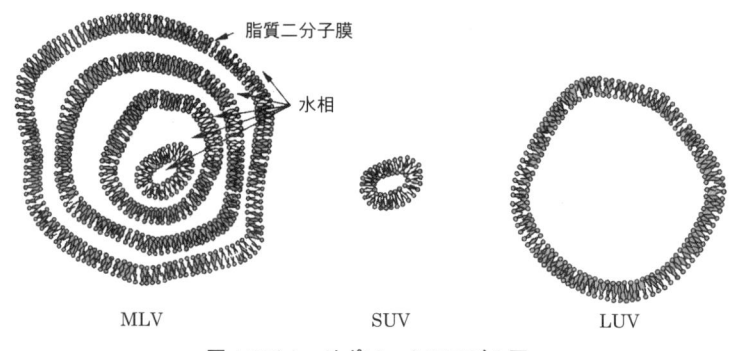

図4-27(a)　リポソームのモデル図

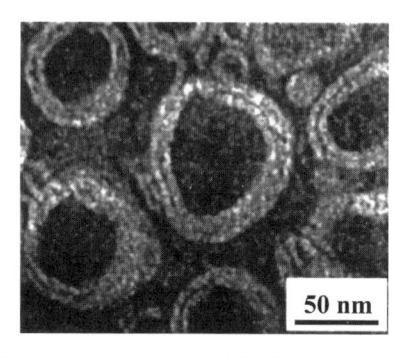

図4-27(b)　ベシクルの透過型電子顕微鏡写真

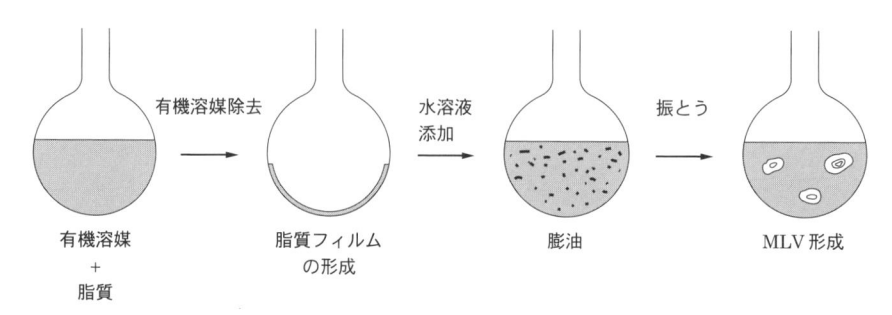

図4-28　リポソームの製法

ベシクルの製法はこのほかにいくつかあるが，もう 1 つの方法を紹介する．脂質をオクチルグルコシドのような温和な界面活性剤（mild surfactant）水溶液に可溶化する．つぎに界面活性剤を透析，ゲルろ過などで急速に除去する．残された脂質はベシクルを形成する．可溶化系からベシクルへの一種の溶液内相変化として興味深い．組成や界面活性剤除去の方法により，サイズの分布の小さくていろいろな大きさのベシクルを調製できる．

ベシクル外液を透析で交換すると，ベシクルプール内液の組成が外液と異なる系を作ることができて，ドラッグ・デリバリー（薬物運搬：DDS（Drug Delivery System））などに応用できる．

4.4.3 リポソームの利用

(A) 薬剤キャリヤーとしてのリポソーム

天然由来脂質のベシクルは生体適合性，毒性，免疫性，生体内分解性などについての心配が少ない．一方，酵素的，化学的安定性および機械的強度がきわめて低い．この欠点を克服するために多くの努力が重ねられてきた．ここではその興味ある例をあげてみる．多糖誘導体がリポソームの補強に利用され，この多糖誘導体は同時に薬剤を必要とする標的細胞への指向性をあわせもっている．

植物細胞や細菌では細胞膜（脂質 2 分子膜）の外側にさらに細胞壁があって外部刺激から細胞を保護している．細胞壁を構成する物質は植物細胞ではセルロース，細菌ではポリグルカンのような多糖構造を骨格とする高分子である．これにヒントを得て卵黄レシチンリポソームの外表面を天然由来のデキストラン，アミロペクチン，マンナンなどの多糖類に長鎖アルキル基を導入した化合物で被覆した薬剤キャリヤーが調製された．

標的指向性薬剤キャリヤーとして最も重要な性能は生体投与時の臓器分布である．^{14}C-コエンザイム Q_{10} を 2 分子膜中に，^{3}H-イヌリンを内水相にそれぞれカプセル化したリポソームを用いてモルモットに静注した．その結果の組織分布を表 4-5 に示す．

表 4-5　リポソーム静注 30 分後の ^{3}H-イヌリンおよび ^{14}C-CoQ$_{10}$ の臓器分布

	全投与量に対する各臓器での放射活性比 (%)			
	コントロール LUV		マンナン被覆 LUV	
	^{3}H-イヌリン	^{14}C-C$_0$Q$_{10}$	^{3}H-イヌリン	^{14}C-C$_0$Q$_{10}$
脳	0.08 ± 0.003	0.09 ± 0.01	0.10 ± 0.003	0.13 ± 0.03
心臓	0.37 ± 0.12	0.43 ± 0.09	0.20 ± 0.00	0.25 ± 0.04
肺	3.1 ± 0.9	30.9 ± 6.8	34.9 ± 3.0**	67.1 ± 4.3*
脾臓	7.0 ± 1.1	10.8 ± 3.8	1.4 ± 0.2**	2.8 ± 0.3
肝臓	4.5 ± 0.2	22.2 ± 1.6	10.3 ± 0.7**	24.3 ± 1.5
腎臓	2.3 ± 0.3	0.6 ± 0.09	6.8 ± 3.3	0.4 ± 0.06
副腎	0.02 ± 0.006	0.03 ± 0.006	0.009 ± 0.009	0.01 ± 0.00

*コントロール LUV と顕著な差がみられる．Student's t-test P<0.05
**コントリール LUV と顕著な差がみられる．Student's t-test P<0.01

この表から明かなようにマンナン被覆リポソームはきわめて高い肺指向性を示している。マンナン被覆リポソームが血流中で好中球や単球に効率よく貪食されること，これらの食細胞が組織に移行してマクロファージになること，またマクロファージ膜にマンノース認識レクチンが存在していることを総合判断すると，マンナン被覆リポソームの高い肺指向性はリポソーム表面の糖鎖の分子認識機構によるものと考えられる。リポソームは生体系に投与されると，そのほとんどが膜内系に集まり，食細胞に貪食される。これはリポソームの最大欠点であるが，逆にこれを利用することができる。免疫賦活剤，インターフェロン産出誘起剤，抗生物質などの薬剤運搬では，いかにこれらの薬剤を効率よくマクロファージに搬入するかが問題である。実際，種々の抗生物質を封入した多糖被覆リポソームはヒト単球中で増殖するレジオネラ肺炎病原体，ブドウ球菌などに対して極めて高い殺菌活性を示すことが知られている。

(B) 人工赤血球

ヒト赤血球表面には血液型をきめる物質（抗原）があり，血清中には他の血液型の抗原と反応する抗体があるので，輸血の際には受血者と供血者の血液型が適合しないと生命がおびやかされる。血液型には ABO 方式による分類以外にも多数の分類が知られており，緊急に多量の輸血をしなければならない場合に，受血者の血液型がわかっていてもその血液型に適合する輸血用赤血球がいつも十分に供給できるとはかぎらない。さらに，他人の赤血球が輸血されるために，いろいろの病気に感染するおそれがある。こんなときに血液型のない人工的な赤血球があれば好都合であろう。

赤血球膜は脂質2分子層を主要な構成要素としており，柔軟性に富むため，赤血球は自由に変形して微小な毛細血管さえも通過できる。さらに，表面には糖タンパク質由来の N-ニューラミン酸側鎖をもつため，生理的条件下（pH7.4）では N-ニューラミン酸のカルボキシル基の解離によって赤血球表面に負電荷を与えて凝集を防止している。その構造を模写するリ

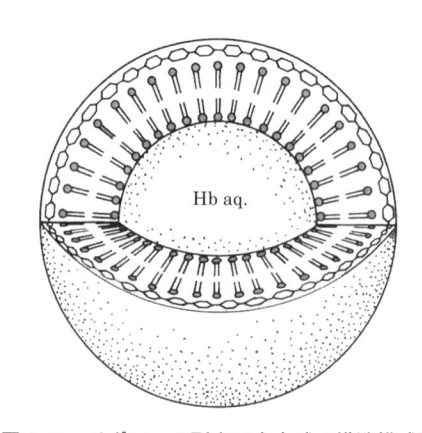

図 4-29 リポソーム型人工赤血球の構造模式図

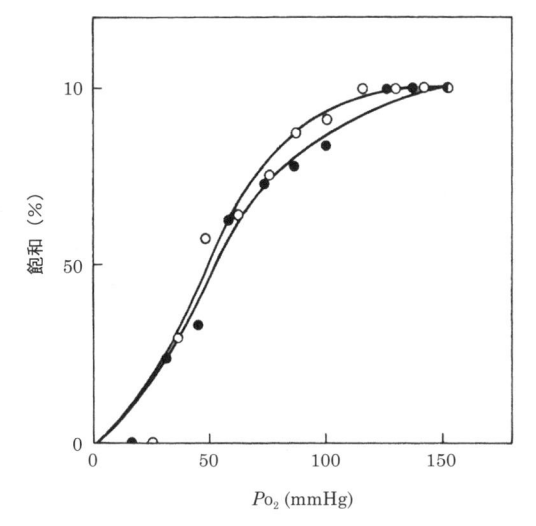

図 4-30 リポソーム型人工赤血液（●）と溶血液（○）の酸素結合等温線

ボソームは人工赤血球としてかなり期待がもてる。

図 4-29 はこのような考えのもとに調製された人工赤血球の模式図であって，ヘモグロビン水溶液（Hb aq.）滴が卵黄レシチン 2 分子層で囲まれ，さらにその外側をカルボキシメチルキチンで被覆されている。カルボキシメチルキチンは海老，カニなどの甲殻類の外殻から抽出したキチンをクロロ酢酸でカルボキシメチル化して水溶性を与えた天然高分子で，アセチルグルコサミンが重合した構造をもっている。そのため，この人工赤血球表面は天然赤血球表面によく似た性質を示す。

赤血球の重要な性質の 1 つは酸素運搬で，その能力は酸素分圧を変化させたときの赤血球の酸素吸収能力によって評価される。図 4-30 は人工赤血球と溶血液（天然赤血球の中味）の酸素結合等温線を比較したものであるが，両者の酸素吸収の様子はたがいによく似ていることがわかる。

リポソームを利用した人工赤血球は近い将来かならず実用化されるものと期待される。

4.4.4　2 分子膜（黒膜）

これまで見てきたように生体膜は脂質を主成分とする二重膜がその基本構造であった。二重膜をとりだし測定装置にすえつけることができれば便利である。

図 4-31 のようにテフロン板の両側から円錐状にくりぬき中心に直径 1 mm 程度の孔を開ける。それで水槽 A，B を隔てるように取り付ける。リン脂質などの膜物質をクロロホルム溶液にして小筆のさきで開口部に塗りつける。そのあと水位を上げて開口部を浸してしまう。クロロホルムや余分の脂質は両側の水相で溶解して，開口部に残った脂質は膜状になり次第に薄くなる。ついには開口部は暗黒色になる。このとき膜厚は二重膜の 6〜9 nm 程度になり，

光の干渉作用で黒くみえるので**黒膜**（black membrane）とよばれる。黒膜は細胞膜の個々のモデル系として，膜の力学的研究や，物質の細胞膜透過過程を研究するのに用いられている。図 4-32 はリン脂質二重膜にグラミシジン A（抗生物質）を溶かすと，K^+ に対する透過度が著しく増加することを示している。K^+ がグラミシジン A によって輸送されることによる。

これから抗生物質の作用機構として病原菌中でイオンの輸送の異常を引き起こし，細菌を死滅させるものと推論される。

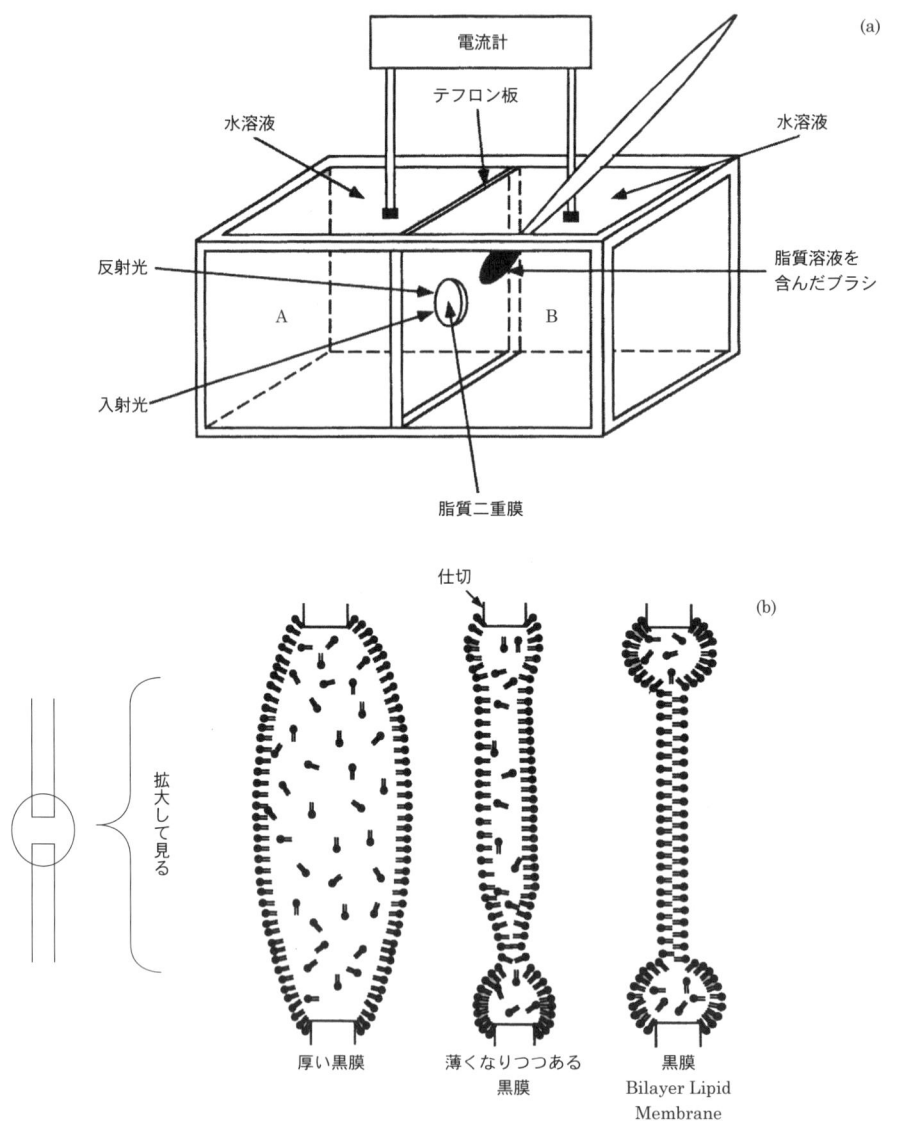

図 4-31 黒膜の装置図

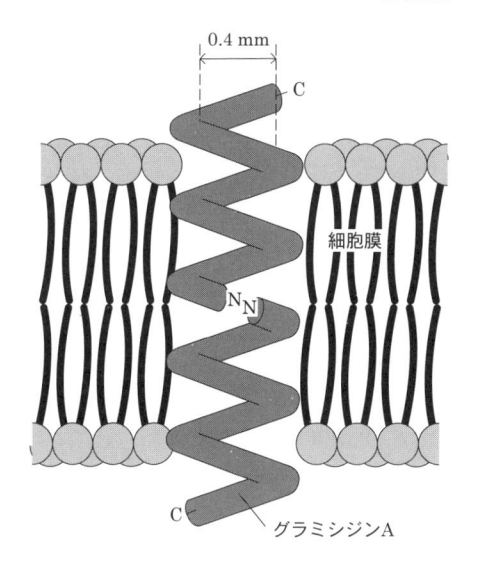

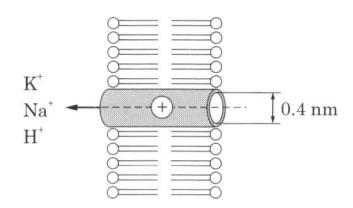

図 4-32　K^+ の輸送

グラミシジンAは直鎖状の二量体であり，膜を貫通したらせん状の細孔を形成している。この細孔は，二量体形成の平衡定数に依存して開閉する

参考文献

1) 川口正美,"高分子の界面・コロイド科学"コロナ社(1999)
2) 花井哲也,"膜とイオン―物質移動の理論と計算"化学同人(1990)
3) 鈴木四朗,近藤 保,"入門コロイドと界面の科学"三共出版(2000)
4) 日本化学会編;加藤貞二,福田清成(六章),"コロイド科学II 会合コロイドと薄膜"東京化学同人(1995)
5) 新実験化学講座 18,福田清成(六章),"界面とコロイド"丸善(1977)
6) 実験化学講座 7,立花太郎(七章),"界面とコロイド"丸善(1956)
7) 中垣正幸,"表面状態とコロイド状態"東京化学同人(1971)
8) 磯 直道,"基礎演習物理化学"東京教学社(1989)
9) 岩橋槇夫,加藤 直,佐々木幸夫,日高久夫,"新しい物理化学演習"産業図書(1997)
10) 近澤正敏,田嶋和夫,"界面化学"丸善(2001)
11) 杉原剛介,井上 亨,秋貞英雄,"化学熱力学中心の基礎物理化学 改訂第 2 版"学術図書出版社(2003)
12) J. T. Davies, E. K. Rideal, "Interfacial Phenomena", Academic Press (1963)
13) George L. Gaines, Jr., "INSOLUBLE MONOLAYERS AT LIQUID-GAS INTERFACES" INTERSCIENCE PUBLISHERS (1966)
14) D. Fennell Evans, Hakan Wennerström, "THE COOLOID DOMAIN WHERE PHYSICS, CHEMISTRY, and BIOLOGY MEET", Wiley-VCH, 2nd Edition (1999)

練習問題

4.1

リン脂質である Dipalmitoylphosphatidyl choline（DPPC）の単分子膜測定において長さ 50.0 cm，幅 15.0 cm の水槽面積に，DPPC 試料（3.223 mg/4 ml の濃度）を 50 μl 展開した。展開時の DPPC の分子占有面積を求めよ。ただし DPPC の分子量を 734 とする。

4.2

$C_{12}H_{25}NHCH_2CH_2COO^-Na^+$の界面活性剤水溶液の 27℃での濃度に対する表面張力の関係を図に示す。濃度と表面張力の屈曲点である CMC（臨界ミセル濃度 0.2 mM）より低い濃度に対する表面張力の勾配から，活性剤 1 分子の占有面積を吸着等温式を用いて計算せよ。

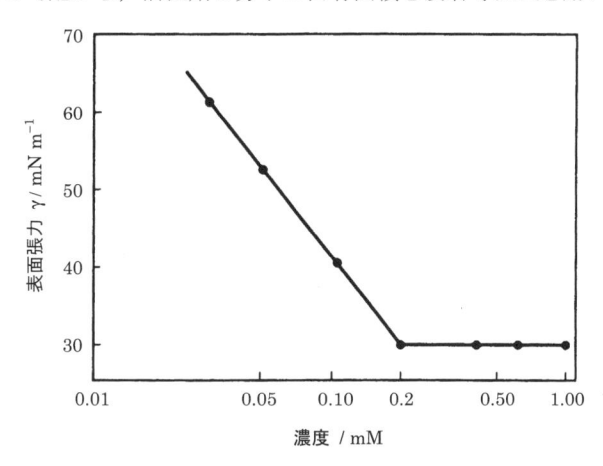

表面張力の濃度依存症

4.3

表面張力の式 $\gamma = \dfrac{rhg\rho}{2\cos\theta}$ を導け。

4.4

直径 0.1 cm のガラス毛細管を接触角 10°で水に浸した時，毛細管内の液柱の高さを計算せよ。ただし，水の表面張力を $72.5\times10^{-3} Nm^{-1}$ とせよ。

4.5

$dG = \gamma dA$ 式を誘導せよ。

4.6

大きさが 2.5 cm×5.1 cm の小さな枠の上にセッケン膜を広げた。この膜の表面張力は $8×10^{-3}$ Nm^{-1} であった。次に，面積 2.5 cm×3.5 cm となるように枠を縮めた。理論的にこれによる表面自由エネルギーの変化は 1 mg の荷重をどのくらい持ち上げられるか。

4.7

Gibbs の吸着式 $d\gamma + \Gamma_2 d\mu_2 = 0$ を導け。

4.8

界面活性剤の分子は液表面に膜を形成する。このことによって表面張力が低下することを説明せよ。

4.9

表面圧が急上昇し始める点で，0.106 mg のステアリン酸は 500 cm^2 の水面をおおっている。ステアリン酸のモル質量（284 g mol^{-1}）と密度（0.85 g cm^{-3}）が与えられるとしてステアリン酸 1 分子当たりの断面積 a と膜厚 t を算出せよ。

4.10

陰イオン性界面活性剤であるラウリン酸（ドデカン酸）– Na 塩は CH$_3$(CH$_2$)$_{10}$COONa$^+$ のように長い炭素鎖と末端部の電離しやすい部分とをもつから，油-水界面では界面上で電離する。それで拡散電気二重層を構成することになる。そして界面張力変化の実験から，この分子の界面吸着・配列における 1 分子あたりの占有面積は 0.45 nm^2 と報告されている。ラウリル酸の界面配列・電離による表面電位を次の Gouy–Chapman 理論の式で概算せよ。

Gouy–Chapman の式

$$\sigma = \sqrt{2\varepsilon\varepsilon_V n_0 k_B T}\left[\exp\left(\frac{ze\phi_0}{2k_B T}\right) - \exp\left(\frac{ze\phi_0}{2k_B T}\right)\right]$$

$$= \sqrt{2\varepsilon\varepsilon_V n_0 k_B T}\ 2\sinh\left(\frac{ze\phi_0}{2k_B T}\right)$$

ただし，

$\varepsilon = 78.3$：25℃における水の誘電率，$\varepsilon_V = 8.854×10^{-14}$J^{-1}C^{2}cm^{-1}：真空の誘電率，$n_0 = $ 個/cm^3：固体表面から無限に離れた所のイオン濃度，$k_B = 1.381×10^{-23}$JK^{-1}：ボルツマン定数，$T = 298.15$K：絶対温度，σ：表面電荷密度。

第5章
生体分子の集合と機能

　地球上に始めて生命が誕生したのは今から約35億年前と推察される。海という環境の中で最初は非常に簡単な有機化合物が造られたであろう。時間の流れの中で，この化合物は次第により高度な機能をおこなうことのできる複雑な化学構造を持つ大きな分子へと変化していき，最初の原始的生命体が誕生したものと思われる。今日，われわれはこのような生命体の主な有機化学的な成分がタンパク質，核酸，糖，脂質などであることを知っている。このような成分は集合して，より高次の機能をおこなう。ここではそのような分子集合体 (molecular assembly) としての**生体膜** (biomembrane) について第一節で述べ，第二節では化学エネルギー源である **ATP** が**酸化的リン酸化**（oxidative phosphorylation）および**光リン酸化**（photophosphorylation）により合成される仕組みについて学習する。また，化学エネルギーが力学エネルギーに変換される**筋収縮**（muscle contraction）の機構についても学ぶ。第三節では最近これらの分子集合体の仕組みを**1分子レベル**で解析する方法が開発されたので，この方法について述べる。

5.1　生　体　膜

　生体膜なしでは今日の高等生物は誕生しなかったであろう。膜は生命体を構成する複雑で多種多様な物質の混合を防ぐための「**仕切り**」として，また生命活動に必須な化学反応をより特異的に，かつ効率的に行う「**反応場**」として，あるいは「**情報伝達の場**」としてきわめて重要な役割を担っている。ここでは生体膜の基本的な構造および特性についてまず述べ，それから**膜輸送**（membrane transport），**膜電位**（membrane potential），**小胞化**（vesiculation）と**膜融合**（membrane fusion）について学習する。

5.1.1　生体膜の構成成分

　生体膜の構造と機能を理解するためには生体膜がどのような成分から構成されているかを知ることは重要である。生体膜は主にタンパク質，リン脂質，ステロール，炭水化物（糖）などから構成されており，その存在比は生物の種類において，著しく変化する。例えば，マウス肝臓やヒト赤血球の形質膜（plasma membrane）の場合，タンパク質と全脂質の割合はだ

表5-1 いろいろな生物の形質膜の主な成分

	成分（質量 %）					タンパク質/全脂質
	タンパク質	リン脂質	ステロール	全脂質	糖	
形質膜：						
マウスの肝臓	45	27	25	52	3	0.9
ヒト赤血球	49	28	11	43	8	1.1
アメーバ	52			42	4	1.3
ヒトのミエリン	18	38	20	79	3	0.2
酵　母	52	7	4			
ミトコンドリア外膜	52			48		1.1
ミトコンドリア内膜	76			24		3.2
紫膜（$Halobacterium$）	75			25		3.0
大腸菌	75	25	0	25		3.0

表5-2 主な脂肪酸

	慣用名	系統名	構造式	融点（℃）
飽和脂肪酸				
12:0	ラウリン酸	ドデカン酸	$CH_3(CH_2)_{10}COOH$	43.5
14:0	ミリスチン酸	テトラデカン酸	$CH_3(CH_2)_{12}COOH$	53.9
16:0	パルミチン酸	ヘキサデカン酸	$CH_3(CH_2)_{14}COOH$	63.1
18:0	ステアリン酸	オクタデカン酸	$CH_3(CH_2)_{16}COOH$	69.6
20:0	アラキジン酸	エイコサン酸	$CH_3(CH_2)_{18}COOH$	76.5
22:0	ベヘン酸	ドコサン酸	$CH_3(CH_2)_{20}COOH$	81.5
24:0	リグノセリン酸	テトラコサン酸	$CH_3(CH_2)_{22}COOH$	84.2
不飽和脂肪酸				
16:1	パルミトオレイン酸	cis-9-ヘキサデセン酸	$CH_3(CH_2)_5CH=CH(CH_2)_7COOH$	−0.5
18:1	オレイン酸	cis-9-オクタデセン酸	$CH_3(CH_2)_7CH=CH(CH_2)_7COOH$	13.4
18:2	リノール酸	cis,cis-9,12-オクタデカジエン酸	$CH_3(CH_2)_4(CH=CHCH_2)_2(CH_2)_6COOH$	−9
18:3	α-リノレン酸	全cis-9,12,15-オクタデカトリエン酸	$CH_3CH_2(CH=CHCH_2)_3(CH_2)_6COOH$	−17
18:3	γ-リノレン酸	全cis-6,9,12-オクタデカトリエン酸	$CH_3(CH_2)_4(CH=CHCH_2)_3(CH_2)_3COOH$	
20:4	アラキドン酸	全cis-5,8,11,14-エイコサテトラエン酸	$CH_3(CH_2)_4(CH=CHCH_2)_4(CH_2)_2COOH$	−49.5
20:5	EPA	全cis-5,8,11,14,17-エイコサペンタエン酸	$CH_3CH_2(CH=CHCH_2)_5(CH_2)_2COOH$	−54
24:1	ネルボン酸	cis-15-テトラコセン酸	$CH_3(CH_2)_7CH=CH(CH_2)_{13}COOH$	43

いたい等しい。**大腸菌**（$Escherichia coli$），ミトコンドリア（mitochondria）の内膜，**紫膜**（purple membrane）は脂質よりもタンパク質をより多く含んでいる。一方，最も脂質の割合が高いのは**ミエリン**（myelin，神経軸索を取巻く膜）である（表5-1）。

(A) 脂　質

脂質（lipid）の定義は水に溶けにくく，エーテル，クロロホルム，メタノールのような有機溶媒に溶ける生体成分であるというのが一般的である。しかし，ガングリオシド（gangliosides）のような脂質は水に溶けやすく，スフィンゴミエリン（sphingomyelin）はエーテルに溶けない。そこで，脂質の定義を分子内に長鎖脂肪酸または類似の炭化水素をもつ生体成分としたほうがよさそうである。生体中で見られる主な脂肪酸を表5-2に示す。飽和

脂肪酸（saturated fatty acids）は炭化水素鎖を密に秩序よく充填することができるので，鎖が長くなると室温では固体であり，また融点も高くなる。一方，天然中に見いだされる多くの不飽和脂肪酸（unsaturated fatty acids）は**シス配置**（cis configuration）の二重結合を含む。**シス二重結合が炭化水素鎖に入ると鎖は大きく屈曲することになり，鎖の間に働く疎水的相互作用も弱くなる。**したがって，一般に二重結合の数が増えるとその不飽和脂肪酸の融点は低くなる。この二重結合は後で述べる**膜の流動性**を増大するのに大いに役立つ。有機溶媒に抽出された脂質は吸着クロマトグラフィー，薄層クロマトグラフィー，逆相クロマトグラフィーにより，容易に分離することができる。脂質は脂肪酸のエステル類とイソプレノイド（isoprenoids）に大別され，前者はさらに単純脂質と複合脂質に分けられる（表 5-3）。単純脂質は炭素（C），水素（H），酸素（O）より構成され，構造的には脂肪酸とアルコールのエステルで，中性脂肪（neutral fat）ともよばれる。グリセリンエステルはグリセリド（glyceride）で，グリセリンの3つの水酸基がアシル化されたのがトリグリセリドである。トリグリセリドは脊椎動物の脂肪細胞（adipocyte）内に油滴として，また植物の種子中では油として貯蔵

表 5-3　脂質の分類

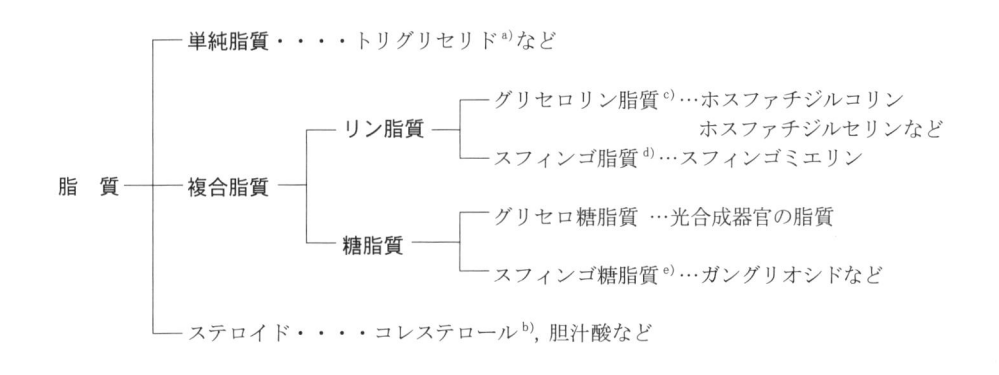

```
                  ┌─単純脂質・・・・トリグリセリド[a)]など
                  │                ┌─リン脂質─┬─グリセロリン脂質[c)]…ホスファチジルコリン
                  │                │          │                      ホスファチジルセリンなど
脂 質─┬─複合脂質─┤          └─スフィンゴ脂質[d)]…スフィンゴミエリン
                  │                └─糖脂質──┬─グリセロ糖脂質 …光合成器官の脂質
                  │                            └─スフィンゴ糖脂質[e)]…ガングリオシドなど
                  └─ステロイド・・・・コレステロール[b)], 胆汁酸など
```

[a)] トリグリセリド

$$\begin{array}{l} CH_2-O-COR_1 \\ CH-O-COR_2 \\ CH_2-O-COR_3 \end{array} \quad R_1, R_2, R_3 は脂肪酸$$

[b)] コレステロール

c) グリセロリン脂質
(glycerophospholipds)

$$\begin{array}{c} \quad\quad\quad\quad\quad\quad\quad O \\ \quad\quad\quad\quad\quad\quad\quad \| \\ \quad\quad\quad\quad CH_2-O-C-R_1 \\ R_2-C-O-C-H \\ \quad\;\; \| \quad\quad\quad CH_2-O-P-OX \\ \quad\;\; O \quad\quad\quad\quad\quad\quad\;\; | \\ \quad\quad\quad\quad\quad\quad\quad\quad\; O^- \end{array}$$

R_1：飽和脂肪酸が多い
R_2：不飽和脂肪酸が多い

X:	
$-H$	ホスファチジン酸 (PA)
$-CH_2CH_2N(CH_3)_3^+$	ホスファチジルコリン (PC)
$-CH_2CH_2NH_3^+$	ホスファチジルエタノールアミン (PE)
$-CH_2CH(OH)CH_2OH$	ホスファチジルグリセロール (PG)
(イノシトール環)	ホスファチジルイノシトール (PI)
$-CH_2CHNH_3^+(COO^-)$	ホスファチジルセリン (PS)

$$-CH_2CH(OH)CH_2O-\overset{O}{\underset{O^-}{\overset{\|}{P}}}-O-CH_2-\overset{CH_2-O-\overset{O}{\overset{\|}{C}}-R_1}{\underset{O=C-R_2}{\overset{|}{C}-H}}$$

カルジオリピン (CL)
(ジホスファチジルグリセロール)

$$\boxed{\begin{array}{c} HO-CH-CH=CH-(CH_2)_{12}-CH_3 \\ R-C-HN-C-H \\ \;\;\; \| \quad\quad\;\; | \\ \;\;\; O \quad\quad\; CH_2-O-X \end{array}}$$ スフィンゴシン

d) スフィンゴ脂質
(sphingolipids)

X: $-H$ セラミド

$-\overset{O}{\underset{O^-}{\overset{\|}{P}}}-O-CH_2CH_2N(CH_3)_3^+$ スフィンゴミエリン (SM)

e) スフィンゴ糖脂質
(sphingoglycolipids)

Fucα1 → 2Galβ1 → 4GlcNAcβ1 → 3Galβ1 → 4Glcβ1 → O型抗原

Fucα1 → 2Galβ1 → 4GlcNAcβ1 → 3Galβ1 → 4Glcβ1 → A型抗原
　　　　　　　　　　3
　　　　　　　　　　↑
　　　　　GalNAcα1

Fucα1 → 2Galβ1 → 4GlcNAcβ1 → 3Galβ1 → 4Glcβ1 → B型抗原
　　　　　　　　　　3
　　　　　　　　　　↑
　　　　　Galα1

Galβ1 → 3GalNAcβ1 → 4Galβ1 → 4Glcβ1 →　　　ガングリオシド
　　　　　　　　　3
　　　　　　　　　↑
　　　　　2αNeuNAc

Glc, グルコース　Gal, ガラクトース　Fuc, フルコース　GlcNAc, N-アセチルグルコサミン
GalNAc, N-アセチルガラクトサミン　NeuNAc, N-アセチルノイラミン酸

され，エネルギー源として利用される。ここで，エネルギー源としてのトリグリセリドと多糖（グリコーゲン，デンプン）を比べてみよう。**異化反応**（catabolism）はトリグリセリドの方が容易に起こり，効率的にエネルギーを生じることができる。また，トリグリセリドは疎水性のために水和しておらず，高濃度に濃縮されて存在することができる。多糖の場合，貯蔵のさいにかなりの水を含んでいるので（水 2g/糖 1g），単位質量あたりのエネルギー量はトリグリセリドと比べると小さくなる。クマは冬眠している間，このトリグリセリドをエネルギー源として少しずつ使い，体温や生命を維持している。また，15〜20kg のトリグリセリドを持つ肥満のヒトはこの脂肪を燃やすことにより数ヶ月の間，必要なエネルギーを供給することができる。これに対して，多糖は短い期間でのエネルギー源として利用される。

植物油や魚油は不飽和脂肪酸から成るトリグリセリドを豊富に含むので常温では液体である。一方，ステアリン酸やパルミチン酸などの飽和脂肪酸に富む牛脂などは固体である。ワックス（ろう）は長鎖の脂肪酸と長鎖の第一級アルコールがエステル結合したものである。蜜蝋の主成分はパルミチン酸ミリシル $C_{15}H_{31}COOC_{30}H_{61}$ であり，鯨蝋は主にパルミチン酸セチルを含んでいる。ワックスは水をはじくので，体内への水の侵入や体表面からの水の漏出を防ぐことができる。一風変わった機能面をマッコウクジラ（sperm whale）に見ることができる。マッコウクジラの頭部は全重量の約 1/3 を占めるほどに大きく，ここに多量のトリグリセリドやワックスが含まれている。マッコウクジラが餌を求めて，海深く潜水すると，そこでは海水の温度も低く，海水の密度も大きい。温度の低下にともないクジラの頭部の油が液体から固体に変化すると，頭部の密度が大きくなり，周囲の海水の密度と同じになる。したがってクジラはその深さを維持するのに無駄なエネルギーを使わなくて済む。つまり，浮力を受けることなく安定にその深さを維持することができるのである。

複合脂質にはリン酸を含む**リン脂質**（phospholipids）と，リンの代りに糖を含む**糖脂質**（glycolipids）がある。リン脂質は**グリセロリン脂質**（glycerophospholipids）と**スフィンゴ脂質**（sphingolipids）に分けられる。グリセロリン脂質においてはグリセロールの第1，第2の炭素に飽和脂肪酸，不飽和脂肪酸がそれぞれエステル結合し，また第3の炭素には極性基がホスホジエステル結合している。ホスファチジルコリン（phosphatidylcholine, PC）やホスファチジルセリン（phosphatidylserine, PS）などはホスファチジン酸（phosphatidic acid）の誘導体である。スフィンゴ脂質も2つの脂肪酸と1つの極性基を持つが，グリセロリン脂質と異なり，基本骨格にグリセロールを持たない。スフィンゴシン（sphingosine）は長鎖アルキル基を持つアミノアルコールでスフィンゴ脂質の骨格をなす。スフィンゴシン分子の3つの炭素（C-1, C-2, C-3）は構造的にグリセロリン脂質のグリセロールの3つの炭素に似ている。スフィンゴシン分子の第 2 の炭素（C-2）が脂肪酸と酸アミド結合した化合物は**セラミド**（ceramide）とよばれる。スフィンゴ脂質の代表的なものにスフィンゴミエリン（sphingomyelin,

表 5-4 生体膜の脂質組成*

脂　質	ヒト赤血球膜	ヒトのミエリン鞘	牛の心筋ミトコンドリア	大腸菌
ホスファチジン酸	1.5	0.5	0	0
ホスファチジルコリン	19	10	39	0
ホスファチジルエタノールアミン	18	20	27	65
ホスファチジルグリセロール	0	0	0	18
ホスファチジルイノシトール	1	1	7	0
ホスファチジルセリン	8.5	8.5	0.5	0
カルジオリピン	0	0	22.5	12
スフィンゴミエリン	17.5	8.5	0	0
糖脂質	10	26	0	0
コレステロール	25	26	3	0

* 全脂質の質量パーセント

SM) がある。ヒトの血液型はスフィンゴ脂質に結合している糖の種類によって分けられる。この複合脂質は生体膜を作るのに非常に重要である。生体膜を構成している主なリン脂質としてホスファチジルコリン，ホスファチジルエタノールアミン (phosphatidylethanolamine, PE)，ホスファチジルセリン，スフィンゴミエリン，カルジオリピン (cardiolipin, CL) などがある。これらのリン脂質の組成は生体膜の種類により異なっている（表 5-4）。例えば，ホスファチジルエタノールアミンは大腸菌で，カルジオリピンは心筋ミトコンドリアで多い。

　ステロイド化合物としての**コレステロール** (cholesterol) も膜の構築に必須である。コレステロールとスフィンゴミエリンは Triton X-100 のような非イオン性界面活性剤水溶液に不溶な複合体を形成する（図 5-1）。この複合体は**ラフト**（raft, 筏の意味）とよばれる。リン

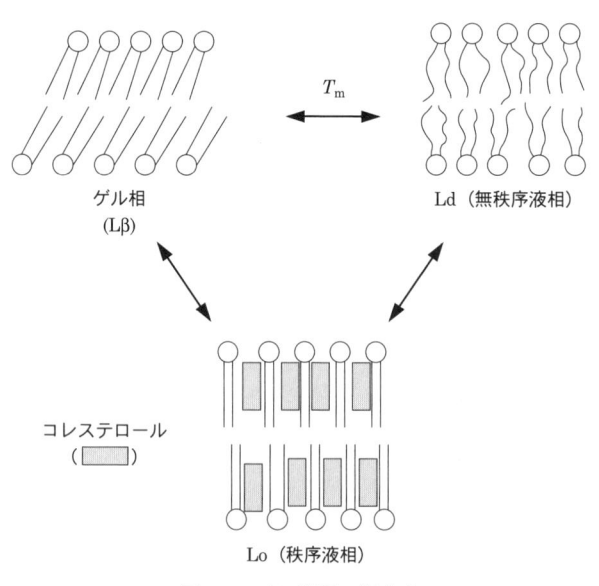

図 5-1 リン脂質の相変化

脂質から形成されたリポソーム（liposome）において，**リン脂質の相転移温度（T_m）以下では，リン脂質分子はゲル相**（Lβ）にあり，脂肪酸部分はある秩序構造を持って配列している。相転移温度以上では，リン脂質分子はその脂肪酸部分のコンホメーションを比較的自由に変化することができる**無秩序液相**（liquid-disordered phase, Ld）へと変化する。しかし，コレステロールが存在すると脂肪酸部分のコンホメーションが固定された**秩序液相**（liquid-ordered phase, Lo）が出現する。したがって，このLoはLdとゲル相の中間的な性質を持っている。このLoにある脂質はラフトを形成し，Triton X-100水溶液に難溶であり，一方Ldにある脂質は容易に溶ける。このように，脂質分子は生体膜において均一に分布しているのではなくて，**脂質ドメイン**を形成している。この脂質ドメインが生体膜のさまざまな機能と関係しているものと思われる。

(B) 膜タンパク質

膜タンパク質は生体膜の機能と深く関係している。脂質二重層を貫いているタンパク質は**膜貫通タンパク質**（transmembrane proteins），あるいは**内在性タンパク質**（integral proteins あるいは intrinsic proteins）とよばれ，非イオン性界面活性剤を用いて単離することができる。また膜の表面に結合しているタンパク質は**表在**（あるいは，外在性）**タンパク質**（peripheral proteins あるいは extrinsic proteins）とよばれ，イオン強度やpHを変えることにより容易に膜から遊離することができる。水溶性の表在タンパク質に比べると，膜貫通タンパク質は精製するときにも界面活性剤を必要とするので取り扱いがやっかいである。

5.1.2 生体膜の構造

1972年，SingerとNicholsonは生体膜の基本構造として，リン脂質からなる二重層の"海"

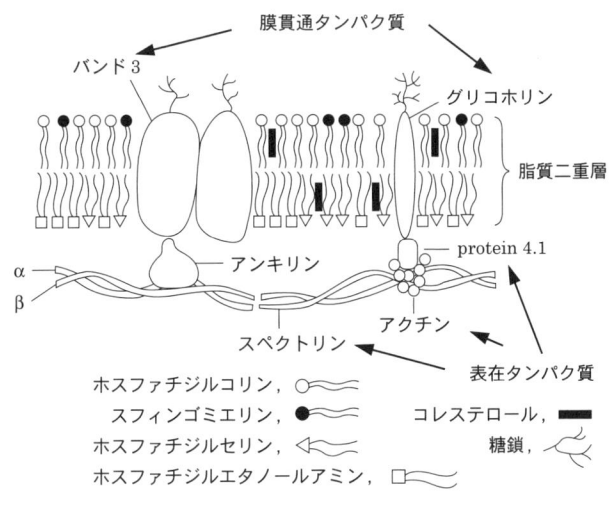

図 5-2 ヒト赤血球膜のモデル

に膜タンパク質が"氷山（icebergs）"のように浮遊している，いわゆる**流動モザイクモデル**（fluid mosaic model）を提唱した。現在，このモデルを基に生体膜の構造が考えられている。ここでは生体膜のモデルとして非常に詳しく調べられているヒト赤血球膜（図 5-2）を中心に，リン脂質や膜タンパク質の膜内分布について述べる。

(A) リン脂質の非対称配置

形質膜や細胞内小器官の膜の外層及び内層でのリン脂質の分布はどのようになっているのであろうか？　そこで，リン脂質の脂質二重層での配置を調べる方法について調べてみよう。ヒト赤血球膜の主なリン脂質はホスファチジルコリン，ホスファチジルエタノールアミン，ホスファチジルセリン，スフィンゴミエリンなどである。これらリン脂質の脂質二重層での配置をホスホリパーゼ(phospholipases)という酵素を用いて調べることができる(図 5-3)。この酵素は膜を透過できないので，膜の表面にあるリン脂質だけを加水分解する。また，リン脂質のアミノ基と Trinitrobenzenesulfonic acid(TNBS)との反応を利用することもできる（図5-4)。酵素あるいは，TNBS 処理した赤血球から脂質を抽出し，分離，定量を行い外層にあるリン脂質の量を見積もることができる。このような方法で赤血球膜のリン脂質の分布を調

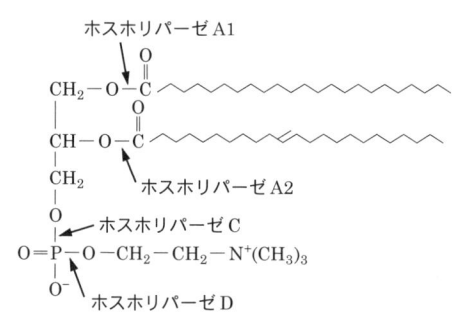

図 5-3　ホスホリパーゼによるリン脂質の切断部位

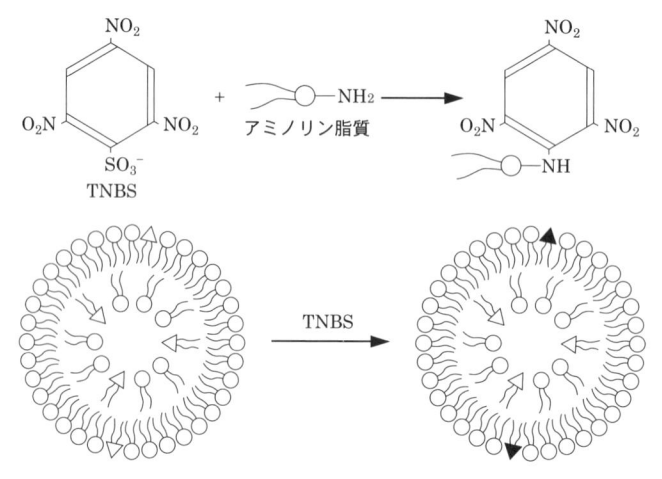

図 5-4　外層にあるアミノリン脂質（◁〜）と TNBS と反応したアミノリン脂質（◀〜）

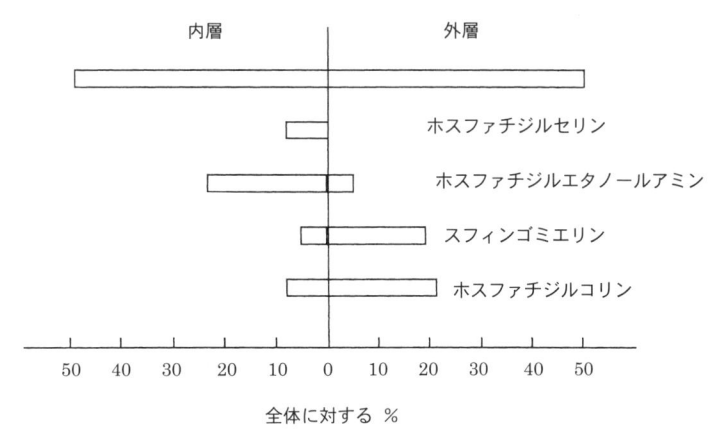

図5-5 ヒト赤血球膜の脂質

べた結果，図5-5に示すようにホスファチジルコリンやスフィンゴミエリンはおもに外層に，ホスファチジルエタノールアミンは主に内層に，そしてホスファチジルセリンはほとんどが内層に分布していることがわかった。また糖の付いたリン脂質は外層に存在する。このようなリン脂質の膜内における非対称配置が膜のいろいろな機能の発現に重要であり，この非対称配置の維持に**アミノリン脂質転移酵素**（aminophospholipid translocase）や**細胞骨格タンパク質**（cytoskeletal proteins）が関与している。

(B) 膜タンパク質の分布

生体膜を構成しているリン脂質分子は脂質二重層において非対称に配置しているが，**膜タンパク質もまた非対称的に配置**している。表在タンパク質の中には脂肪酸（パルミチン酸やミリスチン酸）が共有結合しており，その脂肪酸を脂質二重層に挿入して膜に結合しているタンパク質も知られている。膜貫通タンパク質には そのペプチド鎖が膜を一回から十数回貫いているものなどさまざまある。脂質二重層の厚みが4〜5 nm，アミノ酸一残基の長さを0.15 nmとすると，膜を貫通するのに少なくとも20残基のアミノ酸が必要となる。この膜を貫通しているペプチド鎖は**α-ヘリックス**（α-helix）あるいは**β-シート**（β-sheet）構造を取っている。脂質二重層の内部は疎水的であるので膜を貫通している部分は疎水性アミノ酸からなる。

タンパク質のどの領域が膜内に挿入されているかを見積もる方法に**ハイドロパシープロット**（hydropathy plot）がある。アミノ酸の7〜20残基を1つのセグメントとし，タンパク質はこのセグメント（ウインドウ，windowsとよばれる）が連なったものと考える。例えば，アミノ酸7残基からなるウインドウでは，アミノ酸残基1〜7，2〜8，3〜9等がそれぞれ1つのセグメントとみなされる。表5-5にアミノ酸の疎水性の値を与えている。**大きな正の値を示すアミノ酸はより疎水的であり，また大きな負の値を示すアミノ酸はより親水的である**。このアミノ酸の疎水性の値を用いて各々のセグメントの平均値（ハイドロパシーインデック

表 5-5 疎水性の値（Hydrophobicity scales）

アミノ酸	Phe	Met	Ile	Leu	Val	Cys	Trp	Ala	Thr	Gly	Ser	Pro	Tyr	His	Gln	Asn	Glu	Lys	Asp	Arg
A	3.7	3.4	3.1	2.8	2.6	2.0	1.9	1.6	1.2	1.0	0.6	−0.2	−0.7	−3.0	−4.1	−4.8	−8.2	−8.8	−9.2	−12.3
B	2.8	1.9	4.5	3.8	4.2	2.5	−0.9	1.8	−0.7	−0.4	−0.8	−1.6	−1.3	−3.2	−3.5	−3.5	−3.5	−3.9	−3.5	−4.5

A は J.Kyte and R.F.Doolittle のデータから；B は D.A.Engelman らのデータから。

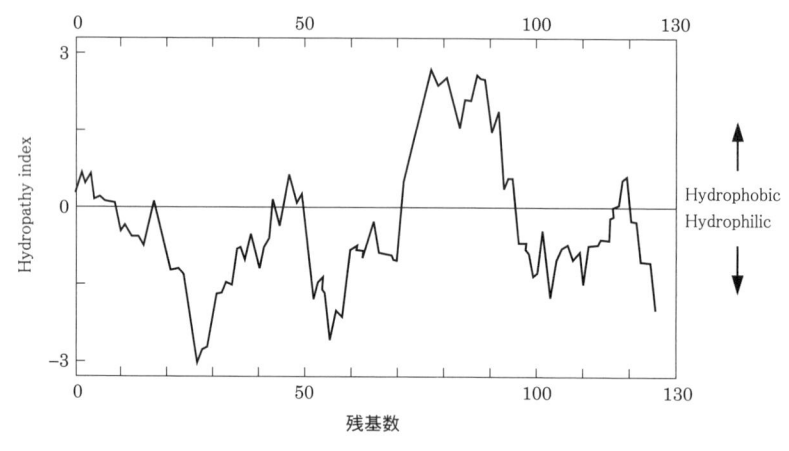

図 5-6 グリコフォリンのハイドロパシープロット
アミノ酸残基 75 から 93 は疎水性アミノ酸で，膜内にある。

ス，hydropathy index）を求める。このハイドロパシーインデックスをウインドウの中央のアミノ酸残基（7 つのアミノ酸からなるときは 4 番目のアミノ酸）に対してプロットしたのがハイドロパシープロットである。赤血球膜の膜貫通タンパク質である**グリコフォリン**（glycophorin）は，膜を 1 回貫いていることがこのプロットからわかる（図 5-6）。このタンパク質には糖鎖が結合しており，糖鎖の結合した部分を形質膜の表面に向けて配向している。一方，膜の表面に局在する表在性タンパク質は膜貫通タンパク質やリン脂質と相互作用し，膜構造の安定化や細胞内情報伝達に深く関与している。赤血球膜の骨格タンパク質である**スペクトリン**（spectrin）や**アクチン**（actin）は赤血球の変形能や膜安定性において重要な働きをしている。このように膜タンパク質の脂質二重層における分布および配向は厳密に制御されている。

5.1.3 生体膜の動的構造

これまで生体膜が主にリン脂質，タンパク質，糖などから構成され，これらの化学構造上の特徴，およびこれらがどのように集合して膜を構成しているかについて学んできた。しかし，生体膜の機能を理解するにはもう 1 つの特徴である動的な性質を知ることが重要である。ここではリン脂質や膜タンパク質の膜内での動的性質について調べてみよう。

(A) リン脂質アルキル鎖の屈曲運動

リン脂質アルキル鎖の**屈曲運動**は**スピンプローブ**（spin probe）分子あるいは**蛍光プローブ**

（fluorescence probe）分子を用いて調べることができる．つまり，プローブ分子の運動がプローブ分子の周りの環境により影響を受けることを利用してリン脂質の運動状態を調べることができる．プローブ分子としてステアリン酸のカルボキシル基から5, 12, 16番目の炭素にニトロキシドラジカルを導入した化合物を用いた場合，膜の表面から内部に向けての脂質分子の運動状態についての情報を**電子スピン共鳴**（electron spin resonance, ESR）スペクトルから得ることができる（図5-7）．膜の表面をプローブする分子（例えば，5-ニトロキシドステアリン酸）を用いた場合，スペクトルはかなり**異方的**（anisotropic）である．これはリン脂質の分子運動が膜表面ではかなり束縛されていることを示している．一方，膜の内部をプローブする分子（例えば，16-ニトロキシドステアリン酸）を用いた場合，**等方的**な（isotropic）ESRスペクトルが観測される．これは膜の内部でのプローブ分子の運動が，溶液中で見られるような自由に運動している状態に近いことを示している．脂質分子の運動，あるいは膜の流動性はESRスペクトルから，次のような**オーダーパラメター**（order parameter, S）を用いて表わすことができる．

$$S = \frac{T_{\parallel} - T_{\perp}}{T_{ZZ} - \frac{1}{2}(T_{XX} + T_{YY})} \cdot \frac{a}{a'} \tag{5.1.1}$$

ここで，$a = 1/3(T_{ZZ} + T_{YY} + T_{XX})$，$a' = 1/3(T_{\parallel} + 2T_{\perp})$である．ニトロキシドラジカルでは$T_{XX} = 0.59$，$T_{YY} = 0.54$，$T_{ZZ} = 3.29$ミリテスラ（mT）であり，$T_{\parallel}$，$T_{\perp}$は膜面に平行および垂直に磁場をかけたときの超微細分裂であり，ESRスペクトルから求めることができる．リン脂質の分子運動が強く束縛された状態から自由に運動できる状態へ変化していくと，つまり**膜の流動性が増大すると，Sの値は1から0に向けて減少する**．

ESRスペクトルが等方的であるとき，プローブ分子の**回転相関時間**（rotational correlation time, τ_c）を次の式から求めることができる．

$$\tau_c = 6.5 \times 10^{-9} W_0 [(h_0/h_{-1})^{1/2} - 1] \tag{5.1.2}$$

ここで，W_0は中央のシグナルの線幅（ミリテスラ），h_0，h_{-1}は中央および高磁場側のシグナルのたかさである（図5-7参照）．赤血球膜の内部を16-ニトロキシドステアリン酸を用いて調べると，$\tau_c \sim 10^{-9}$ sの値が得られ，膜の内部が液体状態に近いことを示している．このように**リン脂質の分子運動は膜表面でかなり束縛されているが，膜のより内部にいくにつれ容易になる**ことがわかる．リン脂質の極性基部分はまわりの水分子との水素結合により運動はかなり束縛されているが，膜の内部にいくと水は排除され，より油の状態に近づき，分子運動が容易になるものと考えられる．

膜の流動性は生物の機能を維持するために巧みに調節されている．例えば，大腸菌を高温で培養すると膜のリン脂質の組成は飽和脂肪酸が増大するし，一方，低温で培養すると，膜

スピンプローブ分子　　　　スピンプローブ分子（★）がモニターする
　　　　　　　　　　　　　　リン脂質二重層の部位とそのESRスペクトル

(A) 5-ニトロキシドステアリン酸

$2T_\parallel$
$2T_\perp$

(B) 12-ニトロキシドステアリン酸

(C) 16-ニトロキシドステアリン酸

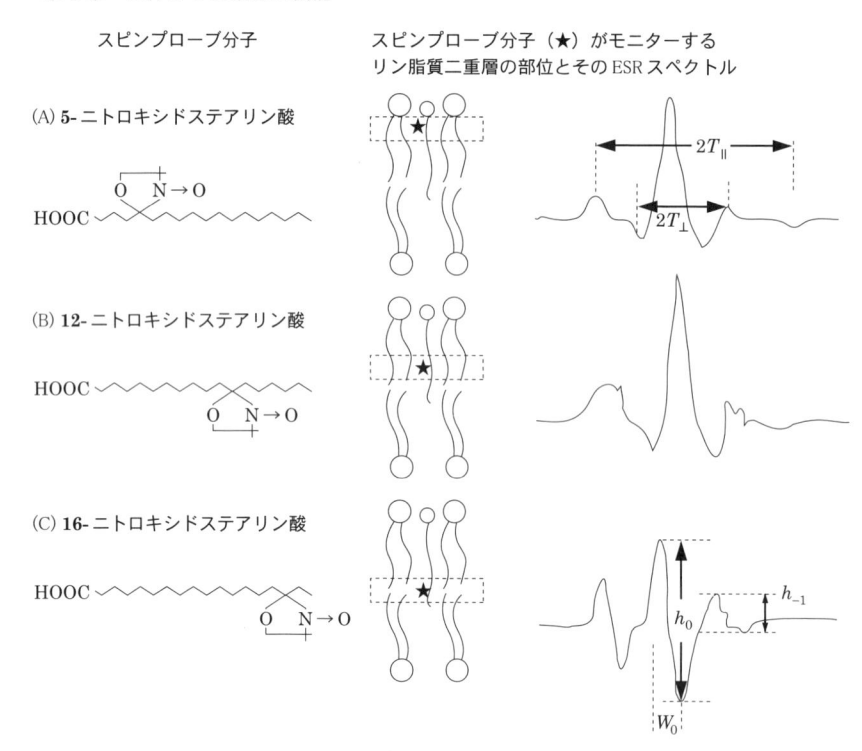

h_0　h_{-1}
W_0

図 5-7　脂質二重層をモニターするのに使用されるスピンプローブ分子とそのESRスペクトル

の流動性を増すために不飽和脂肪酸の割合が増える。また，深海で生息している微生物は膜の流動性を増大させるために，不飽和脂肪酸が増えている。このように，**飽和脂肪酸や不飽和脂肪酸の量を調節することにより，生物は膜の流動性を調節して外部環境に適応している。**コレステロールも膜の流動性を調節することができる。**コレステロールは脂質の相転移以上の温度では膜の流動性を減少させるが，相転移以下では膜の流動性を増大させる**働きがある。

例題 5.1

　ある赤血球を 16-ニトロキシドステアリン酸をスピンプローブとして，37℃でESRスペクトルを測定したところ，$h_0/h_{-1} = 4.8$，$W_0 = 0.20$（ミリテスラ）の値が得られた。また，赤血球の中のヘモグロビンのチオール基をスピンラベル剤 a でラベルし，そのスペクトルから $h_0/h_{-1} = 1.4$，$W_0 = 0.19$（ミリテスラ）が得られた。これらの値を用いて回転相関時間をもとめ，脂質二重層の内部での脂質分子の運動およびヘモグロビン分子の運動につい

ラベル剤 a

て考察してみよう。

解 答

式 (5.1.2) から，16-ニトロキシドステアリン酸についての回転相関時間は $\tau_{16-ニトロキシドステアリン酸} = 6.5 \times 10^{-9} \times 0.20 \, [(4.8)^{1/2} - 1] = 1.5 \times 10^{-9}$ s となる。同様にヘモグロビンについて求めると，$\tau_{ヘモグロビン} = 2.3 \times 10^{-10}$ s となり，脂質分子よりもヘモグロビン分子のチオール基は約 6.5 倍，速く回転運動していることがわかる。

(B) リン脂質分子のフリップ-フロップ

脂質二重層の外層，および内層に位置しているリン脂質分子は外層から内層への転移（**フリップ**，flip），あるいは内層から外層への転移（**フロップ**，flop）を生じる（図 5-8）。リン脂質分子のフリップ-フロップの頻度はどの位であろうか。スピンラベルした（ここではニトロキシドラジカルをラベルしている）リン脂質分子を用い，その ESR スペクトルの変化より，リン脂質分子のフリップ-フロップに関する情報を得ることができる。

スピンラベルしていないリン脂質分子に，スピンラベルしたリン脂質分子を少量混ぜてリポソームを調製する。この段階ではスピンラベルしたリン脂質分子は**リポソーム**（liposome）の外層および内層に存在する。そこで，外層にあるニトロキシドラジカルを 0℃でアスコルビン酸ナトリウム（sodium ascorbate）を用いてすべて還元する。それからある温度で放置した後，再びアスコルビン酸ナトリウムを用いて内層から外層に転移したリン脂質分子のラジカルを還元する。最初に還元した直後の ESR シグナルの大きさと 2 回目に還元した ESR シグナルの大きさの差が，リポソームをある温度で放置したときのフロップしたリン脂質分子の数を反映している。このようにしてフリップ-フロップの速度を求めることができる。具体的に求めてみよう。

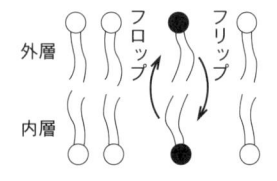

図 5-8 リン脂質分子のフリップ-フロップ

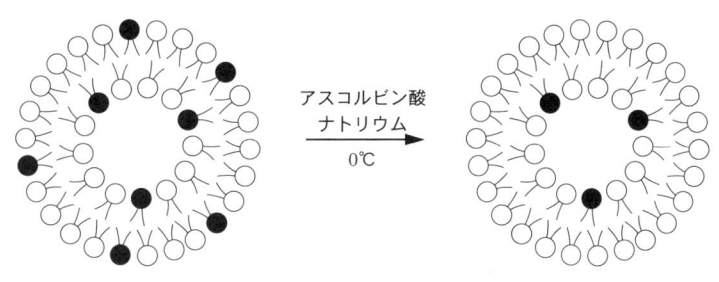

図 5-9 アスコルビン酸ナトリウムによるリポソームの外層にあるスピンラベル分子の還元

今，N_i および N_o をそれぞれ内層，外層にあるスピンラベル分子の数であるとし，また外層から内層へ，および内層から外層へフリップ，フロップするときの速度定数をそれぞれ k_i および k_o とすると，内層にあるスピンラベル分子は（5.1.3）式のように与えられる。

$$\text{内層にあるスピンラベル分子}(N_i) \underset{k_i}{\overset{k_0}{\rightleftarrows}} \text{外層にあるスピンラベル分子}(N_0)$$

$$\frac{dN_i}{dt} = k_i N_o - k_o N_i \tag{5.1.3}$$

平衡において，$dN_i/dt = 0$ より

$$k_i N_0^{eq} = k_o N_i^{eq} \tag{5.1.4}$$

ここで，N_i^{eq}，N_0^{eq} はそれぞれ平衡に達したときの内層，外層におけるスピンラベル分子の数である。また平衡に達する前と達した後でラベル分子の数は等しいので

$$N_i + N_0 = N_i^{eq} + N_0^{eq} \tag{5.1.5}$$

平衡では，$\dfrac{dN_i^{eq}}{dt} = 0$ であるので，$\dfrac{dN_i}{dt} = \dfrac{d(N_i - N_i^{eq})}{dt}$ とおき，また $k = k_o + k_i$ とおくと（5.1.3）式は次のように書くことができる。

$$\frac{d(N_i - N_i^{eq})}{dt} = -k(N_i - N_i^{eq}) \tag{5.1.6}$$

（5.1.6）式を積分すると

$$\frac{N_i - N_i^{eq}}{N_i^0 - N_i^{eq}} = e^{-kt} \tag{5.1.7}$$

となる。ただし，N_i^0 は最初に内層にあったラベル分子の数で，平衡に達したときの内層にあるラベル分子の数（N_i^{eq}）と外層にあるラベル分子の数（N_0^{eq}）の和に等しい（$N_i^0 = N_i^{eq} + N_0^{eq}$）。また，ラベル分子が平衡に達したときの，内層に存在するラベル分子の割合を

$$\frac{N_i^{eq}}{N_i^{eq} + N_0^{eq}} = \gamma$$

とすると（5.1.7）式は（5.1.8）式のように書くことができる。

$$\frac{N_i - N_i^{eq}}{N_i^0 - N_i^{eq}} = \frac{N_i - \gamma N_i^0}{N_i^0 - \gamma N_i^0} = \frac{N_i - \gamma N_i^0}{N_i^0(1-\gamma)} = e^{-kt} \tag{5.1.8}$$

ESR シグナルの大きさ（A）はスピンラベル分子の数（濃度）に比例するので，（5.1.8）式は次式のように書くことができる。

$$\frac{A(t) - \gamma A(0)}{A(0)(1-\gamma)} = e^{-kt} \tag{5.1.9}$$

ここで，$A(0)$ はアルコルビン酸ナトリウムで外層にあるラジカルを最初に還元した直後の ESR シグナルの大きさであり，$A(t)$ はそれからある時間経過した後，2 回目に還元した後の ESR シグナルの大きさである。いま，（5.1.9）式の左辺の対数を縦軸に，時間を横軸にとると直線の傾きからフリップーフロップの速度定数 k を求めることができる（図 5-10）。この

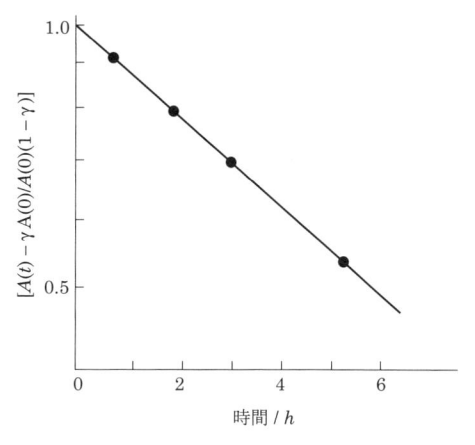

図 5-10　ESR シグナルの時間変化よりフリップ-フロップ速度定数の決定

ようにして求めたリポソームにおけるリン脂質分子の 30℃でのフリップ-フロップの速度定数は 2.9×10^{-5} s^{-1} であり，ラベル分子が半分交換するのに約 6.6 h かかることになる。このときの活性化エネルギーは 82 kJmol^{-1} である。リン脂質分子だけから形成されるリポソームでのリン脂質分子のフリップ-フロップ速度は非常に遅い。一方，**生体膜でのリン脂質分子のフリップ-フロップ速度の半減期（half time）は数分から数十分と速い**。この速いリン脂質の転位に，**アミノリン脂質転移酵素**（aminophospholipid translocase）や**スクランブラーゼ**（scramblase）などが関与している。アミノリン脂質転移酵素は外層にあるホスファチジルセリン（PS）やホスファチジルエタノールアミン（PE）のアミノリン脂質を内層に輸送する酵素である。この酵素は活性を発現するのに ATP を必要とする。N-エチルマレンイミド（N-ethylmaleimide）などの SH 基修飾試薬によりこの酵素を化学修飾すると活性を失う。また，スクランブラーゼは細胞内の Ca^{2+} の流入により，スクランブラーゼは活性化され，内層にある PS や PE を外層に，外層にあるホスファチジルコリン（PC）やスフィンゴミエリン（SM）を内層に転位する。血液凝固に関係する血小板は活性化されると，血小板膜の内層にある PS が一時的に外層に現われる。また細胞が**アポトーシス**（apoptosis）で死んでいくときにも PS が外層に現われることが知られている。**膜のリン脂質の非対称配置はこのような能動的な機構により維持され，生理的な機能を担っている**。

（C）　リン脂質分子の側方拡散

　脂質二重層の外層中あるいは内層中におけるリン脂質の二次元平面内での分子運動はどの位の速さであろうか？　横方向のリン脂質の運動，すなわち**側方拡散**（lateral diffusion）の速度はスピンラベル分子の ESR スペクトルの変化から求めることができる。高濃度のスピンラベルしたリン脂質の ESR シグナルはスピン交換のために，ブロードな 1 本のシグナルになる。この高濃度のスピンラベル分子をガラス板の上のスピンラベルしていないリン脂質溶液に加え，時間を変えて ESR スペクトルを測定すると，図 5-11 のようになる。ブロードな 1 本の

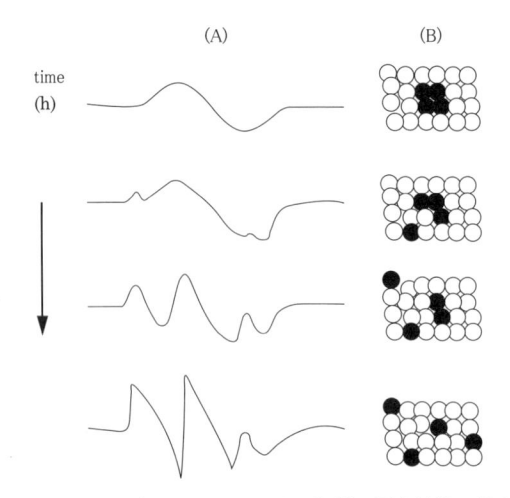

図 5-11 **(A)** スピンラベルしたリン脂質の側方拡散に伴う
ESR スペクトルの経時変化
(B) 平面内でのスピンラベル分子〔●〕の拡散

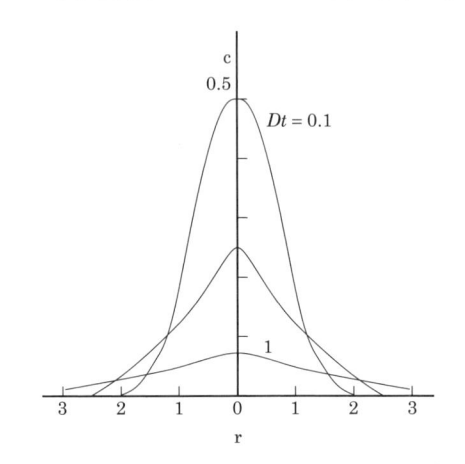

図 5-12 ラベル分子の原点からの二次元拡散

シグナルは時間とともにブロードな 3 本線からシャープな 3 本線へと変化する。これは二次元平面上で，濃いラベル分子が拡散して，ラベル分子がラベルしていないリン脂質分子により，希釈されていることを表している。二次元平面内での分子の並進拡散は次のように表すことができる。

$$\frac{1}{D}\frac{\partial c}{\partial t} = \frac{1}{r^2}\frac{\partial^2 c}{\partial r^2} + \frac{1}{r}\frac{\partial c}{\partial r} \tag{5.1.10}$$

ここで，D はラベル分子の並進の**拡散係数**（diffusion coefficient），c はラベル分子の濃度，r は膜内での位置座標である。この解は（5.1.11）式のように与えられる。

$$c(r,t) = \frac{c_0}{4\pi Dt}\exp(-\frac{r^2}{4Dt}) \tag{5.1.11}$$

ここで，c_0 はラベル分子が拡散する前の原点での濃度である。図 5-12 はラベル分子が原点か

ら時間とともに拡散していくようすを示している。このようなスペクトルの変化からスピンラベル分子の拡散係数（D）を求めると 25℃で $D = 1.8 \times 10^{-8} \, \mathrm{cm^2 \, s^{-1}}$ が得られる。ラベル分子の 2 乗平均移動距離 $\overline{r^2}$ は

$$\overline{r^2} = \int_0^\infty r^2 c(r,t) dr = 4Dt \tag{5.1.12}$$

と与えられる。そこで，この式を用いてリン脂質が 1 秒間に移動できる距離を求めると 2.6×10^{-4} cm となる。外層と内層でリン脂質分子の側方拡散速度は異なるであろうか？ 生体膜の場合，細胞膜の内側には裏打ちタンパク質がはりめぐらされていて，これらのタンパク質がリン脂質と相互作用している。したがって，内層でのリン脂質分子の側方拡散速度は抑制されることが予想される。

(D) 膜タンパク質の拡散

膜脂質が流動的であるならば膜貫通タンパク質も膜内を動き回ることが予想される。実際に膜貫通タンパク質が膜内で並進拡散していく様子を，融合細胞を用いて見ることができる（図 5-13）。培養マウス細胞とヒトの細胞を融合するのにセンダイウイルスを用いる。融合前にマウス細胞を細胞表面のタンパク質に特異的に反応する抗体であらかじめ標識しておく。このとき，抗体は緑色の蛍光物質である FITC（fluorescein isothiocyanate）でラベルしたもの

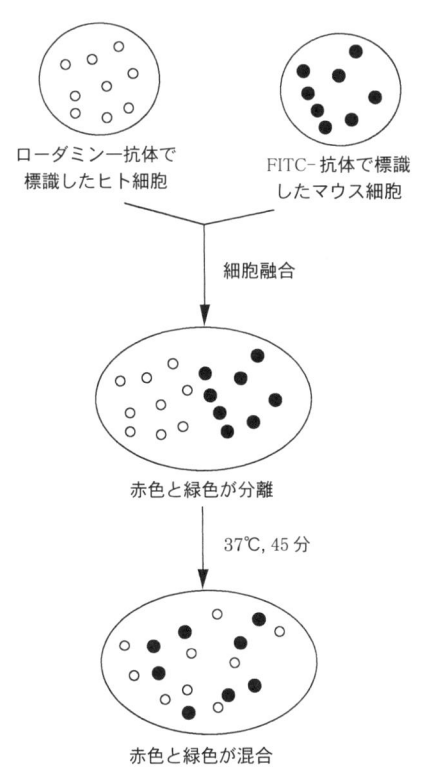

図 5-13 膜タンパク質の並進拡散にともなう蛍光色の変化

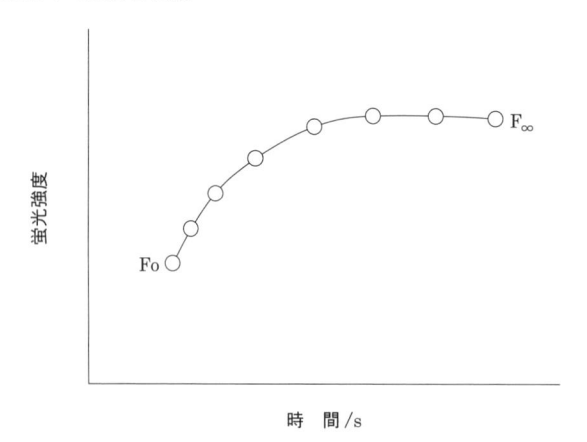

図5-14 レーザー照射後の蛍光強度の回復曲線

を用いる。一方，ヒト細胞も表面タンパク質を認識する別の抗体（赤色の蛍光を発するローダミンでラベルしておく）で標識する。2つの細胞を融合した直後に蛍光顕微鏡で観察すると，融合細胞の半分は緑に，残りの半分は赤色に別れて観察される。この融合細胞を37℃で放置しておくと緑と赤が混合してしまうが，温度を15℃以下に下げるとこの混合は妨げられる。また，この混合はATPを必要としない。拡散速度は温度の上昇で増大することより，最初，別々の細胞に存在していた膜タンパク質が融合後，並進拡散により，お互いに混合したものと考えることができる。また，膜タンパク質の並進拡散速度は**蛍光退色回復**（fluorescence photobleaching recovery, FPR）**法**を用いて測定できる。ロドプシンはレチナールを持っており，このレチナールを強いレーザー光で照射すると退色する。その後，退色した部分を弱い光で観測すると退色していた光の吸収が回復してくる（図 5-14）。これは光の照射された領域に存在していたロドプシンが出ていき，照射されていないロドプシンが進入してきたことを示している。今，任意の時間 t での蛍光強度を F_t，蛍光が完全に回復したときの蛍光強度を F_∞，レーザービームによるスポットの半径を a，並進の拡散係数を D とすると，蛍光強度の時間変化は次のように表すことができる。

$$F_t/F_\infty = \exp[-2/(1+8Dt/a^2)] \tag{5.1.13}$$

この方法で拡散係数（D）を見積もると，20℃でカエルのロドプシンの D は 3.5×10^{-9}(cm^{2}s^{-1})である。

5.1.4 膜輸送

酸素，窒素，二酸化炭素のような非極性の分子や疎水性の低分子は，単純に濃度勾配に従ってリン脂質分子だけから構成される脂質二重層の膜を通過できる。一方，Na$^+$，K$^+$，Cl$^-$ などのイオンや，グルコースなどの無電荷で極性を持った大きな分子，あるいはATPやアミノ酸などのように電荷を持った極性分子は脂質膜を通過できない。生体膜にはこのような分

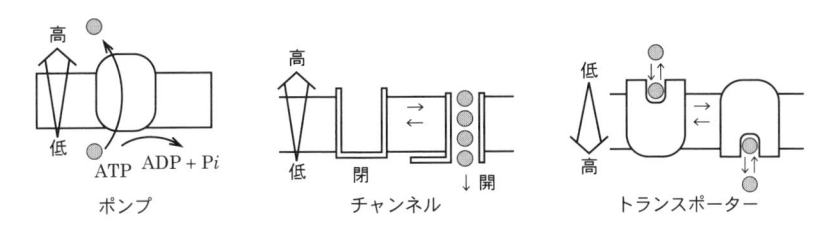

図 5-15 輸送タンパク質のモデル

子を通過させるための膜貫通タンパク質が脂質二重層のなかに埋め込まれている。物質の輸送（transport）に関与する膜タンパク質はその作用の相違により，**ポンプ**（pump），**チャネル**（channel），**トランスポーター**（transporter）の3つのタイプに分けられる（図5-15）。

(A) ポンプ

膜を介してイオンの濃度勾配が存在しているとき，熱力学第二法則によれば，イオンは濃度の高い，すなわち化学ポテンシャルの高い方から低い方に流れる。しかし，細胞は膜を介してのイオンの濃度差をポンプを使い積極的に作りだしている。ポンプはP型ATPase，V型ATPase，F型ATPase，ABC型ATPaseの4つに大きく分類できる。**P型ATPaseはイオンの輸送を行うとき，可逆的なリン酸化を受ける**。細胞内のNa^+イオン，K^+イオンの濃度調節をATPを用いて行っている酵素が（Na^+–K^+）ATPaseである。（Na^+–K^+）ATPaseは1分子のATPを用いて，3分子のNa^+イオンを細胞外に汲みだし，2分子のK^+イオンを細胞内に汲み入れる働きをしている。そこで，細胞内のK^+イオン濃度は大きく，Na^+イオン濃度は低く維持されている。このようにして，細胞膜を介して，Na^+イオンでは約15倍の，K^+イオンでは約35倍の濃度差を維持している。Ca^{2+}イオンもCa^{2+}–ATPaseにより細胞内の濃度は低く保たれている。F型ATPaseはプロトンの濃度勾配を利用してATPの合成を行う（Fはenergy coupling factorから）。V型ATPase（Vacuolar ATPase，液胞型ATPアーゼ）は真核細胞の細胞小器官（ゴルジ体，分泌顆粒など）に存在するプロトンポンプである。ABC型ATPaseはアミノ酸配列のよく似たATP結合ドメインがカセットのようにいろいろな膜結合ドメインと組み合わさってできている。ここで，ABCはATP Binding Cassetteの略である。このタンパク質はATPの加水分解のエネルギーを使い，生体異物や有害な代謝物を細胞から排出し，生体防御の機能を担っている。表5-6に各種ポンプの輸送するイオンや分子，それらの構造や機能の概略および所在をまとめて示す。

(B) イオンチャネル

水やある種のイオンを濃度勾配，あるいは電気ポテンシャルに従って非常に速く（$10^7 \sim 10^8$ ions s^{-1}）輸送するタンパク質をそれぞれ，水チャネル（water channel）あるいはイオンチャネル（ion channel）とよんでいる（図5-16）。神経細胞の形質膜にあるチャネルには，**静止K^+チャネル**（resting K^+ channel），**電位依存性チャネル**（voltage-gated channel），

表 5-6 ポンプの種類と性質

クラス	輸送するイオン分子	構造と機能	所在
P型ATPase	H^+, Na^+, K^+, Ca^{2+}	大きなαサブユニットはイオン輸送の際にリン酸化，脱リン酸化をうける。小さいβサブユニットは輸送の調節	高等真核細胞の形質膜 (Na^+-K^+ポンプ) 植物，バクテリアの形質膜 (H^+ポンプ) 筋小胞体 (Ca^{2+}ポンプ)
F型ATPase	H^+ だけ	H^+輸送と共役してADPとPiからATPを合成	ミトコンドリアの内膜，葉緑体のチラコイド膜 バクテリアの形質膜
V型ATPase	H^+ だけ	膜を多数回貫通，細胞質からオルガネラルーメンへH^+を汲み出すのにATPの化学エネルギーを使用	酵母，植物の液胞膜 哺乳動物細胞のライソゾーム膜，酸分泌細胞（例えば破骨細胞）の形質膜
ABC型ATPase	イオンおよび低分子	2つの膜貫通ドメインが溶質の輸送経路を形成。2つの細胞質ATP結合ドメインがATP加水分解と溶質の輸送をカップル	バクテリアの形質膜（アミノ酸，糖，ペプチドの輸送）哺乳動物の小胞体

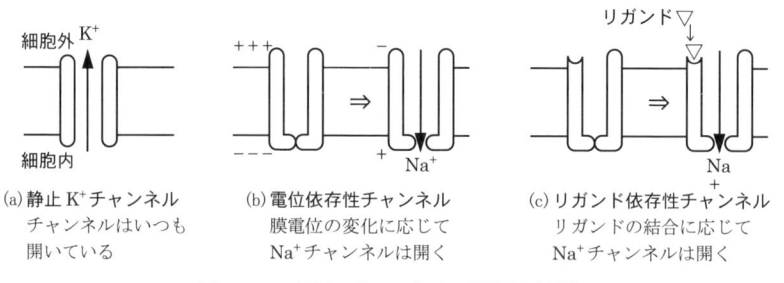

(a) 静止 K^+ チャンネル
チャンネルはいつも開いている

(b) 電位依存性チャンネル
膜電位の変化に応じてNa^+チャンネルは開く

(c) リガンド依存性チャンネル
リガンドの結合に応じてNa^+チャンネルは開く

図 5-16 イオンチャンネルの種類と性質

リガンド依存性チャンネル（ligand-gated channel），**シグナル依存性チャンネル**（signal-gated channel）などが知られている。カリウムイオンチャンネルは静止電気ポテンシャルを生じるのに重要な働きをしている。

(C) トランスポーター

トランスポーターはいろいろなイオンや分子を膜内外に輸送することができるタンパク質である。この輸送はトランスポーターのコンホメーション変化を必要とするので，輸送速度は $10^2 - 10^4$ ions(molecules)s^{-1} であり，チャンネルタンパク質と比べると輸送能力は劣る。トランスポーターは輸送の特徴から，図 5-17 に示すように**ユニポーター**（uniporter），**シンポーター**（symporter），そして**アンチポーター**（antiporter）の3つに分けられる。

ユニポーターは濃度勾配に従って1分子だけを運ぶ。ほ乳動物細胞の形質膜でのアミノ酸やグルコースの輸送はこの例である。シンポーターやアンチポーターはあるイオン，あるいは分子が濃度勾配に従って膜を移動するとき，その異なるイオンあるいは分子を一緒に細胞

ユニポーター　　シンポーター　　アンチポーター
(Uniporter)　　(Symporter)　　(Antiporter)

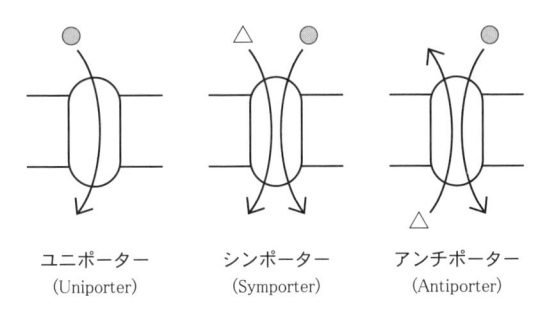

図 5-17 トランスポーターの分類

内に取り込んだり，汲み出したりする。**トランスポーターはポンプと異なり，ATP のエネルギーを必要としない**。例えば，グルコースの受動輸送（passive transport）を触媒するグルコース輸送体（glucose transporter）が形質膜にある。この輸送タンパク質は 2 つのコンホメーション状態をとる。つまり，グルコースの結合部位が細胞外あるいは細胞内を向いている状態である。また，条件によっては，この輸送体はグルコースを細胞内から外の方に輸送することもある。グルコース輸送体によるグルコースの細胞内への輸送は酵素触媒反応の考えを適用できる。グルコースを基質，グルコース輸送体を酵素と見なし，最初，グルコースは細胞外にあるとする。S は基質のグルコース，T はグルコース輸送体を表し，細胞外（out）と細胞内（in）の基質濃度を S_{out} および S_{in} で示すと，次式で示す可逆平衡が考えられる。

$$S_{out} + T_1 \underset{k_{-1}}{\overset{k_1}{\rightleftarrows}} S_{out} \cdot T_1 \underset{k_{-2}}{\overset{k_2}{\rightleftarrows}} S_{in} \cdot T_2 \underset{k_{-3}}{\overset{k_3}{\rightleftarrows}} S_{in} + T_1$$

Michaelis-Menten の式にならって，細胞内へのグルコースの輸送速度（V）を求めてみよう。

$$V = k_2[S_{out} \cdot T_1] - k_{-2}[S_{in} \cdot T_2] \tag{5.1.14}$$

輸送体の全濃度$[T]_t = [T_1] + [S_{out} \cdot T_1] + [S_{in} \cdot T_2]$で，(5.1.14) 式を割ると

$$\frac{V}{[T]_t} = \frac{k_2[S_{out} \cdot T_1] - k_{-2}[S_{in} \cdot T_2]}{[T_1] + [S_{out} \cdot T_1] + [S_{in} \cdot T_2]} \tag{5.1.15}$$

となる。$[S_{out} \cdot T_1]$と$[S_{in} \cdot T_2]$を速度定数で表すと

$$[S_{out} \cdot T_1] = \frac{k_1}{k_{-1} + k_2}[S_{out}][T_1] = \frac{[S_{out}]}{K_s}[T_1]$$

$$[S_{in} \cdot T_2] = \frac{k_{-3}}{k_{-2} + k_3}[S_{in}][T_2] = \frac{[S_{in}]}{K_p}[T_2]$$

ここで，

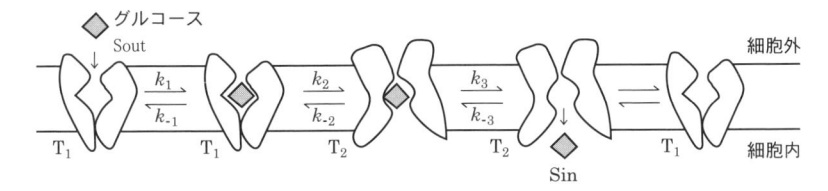

図 5-18 グルコース輸送体のグルコース輸送に伴う構造変化
T_1, T_2はグルコース輸送体の構造変化を示す。

である。そこでこれらの値を (5.1.15) 式に代入し，また $[T_2]\sim[T_1]$ とおき整理すると

$$V = \frac{k_2[T]_t \dfrac{[S_{out}]}{K_s} - k_{-2}[T]_t \dfrac{[S_{in}]}{K_p}}{1 + \dfrac{[S_{out}]}{K_s} + \dfrac{[S_{in}]}{K_p}} \tag{5.1.16}$$

$$= \frac{V_{maxf}\dfrac{[S_{out}]}{K_s} - V_{maxr}\dfrac{[S_{in}]}{K_p}}{1 + \dfrac{[S_{out}]}{K_s} + \dfrac{[S_{in}]}{K_p}} \quad \text{(ただし, } \begin{array}{l} V_{maxf} = k_2[T]_t \\ V_{maxr} = k_{-2}[T]_t \end{array}\text{)}$$

$$= \frac{V_{maxf}([S_{out}] - \dfrac{V_{maxr}}{V_{maxf}}\dfrac{K_s}{K_p}[S_{in}])}{K_s(1 + \dfrac{[S_{in}]}{K_p}) + [S_{out}]}$$

ここで $K_{eq} = \dfrac{V_{maxf}}{V_{maxr}}\dfrac{K_p}{K_s}$ とおくと (5.1.16) 式は次のように書くことができる。

$$V = \frac{V_{maxf}([S_{out}] - \dfrac{[S_{in}]}{K_{eq}})}{K_s(1 + \dfrac{[S_{in}]}{K_p}) + [S_{out}]} \tag{5.1.17}$$

この式は酵素反応を表す Michaelis-Menten の (5.1.18) 式に似ている。

$$V = \frac{V_{max}[S]_{out}}{K_t + [S]_{out}} \tag{5.1.18}$$

ここで，V は細胞外のグルコースの濃度が $[S]_{out}$ のときの輸送速度，K_t が Michaelis 定数に相当する定数である。K_t の値が小さいほど，グルコース輸送体のグルコースへの親和性が強くなり，輸送速度は大きくなる。

5.1.5 膜 電 位

膜を介してのイオンの輸送速度や輸送されるイオンの量は膜の両側に存在するイオンの濃度と膜電位 (membrane potential) に依存する。

(A) 膜電位はどのようにして発生するのか

図 5-19 で示されるような細胞内，細胞外のイオン組成の溶液が膜で隔てられている。この膜が Na^+ イオン，K^+ イオン，Cl^- イオンいずれも通さない場合，膜電位は発生しない (a)。ところが，膜が K^+ イオンだけを通すような場合，K^+ イオンは濃度の高い方から低い方に動く。K^+ イオンの移動にともない，膜の内側は負に荷電し，一方，膜の外側は正に荷電することになる。このような場合，発生する膜電位は **Nernst の式**（第 1 章にも示してあるから参照されたい）から求めることができる。

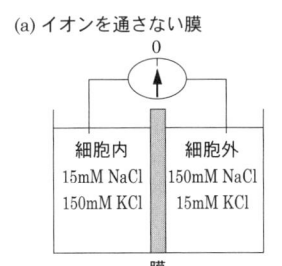

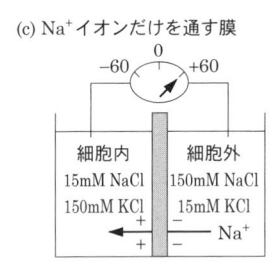

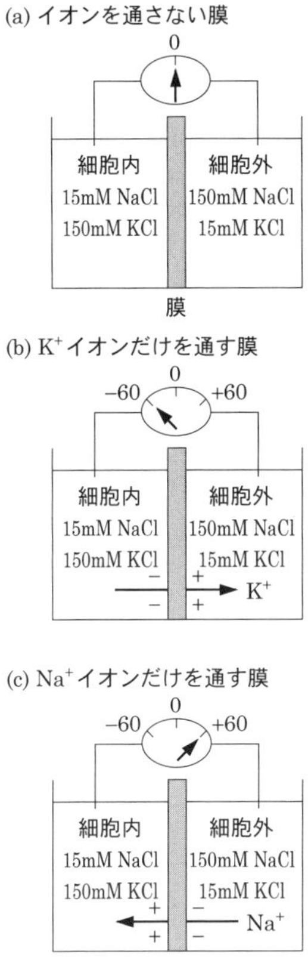

図 5-19 イオンの移動に伴う膜電位の発生

(a) イオンを通さない膜
細胞内：15mM NaCl、150mM KCl
細胞外：150mM NaCl、15mM KCl

(b) K⁺イオンだけを通す膜
細胞内：15mM NaCl、150mM KCl
細胞外：150mM NaCl、15mM KCl

(c) Na⁺イオンだけを通す膜
細胞内：15mM NaCl、150mM KCl
細胞外：150mM NaCl、15mM KCl

$$E_{K^+} = \frac{RT}{zF} \ln \frac{[K^+]_o}{[K^+]_i} \tag{5.1.19}$$

ここで，$z=1$，ファラデー定数 $F = 96{,}480$ C mol^{-1}，$R = 8.314$ J K^{-1} mol^{-1}，$T = 298$ K とすると

$$E_{K^+} = 0.0591 \log \frac{[K^+]_o}{[K^+]_i} \tag{5.1.20}$$

となり，図 5-19 に示すような $[K^+]_o/[K^+]_i = 0.10$ のとき，膜電位は -59 mV となる。また，膜が Na⁺イオンだけを通過させるような場合は $[Na^+]_o/[Na^+]_i = 10$ であるから，K⁺イオンだけを通すような場合の逆で膜電位は $+59$ mV となる。

(B) 静止電位はカリウム電位（E_{K^+}）に等しい

細胞内の K⁺イオンの濃度は外液である血液中より 20〜40 倍も高く，一方 Na⁺イオンの濃度は血液中の方が細胞内よりも 8〜12 倍高い。このようなイオンの濃度勾配はイオンポンプである(Na⁺-K⁺)ATPase によって維持されている。動物細胞の形質膜を介した膜電位は約 -60mV である。このことは細胞内が負の電荷を持っていることを示している。これらの膜は**オープン K⁺チャンネル**（open K⁺ channel）を多く含んでいて，K⁺イオンが細胞内から流出し，負の Cl⁻イオンが残り，細胞内が負の膜電位をもち，一方，細胞表面部は正になり，

静止電位 (resting potential) を生じることになる。細胞内 K$^+$イオン 140 mM, 細胞外 K$^+$イオン 14 mM としたときの静止電位は -60 mV でこの値は Nernst の式から求められる値に近い。また, 生体膜では膜透過性を持つ一価の主なイオンとして, Na$^+$, K$^+$, Cl$^-$イオンが考えられる。静止電位と細胞内外のこれらのイオンの濃度およびイオンの膜透過性の間には次ぎのような関係が成り立つ。

$$E = \frac{RT}{F} \ln \frac{P_K[K^+]_o + P_{Na}[Na^+]_o + P_{Cl}[Cl^-]_i}{P_K[K^+]_i + P_{Na}[Na^+]_i + P_{Cl}[Cl^-]_o} \tag{5.1.21}$$

ここで, P_K, P_{Na}, P_{Cl}は K$^+$, Na$^+$, Cl$^-$イオンに対する膜の**透過係数** (permeability coefficient) である。この式は電位を表す Goldman-Hodgkin-Katz の式とよばれ, イカの巨大神経繊維を用いた研究から導かれたものである。もし, $P_{Na} = P_{Cl} = 0$ であるならば (5.1.21)式は Nernst の (5.1.19) 式になる。

(C) 哺乳動物細胞内への Na$^+$イオンの流入は負の自由エネルギー変化を伴う

Na$^+$イオンが膜を透過するときの自由エネルギー変化 (ΔG) を考えてみよう。膜の両側での Na$^+$イオンの濃度差に基づく ΔG_c は

$$\Delta G_c = RT \ln \frac{[Na^+]_i}{[Na^+]_o} \tag{5.1.22}$$

と与えられる。温度 37℃, 細胞内 Na$^+$イオン濃度 $[Na^+]_i = 12$ mM, 細胞外 Na$^+$イオン濃度 $[Na^+]_o = 145$ mM とすると, $\Delta G_c = -6.41$ kJmol^{-1} となる。一方, 膜電位から生じる自由エネルギー変化 (ΔG_m) は

$$\Delta G_m = -FE \tag{5.1.23}$$

となる。ここで, $E = +70$ mV とすると, $\Delta G_m = -6.76$ kJmol^{-1} となる。このようにして, ΔG は次のように表すことができる。

$$\Delta G = \Delta G_c + \Delta G_m = -6.41 + (-6.76) = -13.17 \text{ kJmol}^{-1}$$

細胞内への Na$^+$イオンの流入は $\Delta G < 0$ であるので, 自発的に生じることが分かる。

(D) 電位依存性ナトリウムチャンネルの開放は膜の脱分極を生じる

神経や筋細胞などの興奮性細胞に刺激が加えられると, 静止電位においては閉じていた**電位依存性ナトリウムチャンネル** (voltage-gated Na$^+$ channel) は開き, Na$^+$イオンを選択的に通過させる。Na$^+$イオンの膜内への流入は上で述べたように Na$^+$イオンの濃度勾配と細胞内の負の電位による。Na$^+$イオンが膜内に流入すると, 膜電位はこれまでの負の値から正の方向に変化する。このことを膜電位が**脱分極** (depolarization) するという (図 5-20)。この脱分極により, 隣接した電位依存性ナトリウムチャンネルを開き, さらに Na$^+$イオンの流入を増大させる。このようにして, Na$^+$イオンが短時間に大量に細胞内に流入し, 脱分極は最大 (E_{Na^+}) に達する。すると今度は電位依存性ナトリウムチャンネルが閉じ, もはや Na$^+$イオンの流入は起こらない。このとき, **活動電位** (action potential) は最大となる。それから**電位**

5.1 生体膜

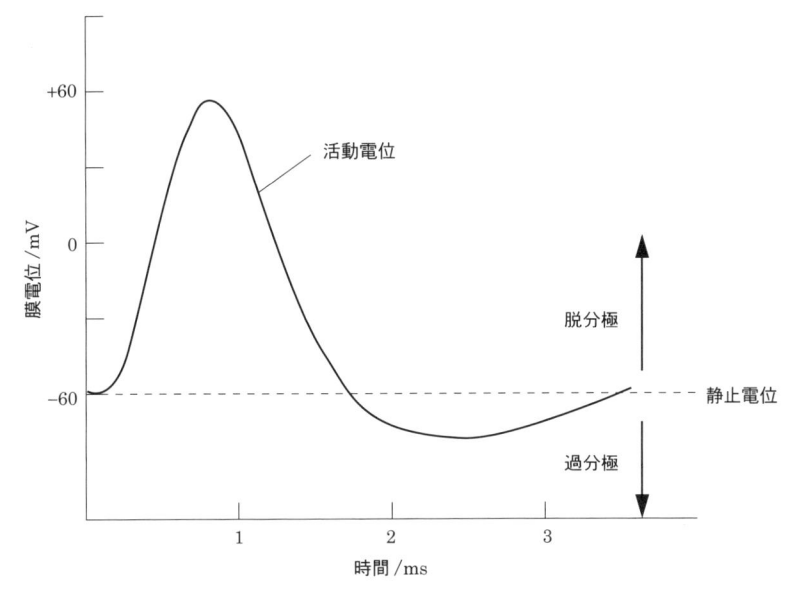

図5-20 活動電位と静止電位

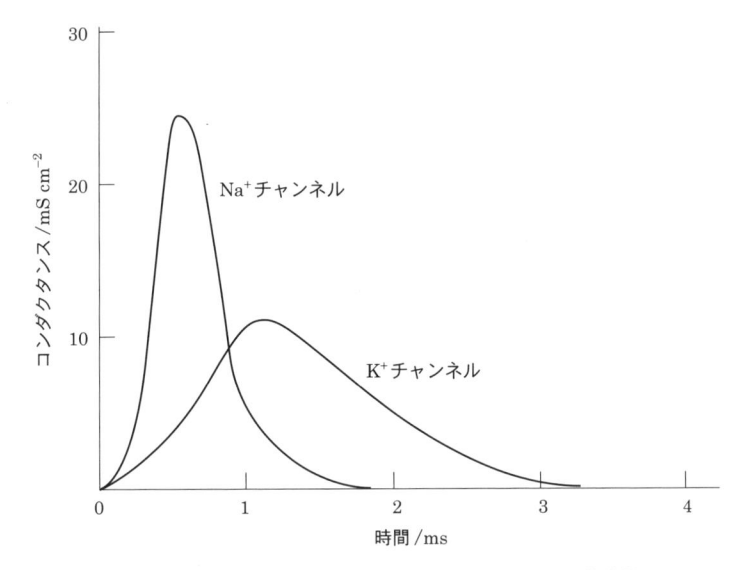

図5-21 電位依存性イオンチャンネルの開閉の時間依存性

依存性カリウムチャンネル(voltage-gated K$^+$ channel)が開き，K$^+$イオンの細胞外への流出が起こる。膜電位は負の方向に変化し，**過分極**(hyperpolarization)を経て，静止電位に近づく。電位依存性ナトリウムチャンネルと異なり，電位依存性カリウムチャンネルは膜が脱分極している間，開いていて，膜電位が負の値になると閉じる。電位依存性カリウムチャンネルはNa$^+$イオンの脱分極のあとに開くので，delayed K$^+$ channelsともよばれる(図5-21)。電位依存性カリウムチャンネルが閉じた後，膜電位は電位非依存性のカリウムチャンネルによるK$^+$イオンの細胞外への流出により低下し，静止電位に近づく。このようなイオンチャンネ

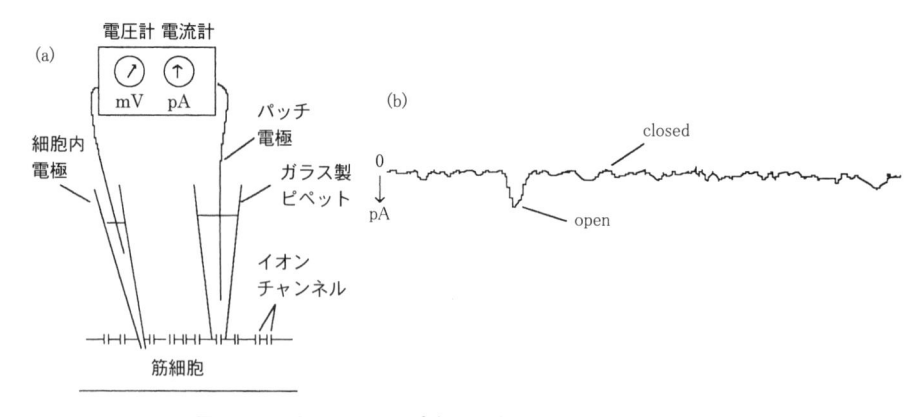

図 5-22 パッチクランプ法の概略(a)とチャンネルの開閉(b)

ルを介してのイオンの移動は**パッチクランプ法**（patch clamp method）（図 5-22）を用いて測定することができる。先端口径が $0.5\mu m$ のガラスピペットを細胞表面に押し当てて吸引すると，イオンチャンネルを含む膜の小領域（パッチ）を捕捉することができる。図に示されている下向きのピークは電位依存性ナトリウムチャンネルが開いて，細胞内へナトリウムイオンが流入したことを表している。

例題 5.2

電位依存性ナトリウムチャンネルが開いて 1.5 ピコアンペア（pA）電流が流れたとする。この値はミリセカンド（ms）あたり何個のナトリウムイオンがチャンネルを通過したことになるのか計算せよ。

解 答

I アンペア（A）の電流を t 秒（s）通じたとき流れる電気量が q クーロン（C = As）であるので，この問題の場合：

$$q = I \text{ (A)} \cdot t \text{ (s)} = 1.5 \times 10^{-12} \text{ (A)} \times 10^{-3} \text{ (s)} = 1.5 \times 10^{-15} \text{C}$$

これが 1 ミリセカンド（ms）あたりの電気量であるので次元は次のように書き改める。

$$q' = 1.5 \times 10^{-15} \text{ (C ms}^{-1}\text{)}$$

上でみたように毎 ms あたり qC の電気量が運ぶ Na^+ イオン数（N_{Na^+}）を計算するには，1mol の Na^+（つまりアボガドロ数個の Na^+）に 1 ファラデー（F = 9.65×10^4 C mol^{-1}）の電気量が対応することに基づいて，

$$N_{Na^+} \text{(ions ms}^{-1}\text{)} = \frac{q' \times L}{F}$$

$$= \frac{1.5 \times 10^{-15} \text{(C ms}^{-1}\text{)} \times 6.02 \times 10^{23} \text{(ions mol}^{-1}\text{)}}{9.65 \times 10^4 \text{(C mol}^{-1}\text{)}}$$

$$= 9.4 \times 10^3 \text{ ions ms}^{-1}$$

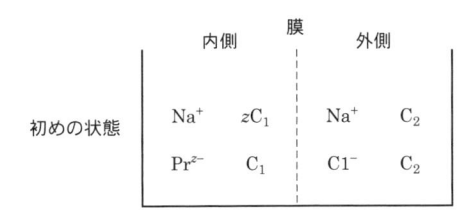

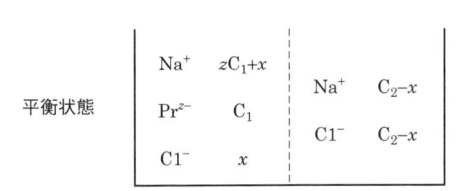

	内側	膜	外側	
初めの状態	Na^+ zC_1 Pr^{z-} C_1		Na^+ C_2 Cl^- C_2	

	内側	膜	外側
平衡状態	Na^+ zC_1+x Pr^{z-} C_1 Cl^- x		Na^+ C_2-x Cl^- C_2-x

図 5-23 膜を介してのイオンの分布

(E) Donnan 平衡と Donnan 電位

イオンの膜透過性に違いがあるときの膜の内,外でのイオンの分布について考えてみよう。今, Na^+ イオンや K^+ イオンなどは自由に膜を通過できるが,タンパク質のような高分子のイオンは通さない膜があるとしよう。図 5-23 に示されているように,膜の外側の NaCl の濃度を $C_2(\text{mol dm}^{-3})$, 膜の内側の z^- 価のタンパク質 (Pr^{z-}) の濃度を $C_1(\text{mol dm}^{-3})$ とすると, Na^+ イオンの濃度は $zC_1 (\text{mol dm}^{-3})$ となる (初めの状態)。時間とともに Cl^- イオンが膜の内側へ $x(\text{mol dm}^{-3})$ だけ動くと,電気的中性の条件から Na^+ イオンも同じだけ動き平衡状態に達したとする。

定温,定圧のもとで,1 モルの Cl^- を膜の内側に動かすのに必要な自由エネルギーは

$$\Delta G = RT \ln \frac{[Cl^-]_i}{[Cl^-]_0}$$

同様に,1 モルの Na^+ に対して

$$\Delta G = RT \ln \frac{[Na^+]_i}{[Na^+]_0}$$

となる。平衡状態では

$$\Delta G = RT \ln \frac{[Cl^-]_i}{[Cl^-]_0} + RT \ln \frac{[Na^+]_i}{[Na^+]_0} = 0$$

となり,細胞内,外の Na^+ イオンと Cl^- イオンの間に次のような関係が成り立つ。

$$\frac{[Na^+]_i}{[Na^+]_0} = \frac{[Cl^-]_0}{[Cl^-]_i} \tag{5.1.24}$$

それぞれの濃度を代入すると

$$\frac{zC_1+x}{C_2-x} = \frac{C_2-x}{x}$$

となる。x について解くと

$$x = \frac{C_2^2}{zC_1 + 2C_2}$$

となる。そこで，Cl^-の分布について求めたのが次の式である。

$$\frac{C_{Cl^-}^0}{C_{Cl^-}^i} = \frac{C_2 - x}{x} = 1 + z\frac{C_1}{C_2} \tag{5.1.25}$$

このようにして，Cl^-イオンの膜の内と外の濃度分布がタンパク質の濃度及び電荷に依存して変化することがわかる。 同じことは Na^+ イオンの分布についてもいえる。このように，膜を透過できないイオンのために，膜を透過できるイオンの濃度が膜の両側で異なった状態で平衡に達する。このような平衡を **Donnan 平衡**という。例えば，膜の内と外での Cl^- の濃度を等しくするには，塩の濃度 C_2 に対して，タンパク質の濃度が小さければよいし（$C_1 \ll C_2$），また，z の値が 0 に近づけばよいことが分かる。つまり，**Donnan 効果を抑えるためには，タンパク質の濃度に対して，塩の濃度を大きくするか，タンパク質の等電点で実験をすればよいことになる**。しかし，pH を等電点にあわせた場合，タンパク質の沈澱が生じやすくなるので注意を必要とする。

例題 5.3

半透膜で仕切られた容器の右側に 1.00×10^{-3} mol dm^{-3} の NaCl 水溶液を，左側に 1.00×10^{-4} mol dm^{-3} の 3 個の Na^+ を対イオンに持つ高分子（Na_3P）水溶液を入れ，平衡に達した時の膜の両側での Na^+ イオンおよび Cl^- イオンの濃度を求めよ。ただし，高分子イオン（P^{3-}）は膜を通過できないものとする。

解 答

NaCl 水溶液と Na_3P 水溶液の最初の濃度をそれぞれ C_1, C_2 とし，Cl^- イオンの x mol dm^{-3} が膜を通過して平衡に達したとすると式 (5.1.24) から

$$\frac{[Na^+]_l}{[Na^+]_r} = \frac{[Cl^-]_r}{[Cl^-]_l} = \frac{3C_2 + x}{C_1 - x} = \frac{C_1 - x}{x}$$

となり，$C_1 = 1.00\times10^{-3}$, $C_2 = 1.00\times10^{-4}$ を代入すると $x = 4.35\times10^{-4}$ となる。したがって

$[Na^+]_r = 5.65\times10^{-4}$ mol dm^{-3}

$[Na^+]_l = 7.35\times10^{-4}$ mol dm^{-3}

$[Cl^-]_r = 5.65\times10^{-4}$ mol dm^{-3}

$[Cl^-]_l = 4.35\times10^{-4}$ mol dm^{-3}

となる。

次に Donnan 平衡に基づく電位，すなわち **Donnan 電位**について考えてみよう。電気ポテ

ンシャルを Ψ とすると，電気化学ポテンシャル μ は

$$\mu = \mu^\circ + RT \ln a + zF\Psi \tag{5.1.26}$$

と表される。膜の外側の電位を Ψ^{out}，内側の電位を Ψ^{in} とし，また膜内外のカチオンの活量を a_+^{in} および a_+^{out} とする。平衡状態では膜の内と外でカチオンの電気化学ポテンシャルは等しいので次のようにかける。

$$\mu_+^\circ + RT \ln a_+^{out} + \Psi^{out} z_+ F = \mu_+^\circ + RT \ln a_+^{in} + \Psi^{in} z_+ F$$

同様にアニオンに対しても

$$\mu_-^\circ + RT \ln a_-^{out} + \Psi^{out} z_- F = \mu_-^\circ + RT \ln a_-^{in} + \Psi^{in} z_- F$$

表 5-7 膜電位を測定するのに使われる蛍光色素

Fluorophore	Excitation maxima(nm)	Emission maximun(nm)
DiSC$_3$[5]	643	666
DiOC$_5$[3]	478	496
DiOC$_6$[3]	484	510
DiIC$_5$[3]	564	575
DiBaC$_4$[3]	495	517
DiBaC$_4$[5]	595	615
Rhodamine 123	485	546
Merocyanine 540	500	572

DiSC$_3$ [5]

DiOC$_5$ [3]

DiBaC$_4$ [3]

DiIC$_5$ [3]

Rhodamine 123

Merocyanine 540

したがって，膜電位（$\Delta\Psi$）は次のようになる

$$\Delta\Psi = \Psi^{in} - \Psi^{out} = \frac{RT}{z_-F}\ln\frac{a_-^{out}}{a_-^{in}} = \frac{RT}{z_+F}\ln\frac{a_+^{out}}{a_+^{in}} \tag{5.1.27}$$

$$r = \frac{a_+^{out}}{a_+^{in}} = \frac{a_-^{in}}{a_-^{out}} \tag{5.1.28}$$

ここで，r は **Donnan** 比とよばれる．活量のかわりに濃度をもちい，Cl^-イオンによる膜電位を求めると次のように与えられる．

$$\Delta\Psi = \Psi^{in} - \Psi^{out} = \frac{RT}{z_-F}\ln\frac{[Cl^-]_0}{[Cl^-]_i} = \frac{RT}{z_-F}\ln(1+z\frac{C_1}{C_2}) \tag{5.1.29}$$

(F) ミトコンドリアの膜電位測定とアポトーシス

イカのような巨大細胞の膜電位は微小電極を用いて測定することができる．しかし，小さい細胞や，細胞内オルガネラの膜電位をこの方法で測定することはむずかしい．このような場合，蛍光分子を用いて，膜電位を測定することができる．電荷を持つ脂溶性の蛍光分子は膜電位に依存して膜内に分配される．膜電位は Nernst の（5.1.19）式によって表される．細胞内は一般に負に荷電しているので，膜電位を測定する蛍光指示薬として表 5-7 に示してあるような陽イオン性化合物が用いられている．最近，**アポトーシス**（Apoptosis）というプログラムされた細胞死にミトコンドリアの膜電位の減少が関係することが知られている．図 5-24 はフレンド赤白病細胞のミトコンドリアの膜電位を指示薬としてローダミン 123 を用い，フローサイトメーター（flow cytometry）を用いて測定した例を示している．アポトーシスを起こした細胞の蛍光強度は減少しており，これはミトコンドリアの膜電位が低下していることを示している．

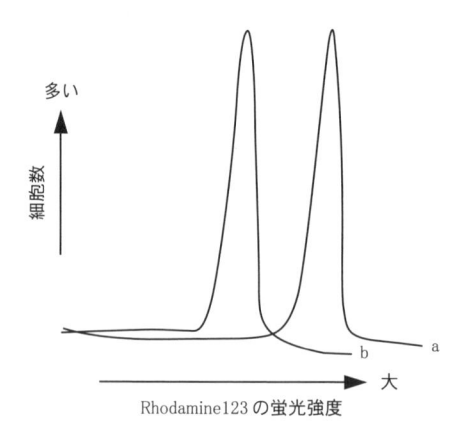

図 5-24 フロサイトメーターによる膜電位の測定
a：正常細胞　b：アポトーシス細胞

5.1.6 小胞化と膜融合

ここでは細胞の内で繰り広げられている**小胞化**（vesiculation）や**膜融合**（membrane fusion）

について学ぶ。まず，細胞内における小胞の輸送について調べてみよう。膜融合については良く研究されているインフルエンザウイルスによる融合を見てみよう。また**エンドサイトーシス**（endocytosis，飲食作用）による物質の細胞内への取り込みについても述べてみたい。

(A) 細胞内における小胞輸送

粗面小胞体で合成されたタンパク質は小胞により目的の**細胞内小器官**（organella，オルガネラ）まで運ばれる（図 5-25）。その小胞の表面は**クラスリン**（clathrin），COP I あるいは

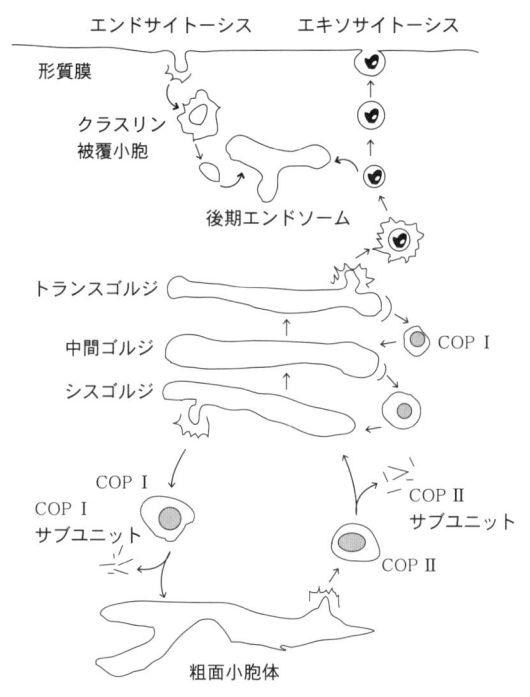

図 5-25 三種の被覆タンパク質—クラスリン，COP I , COP II による小胞輸送

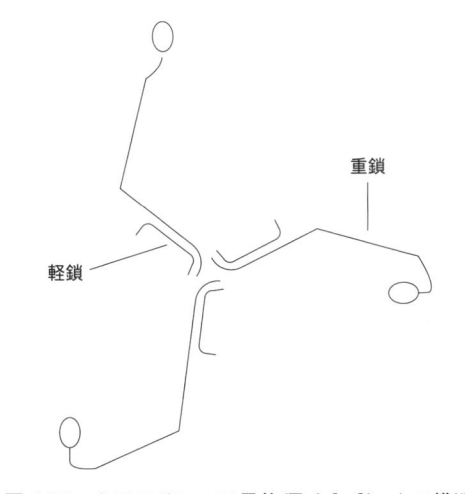

図 5-26 クラスリンの三量体(Triskelion)の構造

COP IIのような異なったタイプの被覆タンパク質で覆われている。ここで，構造と機能について最も詳しく調べられているクラスリンについて説明を加えておこう。クラスリン分子は1つの重鎖（分子量18万）と1つの軽鎖（分子量3.5～4万）から構成されている。クラスリンの**三量体**（triskelionsとよばれる）が単位となり，これらが重合して曲面構造をとる（図5-26）。クラスリンは被覆ピットの細胞質側に存在し，形質膜から直径40nmの小胞が形成されるとき，小胞を被覆する。このようにして形成されるクラスリンで被覆された小胞の大きさは直径が50～100nmである。

クラスリンやCOP Iで被覆された小胞の出芽は**ADP リボシル化因子**（ADP-ribosylation factor, ARF）により，またCOP IIで被覆された小胞の出芽はSar1タンパク質により開始される。ARFやSar1は共に単量体のGTPaseで，ARFあるいはSar1にGTPが結合したときが活性型で，GDP結合型が不活性型である。ARFあるいはSar1タンパク質はN端にミリスチン酸のような脂肪酸が結合していて，活性型に変化すると，この脂肪酸がタンパク質の表面に露出してくる。そこで，活性型はこの脂肪酸を介して膜に結合できるようになる。ARFあるいはSar1の機能は被覆タンパク質を集めること（recruitment）である。これらの被覆タンパク質は形成されつつある小胞の出芽を促進し，また小胞が形質膜やオルガネラから**離脱**（pinch off）するのを助ける。この離脱には**ダイナミン**（dynamin，約900個のアミノ酸から成るGTP結合タンパク質）も関与している。形成された小胞はオルガネラ間を輸送されるが，輸送の方向は被覆タンパク質により決まる。例えば，クラスリンで被覆された小胞は形質膜と**トランスゴルジ**（trans-Golgi）の間で形成され，クラスリンの脱重合の後で小胞は**後期エンドソーム**（late endosome）に運ばれる。COP IIで被覆された小胞はタンパク質を粗面小胞体から**シスゴルジ**（cis-Golgi）へ運ぶ。COP Iを持つ小胞はトランスゴルジからシスゴルジ

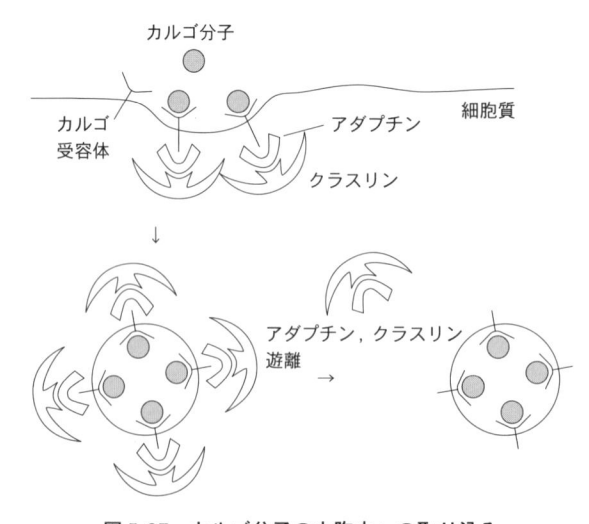

図5-27　カルゴ分子の小胞内への取り込み

の方向に，またシスゴルジから粗面小胞体へタンパク質を輸送する．図5-27はクラスリンの膜への結合が**アダプチン**（adaptin）を介しておこなわれる様子を示している．また，図はアダプチンは**カルゴ受容体**（cargo receptors）に結合し，輸送小胞の中に入るカルゴ分子（例えば，可溶性タンパク質）を選択することを示している．

(B) 膜融合

生体膜の著しい特徴は1つの膜が他の膜と容易に融合することである．例えば，**エキソサイトーシス**（exocytosis，開口分泌），**エンドサイトーシス**，**受精**（fertilization），**外皮膜**（envelope）を持つウイルス（virus）のホスト細胞への進入などはすべて膜融合で生じている．この膜融合の際，膜内容物の膜外への放出はない．2つの膜の特異的な融合が生じるためには，1) お互いの膜を認識する．2) お互いの膜が接近するために，リン脂質の極性基に結合している水分子を取り除くこと．3) 二重層構造の部分的な破壊．4) 2つの二重層は1つの連続した相を形成するなどが要求される．レセプターによるエンドサイトーシスは特異的なシグナルに応答して融合過程が生じることを示している．

(1) インフルエンザウイルスによる細胞融合

膜融合についてよく研究されている例にインフルエンザウイルスによる宿主細胞への感染がある．ウイルスは遺伝物質やタンパク質をエンベロープ（envelope，外皮膜）で包んでいる（図5-28）．エンベロープは宿主細胞の形質膜を利用して作られるので，リン脂質の組成は宿主細胞の形質膜に似ている．ウイルスは細胞内に侵入するとき，エンベロープ上にある糖タンパク質である**ヘマグルチニン**（hemagglutinin）を宿主細胞の表面上にあるシアル酸に結合する．細胞内に侵入したウイルスはエンドソーム内に封じ込められる．エンドソーム内の酸性pHがヘマグルチニン分子のコンフォメーション変化を引き起こす．つまり，中性pHではヘマグルチニン分子内に含まれている**疎水性の融合ペプチド**（Glu-Leu-Phe-Gly-Ala-Ile-Ala-Gly-Phe-Ile-Glu）**は分子内部に埋もれている**．しかし，酸性条件（pH5.0-5.5）では，融合ペプチドがウイルスの膜表面から約13nm突き出す．このようにして，非常に疎水性の高い融合ペプチドが露出し，エンドソーム膜の脂質二重層の中に挿入され，エンドソーム膜とウイルス膜の融合を引き起こす．ここで述べた融合に酸性pHが必要であることは，塩基（アンモニアやトリメチルアミン）を添加して，エンドソーム内のpHを上昇すると融合が阻害されることから分る．

(C) エンドサイートシス

これまで形質膜を介してのイオンや低分子の輸送はポンプ，チャンネル，あるいはトランスポーターなどで行われることを見てきた．細胞はこれよりもはるかに大きな物質も**エンドサイトーシス**（endocytosis，飲食作用）により細胞内に取り込むことができる．その機構について調べてみよう．エンドサイトーシスは**形質膜の小さな領域が直径約50から100nm**の

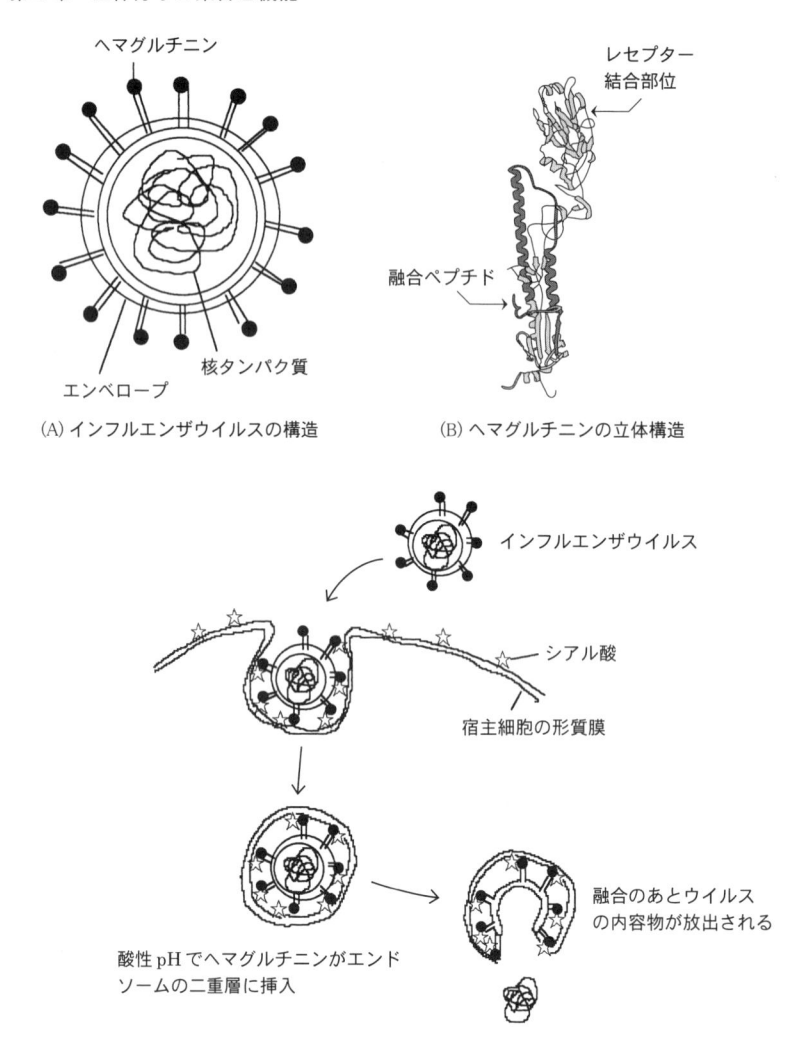

(A) インフルエンザウイルスの構造

(B) ヘマグルチニンの立体構造

(C) 宿主細胞とインフルエンザウイルスの細胞融合

図 5-28 (A) インフルエンザウイルスの構造, (B) ヘマグルチニンの立体構造 (C) 宿主細胞とインフルエンザウイルスの細胞融合

小胞を形成し，細胞内に取り込む現象である。ほとんどの有核細胞はエンドサイトーシスにより，バクテリアや他の大きな粒子を細胞内に取り込む。細胞が膜表面上にある受容体を介してリガンドを取り込むとき，これを**受容体仲介エンドサイトーシス**（receptor-mediated endocytosis）とよぶ。この機構により細胞内に取り込まれるリガンドの中でよく知られているものに，コレステロールを含む粒子である**低密度リポタンパク質**（low-density lipoproteins 略して LDL），鉄輸送タンパク質であるトランスフェリン，血液中のグルコース濃度の減少にかかわるインシュリン，抗体などがあげられる。ここでは，LDL，トランスフェリン，抗体について見てみよう。

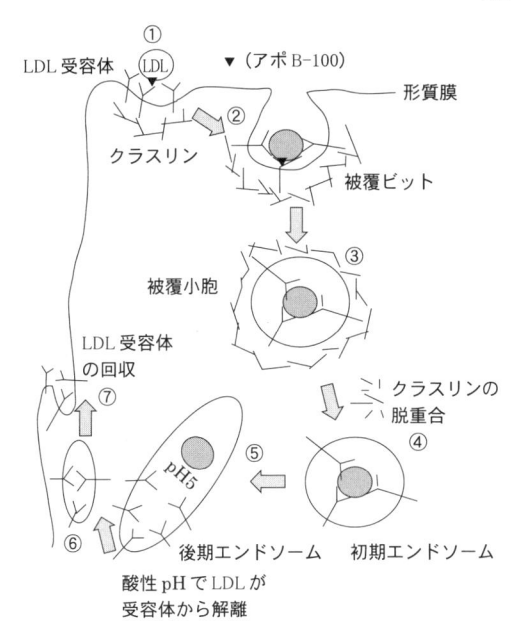

図 5-29 エンドサイトーシスによる LDL の取り組み

(1) LDL の取り込み

図 5-29 は受容体仲介エンドサイトーシスによる LDL の取り込みを示している。

まず，① LDL 粒子に含まれるアポ B-100 タンパク質が形質膜上に存在する LDL 受容体に認識される。② 受容体-リガンド複合体はクラスリンで被覆したピットで内部の方に引き寄せられ，③ 被覆小胞を形成して形質膜から分離する。④ 被覆小胞のクラスリンはトリスケリオン（triskelion）に脱重合され，初期エンドソームを生じる。⑤ これはそれから後期エンドソームと融合する。⑥ 後期エンドソーム内の酸性 pH により LDL は LDL 受容体から離れる。レセプターを含む領域は後期エンドソームから分離し，小胞を形成する。⑦ このレセプターを含む小胞は形質膜と融合し，LDL 受容体を形質膜に供給する。このように LDL 受容体が形質膜に戻ってくるまでに約 10〜20 分かかる。一方，LDL を含む小胞は最後にはライソゾームと融合する。そこで，LDL に含まれているアポ B-100 タンパク質はアミノ酸レベルまで分解され，またコレステロールエステルもフリーのコレステロールと脂肪酸に分解される。

(2) トランスフェリンの取り込み

肝臓から組織細胞への鉄の輸送は血液中に存在するトランスフェリンとよばれる鉄輸送タンパク質によりおこなわれる（図 5-30）。① 鉄（Fe^{3+}）を結合したトランスフェリン（ferrotransferrin とよばれる）は細胞表面に存在するトランスフェリン受容体に結合する。② この複合体は受容体仲介エンドサイトーシスにより細胞内に取り込まれる。③ しかし，その経路は LDL の場合と異なる。つまり，トランスフェリン-受容体複合体は後期エンドソームの酸性条件（pH 6）でも解離しない。この条件で解離するのはトランスフェリンに結合して

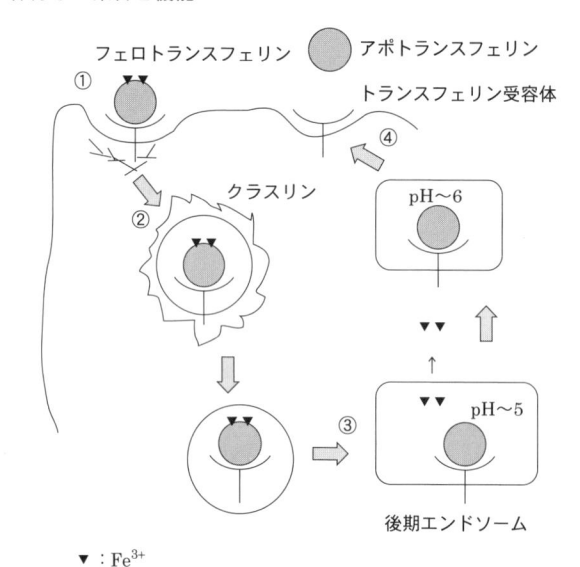

図 5-30 エンドサイトーシスによるトランスフェリンの取り組み

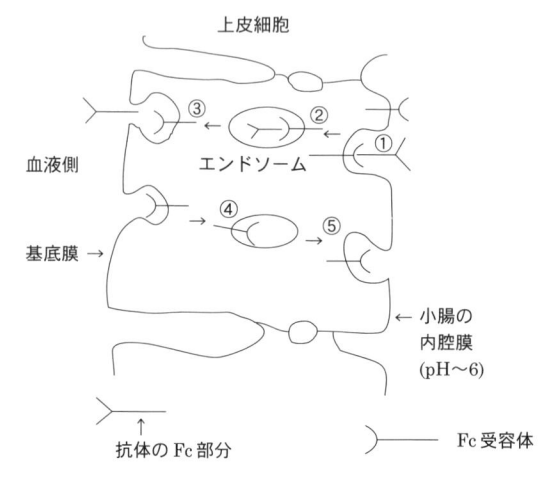

図 5-31 抗体のトランスサイトーシスによる小腸の上皮細胞内輸送

いた 2 個の Fe^{3+} のみである。④ 鉄の外れたアポトランスフェリンは受容体に結合したまま形質膜表面に移行し，細胞表面の中性 pH で受容体から解離する。

(3) 抗体の取り込み

生まれたばかりのマウスでは，母乳から抗体を得ることができる。例えば，免疫グロブリンは**トランスサイトーシス**（transcytosis，経細胞輸送）とよばれる機構により，小腸上皮細胞（intestinal epithelial cell）で取り込まれた後，血液中に放出される。この輸送ではエンドサイトーシスとエキソサイトーシスの両方が使われる（図 5-31）。小腸の内腔膜（luminal membrane）に存在し，① 抗体の Fc 部分を認識する受容体は pH 6 で抗体と結合する。② 受容体仲介エンドサイトーシスにより抗体はエンドソーム内に取り込まれる。③ エンドソーム

は細胞質中を基底膜の方に向かって移動し，基底膜と融合する（**エキソサイトーシス**）。基底膜側は pH 7 であるので，抗体-受容体複合体は解離し，リガンドを血液側に放出する。④ 受容体を再び取り込んだエンドソームは抗体を運ぶときとは逆の方向に移動し，⑤ 小腸の内腔膜と融合する。こうして，受容体は再利用される。

5.2　エネルギー変換

　地球上の生物は太陽からの輻射エネルギーを巧みに利用している。例えば，植物は，太陽からの光エネルギーを利用して，水と二酸化炭素から複雑な構造を持つ有機化合物を作り出している（**光合成**，photosynthesis）。一方，動物などはエネルギー源として，外部から食物を摂取することにより生命活動を営んでいる。体内に取り込まれた食物は**異化作用**（catabolism）を受ける過程において，化学エネルギー源である **ATP** が生産される。細胞内の ATP はほとんどが**ミトコンドリア**（mitochondria）で生産される。ミトコンドリア内膜(inner membrane) に存在する **ATP 合成酵素**（ATP synthase）は膜を介して存在する**プロトンの電気化学ポテンシャル**を利用し，ATP を作り出しているのである。このようにして合成された ATP は細胞膜を介しての物質の輸送，細胞内外の情報伝達，我々が走ったり，重い物を持ち上げたりするときの筋肉のエネルギー源としてなどさまざまな生命現象に使用されている。筋肉は ATP の持つ化学エネルギーを力学的エネルギーに変換する。第 1 章 1.6 節において生体系のエネルギー論の例題をいくつか学んだが，ここではこれらのエネルギー変換の機構について的を絞って学習する。

5.2.1　ミトコンドリアでの ATP 合成

　ミトコンドリアでの ATP 合成機構に入る前に，まずミトコンドリアの膜構造の特徴，及びミトコンドリアの電子伝達系について簡単に触れておこう。

　ミトコンドリアは**真核細胞**（eukaryotic cell）に見られる**細胞小器官**（organelle）の 1 つで，その大きさは一般に 1～2 μm である。ミトコンドリア外膜（outer membrane）は内膜を包んだ形で存在し，また内膜はひだ状に折れ込んで複雑な**クリステ**（cristae）を形成している（図 5-32）。ミトコンドリア内膜に囲まれた空間は**マトリックス**（matrix），また外膜と内膜の間に存在する空間は**膜間スペース**（intermembrane space）とよばれる。ATP 合成酵素は内膜に局在している。

　ミトコンドリア内膜の電子伝達系（呼吸鎖）は複合体 I（NADH-ユビキノンオキシドレダクターゼ，ubiquinone oxidoreductase），複合体 II（コハク酸デヒドロゲナーゼ，succinate dehydrogenase），複合体 III（シトクロム bc_1 複合体, ubiquinone-cytochrome c oxidoreductase），および複合体 IV（シトクロム c オキシダーゼ，cytochrome c oxidase）から構成されている。

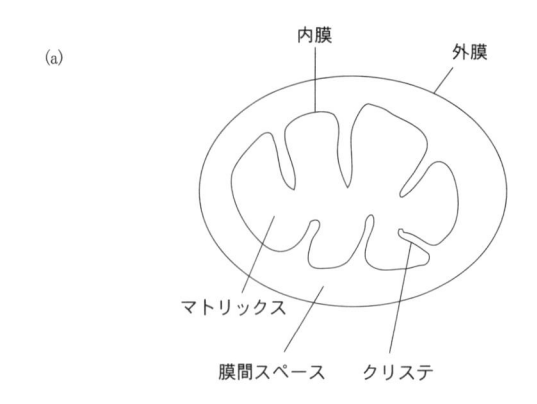

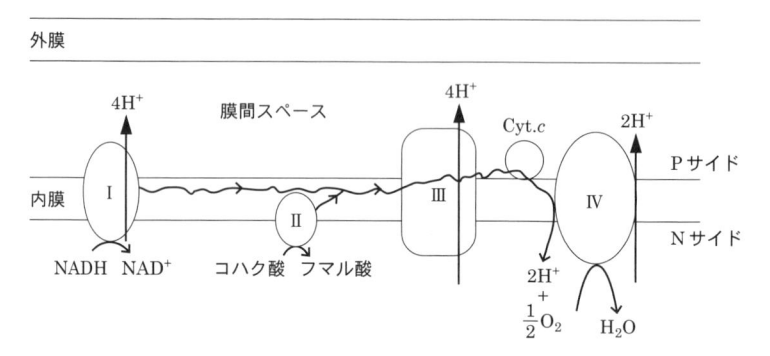

図 5-32　ミトコンドリアの構造(a)と電子伝達系(b)

複合体 I と III の間の電子伝達は**ユビキノン**（ubiquinone, Q）により，また複合体 III と IV の間は**シトクロム c**（cytochrome c）により電子が運ばれる。これらの電子伝達の過程において，プロトンがマトリックスから膜間スペースに輸送される。

(A)　電気化学ポテンシャル

ミトコンドリアの呼吸鎖を経由しての NADH から酸素への 2 電子移動は次のように表せる。

$$\text{NADH} + \text{H}^+ + 1/2\text{O}_2 \longrightarrow \text{NAD}^+ + \text{H}_2\text{O} \tag{5.2.1}$$

ここで，

$$\text{NAD}^+ + \text{H}^+ + 2\text{e}^- \longrightarrow \text{NADH} \quad E^{0'} = -0.320\,(\text{V})$$

$$1/2\text{O}_2 + 2\text{H}^+ + 2\text{e}^- \longrightarrow \text{H}_2\text{O} \quad E^{0'} = +0.816\,(\text{V})$$

そこで，(5.2.1) 式の $E^{0'}$ は $+0.816 - (-0.320) = 1.14\,(\text{V})$ となる。ミトコンドリアでの電子伝達系による NADH から酸素への電子移動にともなう生理学的標準自由エネルギー変化（$\Delta G^{0'}$）は

$$\Delta G^{0'} = -nF\Delta E^{0'} \tag{5.2.2}$$

$$= -2(9.65\times10^4\,\mathrm{Cmol^{-1}})\,(1.14\mathrm{V})$$

$$= -220\,\mathrm{kJmol^{-1}}$$

NADHから酸素への2電子移動による自由エネルギー変化はマトリックス（Nサイド）から10個のプロトンを膜間スペース（Pサイド）に汲み出すのに使われる。

$$\mathrm{NADH} + 11\mathrm{H}^+_\mathrm{N} + 1/2\mathrm{O}_2 \longrightarrow \mathrm{NAD}^+ + 10\mathrm{H}^+_\mathrm{P} + \mathrm{H}_2\mathrm{O} \tag{5.2.3}$$

ミトコンドリア内膜を介してのプロトンの濃度勾配は化学ポテンシャル差を生じ，また膜を介しての電荷の局在は電気ポテンシャル差を生じる。この2つのポテンシャルの和が電気化学ポテンシャルである。この電気化学ポテンシャルが**プロトン駆動力**（proton motive force）として働く。このような電気化学ポテンシャルは自由エネルギー変化（ΔG）として表される（第1章 1.4節参照）。

$\Delta G =$ 電気化学ポテンシャル

$= $ 化学ポテンシャル + 電気ポテンシャル

$= RT\ln(C_2/C_1) + zF\Delta\Psi$

$= RT(2.3)\log([\mathrm{H}^+]_\mathrm{P} / [\mathrm{H}^+]_\mathrm{N}) + zF\Delta\Psi$

$T = 298\mathrm{K}(25℃)$，$R = 8.314(\mathrm{J\cdot K^{-1}\cdot mol^{-1}})$，$z=1$では，

$$\Delta G = 5.70(\mathrm{kJ\,mol^{-1}})\Delta\mathrm{pH} + 96.5(\mathrm{kJ\,V^{-1}mol^{-1}})\Delta\Psi \tag{5.2.4}$$

活発に呼吸しているミトコンドリアでは$\Delta\mathrm{pH}\sim0.75$であり，$\Delta\Psi\sim0.15\text{-}0.2\,\mathrm{V}$とすると，$\mathrm{H}^+$あたり$\Delta G\sim+20\,\mathrm{kJmol^{-1}}$となる。上にも述べたように，NADHから$\mathrm{O}_2$への2電子の移動により$10\mathrm{H}^+$が汲み出される。このときの自由エネルギー変化は200 kJとなり，NADHの酸化で放出される220 kJのうち，200 kJがプロトン駆動力として蓄えられる。

例題 4.4

コハク酸から酸素への2電子移動に伴う自由エネルギー変化を求めよ（1.6節参照）。

解 答

コハク酸から酸素への2電子移動は次のように表せる。

コハク酸$^{2-}$ + $1/2\mathrm{O}_2 \longrightarrow$ フマル酸$^{2-}$ + $\mathrm{H}_2\mathrm{O}$　$E^{0'} = +0.785\mathrm{V}$

ここで，

コハク酸$^{2-} \rightarrow$ フマル酸$^{2-}$ + $2\mathrm{H}^+ + 2e^-$　$E^{0'} = -0.031\mathrm{V}$

$1/2\mathrm{O}_2 + 2\mathrm{H}^+ + 2e^- \longrightarrow \mathrm{H}_2\mathrm{O}$　$E^{0'} = +0.816\mathrm{V}$

コハク酸の酸化から得られる標準自由エネルギー変化（$\Delta G^{0'}$）は以下のとおりである。

$\Delta G^{0'} = -nF\Delta E^{0'}$

$\phantom{\Delta G^{0'}} = -2(9.65\times10^4\,\mathrm{Cmol^{-1}})(0.785\mathrm{V})$

$\phantom{\Delta G^{0'}} = -151\,\mathrm{kJmol^{-1}}$

(B) 酸化的リン酸化

ミトコンドリアの呼吸鎖から生じた自由エネルギーが ATP 合成にどのように利用されるのかについてはいくつかの仮説が提案された。1953 年に Edward Slater は電子伝達の結果として，反応性の高い中間体が形成され，この中間体の分解の際に**酸化的リン酸化**（oxidative phosphorylation）が生じると考えた（化学共役説，chemical coupling hypothesis）。しかし，多くの研究室での精力的な努力にもかかわらず，このような中間体を見いだすことはできなかった。Paul Boyer（1964）はコンホメーション　カップリング説（conformational-coupling hypothesis）を発表した。彼は電子伝達がミトコンドリア内膜に存在するタンパク質を活性なコンフォメーション状態にもたらし，これが元の不活性な状態に戻るときに ATP 合成を行うと考えた。しかし，この場合も実験的な証拠が得られなかった。現在，実験結果をうまく説明できる説として一般的に受け入れられているのは Peter Mitchell（1961）の**化学浸透圧説**（chemiosmotic theory）である。この説はミトコンドリアの酸化的リン酸化ばかりでなく，幅広いエネルギー伝達，例えば光合成を行っている植物の光を利用した ATP 生産などにも適用される。この説によると，呼吸鎖で獲得した自由エネルギーはミトコンドリアマトリックスからミトコンドリア膜間スペースにプロトンを汲み出し，ミトコンドリア内膜を介した電気化学的プロトン勾配をつくりだすのに使用される。このプロトンの電気化学ポテンシャルが ATP 合成に利用されるというものである。次のような実験結果はこの説をより確かなものにしている。

1　酸化的リン酸化は無傷の（つまりイオンなどの漏れのない完全な）ミトコンドリア内膜を必要とする。

2　ミトコンドリア内膜は H^+，OH^-，K^+，Cl^- などのイオンに対して不透過である。もし，このようなイオンが内膜を介して自由に拡散すると，電気化学ポテンシャルは失われ，エネルギー変換機構は作動しなくなる。

3　呼吸鎖を通しての電子伝達がミトコンドリア内膜を介した電気化学ポテンシャルをつくりだす。

4　ミトコンドリア内膜をプロトンが自由に透過できるようにする化合物は ATP 合成を阻害する。

次に，ミトコンドリアにおける呼吸と ATP 合成の関係を見てみよう。我々はすでに，NADH から O_2 への 2 電子の移動により，10 個のプロトンがマトリックス側から膜間スペースに運ばれることを知っている。実はこのプロトンが ATP 合成酵素のプロトン孔をとおり膜間スペースからマトリックス側へ輸送（あるいは流出）されるときに ATP が合成されるのである。プロトン駆動力を利用して，ATP が ADP と無機リン（Pi）から合成される様子は次のように書くことができる。

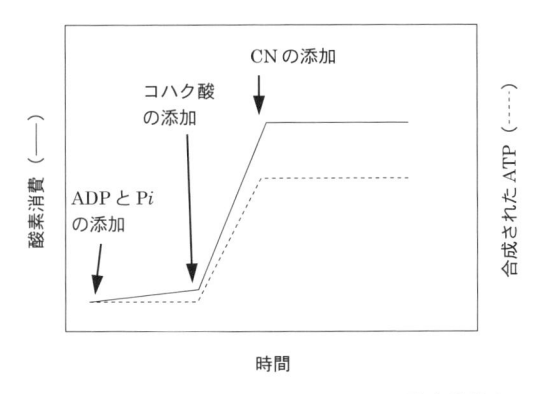

図 5-33 コハク酸の添加によるミトコンドリアの酸素消費とATP合成

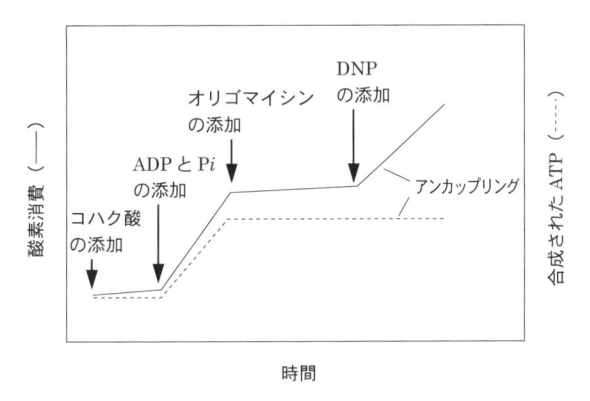

図 5-34 ミトコンドリアへのオリゴマイシンと2,4-ジニトロフェノールの作用の違い

$$\mathrm{ADP} + \mathrm{P}i + n\mathrm{H}^+_\mathrm{P} \longrightarrow \mathrm{ATP} + \mathrm{H_2O} + n\mathrm{H}^+_\mathrm{N}$$

ここで，H^+_P および H^+_N はそれぞれ P サイドおよび N サイドのプロトンを表している。また，ミトコンドリアにおける電子伝達と ATP 合成のカップリングは次のような実験からも知ることができる。図 5-33 に示すように，単離されたミトコンドリアの浮遊液に ADP と Pi を加えても，酸素の消費や ATP の合成は生じないが，さらにコハク酸のような酸化される基質を添加すると酸素の消費とともに ATP が合成される。しかし，シアン（CN）を加え，チトクロム酸化酵素を阻害し，電子伝達系を遮断すると酸素消費も ATP 合成も起こらなくなる。また，図 5-34 は ATP 合成酵素の阻害剤である**オリゴマイシン**（oligomycin）や venturicidin を添加しても，酸素消費と ATP 合成は阻害される様子を示している。この系に 2,4-ジニトロフェノール（2,4-dinitrophenol, DNP）を加えると，酸素消費は増大するが ATP は合成されない。2,4-ジニトロフェノールはプロトン化した形でミトコンドリアのマトリックスに入り，プロトンを放出するので，ミトコンドリアの内膜を介したプロトンの濃度勾配が失われ，酸素消費は起こるが ATP を合成することはできない。DNP のような働き（uncoupling）をする試薬は**アンカップラー**（uncoupler）とよばれる。ATP の合成に無傷のミトコンドリアが要求され

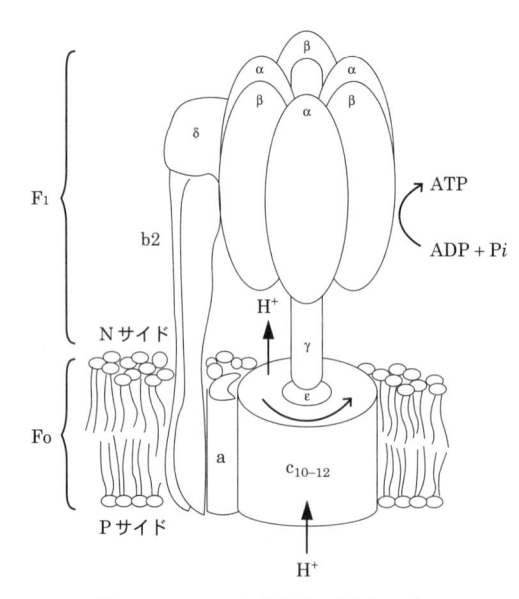

図 5-35 ATP 合成酵素の構造モデル

るのは，内膜を介したプロトンの濃度勾配（化学ポテンシャル）と電荷の局在（電気ポテンシャル）により生じるプロトン駆動力が必要であるからである。したがって，プロトン駆動力を人為的に作ることができるとすれば，コハク酸などの基質がなくても ATP を合成することができるはずである。実際に，このことは実験で証明されている。

(C) ATP 合成酵素

　細胞が必要とする ATP のほとんどは ATP 合成酵素（ATP synthase）により供給される。この酵素はミトコンドリアの内膜，バクテリアの細胞膜，植物の葉緑体の**チラコイド膜**（thylakoid membrane）に局在していて，プロトンの電気化学的ポテンシャル勾配を利用してATP を合成している。図 5-35 に示すように，ATP 合成酵素は 2 つの機能的なドメイン Fo と F_1 から構成されている。Fo ドメインは分子量約 10 万で，$a_1b_2c_{10\text{-}12}$ のサブユニット（つまり，a サブユニット 1 個，b サブユニット 2 個，c サブユニット 10-12 個）から構成されている。c サブユニットは膜の中でリング状に配列している。a サブユニットと b サブユニットは図に示すような形で c サブユニットに結合している。プロトン輸送をおこなうプロトン孔は c リングと a サブユニットから形成されている。一方，F_1 ドメインは分子量 38 万で，$\alpha_3\beta_3\gamma_1\delta_1\varepsilon_1$ の 9 つのサブユニットから構成されている。α サブユニットと β サブユニットはいずれも ATP 結合部位を持つが，触媒活性部位は β サブユニットに存在する。$\alpha_3\beta_3$ リングの中心部分に γ サブユニットが存在し，ε サブユニットと結合している。F_1 ドメインはプロトンが F_0 ドメインを通って，膜間スペースからマトリックスへ輸送されるとき ATP の合成をおこない，プロトン輸送がこの逆のときは ATP の分解をおこなう。例えば，単離された F_1 ドメインは ATP の加水分解活性を持つ。そこで，F_1 は F_1-ATPase ともよばれる。ATP 合成酵素の中で，F_1

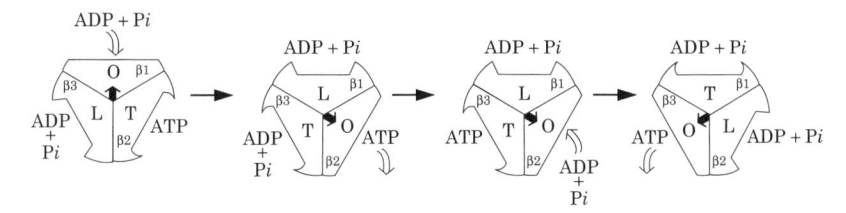

図 5-36　ATP 合成酵素による ADP と Pi からの ATP の合成

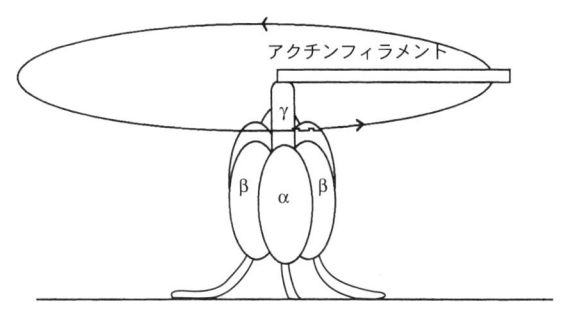

図 5-37　F1-ATPase の γ サブユニットの回転
蛍光分子を標識したアクチンフィラメントの回転を蛍光顕微鏡で観察する。

と Fo は γε-c リング，δ-b2 の 2 個所で結合しているが，容易に，可逆的に分離することができる。

　ATP 合成酵素はどのようにしてプロトンの電気化学ポテンシャルと ATP 合成を共役させているのか？　この問題を P.Boyer は反応速度論的な立場から解析し，次のような結論に達した。プロトンが Fo を通過するときに γ は回転し，3 つの β サブユニットの構造は γ サブユニットの向きによって，それぞれ ATP 型（T 型），ADP 型（L 型），カラ型（O 型，このカラは空を意味する）に決まる。その様子は図 5-36 に示すように，**γ が 120°回転するごとに，3 つの β はそれぞれ ATP 型→カラ型，カラ型→ADP 型，ADP 型→ATP 型へと変化する**。プロトンの駆動力により，γ の 1 回転で，ある β はカラ型→ADP 型→ATP 型へと変化し，ATPが合成されることになる。このように酵素が回転することにより ATP が合成されるとするBoyer の考えはすぐには受け入れられなかった。しかし，1994 年，J. Walker らのグループが発表した F_1-ATPase の X 線結晶構造の結果は Boyer のモデルを強く支持するものであった。また図 5-37 に示すように，**1 分子計測により，実際に F_1 の γ サブユニットが回転している**ことが実証された。この方法では γ サブユニットの回転を容易に観測できるように，蛍光標識したアクチン繊維（フィラメント）を γ サブユニットに結合し，γ サブユニットの回転をアクチン繊維の棒の回転に置き換えた。このようにして，ATP 合成酵素の構造と機能の関係がより確実なものとなった。

　F_1-ATPase による ATP 加水分解の速度論を考えてみよう。ATP の加水分解および生成の速

度定数をそれぞれ $k_1 = 10\text{s}^{-1}$, $k_{-1} = 24\text{s}^{-1}$ とすると，

$$\text{ATPase} - \text{ATP} \underset{k_{-1}}{\overset{k_1}{\rightleftarrows}} \text{ATPase} - (\text{ADP} \cdot \text{P}i)$$

と書くことができる。平衡状態では ATP の分解速度と生成速度は等しいので

ATPの加水分解速度 $= k_1[\text{ATPase} - \text{ATP}] =$ ATPの生成速度 $= k_{-1}[\text{ATPase} - (\text{ADP}\cdot\text{P}i)]$

平衡定数を K_{eq} とすると

$$K_{eq} = \frac{k_{-1}}{k_1} = 2.4$$

これから標準自由エネルギー変化（$\Delta G^{0\prime}$）を求めると

$$\Delta G^{0\prime} = -RT \ln K_{eq} = -(8.314 \times 298 \ln 2.4) = -2.0 \text{ kJ mol}^{-1}$$

となり，溶液中での ATP の加水分解の $\Delta G^{0\prime}$ の値 -30.5 kJ mol^{-1} と比較すると標準自由エネルギー変化が非常に小さいことがわかる。ATP あるいは ADP・Pi の ATPase からの解離定数（K_d）はそれぞれ約 10^{-12}mol dm^{-3}, 10^{-5}mol dm^{-3} である。これらの値から ATP は ADP + Pi に比べると ATPase に非常に強く結合することがわかる。この親和性の相違（10^7 オーダー）は約 40 kJmol^{-1} の結合エネルギー差に相当している。つまり，ATP のこの酵素表面での安定化エネルギーは ATP 合成に必要なエネルギーに相当していることがわかる。また，**プロトン輸送のエネルギーはこの ATPase に強く結合している ATP を遊離するのに使われる**。

5.2.2 化学エネルギーの力学エネルギーへの変換-筋収縮を例として-

　地球上のありとあらゆる生物の運動（例えば，象のような大きな動物のゆっくりした歩きや小鳥や蚊の空中飛行など）には筋肉が関係している。**筋肉は ATP のもつ化学エネルギーを力学エネルギーに効率良く変換する**ことができる。Szent-Györgyi は今から約 60 年前に，筋収縮（つまり，力の発生）がアクチンとミオシンの 2 つのタンパク質，ATP，および金属イオンとの相互作用で引き起こされると考えた。今日ではこれらの相互作用が電子顕微鏡や最近開発された 1 分子計測の技術を駆使して調べられている。ここではまず最初に筋肉の構造について学び，それから筋収縮の仕組みについて調べてみよう。

(A) 筋肉の構造

　人体の筋肉（muscle）は構造上，横紋筋（striated muscle）と平滑筋（smooth muscle）の 2 つに分けられる。横紋筋には骨格筋（skeletal muscle）と心筋（cardiac muscle）とがある。平滑筋は内臓の運動に関与している。図 5-38 は筋肉の構造モデルを示している。骨格筋は筋細胞の束（筋繊維）から構成されている。筋繊維は多数の細胞が束ねられたものであり，円筒状で，長さが 1～40 mm，幅が 10～50 μm あり，数百個の核を含んでいる。筋繊維を更に，詳しく見ると，明るいバンドと暗いバンドが交互に繰り返している。暗いバンドは A 帯（A band）とよばれる。一方，明るいバンドは I 帯とよばれ，Z 線により仕切られている。Z 線か

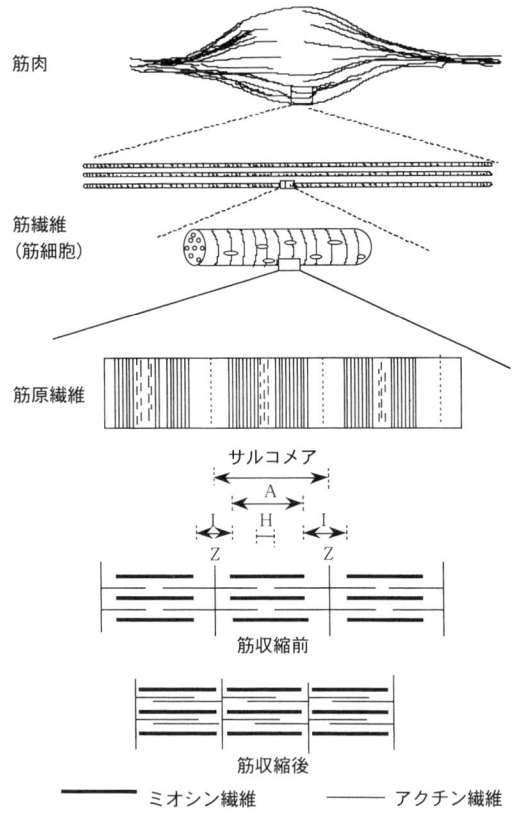

図 5-38 筋肉の構造モデル

らZ線までの部分はサルコメア（sarcomere 筋節）とよばれる。サルコメアは静止筋で $2\,\mu\mathrm{m}$ の長さがあり，骨格筋の構造的，機能的単位である。サルコメアは濃いフィラメントと薄いフィラメントから成る。濃いフィラメントはミオシン II を含み，また薄いフィラメントはアクチン（actin），トロポミオシン（tropomyosin），およびトロポニン（troponin）を含んでいる。

(B) 筋収縮の仕組み

筋収縮（muscle contraction）はどのような仕組みになっているのであろうか？

1954年，A.Huxley は光学顕微鏡による筋原繊維の観察から，あるいは H. Huxley と J. Hanson はサルコメアの電子顕微鏡による観察から，図 5-39 に示す筋収縮についての**滑り説**（sliding theory）を提案した。

彼等は筋収縮を太いミオシンフィラメントの間へ細いアクチンフィラメントが滑り込むことで生じると考えた。ミオシンの頭がアクチン繊維の上をすべり，ミオシンがアクチンを中央の方へ引き寄せるために**収縮**が生じるのである。このときのミオシンの長さは変わらない。図 5-40 を参照しながら，ATP の化学エネルギーを運動に変換する仕組みについてもう少し詳しく見てみよう。① ミオシンの頭部は **ATPase 活性**を持つので，**ATP** を **ADP** と **P**i に

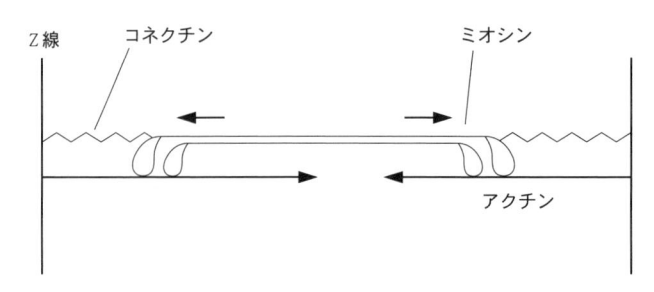

図 5-39 筋収縮の滑り説
矢印はミオシンの働きの方向とアクチンの方向性を示す。

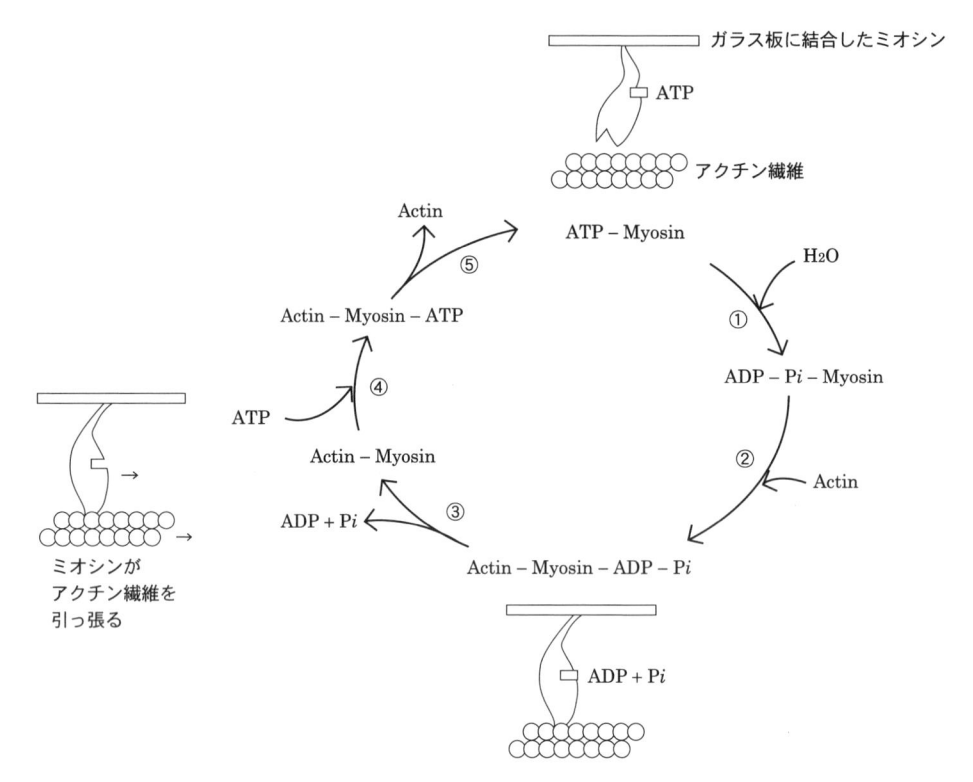

図 5-40 化学エネルギーの力学的エネルギーへの変換

加水分解する。 ミオシンはまだ ADP と Pi を結合しており，高エネルギー状態にある。② 刺激によりミオシンの頭部はアクチンに結合し，アクチン-ミオシン-ADP-Pi の複合体を形成する。③ この複合体から Pi と ADP が遊離されるとき，ミオシン頭部に大きな構造変化を生じ，サルコメアの中心部に向かって約 10 nm アクチン繊維を引っ張る（力の発生）。アクチンだけと結合しているミオシンは低エネルギーコンフォメーション状態にある。④ ATP1 分子がミオシン頭部に結合し，アクチン-ミオシン-ATP 複合体を形成する。⑤ **ミオシン-ATPはアクチンに対する親和性が弱いので，アクチンを遊離する。** この過程が**筋肉の弛緩**に対応する。図 5-41（a）はこのように ATP1 分子の分解により，ミオシン分子が首振り運動をし

5.2 エネルギー変換

(a) タイトカップリング説

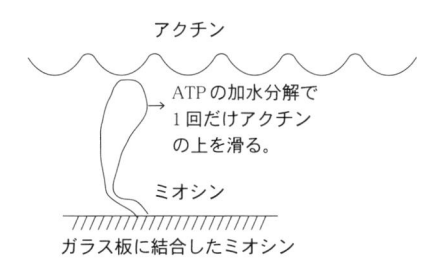

アクチン

ATPの加水分解で1回だけアクチンの上を滑る。

ミオシン

ガラス板に結合したミオシン

(b) ルースカップリング説

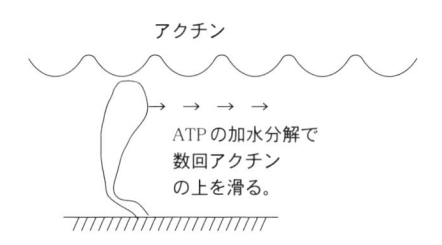

アクチン

ATPの加水分解で数回アクチンの上を滑る。

図5-41 タイトカップリング説とルースカップリング説

てアクチン繊維の上を1ステップ（約5 nm）動く様子を示している（レバーアーム説あるいは**タイトカップリング**（tight coupling）説）。アクチンへのミオシンの結合は死体での筋肉の硬直（rigor mortis）に見ることができる。死によりATPの産生がなくなるとATPと結合できなくなったミオシンはすべてアクチンと結合するようになる。こうして筋肉は硬直する。しかし，時間が経つとミオシンは体内のプロテアーゼにより分解を受けて肉は柔らかくなる。

最近の1分子計測の実験から，新たな力発生の機構が提案されている。図5-41（b）が示すように，ATP1分子の分解で，ミオシン分子は数回アクチンの上をステップすることができるというものである。このような考えを**ルースカップリング**（loose coupling）説という。この場合，1個のATPの分解で生じた化学エネルギーはミオシン分子の構造変化として蓄積され，そのエネルギーが小出しに運動に変換される結果，何回も力学反応を繰り返すことができる。このルースカップリング説における，ATPの化学エネルギーが運動に変換される仕組みは非常に興味あるところである。ATPのADPとPiへの加水分解で生じる自由エネルギーは細胞内での条件でATP1モルあたり約50 kJmol^{-1}である。ATP1分子あたりに換算すると約8×10^{-20}Jとなる。例えば，1ピコニュートン（pN）の力で1ナノメートル動かしたときの仕事は1×10^{-21}Jとなる。一方，物が小さくなるにつれて，**熱ゆらぎ**が相対的に大きくなり，無視できなくなる。37℃での熱ゆらぎのエネルギー$k_B T$（ここで，k_BはBoltzmann定数）は4.3×10^{-21}Jとなる。したがって，ATP1分子の分解により生成する化学エネルギーは平均熱エネルギーの約20倍であるので，熱ゆらぎはおおかた無視してさしつかえないだろう。筋肉が出す力はその断面積に比例する。筋肉1 cm^{2}あたり10^{11}本のフィラメントから成るも

のとし，数 kg の重さを持ち上げることができるとすると 1 本のフィラメントは 10^{-10} N（ニュートン）の力を出すことができる。1 本のアクチンフィラメントに約数十個のミオシンの頭部が結合するので，1 個のミオシン分子が出す力は約 10^{-12} N，すなわち 1 pN であることがわかる。

5.2.3　光エネルギーの化学エネルギーへの変換-光合成を中心に

　光合成を行う生物（photosynthetic organisms）は太陽エネルギーを利用して ATP やニコチンアミドアデニンジヌクレオチドリン酸（nicotinamide adenine dinucleotide phosphate, **NADPH**）をつくりだす。この ATP や NADPH は光合成生物が CO_2 や H_2O から炭水化物や他の有機化合物を作り，大気中に O_2 を放出するときのエネルギー源として使われる。人間を含む**好気性従属栄養生物**（aerobic heterotrophs）は O_2 を使い，光合成で作られたエネルギーに富む有機化合物を分解して ATP を作りだし，CO_2 や H_2O を生じる。好気性従属栄養生物の呼吸により生じた CO_2 は再び光合成を行う生物により利用される。このようにして，太陽エネルギーは地球上の CO_2, O_2, H_2O の循環を与える。光合成生物によって利用される自由エネルギーは少なくとも年間 10^{17} kJ であり，これは全人類が年間使用する化石燃料の約 10 倍以上である。この節では光合成の仕組みの中でも，特に $NADP^+$ から NADPH に 1 電子還元される過程や ATP を合成する過程に焦点を絞って調べてみよう。

(A)　葉緑体の構造

　葉緑体（chloroplast）はいろいろな植物で異なった形をしていて，一般にミトコンドリアよりも大きな体積を持っている。図 5-42 に葉緑体とミトコンドリアの構造を比較したものを示した。高等植物の葉緑体は直径約 5 μm，厚さ 2〜3 μm の円盤状で細胞あたり数十個含まれている。葉緑体の外膜はミトコンドリアと同様に小さな分子やイオンを通過させる。葉緑体とミトコンドリアの構造上の大きな違いは内膜にある。葉緑体の内膜はミトコンドリアの

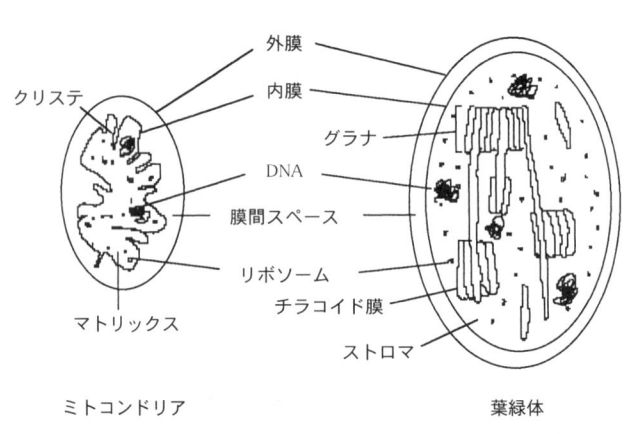

図 5-42　葉緑体とミトコンドリアの構造の比較

ようなクリステ（cristae）を形成していないし，電子伝達系を含んでいない。光の吸収，電子伝達，ATP合成に関するタンパク質はすべてチラコイド（thylakoid）膜に存在している。円板状のグラナチラコイド（grana thylakoids）が数枚から数十枚積み重なった層状構造をグラナ（grana）とよぶ。チラコイド膜は内側の葉緑体膜（内膜）から分離されている。チラコイド膜と直接に接している水溶性部分はストロマ（stroma）とよばれ，炭酸固定（carbon fixation）に必要な酵素のほとんどを含んでいる。

(B) 光合成における光エネルギー

ここでは光合成を学ぶうえで必要な光についての基本的な性質について述べてみよう。二十世紀の前半に，光が粒子の性質を持つと同時に波動としての性質を持つことが明らかとなった。光子（photon）の持つエネルギー（ε）は$\varepsilon = h\nu$として与えられる。ここで，hはPlanck定数であり，νは光の振動数である。光の速さ（c）は光の波長をλで表すと$c = \nu\lambda$となるので，光子1モルの持つ光エネルギー（E）は波長を用いて次のように書き直すことができる。

$$E = Nh\nu = (Nhc)/\lambda \tag{5.2.5}$$

ここで，NはAvogadro定数（6.02×10^{23} photons mol^{-1}）である。この式から，光の波長が短くなるにつれて，光の持つエネルギーは大きくなることがわかる。

(C) 光合成における2種の光化学系

シアノバクテリア（cyanobacterium），藻類（alga），高等植物の光合成はチラコイド膜に存在する2種の光化学系（photosystem あるいは photochemical system）の協調により進行する。その仕組みを図5-43に示す。**光化学系 II**（photosystem II, PSII）は**フェオフィチン**（pheophytin）-キノン型で，等しい量の**クロロフィル a**（chlorophyll a）と**クロロフィル b**（chlorophyll b）を持っている。反応中心（reaction center, **P680**）にあるクロロフィル a が680nmの光により励起されると（P680*），電子はP680*からフェオフィチンを介して**キノン**（quinone, Q）に

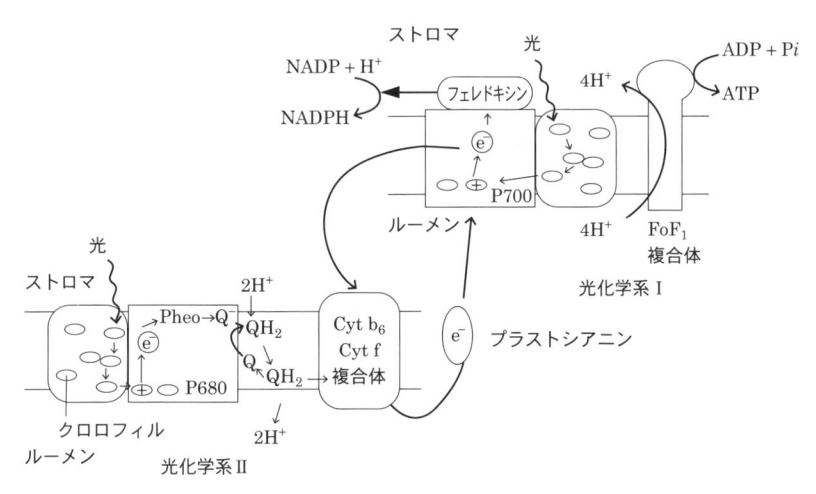

図5-43 光合成における2光化学系の協調

流れる。このようにして，ルーメン側にある P680 は P680$^+$ となり，またストロマ側にあるキノンは Q$^-$ となり，反応中心に電荷分離（charge separation）を生じる。P680$^+$ は後で述べる水の分解から生じる電子により P680 に戻る。一方，還元されたキノン（Q$^-$）が持つ電子はチラコイド膜に全般的に存在するシトクロム b_6-シトクロム f 複合体を通り，可溶性タンパク質であるプラストシアニン（plastocyanin）により，**光化学系 I**（photosystem I, PSI）に渡される。このような電子の流れの中で，**電子がキノンからシトクロム b_6-シトクロム f 複合体に渡されるとき，チラコイド膜を通ってストロマ側からルーメン側へのプロトンの移動が生じる**。光化学系 I は**フェレドキシン**（ferredoxin）型で，構造的にも，機能的にも**緑色硫黄細菌**（green sulfur bacteria）の反応中心に似ている。光化学系 I には **P700** とよばれる反応中心があり，励起された P700* より生じた電子は Fe-S タンパク質であるフェレドキシンを介して NADP$^+$ に流れる。このようにして，NADP$^+$ は NADPH に還元される。光化学系 II で見られたように，P700 もまた 700nm の光を吸収して P700$^+$ となる。この P700$^+$ は光化学系 II から生じ，プラストシアニンにより運ばれてきた電子により還元され，元の状態（P700）に戻る。光化学系 I での電子のサイクリックな流れも知られている。P700 からフェレドキシンへ流れる電子は NADP$^+$ までは流れないでシトクロム b_6-シトクロム f 複合体を通ってプラストシアニンへ流れる。プラストシアニンは電子を P700$^+$ に流し，P700 を再生する。このように**電子は P700 から出て，また戻り，光化学系 I をぐるぐるまわる。この間にプロトンの濃度勾配が形成され，ADP と Pi から ATP が合成されるが，NADPH や O$_2$ は生成しない**。このような過程はサイクリックな**光リン酸化**（photophosphorylation）とよばれ，次のように整理できる。

$$ADP + Pi \longrightarrow ATP + H_2O$$

図 5-44 は 2 種の光化学系における電荷の分離と電子伝達系を酸化還元電位に従って並べ

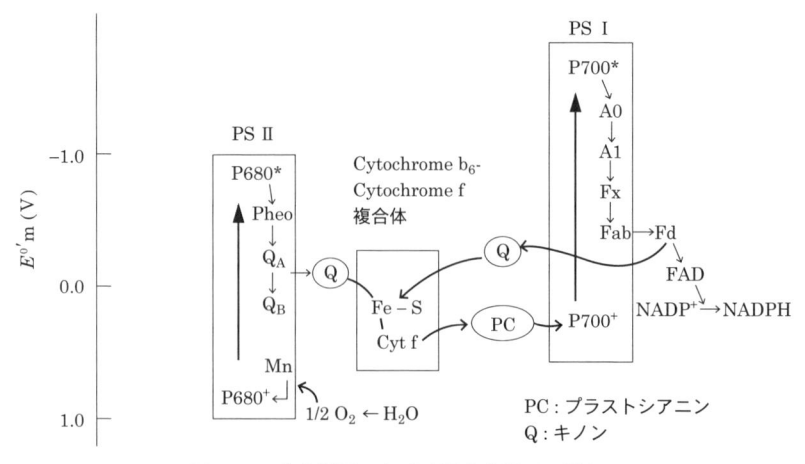

図5-44 光化学系における電位と電子の流れ

たもので **Z 模式**（Z-scheme）とよばれる．このようにシアノバクテリアや高等植物は H_2O を酸化して O_2 を発生させ，光化学系 II から光化学系 I を通って $NADP^+$ まで電子を運ぶ．このときの反応は次のようにまとめることができる．

$$2H_2O + 2NADP^+ + 8\ photons \longrightarrow O_2 + 2NADPH + 2H^+ \tag{5.2.6}$$

このように，**O_2 を生じる光合成細胞はすべて光化学系 I と光化学系 II を持っている**．光化学系 I だけを持っている光合成細菌では水を電子供与体とすることができず，**O_2 を発生しない**．これらの細菌は硫黄化合物，水素，有機物などを電子供与体とする．ここで光リン酸化と酸化的リン酸化を比較してみよう．水と NADH の**標準還元ポテンシャル**はそれぞれ，$+0.82V$, $-0.32V$ である．こうして，NADH は水よりも容易に電子を放出することができる．光リン酸化と酸化的リン酸化の間の大きな違いは**光リン酸化は良い電子供与体を作りだすのに光のエネルギーを必要とするが，酸化的リン酸化は NADH が良い電子供与体であるので他からの外部エネルギーを必要としない点**である．この大きな相違点を除くと 2 つの過程は非常に似ている．

光合成は 2 つの過程すなわち，**明反応**（light reaction）と**炭酸同化**（CO_2 assimilation あるいは carbon-fixation）を含んでいる．明反応は植物に光があたっているときだけ起こる．クロロフィルや他の色素が光エネルギーを吸収し，この光エネルギーをエネルギーに富む化合物である ATP や NADPH の形で保存する．このとき O_2 を発生する．炭酸同化においては，ATP や NADPH を利用して CO_2 からグルコースや他の有機化合物が作られる．植物は炭酸同化の必要に応じて，$NADP^+$ の還元とサイクリックな光リン酸化の間の電子の分配を調節し，ATP と NADPH を作り出す割合を調節している．炭酸同化では ATP と NADPH の比は 3:2 である．

(D) 光化学系 II での水の分解

チラコイド膜の色素分子はどのようにして吸収した光のエネルギーを化学エネルギーに変換するのか？ 光合成の開拓者である R. Hill によって，この問いに対する答えがえられた．葉緑体を含む葉の抽出物を水素受容体と一緒にし，光を照射すると，O_2 の発生と同時に水素受容体の還元が生じる．この反応は **Hill 反応**とよばれ，次のように書くことができる．

$$2H_2O + 2A \longrightarrow 2AH_2 + O_2 \tag{5.2.7}$$

A は水素受容体で，Hill は水素受容体として 2,6-ジクロロフェノールインドフェノール（2,6-dichlorophenolindophenol, Hill 試薬）の色素試薬を使用した．この化合物は酸化型で青色であるが，還元されると無色に変化する．葉抽出物に Hill 試薬を添加して，光をあてると青色は無色に変化して O_2 を発生する．このことは光のエネルギーにより，電子が H_2O から電子受容体へ流れることを示している．葉緑体での電子受容体は NADPH であるので，反応は次のように表すことができる．

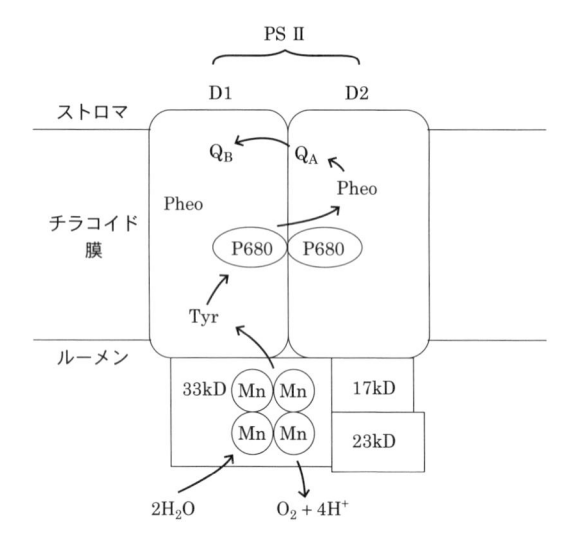

水分解複合体は3つのサブユニット (33,23,17kD) から構成されている。
Q, キノン； Pheo, フェオフィチン； Mn, マンガンイオン

図 5-45　水分解複合体

$$2H_2O + 2NADP^+ \longrightarrow 2NADPH + 2H^+ + O_2 \tag{5.2.8}$$

この式はミトコンドリアでの酸化的リン酸化と葉緑体での光リン酸化の重要な違いを示している。つまり葉緑体では電子は H_2O から $NADP^+$ へ流れる。この電子の流れは uphill 反応であるので，光エネルギーを必要とする。一方，ミトコンドリアの呼吸鎖では電子は以前述べたように，自由エネルギーの放出を伴い NADH あるいは NADPH から O_2 へ流れる。

$$NADH + H^+ + \frac{1}{2}O_2 \longrightarrow NAD^+ + H_2O \tag{5.2.1}$$

これまで，Hill 反応では電子は水から水素受容体に流れると述べてきた。そこで，ここでは実際に水が分解される過程を図 5-45 を参照しながら検討してみよう。水は非常に安定な物質であるので，酸素分子と水素イオンに分解するのは容易なことではない。光化学系 II では**酸素発生複合体**（oxygen-evolving complex）あるいは**水分解複合体**（water-splitting complex）により，4 つの光子（photons）を使用して，2 つの水分子の結合が次に示すように切断される。

$$2H_2O + 4\,\text{photons} \longrightarrow 4H^+ + 4e^- + O_2 \tag{5.2.9}$$

水から引き抜かれた 4 つの電子は直接 $P680^+$ に渡されない。$P680^+$ への直接の電子供与体は光化学系 II の反応中心にあるタンパク質サブユニット D1 のチロシン残基である。チロシン残基はプロトンと電子の両方を失い，中性のフリーラジカルを生成する。

$$4P680^+ + 4Tyr \longrightarrow 4P680 + 4Tyr\cdot \tag{5.2.10}$$

チロシンラジカルは水分解複合体にある 4 つの Mn イオンのクラスターを酸化することで 4 つのプロトンと電子を得て，元の状態に戻る。

$$4\text{Tyr}\cdot + [\text{Mn complex}]^\circ \longrightarrow 4\text{Tyr} + [\text{Mn complex}]^{4+} \qquad (5.2.11)$$

マンガン複合体は 2 分子の水から電子を取り，4 個のプロトンと 1 分子の酸素を放出する。

$$[\text{Mn complex}]^{4+} + 2\text{H}_2\text{O} \longrightarrow [\text{Mn complex}]^\circ + 4\text{H}^+ + \text{O}_2 \qquad (5.2.12)$$

この反応で生じた 4 個のプロトンはチラコイドルーメンに放出されるので，酸素発生複合体はプロトンポンプのような働きをしていることがわかる。

(E) 光リン酸化による ATP 合成

1954 年，D.Arnon らはホウレン草（spinach）の葉緑体を光照射すると ADP と Pi から ATP が合成されることを発見した。また，A.Frenkel はクロマトフォア（chromatophores）と呼ばれる色素を含む膜構造体を用いて，ATP が光に依存して合成されることを示した。彼らは光合成によって捕獲された光エネルギーの一部が ATP のリン酸結合に変換されると考えた。4 個の電子が水から NADP$^+$ に流れるとき，約 12 個のプロトンがチラコイド膜（thylakoid membrane）のストロマ（stroma）からルーメン（lumen）側へ移動する。チラコイド膜を介してのプロトンの濃度勾配が約 1000 倍で，膜電位が無視できるならば

$$\Delta G = RT \ln \Delta\text{pH} + zF\Delta\Psi = 5.70 \times \Delta\text{pH} \qquad (5.2.13)$$
$$= 5.70 \times (-3) = -17.1 \text{ kJ mol}^{-1}$$

となる。12 モルのプロトンが FoF$_1$ 複合体を通過するときの自由エネルギー変化は約 -200 kJ となる。ATP を合成するときの標準自由エネルギー変化を 30.5 kJ mol^{-1} とすると，6〜7 分子の ATP を合成できることになるが実際は約 3 分子で，残りのエネルギーは NADPH の合成に使用される。この節の内容を理解するには第 1 章 1.6 節を参照するとよい。

5.3 1 分子計測

これまで生命現象を物理化学的な手法を用いて観測したり，またそのデータを解析するとき，ほとんどの場合 10^{10} から 10^{20} 個の分子からなる系を対象としてきた。一般に系の諸性質はこれらの莫大な数の分子の平均でもって表すことができる。しかし，個々の分子に注目したとき，中には異なった振るまいを示す分子が存在するであろう。例えば，ある分子集団の速さの分布が Maxwell の分布則に従うときなどは，異なった速さを持つ分子が多数存在することを示している。自然現象を取り扱う際，まずは巨視的な系の性質を調べ，それから微視的レベル，あるいは分子レベルへの解析に移っていくのが普通である。例えば，我々は筋収縮にアクチンとミオシンというタンパク質が関与していることを知っている。しかし，その力の発生機構の分子レベルでの理解となると，いまだ不明な点が多い。生体中で生じている諸々の現象を分子レベルで理解するためには，一個一個の分子を直接観察することは非常に重要である。1990 年頃から生体反応を 1 分子レベルで観察することが可能となってきた。1 分子計測の方法もいろいろ開発されてきているが，ここでは**光ピンセット**，**光近接場顕微**

鏡，および**原子間力顕微鏡**について，その原理と生体系への応用について述べてみたい。

5.3.1　光ピンセット

(A)　光ピンセットの原理

強いレーザー光を粒子にあてると，粒子がレンズのように働き，光は屈折する。光は波の性質とともに粒子の性質を持つので，光の方向が変わることは運動量の変化を伴う。この運動量の変化によって生じる力が粒子を焦点の方に向かわせる。また，レーザー光の焦点を左右に動かすと，粒子への入射角度が変化し，粒子を焦点に引き戻す力が働く。このようにして，レーザー光の焦点を前後，左右に変化させることにより，粒子を前後，左右に操作することができる（図5-46）。粒子をトラップするレーザー光に赤外光（波長1μm）を利用すると，細胞など，この波長の光を吸収しないので生物試料への熱の傷害を防ぐことができる。

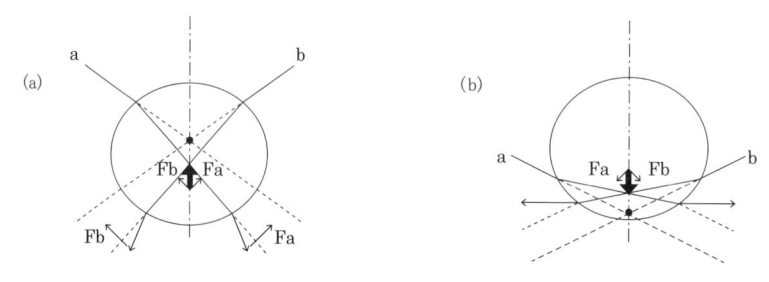

図5-46　光ピンセットの原理

(B)　生体系への光ピンセットの応用

(1)　光ピンセットでタンパク質をつかむ

光ピンセットによるタンパク質分子の捕捉力は小さいので，光ピンセットで直接，タンパク質分子をつかむことはできない。そこで，タンパク質の一端に抗体などを用いて金コロイド粒子やラテックスビーズなどを結合させる。この粒子を光ピンセットでつかみ操作することにより，タンパク質の力学的な性質を知ることができる。

(2)　光ピンセットで分子モーターに働く力を計る

筋収縮で発生する力はアクチンとミオシンの相互作用により説明できる。今，図5-47に示すように，ガラス表面にミオシン分子を結合させ，アクチン繊維をATPと一緒に加えると，アクチン繊維がミオシンの上を一方方向に滑っていく。アクチン繊維の一方の端にビーズを結合しておくと光ピンセットでそのビーズを捕まえることができる。そして，アクチン繊維の運動方向と逆に引っ張ることにより，アクチン繊維とミオシン分子の間に発生する力を計ることができる。この力はピコニュートンの大きさである。

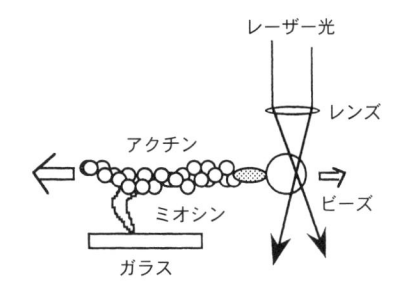

図 5-47 アクチン–ミオシンによる力の発生を
光ピンセット法で測定する

5.3.2 光近接場顕微鏡
(A) 光近接場顕微鏡の原理

近接場光,あるいは**エバネセント光**(evanescent とは"減衰"を意味する)とは光が全反射するときに反射面と反対側にしみ出す光のことである。このエバネセント光は遠くへ伝搬されず,その強さは全反射面からの距離に対してほぼ指数関数的に減少する。つまり,この光を使うと表面近傍(深さ約 150 nm)のみを照明することができ,背景光をおおいに減少することができる。この近接場光を用いた顕微鏡(近接場顕微鏡)には 2 つのタイプがある。1 つは全反射蛍光顕微鏡(あるいは全反射型光近接場顕微鏡)であり,もう 1 つは走査型光近接場顕微鏡である(図 5-48)。

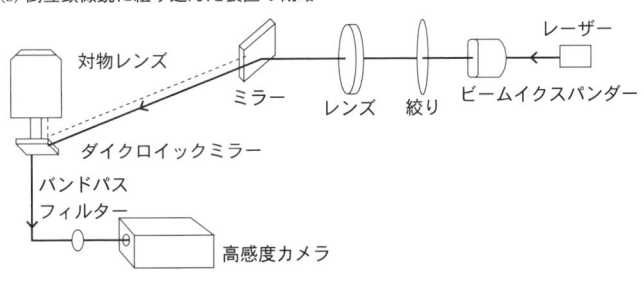

図 5-48 エバネッセント場蛍光顕微鏡装置

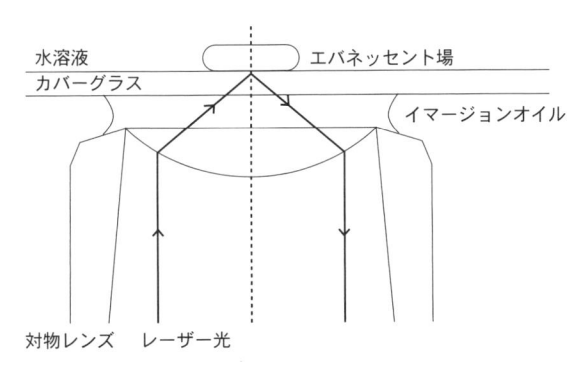

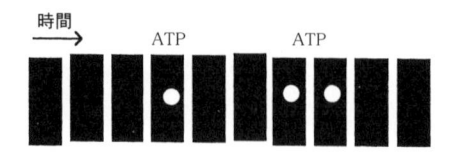

図 5-49 ミオシンによるATPの加水分解。

Cy3-ATPがミオシンにより加水分解をうけると輝やかなくなる。

(B) 光近接場顕微鏡の生体系への応用

1分子レベルでのミオシン分子によるATPの加水分解反応を例としてみよう。

ミオシン分子によるATP加水分解を1分子レベルで観測することができる。図5-49に示すように，Cy5という蛍光分子で標識したミオシン分子をガラス表面に固定する。ミオシン分子の位置は蛍光でわかる。次に，別の蛍光分子であるCy3で標識したATP分子をミオシン分子に作用させる。ATP分子が溶液中をブラウン運動しているときはCy3の蛍光は観測されない。しかし，ATP分子がミオシンに結合するとCy3の蛍光が現れる。この蛍光はATPが分解され，ADPがミオシンからはずれると消失する。この光の点滅により，ATPのターンオーバーを求めることができる。実際，ATP分子がミオシンに結合している時間から解離速度定数を求めると $0.059\ \mathrm{s}^{-1}$ となり，溶液中で得られた値 $0.045\ \mathrm{s}^{-1}$ とよく一致している。

5.3.3　原子間力顕微鏡

(A) 原子間力顕微鏡の原理

原子間力顕微鏡 (atomic force microscope, 略してAFM)は鋭利な探針で試料表面を走査し，探針と試料の間に生じる抗力から試料表面の形状や性状を画像化することができる。図5-50にその概略を示す。試料表面の形状は窒化ケイ素やシリコン結晶からできているカンチレバーにレーザー光をあて，反射するレーザー光を光ダイオードで受光して測定することができる。

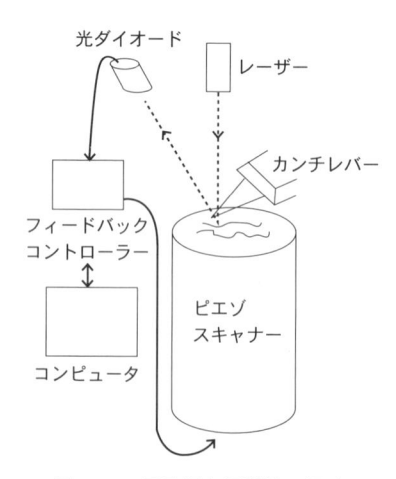

図 5-50　原子間力顕微鏡の概略

(B) 原子間力顕微鏡の生体系への応用

　原子間力顕微鏡の面白い応用例として，赤血球ゴースト膜の表面を観察した例がある．赤血球の膜表面を観察しているにもかかわらず，細胞骨格構造が見えてくる．膜脂質は柔らかいのに対して，スペクトリンからなる骨格構造は硬いために，原子間力顕微鏡は骨格構造を浮き上がらせて見せてくれる．電子顕微鏡では膜の表面から内部をみることはできない．また，生のまま観察するのは難しいが，原子間力顕微鏡では容易に前処理なしに生のまま生体試料を観察することが可能である．以上述べたものの他にも表面力（surface force）を測定するものなど多くの手法が急速に開発され，応用範囲も広がっている．第4章にもいくつかの計測法が紹介されている．

参考文献

1) 大西俊一，『生体膜の動的構造（第2版）』，東京大学出版会（1993）
2) D.L. Nelson, M.M.Cox, "Lehninger Principles of Biochemistry（第3版）", Worth (2000)
3) H. Lodish, A. Berk, S.L. Zipursky, P. Matsudaira, D. Baltimore, J. Darnell, "Molecular Cell Biology（第4版）", Freeman and Company (2000)
4) 青木幸一郎・矢野弘重，『生物物理化学の基礎（第2版）』，広川書店（1998）
5) 丸山工作，『筋肉のなぞ』，岩波新書（1981）
6) 大沢文夫，『講座：生物物理』，丸善（1998）
7) 石渡信一編，『生体分子モーターの仕組み』，共立出版（1997）
8) K. Tsujii, "Surface Activity—Principles, Phenomena, and Applications", Academic Press (1998)

練習問題

5.1

グリコフォリン A の残基数 27 から 36 までのアミノ酸配列は

  Asp-Thr-His-Lys-Arg-Asp-Thr-Tyr-Ala-Ala

であり，また残基数 80 から 89 までのアミノ酸配列は

  Val-Met-Ala-Gly-Val-Ile-Gly-Thr-Ile-Leu

である。表 5-5 の Engelman らのデータを用い，残基数 30 および 83 の Hydropathy Index を求め，図 5-6 に与えられている値と比較せよ。

5.2

核で合成された tRNA が細胞の形質膜まで到達するのに要する時間はいくらか。ただし，細胞内での拡散係数 D は $1.0 \times 10^{-11} m^2 s^{-1}$ で，核から形質膜までの距離は $1.0 \mu m$ とする。

5.3

ヒトの血液中のグルコースの濃度は $5.0 \times 10^{-3} mol\ dm^{-3}$ である。この時，赤血球のグルコーストランスポーターは V_{max} の 77% で機能しているとすると，このトランスポーターの K_t 値はいくらになるか。

5.4

半透膜で仕切られた容器の両側に $0.015\ mol\ dm^{-3}$ の NaCl 水溶液が入っている。左側に Na_5P(分子量 1 万)の高分子を $10\ g\ dm^{-3}$ の濃度で添加した。P^{-5} イオンは膜を通過できないとして，Na^+ イオン，Cl^- イオンの膜の両側での平衡濃度を求めよ。

5.5

回転する酵素 F_1-ATPase は回転するときに 40 pNnm という一定のトルクを発生する。1 分子の ATP を使い F_1-ATPase は 120° 回転するとして，エネルギー変換の効率を計算せよ。

ただし，細胞内での ATP 加水分解の自由エネルギー変化は $-50 kJ\ mol^{-1}$ とする。

5.6

光合成を行う植物は光のエネルギーを使い ATP を合成する。今，波長 550 nm の光エネル

ギーがすべて ADP と Pi からの ATP 合成に使用されるとして，何分子の ATP がつくられるか。

5.7

葉緑体での H_2O から $NADP^+$ への電子の流れは次のように書くことができる。

$$2H_2O + 2NADP^+ \longrightarrow 2NADPH + 2H^+ + O_2$$

この反応の自由エネルギー変化を求め，この反応が uphill 反応であることを確かめよ。

ただし，$NADP^+ + H^+ + 2e^- \longrightarrow NADPH \quad E^{0'} = -0.324$ （V）

とする。

解答と手引き

第1章

1.1

(a) $\Delta G^\ominus = +27.15 \text{kJmol}^{-1}$　　反応は右から左へ進む

(b) $\Delta G^{0'} = -1.35 \text{kJmol}^{-1}$　　反応は左から右へ進む

(c) $\Delta G^{0'} = -RT \ln K_a' = 22.0 \text{kJmol}^{-1}$

pH = 0.0 における $\Delta G^\ominus$ は (1.4.36) 式より

$\Delta G^\ominus = (\Delta G^{0'} + 5.708\Delta \text{pH}) = 61.9 \text{kJmol}^{-1}$

$K_a = \exp(-\Delta G^\ominus/RT) = 1.43 \times 10^{-11}$

1.2

$$\Delta G' = \Delta G^{0'} + RT \ln \frac{1.00 \times 10^{-4} \times 1.00 \times 10^{-2}}{1.00 \times 10^{-3}}$$
$$= -49.3 \text{kJmol}^{-1}$$

1.3

全体の反応式の和：(Ⅰ)＋(Ⅱ)＋(Ⅲ)を整理。

フマル酸 + 2H$_2$O + アセチル CoA + NAD$^+$ ⇌ クエン酸 + NADH + H$^+$ + CoASH

$K'_{eq} = K'_{eq(Ⅰ)} \times K'_{eq(Ⅱ)} \times K'_{eq(Ⅲ)} = 18.7$,　$\Delta G^{0'} = -7.26 \text{kJmol}^{-1}$

1.4

反応が熱力学的に可能な反応式は、(Ⅰ) − (Ⅱ) = (Ⅲ)である。

(a) (Ⅲ)　デヒドロアスコルビン酸 + エタノール
　　　　　　(酸化剤)　　　　　(還元剤)
　　　　　　　　⟶ アスコルビン酸 + アセトアルデヒド

(b) $\Delta E^{0'} = (+0.060) - (-0.163) = +0.223 \text{V}$

$\Delta G^{0'} = -2 \times F \times \Delta E^{0'} = -43.0 \text{kJmol}^{-1}$

(c) (Ⅲ) 式より平衡定数 K'_{eq} は次式で与えられる。

$$K'_{eq} = \frac{[\text{アスコルビン酸}]_{eq}[\text{アセトアルデヒド}]_{eq}}{[\text{デヒドロアスコルビン酸}]_{eq}[\text{エタノール}]_{eq}}$$

これにAとBの溶液を混合した瞬間の濃度は,体積にして 50:50 の混合であるので,濃度関係式(C.R)

は次式で示される。

$$(C.R) = \frac{[\text{アスコルビン酸}][\text{アセトアルデヒド}]}{[\text{デヒドロアスコルビン酸}][\text{エタノール}]} = \frac{0.100 \times 5.0 \times 10^{-3}}{0.100 \times 5.0 \times 10^{-3}} = 1$$

$$\therefore \ln(C.R.) = 0$$

$$\Delta G' = \Delta G^{0'} + RT\ln(C.R.) = \Delta G^{0'} = -43.0\text{kJmol}^{-1} \fallingdotseq -43\text{kJmol}^{-1}$$

であるので，$\Delta G' = 0$ になるまで反応が進行する。

1.5

(a) （Ⅰ）式 + 2×（与式） = （Ⅱ）式であるから

$\Delta G^{(\text{Ⅱ})} = \Delta G^{(1)} + 2x$ すなわち $-2,870 = -218 + 2x$

$\Delta G^{0'} = x = (-2,870 + 218)/2 = -1,326\text{kJmol}^{-1}$

(b) 40%の効率では $0.40 \times 1326 = 530\text{kJmol}^{-1}$ 保持される。ATP の 1mol は 32.2kJ を要するので $530/32.2 = 16.4$. ゆえに約 16mol の ATP が合成される。

1.6

(a) $[H^+][OH^-] = 2.4 \times 10^{-14}$ (b) $[H^+] = 1.55 \times 10^{-7}\text{moldm}^{-3}$

(c) pH = 6.81

1.7

(a) -3.4kJmol^{-1} (b) 0

(c) $\Delta G' = \Delta G^{0'} + RT\ln[\text{リンゴ酸}]/[\text{フマル酸}] = -3.4\text{kJ} + 0 = -3.4\text{kJ}$ (d) $2 \times \Delta G^{0'} = -6.8\text{kJ}$

(e) $\Delta H^0 = 52.9\text{kJmol}^{-1} \cong 53\text{kJmol}^{-1}$ (van't Hoff の式より)   (f) $\Delta S^0 = 189\text{JK}^{-1}\text{mol}^{-1} \cong 190\text{JK}^{-1}\text{mol}^{-1}$

1.8

(a) $R\ln 10/1 = \Delta H^0(1/323 - 1/333)$ より $\Delta H^0 = 206\text{kJmol}^{-1}$，吸熱反応。

(b) $\Delta S^0 = 206 \times 10^3/323 = 637\text{JK}^{-1}\text{mol}^{-1}$ （50℃では $\Delta G^0 = -RT\ln K' = 0 = \Delta H^0 - T\Delta S^0$）

(c) 水素結合によって堅いヘリックス構造を形成するにもかかわらず，エントロピーの増加を伴う理由は，コイルから転移する際，コイル構造をとりかこんでいた溶媒分子が多数離れて分散する。すなわち溶媒-コイル間の結合が断ち切られることが $\Delta H^0 \gg 0$, $\Delta S^0 \gg 0$ の原因と考えられる。

1.9

$\Delta S^0(298) = 2S^0(\text{gly}) - S^0(\text{glygly}) - S^0(H_2O)$

$\qquad = 2(103.5) - 190.0 - 69.1 = -52.9\text{JK}^{-1}\text{mol}^{-1}$,

$\Delta H^0(298) = 2(-537.2) - (-745.25) - (-285.83) = -43.3\text{kJmol}^{-1}$,

$\Delta G^0(310) = \Delta G^0(298) - (12K)\Delta S^0(298) = -27.0\text{kJmol}^{-1}$

1.10
$$\Delta G = \Delta G^0 + RT\ln\frac{[\text{ery.}][\text{xyl.}]}{[\text{flu.}][\text{gly.}]}$$
$$= 6.30 + 8.314\times 10^{-3}\times 298\ln(2.48\times 10^{-2}) = -2.86\text{kJmol}^{-1}$$

クロロプラスト中での実際の状況下では反応の Gibbs エネルギー変化が負の値であるのでこの反応は進行する。

1.11

(a) （Ⅰ）式は $\frac{1}{2}\times(\text{Ⅲ})-(\text{Ⅱ})=(\text{Ⅰ})$ として与えられる。

$$\Delta E^{0'} = +0.816-(-0.346) = 1.162\text{V}$$
$$\Delta G^{0'} = -\text{nF}\Delta E^{0'} = -2\times 96.485(\text{kJV}^{-1}\text{mol}^{-1})\times 1.162\text{V} = -224.2\text{kJmol}^{-1}$$
$$= -RT\ln K'_{eq}$$
$$\therefore \ln K'_{eq} = 224.2/2.478 = 90.5$$
$$\therefore K'_{eq} = \exp(90.5) = 1.96\times 10^{39}$$

(b) 類題として例題 1.14 を参照する。

$$K = \frac{[\text{AAC}^-]}{[\beta-\text{HB}^-][\text{O}_2]^{\frac{1}{2}}} = 1.96\times 10^{39} \qquad \therefore \frac{[\text{AAC}^-]}{[\beta-\text{HB}^-]} = 8.76\times 10^{38}$$

1.12

(a) $\Delta G^{0'} = -RT\ln K'_{eq} = -8.314\times 10^{-3}\times 298\times \ln 1.9\times 10^5 = -30.1\text{kJmol}^{-1}$

$\Delta G' = \Delta G^{0'} + RT\ln\frac{[\text{GDP}][\text{P}_i]}{[\text{GTP}]} = -30.1+2.478\ln\frac{5\times 10^{-3}\times 15\times 10^{-3}}{50\times 10^{-3}}$

$= -46.2\text{kJmol}^{-1}$

(b) $\Delta(\Delta G') = +2.478\left[\ln\left(\frac{1.5\times 10^{-3}}{2}\right)-\ln(1.5\times 10^{-3})\right] = -2.478\times\ln 2 \fallingdotseq -1.7\text{kJ}$

$\Delta G' = -46.2-1.7 = -47.9\text{kJmol}^{-1}$

(c) GTP が濃度で x mol 減少したとして，平衡定数の式に入れる。

$$K'_{eq} = \frac{(5+x)(15+x)\times 10^{-3}}{(50-x)} = 1.9\times 10^5$$

GTP は 1mM よりはるかに小さく 0 に近い値となっている。

第 2 章

2.1

a. $C = \frac{\pi}{RT} = \frac{7.7atm}{0.082\text{atmdm}^{-1}\text{K}^{-1}\text{mol}^{-1}\times 313\text{K}} = 0.30\text{moldm}^{-3}$

海水塩濃度は 3.3〜3.8%程度なので，NaCl 換算で約 0.6moldm^{-3}

b. $\frac{\pi_{277}}{\pi_{313}} = \frac{277}{313}$, 6.8atm

2.2

π/c vs. c plot の切片と勾配から，それぞれ MW = 16.6×10^4，
B = $0.0482 \mathrm{Pag^{-2}dm^6}$

2.3

状態数に注目して，$4^B = 256^{650 \times 10^6}$，塩基数 B = 2.6×10^9
w = $360B/(6 \times 10^{23}) = 1.6 \times 10^{-6} \mu g$

2.4

塩基数 B = $10^{-3}/(360/6 \times 10^{23})$，$4^B = 2^X$（x:bit 数），
文字数 L = X/16　L/1000 = 2×10^{14} 枚

2.5

(2.1.13) 式で重みをかけ，(2.3.34) 式を積分で近似する。

2.6

$V_0 = 10\mathrm{mL}$，$V_0 + V_i = 50\mathrm{mL}$，$K_D = 0.38$

2.7

Stirling の近似式 ($\ln x! = x\ln x - x$)，指数関数のベキ展開などを用いる

2.8

$\overline{X^2} = \dfrac{k_B T}{3\pi\eta R_H} = 0.55 \mu\mathrm{m}^2$，$v = \sqrt{\overline{X^2}}/1\mathrm{s} = 0.38 \mu\mathrm{ms}^{-1}$

熱騒乱力により多少ふらつきながら遊泳している。

2.9

例えば，日本列島の島々の海岸線の長さ，L をいろいろなスケール，X で測り，$\log L$ vs. $\log X$ プロットの勾配をもとめて，相互に比較検討するなど。

2.10

$D = \dfrac{k_B T}{3\pi\eta R_H}$ をもちいて，R_H/nm = 22(myosin), 3.8(BSA), 0.18(ethanol), etc. R_H vs. MW プロットから著しくはずれたものの分子形を参考書で調べる。

2.11

Stirling の近似式，Lagrange の未定乗数法などの長い道のりをこえること。

参考書：ムーア物理化学など。

2.12

$K = 0.9 (\text{mM/L})^{-1}$, $n = 2$

2.13

$\dfrac{p}{p_o} = \dfrac{n}{n_o} = \exp(-\dfrac{mgh}{k_B T}) = \exp(-\dfrac{Mgh}{RT}) = \dfrac{1}{2}$ から $h = 5.8$ km

2.14

$\log(\dfrac{\beta}{1-\beta}) = m \log C + \log K$ から $K = 0.72 \text{mM}^{-1}$, $m = 1.3$。わずかな協同性が認められる。

2.15

$d \ln X = \dfrac{dX}{X}$ に注意して変形する。

第 3 章

3.1

Michaelis–Menten 式（3.2.13）に c_s^0, v, K_m の値を代入して計算すると，$V_{\max} = 150 \mu\text{mol} \cdot \text{dm}^{-3} \text{min}^{-1}$ が得られる。また，その値を用いて $v = 100 \mu\text{mol} \cdot \text{dm}^{-3} \text{min}^{-1}$ のときの c_s^0 を求めると，$2 \mu\text{mol} \cdot \text{dm}^{-3}$ となる。

3.2

1) $c_s^0 = 0.13, 1.3, 13 \text{ mmol} \cdot \text{dm}^{-3}$ のとき，グルコースでは $v/V_{\max} = 0.50, 0.91, 0.99$ であり，フルクトースでは $v/V_{\max} = 0.091, 0.50, 0.91$ である。

2) ヘキソキナーゼに対する親和性はグルコースの方が強い（K_m が小さい）。基質に対する親和性が強いほど酵素・基質複合体の濃度が高くなり反応速度は大きくなる。基質濃度が低いときほどこの効果がきいてくることが上の計算例から分かる。

3.3

(a) Lineweaver–Burk plot：$V_{\max} = 179 \mu\text{mol} \cdot \text{dm}^{-3} \text{min}^{-1}$, $K_m = 77 \mu\text{mol} \cdot \text{dm}^{-3}$

(b) Eadie–Hofstee plot：$V_{\max} = 161 \mu\text{mol} \cdot \text{dm}^{-3} \text{min}^{-1}$, $K_m = 64 \mu\text{mol} \cdot \text{dm}^{-3}$

(c) Hanes–Woolf plot：$V_{\max} = 160 \mu\text{mol} \cdot \text{dm}^{-3} \text{min}^{-1}$, $K_m = 63 \mu\text{mol} \cdot \text{dm}^{-3}$

3.4

$$K_m \ln \frac{c_s}{c_s^0} + c_s - c_s^0 = -V_{max} t$$

ⅰ) $c_s^0 \gg K_m$ のとき，$c_s \approx c_s^0 - V_{max} t$

ⅱ) $c_s^0 \ll K_m$ のとき，$c_s \approx c_s^0 \exp\left(-\frac{V_{max}}{K_m} t\right)$

3.5

A3.4 の積分速度式を変形すると，$\dfrac{1}{t} \ln \dfrac{c_s^0}{c_s} = -\dfrac{1}{K_m} \dfrac{c_s^0 - c_s}{t} + \dfrac{V_{max}}{K_m}$

この式の左辺を $(c_s^0 - c_s)/t$ に対してプロットすると直線が得られ，その傾きと切片から K_m と V_{max} を求めることができる。

3.6

各阻害剤濃度について $1/v$ を $1/c_s^0$ に対してプロットしてみよ。結果は図 3-11 のようになり，この阻害反応は競争阻害に従う。上記のプロットの y-切片から $V_{max} = 0.99\ \mu\mathrm{mol \cdot dm^{-3} min^{-1}}$ が得られる。次に，この 3 つの直線の傾きを c_1^0 に対してプロットして得られる直線の x-切片から $K_1 = 0.49\ \mathrm{mmol \cdot dm^{-3}}$ が，また y-切片から $K_m = 0.099\ \mathrm{mmol \cdot dm^{-3}}$ が求められる。

3.7

Lineweaver–Burk 式 $\dfrac{1}{v} = \dfrac{K_m}{V_{max}} \dfrac{1}{c_s^0} + \dfrac{1}{V_{max}}$ で考えよ。それぞれの場合で c_s^0 が大きくなったとき K_m はどうなるのか。それにともなって c_s^0 が大きくなると（$1/c_s^0$ が小さくなると）$1/v$ 対 $1/c_s^0$ のプロットの傾きがどうなるかを考えよ。

3.8

$\bar{c}_{AB} \cong c_{AB}^0$ の近似と $\bar{c}_A \cong \bar{c}_B$ の関係を用いると（3.4.13）式は

$$1/\tau = 2\sqrt{k_1 k_{-1}} \sqrt{c_{AB}^0} + k_{-1}$$

これより，$1/\tau$ を $\sqrt{c_{AB}^0}$ に対してプロットして得られる直線の傾きと切片から求めることができる。$k_1 = 6.5 \times 10^4\ \mathrm{mol^{-1} \cdot dm^{-3} s^{-1}}$，$k_{-1} = 79\ \mathrm{s^{-1}}$，$K = 820\ \mathrm{mol^{-1} \cdot dm^{-3}}$

3.9

(3.5.15) 式 $C_{ss} = \dfrac{k_0}{k_{el} V_d}$ を用いればよい。生物学的半減期より $k_{el} = \dfrac{\ln 2}{8\ (\mathrm{hr})} = 0.087\ (\mathrm{hr^{-1}})$ が得られる。$V_d = 0.2\ (\mathrm{dm^3/kg}) \times 60\ (\mathrm{kg}) = 12 (\mathrm{dm^3})$，$C_{ss} = 1.5\ (\mathrm{mg\,cm^{-3}}) = 1500\ (\mathrm{mg\,dm^{-3}})$ を用いて計算すると，$k_0 = 1570\ \mathrm{mg\,hr^{-1}}$ となる。

第 4 章

4.1

$a = \dfrac{S}{L_A \left(\dfrac{W}{M}\right)}$ の関係式を用いて

$$\dfrac{3.223 \times 10^{-3}(\text{g}) \times 0.50 \times 10^{-1}(\text{cm}^3)}{4.00(\text{cm}^3)} = 4.0287 \times 10^{-5}(\text{g})$$

$$s = \dfrac{0.150 \times 0.500 (\text{m}^2)}{6.022 \times 10^{23}(\text{molecule}) \times \left(\dfrac{4.029 \times 10^{-5}(\text{g})}{734}\right)} = \dfrac{0.0750}{0.03304 \times 10^{18}}$$

$$= 2.27 \times 10^{-18} \text{m}^2/\text{molecule} = 2.27 \text{nm}^2/\text{molecule}$$

答え $2.27 \text{nm}^2/\text{molecule}$

4.2

0.10mM のときは 41mN/m で，0.05mM のときは 52.5mN/m として計算すると，

$$\Gamma = -\dfrac{1}{2 \times 8.3 \times 10^7 \, erg \, \text{mol}^{-1}\text{K}^{-1} \times (273+27)\text{K}} \times \dfrac{(41-52.5)}{\ln 10^{-4} - \ln 5 \times 10^{-5}}$$

$$= 3.3 \times 10^{-10} \, \text{mol}/\text{cm}^2$$

$$A = \dfrac{1}{L_A \Gamma} = \dfrac{1}{6 \times 10^{23} \times 3.3 \times 10^{-10}} = 0.505 \times 10^{-14} \text{cm}^2/\text{molecule}$$

1cm^2 は 10^{14}nm^2 であるので，$0.505 \text{nm}^2/\text{molecule}$ になる。

4.3

液体を引き下げる力は $\pi r^2 h \rho g$。これが表面張力によって上昇する力 $2\pi r \gamma \cos\theta$ とつり合っている。

$$\pi r^2 h \rho g = 2\pi r \gamma \cos\theta$$

$$\therefore \quad \gamma = \dfrac{rhg\rho}{2\cos\theta}$$

γ の次元は単位長さ当たりの力，N/m である。

4.4

$$h = \dfrac{2\gamma \cos\theta}{rg\rho}$$

$$= \dfrac{2 \times 72.5 \times 10^{-3}(\text{Nm}^{-1}) \times \cos 10}{0.05 \times 10^{-2}(\text{m}) \times 9.8(\text{ms}^{-2}) \times 1 \times 10^3 (\text{kgm}^{-3})}$$

$$= 0.029(\text{m})$$

4.5

液面においては，分子は液体内部に引かれて，できるだけ表面積を小さくする傾向が生じる。また，液面分子は液相からの引力に逆らって界面を形成しているために，内部にあるよりも大きな自由エネルギーを持つことになる。これが表面自由エネルギーである。これを考慮すると，液体の Gibbs 自由エネルギー変化は次のように書くことができる。

$$dG = -SdT + Vdp + \mu dn + \gamma dA$$

温度，圧力一定という条件では，

$$dG = \mu dn + \gamma dA$$

さらにモル数が一定であれば

$$dG = \gamma dA$$

となる。

4.6

$$\begin{aligned}
\Delta G &= \gamma dA \\
&= 8 \times 10^{-3}(\mathrm{Nm^{-1}}) \times \{(2.5 \times 5.1) - (2.5 \times 3.5)\} \times 10^{-4}(\mathrm{m^2}) \\
&= 3.2 \times 10^{-6}(\mathrm{J})
\end{aligned}$$

$$1 \times 10^{-6}(\mathrm{kg}) \times l \times 9.8(\mathrm{ms^{-2}}) = 3.2 \times 10^{-6}(\mathrm{kg\,m^2\,s^{-2}})$$

$$\therefore \ l = 0.33(\mathrm{m})$$

4.7

異種の成分2が表面膜を形成する時は，表面自由エネルギーの式は次のようになる。

$$dG = \gamma dA + \mu_2 dn_2$$

一方，表面自由エネルギーの全変化は次のようになる。

$$dG = \gamma dA + Ad\gamma + \mu_2 dn_2 + n_2 d\mu_2$$

この両式を比較すれば

$$Ad\gamma + n_2 d\mu_2 = 0$$

両辺を面積 A で割って $\Gamma_2 = n_2/A$ とおけば

$$d\gamma + \Gamma_2 d\mu_2 = 0$$

4.8

液表面に界面活性剤分子が集まるのであるから，Gibbs の吸着式

$$d\gamma + \Gamma_2 d\mu_2 = 0$$

において Γ_2 は正となり，成分2の化学ポテンシャルは増加するから

$$\Gamma_2 d\mu_2 > 0$$

したがって，$d\gamma < 0$ となり表面張力が低下することになる。

4.9

$$500\,\mathrm{cm^2} = \frac{(0.106 \times 10^{-3}\mathrm{g})}{(284\,\mathrm{gmol^{-1}})}(6.02 \times 10^{23}\,\mathrm{mol^{-1}})a$$

$$a = 22 \times 10^{-16}\,\mathrm{cm^2}$$

$$(500\,\mathrm{cm^2})t = \frac{0.106 \times 10^{-3}\,\mathrm{g}}{0.85\,\mathrm{gcm^{-3}}}$$

$$t = 25 \times 10^{-8}\,\mathrm{cm} = 2.5\,\mathrm{nm}$$

4.10

この分子1個あたりの電気量は$-e$であり，それが0.45nm^2を占めるから，油-水界面での固定表面電荷密度σは

$$\sigma = \frac{-e}{\text{molecular area}} = \frac{-1.602 \times 10^{-19} C}{45 A^2} = \frac{-1.602 \times 10^{-19} C}{45 \times (10^{-8})^2 \text{cm}^2}$$
$$= -35.6 \mu\text{Ccm}^{-2}$$

となる。水相部分のNaClが10mMであるとしてσを求めよう。そこで下式によってϕ_0を求めねばならない。

$$\sigma = \sqrt{2\varepsilon\varepsilon_V n_0 k_B T}\left[\exp(\frac{ze\phi_0}{2k_B T}) - \exp(-\frac{ze\phi_0}{2k_B T})\right]$$
$$= \sqrt{2\varepsilon\varepsilon_V n_0 k_B T}\, 2\sinh(\frac{ze\phi_0}{2k_B T})$$

この場合，ϕ_0値がかなり大きいので上式右辺の第2項は無視できて

$$\ln\frac{\sigma}{\sqrt{2\varepsilon\varepsilon_V n_0 k_B T}} = \frac{e\phi_0}{2k_B T}$$

のように簡単化される。ゆえに

$$\frac{e}{2k_B T}\phi_0 = 2\ln\frac{\sigma}{\sqrt{2\varepsilon\varepsilon_V n_0 k_B T}} = \ln\frac{\sigma^2}{2\varepsilon\varepsilon_V n_0 k_B T}$$
$$= \ln\frac{(35.6 \times 10^{-6})^2}{2 \times 78.3 \times (8.854 \times 10^{-14}) \times (6.023 \times 10^{18}) \times (1.381 \times 10^{-23}) \times 298.15}$$
$$= 8.212$$
$$\phi_0 = 8.212 \times \frac{k_B T}{e} = \frac{8.212 \times 1.381 \times 10^{-23} \times 298.15}{1.602 \times 10^{-19}} = 0.211 V$$

となる。すなわち，ϕ_0は-211mVという大きい値である。ϕ，n_+，n_-，ρの分布状態は$e\phi_0/k_B T \fallingdotseq 8$であるから，電位，イオン分布に対応する曲線を見ればよい。

第5章

5.1
-2.85，2.26

5.2
三次元での拡散では$\sqrt{\overline{r^2}} = \sqrt{6DT}$ 17ms

5.3
(5.1.18) 式で，$V = 0.77 V_{\max}$とおきK_tを求める。

$1.5 \times 10^{-3}\text{ mol dm}^{-3}$

5.4
左側の$\text{Na}^+ = 0.019\text{ mol dm}^{-3}$，左側の$\text{Cl}^- = 0.014\text{ mol dm}^{-3}$，右側の$\text{Cl}^- = 0.016\text{ mol dm}^{-3}$

5.5

F1-ATPase の 120°回転するときのトルク $= 40\text{pNnm} \times \dfrac{2\pi}{3} = 8.3 \times 10^{-20}\,\text{J}$

ATP 1 分子の加水分解の自由エネルギー変化 $= 50 \times 10^3\,\text{J}/6.0 \times 10^{23} = 8.3 \times 10^{-20}\,\text{J}$

したがって，効率 100 %

5.6

660nm の光子のもつエネルギー $\varepsilon = hC/\lambda = 3.6 \times 10^{-19}\,\text{J}$

1 分子の ATP を合成するのに必要な自由エネルギー $= 30.5 \times 10^3\,\text{J}/6.0 \times 10^{23} = 5.1 \times 10^{-20}\,\text{J}$

したがって，$(3.6 \times 10^{-19})/(5.1 \times 10^{-20}) = 7.0$ となり，7 分子合成する。

5.7

例題 4.4 の考えにしたがって，$\Delta E^{0'} = -2.28\,(\text{V})$

$$\begin{aligned}\Delta G^{0'} &= -nF\Delta F^{0'} = -4 \times (9.65 \times 10^4\,\text{Cmol}^{-1})(-2.28\,\text{V}) \\ &= 880\text{k J mol}^{-1}\end{aligned}$$

索　引

● あ 行

アクチン　246, 280
アシル鎖　38
アスコルビン酸　77
アセチルコリン　114
アセチル S-CoA　71
アセト酢酸　79
アダプチン　269
圧拮抗　41
圧縮率　38
アポ B-100　271
アポトーシス　251, 266
アミノ基転移　74
アミノリン脂質転移酵素　245
アミロース　96
アミローズヘリックス　126
アミロペクチン　96
アロステリック効果　130, 171
アンカップラー　277
アンチポーター　257

イオン化電極法　224
イオン強度　26, 213
イオン性（静電気）的相互作用　55
イオンチャンネル　255
イオンの輸率　120
イオン雰囲気　213
イオンポンプ　120
イオン輸送　36
異化作用　273
異化反応　241
イソプレノイド　239
一次元の相互作用系　125
一次構造　86
一次反応　140
遺伝子情報の解読　55
移動　206
インターフェロン産出誘起剤　230
インフルエンザウイルス　269

ウイルヘルミー平板法　204
ウインドウ　245
ウシ血清アルブミン　90

液晶　36
液相化学平衡　24
エキソサイトーシス　269
液体凝縮膜　218, 224
液体膨張膜　218
液絡　46
エネルギー保持効率　66
エネルギー保存の法則　4
エリスロース -4- リン酸　79
エルゴン　16, 42, 64
エバネセント光　291
塩橋　46
遠達力　213
エンタルピー　4, 12, 19, 123
エンタルピー変化　56, 104
エンドサイトーシス　267, 269, 270
エントロピー　6, 90, 123
エントロピー生成　6, 7
エントロピーと乱雑さ　8
エントロピーの法則　5
エントロピー変化　104
円 2 色性（CD）スペクトル　91
エンベロープ　269

横紋筋　280
オキサル酢酸　71, 76
オーダーパラメータ　247
オープン K^+ チャンネル　259
オリゴマイシン　277
オルガネラ　266
温度 - 圧力相図　33, 35
温度ジャンプ法　178

● か 行

外界　1
回転相関時間　247
解糖　74
外皮膜　269
界面　201
界面活性剤　33, 103, 219
界面活性物質　32
界面相　201
界面電気現象　209
界面張力　202

界面動電現象　213
開放系　1, 19
解離定数　29
ガウス鎖　84
化学緩和法　178
化学共役説　276
化学浸透圧説　276
化学的仕事　63
化学ポテンシャル　15, 19
化学量論係数　20
可逆過程　3
可逆電流　18
核酸　91
拡散　110
拡散係数　252
拡散定数　111, 112
拡散電気二重層　210
拡散方程式　111
隔壁　201
加成性　2, 64
褐色脂肪　74
活性化エネルギー　149
活性中心　150
活性部位　150
活性複合体　149
加水分解反応　176
活動電位　120, 260
活動度　24
活量　24, 25, 51
活量係数　25
寡糖類　97
過分極　261
可溶化　105
カルゴ受容体　269
カルジオリピン　240, 242
ガングリオシド　238
還元型　52
還元剤　48
完全微分　4
完全微分の可能な状態量　6
官能基移行　68
官能基移行ポテンシャル　71
緩和過程　178
緩和曲線　181
緩和時間　180

擬一次反応　144

索引

基質　150
キシルロース-5-リン酸　79
起電力　46
キノン　285
キャピラリー電気泳動　214
吸光度　176
急速静注　187
吸着膜　219
吸熱　56
吸熱反応　28
境界面　1
凝固点　25
凝集仕事　207
凝集力　201
競争阻害　160
共同的結合　125
共役反応　63
共役輸送　121
局所麻酔剤　39
局所麻酔剤の分子構造　41
極性　58
曲率半径　206
巨視的状態　9
銀-塩化銀電極　45
筋収縮　237, 280
筋肉　280
筋肉内注射　191
筋肉の弛緩　282

グアノシン-3-リン酸　79
空間配置　82
クエン酸　71, 76
クエン酸回路　74
区画　185
クラスリン　267
グラナ　284
グラナチラコイド　285
グラミシジンA　232
クリアランスと速度定数　188
グリコーゲン　96
グリコホリン　246
グリシルグリシン　78
クリステ　273, 285
グリセリド　239
グリセルアルデヒド-3-リン酸　79
グリセロリン脂質　35, 240
グルコースの光合成過程　78
グルコース輸送体　257
クロマチン　94
クロマトフォア　289
クロロフィル　67
クロロフィルa　285
クロロフィルb　285

クロロプラスト　79
系　1
経口投与　191
蛍光退色回復法　254
蛍光プローブ　246
結合曲線　173
結合定数　171
結合等温線　122, 123, 127, 130
血中濃度-時間曲線下面積　188
血中濃度の時間推移　187
ゲル　33, 36
ゲルクロマトグラフィー　99
ゲル骨格濃度　99
ゲル相　243
嫌気性細胞　65
原子間力顕微鏡　290, 292
懸滴法　204

コイル→ヘリックス転移　78
光化学系　285
後期エンドソーム　268
好気性細胞　66
好気性従属栄養生物　284
好気性生体　65
抗原・抗体反応　55
光合成　75, 273
格子エネルギー　55
高次構造　89
抗生物質　230, 232
酵素　64, 139
酵素活性　36
酵素・基質複合体　151, 168
酵素反応速度論　139, 150
酵素反応, 2つの中間体を含む　183
呼吸窮迫症候群　223
黒膜　231
ゴーシュ型　36
ゴーシュ状態　82
骨格筋　280
コハク酸　67
コハク酸デヒドロゲナーゼ　273
孤立系　1
5量体酵素　170
コレステロール　242, 248
コロイド溶液　33
コロイド分散　96
混合阻害　160, 164
混合のエンタルピーΔH_{mix}　10
混合のエントロピーΔS_{mix}　10
コンパートメント　185
コンパートメントモデル解析法　185

コンホメーション　82

●さ　行

最高血中濃度　192, 194
最小血中濃度　194
最大仕事　17
細胞内酸化　68
細胞内小器官　267
細胞膜　201, 229
細胞膜電位　120
細胞膜融合　36
酢酸　71
サブユニット　90, 169
サルコメア　281
酸-塩基反応　42
酸化型　52
酸化・還元対　48, 68
酸化・還元電極　45
酸化-還元反応　42
酸化剤　48
酸化的リン酸化　74, 237, 276
三次構造　89
三重点　33
酸素発生複合体　288

紫外吸収スペクトル　41
示強性　2
示強性の状態量　19
シグナル依存性チャンネル　256
2,6-ジクロロフェノールインドフェノール　287
自己相似性　114
自己阻害　175
自己阻害作用　174
仕事　1
脂質　238
脂質2分子膜（層）　36, 229
シスゴルジ　268
システイン　73
シスチン　73
シス配置　239
実在溶液　22
質量　2
質量作用の法則　20, 23
質量分析スペクトル　134
質量モル濃度　26
至適pH　165
シトクロム　48
シトクロムa　67
シトクロムc　67, 274
シトクロムc-Fe^{2+}　69
シトクロムc-Fe^{3+}　69

シトクロム c オキシダーゼ　273	スフィンゴ糖脂質　240	側方拡散　251
シナプシス　101	スフィンゴミエリン　238, 241	疎水基　33, 61, 102
2,4-ジニトロフェノール　277	滑り説　281	疎水鎖　37
自発的変化　8	スピンラベル　249	疎水性　40
脂肪細胞　239	スペクトリン　246	疎水性水和　60
脂肪酸　216		疎水的相互作用　60
紫膜　238	生化学的（生理学的）Gibbs エネルギー変化量　51, 63	ゾル　33
示量性　2	生化学的酸化還元電位差　54	
示量性の状態量　19	生化学的（生理学的）標準電極電位　50	● た　行
遮蔽効果　211	生化学的標準状態（25℃, 1atm, pH = 7.0）　27, 53	
自由エネルギー　15, 202		対イオン　210
自由エネルギー変化　121	静止 K$^+$ チャンネル　255	第三法則エントロピー　12, 57
自由度　35	静止電位　120, 260	代謝　186
受精　269	正準集団　133	代謝エネルギー　67
シュテルン層　212	生成物　20	体循環コンパートメント　186, 194
受動輸送　119	生体エネルギー　2	体積仕事　16
主転移温度 T_m　36	生体膜　35, 36, 237	体積変化量　31
受容体仲介エンドサイトーシス　270	生物学的半減期　186	大腸菌　238
循環過程　5, 6	生理食塩水　2	タイトカップリング　283
準静的過程　3	ζ（ゼータ）電位　214	ダイナミン　268
蒸気圧　25	接触角　204, 208	第2ビリアル係数, B　98
消失相　195	絶対的分子量測定法　97	ダイラタンシー　118
状態関数　2, 11	絶対零度　11	脱分極　260
状態変数　2	接着　207	多糖類　95
小腸上皮細胞　272	接着仕事　207	多量体酵素　169
少糖類　97	セラミド　241	1段階化学平衡　178
蒸発エンタルピー　117	セルロース　96	2段階化学平衡　181
小胞　227	遷移状態　149	炭酸同化　287
小胞化　266	線形コンパートメントモデル　186	胆汁酸　105
心筋　280	全身クリアランス　187	単純拡散　119
神経伝達物質　114	センダイウイルス　253	炭酸固定　285
神経伝導　41	前転移温度 T_p　36	断熱系　1
人工赤血球　230, 231	全反射蛍光顕微鏡　291	断熱系　130
親水基　33, 61, 102		タンパク質　243
親水性水和　33	相　33	単分子膜　216
浸透圧　25	双極子　58	単量体　82
浸透圧法　97	双極子モーメント　58, 224	
浸透現象　74	双極子能率　59	逐次機構　157
振動容量法　224	双極子-誘起双極子相互作用　59	逐次反応　145
真の溶液　33	走査型光近接顕微鏡　291	蓄積比　194
シンポーター　257	相対的分子量測定法　99	チクソトロピー　118
	相転移　12, 33, 35	チャンネル　255
水素結合　60, 78	相転移体積 ΔV_t　37	中間体　64
水素電極　44	相平衡　33	中央極限定理　86
水和エンタルピー　57	相律　33	中心コンパートメント　186
水和反応　56	阻害　160	中性脂肪　239
スクランブラーゼ　251	阻害剤　160	調節酵素　170
ストップフロー法　175	阻害定数　161	チラコイド　285
ストロマ　284	促進拡散　119	チラコイド膜　278
スーパーヘリックス　94	速度式　139	
スピンプローブ　246	速度定数　140	定圧熱容量　5, 12
スフィンゴ脂質　240		定温・定圧可逆過程　17
スフィンゴシン　241		

索引

定常状態　　2, 76, 147, 148
定常状態近似　　148
定常状態速度　　168
定常状態における血中濃度　　189
定積熱容量　　5
定速静注　　188
滴重（容）法　　204
低密度リポタンパク質　　270
デヒドロアスコルビン酸　　77
デューテロン　　134
電位　　209
電位依存性カリウムチャンネル　　260
電位依存性チャンネル　　255
電位依存性ナトリウムチャンネル　　260
転移エンタルピー（ΔHt）　　37, 38
転移温度　　12, 34
電位差　　42
転移熱　　34
転移のエントロピー変化 $\Delta S°$
電解質水溶液　　25
電荷密度　　210
電気泳動　　41, 214
電気泳動速度　　215
電気化学ポテンシャル　　44, 119, 265
電気浸透　　213
電気振透流　　214
電気双極子　　210
電気的なエネルギー　　42
電気二重層　　213
電気ポテンシャル　　209
電極電位　　42
電極表示　　45
電子親和力　　67
電子スピン共鳴　　247
電子伝達　　74
電子の電荷量　　26
電縮　　31
電池反応の平衡定数 K　　49
点滴静注　　188
天然赤血球の中味　　231
電場　　209
デンプン　　96

透過係数　　260
糖脂質　　241
統計熱力学　　133
閉じた系（閉鎖系）　　1
ドデシル硫酸ナトリウム　　103
トランス型　　36
トランスゴルジ　　268

トランスサイトーシス　　272
トランス状態　　82
トランスファー RNA　　95
トランスフェリン　　271
トランスポーター　　255, 256
トリカルボン酸経路
トリスケリオン　　271
トロポニン　　281
トロポミオシン　　281

● な 行

内在性タンパク質　　243
内部エネルギー　　4, 19
ナノスケール　　206

ニコチンアミドアデニンジヌクレオチド　　48, 52
二次構造　　87
二次反応　　141, 142
二重膜　　226
二面角（ϕ, ψ）　　87
乳化　　105
乳酸　　52, 77

ぬれ　　208

熱発生　　74
熱や仕事　　4
熱ゆらぎ　　283
熱力学第一法則　　3, 16, 55
熱力学第二法則　　5, 8, 16
熱力学第三法則　　11
熱力学的濃度　　25, 63
熱力学的平衡　　2
熱力学的平衡定数　　25
熱力学量　　202
熱量　　6
粘性係数　　117
粘性流動　　117
粘性流動過程に対する活性化エネルギー　　117

濃淡起電力　　119
能動輸送　　74, 120

● は 行

排除体積　　218
排除体積効果　　98
排泄　　186
ハイドロパシーインデックス　　245

ハイドロパシープロット　　245
肺表面活性物質　　222
白金電極　　44
発熱反応　　17, 28
パッチクランプ法　　262
バリアー　　217
バルク相　　202
反競争阻害　　160, 165
半減期　　141
反応速度　　139
反応の次数　　139, 140
反応物　　20
半電池　　42, 48
バンド 3　　246
半反応　　42
反復投与　　193

非イオン性界面活性剤　　242
光近接場顕微鏡　　290, 291
光錯乱法　　98
光ピンセット　　290
光リン酸化　　237, 286
皮下注射　　191
非競争阻害　　160, 163
微視的状態　　9
ヒストン　　94
非線形コンパートメントモデル　　186
非線形最小自乗法　　127
非ニュートン流動　　118
表在　　243
標準エントロピー　　12
標準化学ポテンシャル　　22
標準還元電位　　49
標準還元ポテンシャル　　287
標準起電力　　48
標準状態　　27
標準水素電池　　49
標準生成 Gibbs エネルギー　　18
標準電極電位　　44, 45, 49
標準反応熱　　28
表面圧　　217
表面曲率半径　　207
表面電位　　223
表面張力　　202
開いた系（開放系）　　1, 19
非理想溶液　　22, 24
ピルビン酸　　52, 71
頻度因子　　149
ピンポン機構　　158

ファーマコキネティックス　　184, 185

索　引

フェオフィチン　285
フェレドキシン　286
フェロドキシン　67
フォスファチジン酸　241
不可逆過程　3
不可逆変化　6
負荷投与　190
不完全微分　4
複合反応　144
物質　1
物質収支の関係　144
物質量　2
沸点　25
部分モデル Gibbs エネルギー　19
部分モル量　20
不飽和脂肪酸　239
不飽和の二重結合数　39
フマラーゼ　77
フマル酸　67, 76
ブラウン運動　84, 101
フラクタール構造　116, 209
フラクタール次元　115
プラストシアニン　286
フラビンアデニンジヌクレオチド　67
フリップ　249
フルクトース -6- リン酸　79
フローサイトメーター　266
フロップ　249
プロトン駆動力　275
フュガシティ　44
分極率　59
分子運動エネルギーの分布則　8
分子極限面積　225
1 分子計測　279, 289
分子集合体　101
分子ふるい効果　101
2 分子膜　37, 231
分配関数　126, 132, 133
分配係数　40
分配平衡　33, 39
分布相　195

平滑筋　280
平均イオン活量係数　26
平均回転半径　86
平衡圧　206
平衡温度　12
平衡条件　17, 20
平行板コンデンサー　213
閉鎖系　1
ベシクル　226
ペプチド骨格　88
ヘマグルチニン　269

ヘモグロビン　129
ヘリックス - コイル転移　127
変化の進行　20
変換効率　65
変性　55, 89
ペントース - リン酸回路　74

補酵素　69
保持効率　65
ホスト - ゲスト相互作用　122
ホスファチジルエタノールアミン　242
ホスファチジルコリン　241
ホスファチジルセリン　241
ホスホリパーゼ　244
ホメオスタシス　175
ポリ（ヌクレオチド）　92
ポンプ　255

● ま　行

膜間スペース　273
膜貫通タンパク質　243
膜電位　258
膜透過係数　118
膜の分子集合状態　36
膜流動性　37, 41
膜融合　266
膜輸送　29, 237, 254
麻酔分子論　41
抹消コンパートメント　186, 194
マトリックス　273
マルコフ過程　116
マルコフ的　84

ミエリン　238
ミオシン　281
ミオシン II　281
ミオシンフィラメント　280
ミセル　33, 100, 103
ミセル化の自由エネルギー　104
密度　2
ミトコンドリア　48, 121, 238

無極性　58
無極性溶媒　31
無限稀釈　27

明反応　287
メッセンジャー RNA　95
免疫グロブリン　272
免疫賦活剤　230

毛管現象　205
毛管上昇法　204
モノマー　82
モル体積　2, 38
モル転移エンタルピー変化　34

● や　行

薬物速度論　184
薬物の消失　186

融解エントロピー　12
融解曲線　35
融解熱　12, 57
誘起効果　59
誘起双極子モーメント　59
有効仕事　16
融合ペプチド　270
誘電率　26, 59, 210
油滴　209
ユニポーター　257
ユビキノン　274

溶血液　231
ヨウ素 - デンプン反応　96
容量モル濃度　26
葉緑体　284
四次構造　90

● ら　行

ラフト　242
ラメラゲル　37
ランダム機構　157

リガンド依存性チャンネル　256
理想希薄溶液　23, 24
理想溶液　22, 39
律速段階　147
リップル　36
リップルゲル　37
リボソーム　95
リポソーム　227, 243
流体力学的等価半径　216
流動電流　214
流動モザイクモデル　244
両親媒性　61
両親媒性物質　102
両親媒性分子　101
臨界ミセル濃度　103
リンゴ酸　76
リン脂質　241

リン（燐）脂質 2 分子膜　35

累積膜　225
ルースカップリング　283

レセプター　41
レチナール　254
レバーアーム説　283

ローダミン 123　266
ロドプシン　254

● わ　行

ワックス　241

● ローマ字

α-ヘリックス（α-helix）
　87, 245
β-1,4 グルコシド結合　96
β-構造（β-conformation）　87,
　88
β-シート　245
β-ヒドロ酪酸　79
β-hydrobutyrate, β-HB⁻　79
π-A curve　217
ABC 型 ATPase　255
acid-base reactin　42
action potential　120
activated complex　149
activation energy　149
activation energy for viscous flow
　117
active center　150
activ site　150
active transport　74
activity　24, 25
activity coefficient　25
additivity　64
adsorption film　219
ADP リボシル化因子　268
allosteric (= other place) effect
　130
amphiphilic　61
amylose　96
amilopectin　96
Andrade の式　117
area under the plasma concentration-
　time curve　188
ARF　268
Arrhenius 因子　132

Arrhenius の式　149
Arrhenius プロット　149
Arrhenius の理論　150
ascorbate　77
ATP　272
ATP 合成酵素　273, 278
available work　16
adiabatic system(s)　1
additive　2
AUC　188
bioenergetics　2
binding isotherm　122
black membrane　232
Boltzmann 因子　132
Boltzmann 定数　9, 59
Boltzmann の式　10
Boltzmann 分布　8, 131, 210
Boltzmann 分布則　150
Born-Harber のサイクル（Born-
　Harber's cycle process）　56
boundary　1
Brown movement　101
Brownian movement　84
bulk phase　202
capillary electrophoresis　214
canonical ensemble　133
cellulose　96
chemical potential　19
chemical work　63
chloroplast　79
chlorophyll P680　67
chromatin　94
citric acid cycle　74
Clausius の不等式　7
Clapeyron-Clausius の式　35, 37
closed system(s)　1
codon-anticodon 認識　55
competitive inhibition　160
compartment　185
conformation　82
consecutive reaction　145
contact angle　208
cooperative binding　125
COP I　267
COP II　268
coupled reaction　63
couple(s)　48
counterion　211
critical micelle concectration, CMC
　103
cysteine　73
cystine　73
cytochrome(s)　48
DDS　229

Debye-Hückel の極限則　26, 51
dehydroascorbate　77
degree of freedom　35
denaturation　55, 89
density　2
deoxyribose nucleic acid　92
D-glucose　96
diapalmitoyl phophatidyl choline,
　DPPC　36, 218, 219, 225
dielectric constant　59
diffusion　110
diffusion equation　111
dilatancy　118
dipole　58
dipole moment　59
distribution coefficient(s)　40
dispersion force　59
Donnan 電位　264
Donnan 比　266
Donnan 平衡　263
Eadie-Hofstee 式　154
EI 複合体　161
EIS 複合体　164
electric potential difference　42
electrode potential　42
electromotive force　46
electron transport　74
electrophoresis　214
erectro-osmosis　213
electrostriction　31
elimination　186
enzyme　139
enzyme inhibition　160
enzyme kinetics　139
ergon　16
erythrose-4-phosphate　79
emulsion　105
enthalpy　4
entropy　6
entropy production　8
equilibrium temperature　12
excretion　186
extensive　2
F 型 ATPase　255
F1-ATPase　279
facilitated diffusion　119
factor　132
FAD（酸化型）　67
FADH2（還元型）　67
first law of thermodynamics　3, 8,
　11
FICT　253
Fractal dimension　115
frequency factor　149

fructose-6-phosphate 79
fumarate 67, 76
fugacity 44
gauche 82
gauche form 36
Gauss 誤差関数 85
Gauss chain 84
Gaussian error function 85
Gibbs エネルギー 19
Gibbs エネルギーの減少 17
Gibbs エネルギーの全微分 19
Gibbs の吸着等温式 221
Gibbs の自由エネルギー 16, 219
Gibbs の相律 35
Gibbs-Duhem の式 221
Gibbs の相律 (Gibbs'phase rule) 35
Gibbs free energy 16
Gibbs-Helmholz の式 27, 28
glucose 6-P 63
group-transfer molecule 68
group-transfer potential 71
glyceraldehyde-3-phosphate 79
glycogen 96
glycolysis 74
glycylglycine 78
Goldman-Hodgkin-Katz の式 260
guanosine triphosphate, GTP 79
half cell 42
half reaction 42
Hanes-Woolf 式 154
heat 1
heat capacity at constant pressure 5, 12
heat capacity at constant volume 5
Helmholtz 自由エネルギー 16, 133
Henry 則 (Henry's Law) 40
Henry の法則 130
Hill plot 128
Hill の式 128
Hill 反応 287
histone 94
homeostasis 175
hydration reaction 56
hydrodynamic radius 216
hydrophobic interaction 60
ideal solution 22
induced dipole moment 59
inhibitor 160
interfacial electrokinetic phenomena 213

interface 201
intensive 2
internal energy 4
ionic atmosphere 213
ionic strength 26
irreversible process 3
isolated system(s) 1
lactate 52
Lagrange の未定乗数法 131
Langevin 方程式 108
Langmuir 吸着等温式 125
Langmuir film 216
large multilamellar vesicle, LMV 228
large unilamellar vesicle, LUV 228
LB 膜 (Langmuir-Blodgett 膜) 226
LDL 270
LE 224
Le Chatelier の原理 27
Le Chatelier の原理の熱力学的根拠 29, 32
liposome 227
Lineweaver-Burk 式 154
Lineweaver-Burk プロット 154, 159
liquid junction 46
London の分散力 58, 59
London-van der Waals の力 59
long-range force 213
loading dose 190
lung surfactants 222
Markovian 84
Markovian process 116
mass 2
metabolism 186
material balance 144
matter 1
mean ionic activity coefficient 26
mean radius of gyration 86
malate 76
micelle 103
Michaelis 定数 152, 258
Michaelis-Menten 式 153, 157, 257
mitochondria 48
mixed inhibition 160
molar volume 2
monolayer 216
mRNA 95
MWC モデル 171, 173
Na$^+$ チャンネル 41
NADH- ユビキノンオキシドレダクターゼ 273

NADPH 284
(Na$^+$ー K$^+$) ATpase 255
Nernst の式 120, 258
Nernst の熱定理 11
Nernst の分配の法則 40
Nernst's heat theorem 11
Nernst distribution law 40
non-competitive inhibition 160
non-polar 58
non-Newtonian flow 118
NMR 41
open system(s) 1
oligosaccharide 97
osmotic phenomena 74
oxidant 48
oxidation-reduction 42
oxidative phosphorylation 74
P680 285
P700 286
P 型 ATPase 255
packing parameter 103
PAGE プロット 100
passive transport 119
partial molar quantity 20
partition 40
partition function 132
phase transition 12
photosynthesis 75
ping-pong mechanism 158
polar 58
polarizability 59
Poiseuille の式 117
Poisson の式 210
primary structure 86
products 20
pseudo-first-order reaction 144
pyruvate 52
quasi-static process 3
quaternary structure 90
random mechanism 157
rate constant 140
rate-determining step 147
rate equation 139
Rayleigh 散乱 98
reactants 20
reaction order 140
reductant 48
redox electrode 45
redox pair(s) 48
redox reaction 42
resting potential 120
reversible process 3
RNA (ribose nucleic acid) 92
-S-S- 架橋 100

salt bridge　46
Scatchard plot
Schrödinger 方程式　96
SDS- ポリアクリルアミド電気泳動法　99
SDS-PAGE　101
second law of themodynamics　5, 7, 12
second-order reaction　142
sequential mechanism　157
shielding effect　211
sigmoid　129
simple diffusion　119
sodium dodecyl sulfate, SDS　103
sodium ion channel　41
solubilization　105
small unilamellar vesicle, SUV　228
state function　2
stationary state　148
standard free energy of formation　18
standard hydrogen electrode, SHE　49

starch　96
stern のモデル　212
steady state　2, 148
stady-state apporoximation　148
Stirling の近似式　10, 131
Stirling の近似値　85
stopped-flow method　175
streaming current　214
subunit　90
substrate　150
succinate　67
surface potential　223
surroundings　1
synapsis　101
system　1
tertiary structure　89
thermodynamic equilibrium　2
thermogenecis　74
thrid law of thermodynamics　11
thyxotropy　118
transamination　74
T–P phase diagram　33
trans　82

trans form　36
transition state　149
transport　206
tricarboxilic acid cycle　74
triple point　33
Trinitrobenzenesulfonic acid (TNBS)　244
uncompetitive inhibition　160
V 型 ATPase　255　255
vav der Waals の力　58
van't Hoff の式　27
van't Hoff プロット　28
variables of state　2
venturicidin　277
vesicle　227
Wilhelmy plate method　203
work　1
work of adhesion　207
work of cohesion　207
xylulose-5-phosphate　79
Z 模式　287

著者略歴

白浜啓四郎 Keishiro SHIRAHAMA 理学博士
1934年8月15日 佐世保市に生まれる
1962年3月 九州大学理学部化学科卒業
1964年3月 九州大学大学院理学研究科修士課程修了
1964～66年 山之内製薬中央研究所勤務
1966～2000年 千葉大学留学生部助手を経て佐賀大学理工学部講師～教授
2000年 佐賀大学退職,同大学名誉教授,現在に至る

井上 亨 Tohru INOUE 理学博士
1947年9月6日 島原市に生まれる
1970年3月 九州大学理学部化学科卒業
1974年3月 九州大学大学院理学研究科修士課程修了
1974年4月より福岡大学理学部化学科勤務
1992年4月より教授
2013年 福岡大学退職,同大学名誉教授,現在に至る

山口武夫 Takeo YAMAGUCHI 理学博士
1949年3月2日 佐賀市に生まれる
1971年3月 佐賀大学理工学部化学科卒業
1978年3月 九州大学大学院理学研究科修士課程修了
1978年10月より福岡大学理学部化学科勤務
2002年4月より教授,現在に至る

杉原剛介 Gohsuke SUGIHARA 理学博士
1936年11月18日 広島市に生まれる
1960年3月 防衛大学校応用物理学科卒業（第4期生）
1960年4月より陸上自衛隊勤務の後,
1970年3月 九州大学大学院理学研究科修士課程修了
1970年4月より福岡大学理学部化学科勤務
1982年4月より教授
2004年 福岡大学退職,同大学名誉教授,現在に至る

柴田 攻 Osamu SHIBATA 理学博士
1946年8月3日 仙台市に生まれる
1969年3月 東邦大学理学部化学科卒業
1970年6月より千葉大学留学生部勤務の後,
1977年3月 九州大学大学院農学研究科修士課程修了
1977年4月 九州大学教養部勤務
1993年12月より助教授
1994年4月より九州大学薬学部勤務
2000年4月より九州大学大学院薬学研究院助教授
2007年4月より長崎国際大学薬学部教授,現在に至る

生物物理化学の基礎 －生体現象理解のために－

2003年12月10日 初版第1刷発行
2015年 3月31日 初版第4刷発行

Ⓒ 編著者 白 浜 啓 四 郎
　　　　　杉 原 剛 介
共著者 井 上 　 　 亨
　　　　柴 田 　 　 攻
　　　　山 口 武 夫
発行者 秀 島 　 　 功
印刷者 渡 辺 善 広

発行所 **三共出版株式会社**
東京都千代田区神田神保町3の2
振替00110-9-1065
郵便番号 101-0051　電話03(3264)5711　FAX03(3265)5149
http://www.sankyoshuppan.co.jp

一般社団法人 **日本書籍出版協会**・一般社団法人 **自然科学書協会**・**工学書協会** 会員

Printed in Japan　　　　　　　　　印刷・製本　壮光舎

JCOPY <(社)出版者著作権管理機構 委託出版物>
本書の無断複写は著作権法上での例外を除き禁じられています.複写される場合は,そのつど事前に,(社)出版者著作権管理機構（電話03-3513-6969, FAX 03-3513-6979, e-mail：info@jcopy.or.jp）の許諾を得てください.

ISBN 4-7827-0478-X

元素の周期表

	1	2		3	4	5	6	7	8	9
1	₁H 水素 1.008									
2	₃Li リチウム 6.941	₄Be ベリリウム 9.012								
3	₁₁Na ナトリウム 22.99	₁₂Mg マグネシウム 24.31								
4	₁₉K カリウム 39.10	₂₀Ca カルシウム 40.08		₂₁Sc スカンジウム 44.96	₂₂Ti チタン 47.87	₂₃V バナジウム 50.94	₂₄Cr クロム 52.00	₂₅Mn マンガン 54.94	₂₆Fe 鉄 55.85	₂₇Co コバルト 58.93
5	₃₇Rb ルビジウム 85.47	₃₈Sr ストロンチウム 87.62		₃₉Y イットリウム 88.91	₄₀Zr ジルコニウム 91.22	₄₁Nb ニオブ 92.91	₄₂Mo モリブデン 95.96	₄₃Tc* テクネチウム (99)	₄₄Ru ルテニウム 101.1	₄₅Rh ロジウム 102.9
6	₅₅Cs セシウム 132.9	₅₆Ba バリウム 137.3		57〜71 ランタノイド	₇₂Hf ハフニウム 178.5	₇₃Ta タンタル 180.9	₇₄W タングステン 183.8	₇₅Re レニウム 186.2	₇₆Os オスミウム 190.2	₇₇Ir イリジウム 192.2
7	₈₇Fr* フランシウム (223)	₈₈Ra* ラジウム (226)		89〜103 アクチノイド	₁₀₄Rf* ラザホージウム (267)	₁₀₅Db* ドブニウム (268)	₁₀₆Sg* シーボーギウム (271)	₁₀₇Bh* ボーリウム (272)	₁₀₈Hs* ハッシウム (277)	₁₀₉Mt* マイトネリウム (276)

原子番号 → ₁H ← 元素記号
元素名 → 水素
原子量 → 1.008

典型非金属元素
典型金属元素
遷移金属元素

57〜71 ランタノイド	₅₇La ランタン 138.9	₅₈Ce セリウム 140.1	₅₉Pr プラセオジム 140.9	₆₀Nd ネオジム 144.2	₆₁Pm* プロメチウム (145)	₆₂Sm サマリウム 150.4	₆₃Eu ユウロピウム 152.0
89〜103 アクチノイド	₈₉Ac* アクチニウム (227)	₉₀Th* トリウム 232.0	₉₁Pa* プロトアクチニウム 231.0	₉₂U* ウラン 238.0	₉₃Np* ネプツニウム (237)	₉₄Pu* プルトニウム (239)	₉₅Am* アメリシウム (243)

本表の4桁の原子量はIUPACで承認された値である。なお，元素の原子量が確定できないものは
* 安定同位体が存在しない元素。